U0263287

国家科学技术学术著作出版基金资助出版

纳米科学与技术

纳米材料与绿色印刷

宋延林 等 著

科学出版社
北京

内容简介

印刷术在人类文明发展历史中发挥了重要作用。将纳米科技的创新研究成果与古老的印刷技术相结合，为印刷产业的绿色发展打开了一扇新的大门，将继续书写印刷术的传奇。本书主要介绍了纳米绿色印刷技术的发展及其应用，以专业的视角和通俗易懂的语言，全面系统地阐述了“绿色制版、绿色版材、绿色油墨”的完整纳米绿色印刷原理与材料体系，归纳总结了印刷电子、印刷光子和3D打印印刷的最新进展。

本书不仅可以作为印刷、新材料和纳米科技领域本科生、研究生的入门教程以及相关研究人员的专业参考书，也适合对印刷技术、纳米制造、印刷电子乃至可穿戴电子器件等感兴趣的非专业读者阅读。

图书在版编目(CIP)数据

纳米材料与绿色印刷/宋延林等著. —北京：科学出版社，2018.3
(纳米科学与技术/白春礼主编)
ISBN 978-7-03-056577-8

Ⅰ. 纳… Ⅱ. 宋… Ⅲ. 纳米材料-应用-印刷术-无污染技术 Ⅳ. TS805

中国版本图书馆CIP数据核字(2018)第030062号

丛书策划：杨 震/责任编辑：张淑晓 孙 曼/责任校对：韩 杨
责任印制：肖 兴/封面设计：陈 敬

科学出版社 出版
北京东黄城根北街16号
邮政编码：100717
http://www.sciencep.com

河北鹏润印刷有限责任公司 印刷

科学出版社发行 各地新华书店经销

*

2018年3月第 一 版 开本：720×1000 1/16
2018年3月第一次印刷 印张：20
字数：400 000

定价：158.00元

(如有印装质量问题，我社负责调换)

《纳米科学与技术》丛书序

在新兴前沿领域的快速发展过程中，及时整理、归纳、出版前沿科学的系统性专著，一直是发达国家在国家层面上推动科学与技术发展的重要手段，是一个国家保持科学技术的领先权和引领作用的重要策略之一。

科学技术的发展和应用，离不开知识的传播：我们从事科学研究，得到了“数据”（论文），这只是“信息”。将相关的大量信息进行整理、分析，使之形成体系并付诸实践，才变成“知识”。信息和知识如果不能交流，就没有用处，所以需要“传播”（出版），这样才能被更多的人“应用”，被更有效地应用，被更准确地应用，知识才能产生更大的社会效益，国家才能在越来越高的水平上发展。所以，数据→信息→知识→传播→应用→效益→发展，这是科学技术推动社会发展的基本流程。其中，知识的传播，无疑具有桥梁的作用。

整个20世纪，我国在及时地编辑、归纳、出版各个领域的科学技术前沿的系列专著方面，已经大大地落后于科技发达国家，其中的原因有许多，我认为更主要的是缘于科学文化的习惯不同：中国科学家不习惯去花时间整理和梳理自己所从事的研究领域的知识，将其变成具有系统性的知识结构。所以，很多学科领域的第一本原创性“教科书”，大都来自欧美国家。当然，真正优秀的著作不仅需要花费时间和精力，更重要的是要有自己的学术思想以及对这个学科领域充分把握和高度概括的学术能力。

纳米科技已经成为21世纪前沿科学技术的代表领域之一，其对经济和社会发展所产生的潜在影响，已经成为全球关注的焦点。国际纯粹与应用化学联合会(IUPAC)会刊在2006年12月评论：“现在的发达国家如果不发展纳米科技，今后必将沦为第三世界发展中国家。”因此，世界各国，尤其是科技强国，都将发展纳米科技作为国家战略。

兴起于20世纪后期的纳米科技，给我国提供了与科技发达国家同步发展的良好机遇。目前，各国政府都在加大力度出版纳米科技领域的教材、专著以及科普读物。在我国，纳米科技领域尚没有一套能够系统、科学地展现纳米科学技术各个方面前沿进展的系统性专著。因此，国家纳米科学中心与科学出版社共同发起并组织出版《纳米科学与技术》，力求体现本领域出版读物的科学性、准确性和系统性，全面科学地阐述纳米科学技术前沿、基础和应用。本套丛书的出版以高质量、科学性、准确性、系统性、实用性为目标，将涵盖纳米科学技术的所有领域，全面介绍国内外纳米科学技术发展的前沿知识；并长期组织专家撰写、编辑出版下去，为我国纳米科技各个相关基础学科和技术领域的科技工作者和研究生、本科生等，提供一套重要的参考资料。

这是我们努力实践“科学发展观”思想的一次创新，也是一件利国利民、对国家科学技术发展具有重要意义的大事。感谢科学出版社给我们提供的这个平台，这不仅有助于我国在科研一线工作的高水平科学家逐渐增强归纳、整理和传播知识的主动性(这也是科学研究回馈和服务社会的重要内涵之一)，而且有助于培养我国各个领域的人士对前沿科学技术发展的敏感性和兴趣爱好，从而为提高全民科学素养做出贡献。

我谨代表《纳米科学与技术》编委会，感谢为此付出辛勤劳动的作者、编委会委员和出版社的同仁们。

同时希望您，尊贵的读者，如获此书，开卷有益！

白春礼

中国科学院院长

国家纳米科技指导协调委员会首席科学家

2011 年 3 月于北京

前　言

日益严峻的环境问题对我国经济的可持续发展提出了巨大挑战，转变经济增长方式、提高经济增长的质量已迫在眉睫。无论是为人类文明发展做出巨大贡献的印刷业，还是信息产业基础之一的印刷电路板行业，由于传统的减材制造(感光、刻蚀等)工艺，都会产生大量的废液、固体废弃物和废气，造成严重的环境污染和材料浪费。纳米材料作为新材料发展的重要方向之一，已成功用于电子信息、航空航天、生物医学、先进制造业等许多领域，正在极大地改变人们的日常生活和工作。将纳米材料的最新研究成果应用于印刷领域，以增材制造的理念实现印刷产业的低排放、低能耗与低成本，将对印刷产业的发展产生革命性影响，不仅可以从源头解决传统生产工艺产生的污染问题，还将突破传统印刷技术的局限，促进形成新的绿色产业链，推动多个重要产业的可持续发展，具有重大的环境、经济和社会意义。

本书结合中国科学院绿色印刷重点实验室关于纳米材料制备及结构性能调控的长期研究积累，凝练出印刷技术过程中墨滴的扩散、融合、去浸润与黏附，以及纳米结构与光电性质调控等科学问题，围绕“纳米材料与绿色印刷”的主题，从印刷技术发展与现状、纳米材料与液滴控制、纳米绿色印刷技术的拓展应用等方面入手，系统阐述了纳米材料科学的进步对传统印刷技术乃至传统制造业的变革性影响。以纳米材料与表面浸润性和液滴行为控制等基础科学问题为主线，重点介绍纳米材料创新研究对印刷技术绿色化进程及产业拓展的影响。作者提出，在纳米材料最新研究成果的推动下，印刷技术作为实现增材型图案化的高效生产技术，将在诸多重要制造产业和战略新兴产业领域发挥重要作用：在传统印刷包装领域，发展环境友好的版基、制版、油墨新技术和新产品，以及向印染、建筑陶瓷、玻璃等图案制造发展，将从根本上解决传统生产过程中的高耗能、高污染问题；在向信息产业领域拓展方面，印刷电子将大有作为；在从平面印刷到三维结构制造方面，3D 打印、3D 印刷技术将蓬勃发展；在信息时代的先进光电器件制造领域，印刷技术的前景更加广阔。基于此，作者提出在纳米科技的推动下，印刷技术向“绿色化、功能化、立体化、器件化”发展的方向和趋势，以期积极应对印刷产业所面临的问题与挑战，也为纳米材料研究和绿色印刷产业的发展提供有益的参考和启示。

本书在成稿过程中得到科学出版社张淑晓博士的热情帮助，本书的出版得到国家科学技术学术著作出版基金的大力支持。本实验室的很多老师和研究生参加了本书的资料收集和撰写工作，在此向他们表示衷心感谢！由于作者水平有限，本书难免有疏漏和不当之处，敬请广大读者批评指正。

宋延林

2018 年 2 月于中国科学院化学研究所

目　录

《纳米科学与技术》丛书序
前言
第 1 章　印刷技术……1
1.1　基于物理成像的印刷技术……2
1.2　基于感光材料发展的印刷技术……4
1.2.1　感光材料的出现……4
1.2.2　照相制版技术……4
1.2.3　彩色复制技术……5
1.2.4　近现代印刷技术的发展……10
1.3　数字印刷技术……21
1.3.1　磁成像数字印刷……21
1.3.2　热成像数字印刷……22
1.3.3　电子束成像数字印刷……23
1.3.4　静电成像数字印刷……23
1.3.5　喷墨数字印刷……24
1.4　印刷产业的绿色化……30
1.4.1　绿色印刷版基……30
1.4.2　绿色印刷版材……31
1.4.3　绿色印刷油墨……34
1.4.4　其他新型环保技术……37
1.5　总结和展望……40
参考文献……41
第 2 章　纳米技术与绿色印刷……45
2.1　纳米材料……46
2.1.1　纳米材料的提出与发展……46
2.1.2　纳米材料的制备……48
2.1.3　纳米材料的特性……51
2.1.4　纳米材料在印刷中的应用……54
2.2　微纳表界面浸润性……62

2.2.1 表面浸润性……62
2.2.2 粗糙表面浸润性……64
2.2.3 超亲水/超疏水表面……65
2.2.4 浸润状态转变……69
2.2.5 浸润性的尺度效应……70
2.2.6 表面对液滴的黏附性……72
2.3 印刷过程中的界面浸润性……75
2.3.1 印刷中界面浸润性关键科学技术问题……75
2.3.2 印刷中的微纳表界面浸润性……78
2.3.3 固-液界面与图文转印……82
2.3.4 液-液界面与图文转印……86
2.4 小结……93
参考文献……93
第3章 纳米材料绿色制版技术……97
3.1 纳米材料绿色制版技术基本原理……97
3.2 喷墨印刷制版……100
3.3 液滴喷射与断裂……101
3.3.1 瑞利不稳定与喷墨印刷……101
3.3.2 高能场效应与喷墨印刷……104
3.4 液滴聚并……110
3.4.1 不含纳米颗粒体系中两液滴的融合……110
3.4.2 含纳米颗粒体系中两液滴的融合……117
3.4.3 连续图案的印刷……118
3.5 液滴干燥与图案形貌……123
3.5.1 “咖啡环”效应……124
3.5.2 抑制“咖啡环”效应……127
3.6 绿色制版系统……137
3.7 小结……140
参考文献……141
第4章 纳米材料绿色油墨……145
4.1 纳米油墨的组成……146
4.2 纳米油墨的特点……147
4.3 填料型纳米油墨……149
4.3.1 纳米 TiO_2 在油墨中的应用……149
4.3.2 纳米 SiO_2 在油墨中的应用……150

4.3.3 纳米 $CaCO_3$ 在油墨中的应用 …… 151
4.4 功能性纳米油墨 …… 153
4.4.1 纳米磁性油墨 …… 153
4.4.2 纳米光学油墨 …… 154
4.4.3 纳米导电油墨 …… 158
4.4.4 其他功能性油墨 …… 179
4.5 小结 …… 180
参考文献 …… 182
第5章 纳米印刷电子 …… 185
5.1 印刷电子简介 …… 185
5.2 印刷电子制造工艺与制备技术 …… 187
5.2.1 印刷电子制造技术 …… 187
5.2.2 印前/印后处理工艺 …… 190
5.3 纳米印刷电子的应用 …… 192
5.3.1 RFID 天线 …… 193
5.3.2 柔性晶体管 …… 195
5.3.3 透明导电膜 …… 199
5.3.4 可穿戴传感器 …… 201
5.3.5 微纳电子电路 …… 207
5.4 纳米印刷电子的发展 …… 209
5.4.1 纳米印刷电子前沿研究 …… 209
5.4.2 纳米印刷电子产业发展趋势及路线图 …… 216
5.5 小结 …… 217
参考文献 …… 217
第6章 纳米印刷光子 …… 220
6.1 太阳能电池 …… 221
6.2 显示技术 …… 228
6.2.1 液晶显示 …… 228
6.2.2 发光二极管 …… 231
6.2.3 结构色显示 …… 237
6.3 传感与检测 …… 241
6.4 防伪与安全 …… 244
6.5 光电检测器 …… 247
6.6 光波导系统 …… 249
6.7 光子晶体器件 …… 251

6.8 小结 ······ 258
参考文献 ······ 259
第 7 章 3D 打印印刷 ······ 263
7.1 3D 打印技术简介 ······ 263
7.2 3D 打印成型工艺 ······ 265
7.2.1 立体光固化成型 ······ 265
7.2.2 喷墨打印溶剂挥发固化 ······ 267
7.2.3 环境沉积固化直写技术 ······ 269
7.2.4 选择激光烧结 ······ 273
7.3 3D 打印增材制造应用 ······ 276
7.3.1 机械制造加工 ······ 276
7.3.2 生物医学领域的应用 ······ 278
7.3.3 新型微电子器件 ······ 288
7.3.4 储能电源 ······ 292
7.4 3D 打印发展的技术问题与潜在社会问题 ······ 294
7.5 响应性材料 4D 打印制造技术 ······ 296
7.5.1 4D 打印的概念和制造技术 ······ 296
7.5.2 4D 打印技术的潜在问题 ······ 300
参考文献 ······ 301
索引 ······ 303

第1章 印刷技术

印刷术是我国古代四大发明之一，对人类文明和社会进步做出了巨大的贡献[1]。世界的发展离不开印刷技术的推动，同样，印刷技术也由于材料科学、物理、化学、光机电及信息科技等的积极推动，在印刷材料、印刷机械、数字化流程、印前系统及印刷工艺等各领域发生着深层次、全面系统的技术创新和工艺变革，实现了在纸质出版、包装等领域为人们呈现高品质、形式多样的精美印刷品；同时，印刷技术的创新，特别是纳米材料与印刷技术的融合创新，为印刷产业的绿色发展提供了新的发展方式，使得印刷电子、印刷光子、3D 印刷等新兴领域呈现出巨大的应用前景和重要价值，成为当今国际印刷领域新的研发热点和发展机遇，为印刷产业注入了新的发展活力和动力；数字印刷技术的崛起，尤其是静电数字印刷机、喷墨数字印刷机的快速发展和应用，加快了印刷行业的数字化、智能化进程。在上述新兴科技的共同推动下，印刷技术正经历新一轮的技术创新和产业变革。

印刷与人们的生活息息相关。在日常生活中，随处可见的书刊、衣服图案、包装盒、标签等都属于印刷品的范畴。虽然人们对印刷品非常熟悉，但是大多数人却对印刷及其涉及的技术、材料、工艺、设备等并不了解。经过不断完善和发展，印刷在我国国家标准《印刷技术术语　第 1 部分：基本术语》(GB/T 9851.1—2008)中已有明确定义[2]：使用模拟或数字的图像载体将呈色剂/色料(如油墨)转移到承印物上的复制过程。与普通意义上的打印、复印不同，印刷是一种具有大面积复制能力的图案化技术。印刷品的制作流程一般包括印前、印刷、印后三个阶段，其中印前阶段是通过制版工艺将文字、线条及图像等原稿信息转印到印版(印刷版材)上，完成印版的制作；印刷阶段是通过印刷设备等手段将印版上的图文信息，转移到纸张、塑料等承印物上；印后阶段通过裁切、上光、覆膜、装订等后续工艺，将承印物按照要求处理，最终完成印刷品的制作。

就印刷技术的发展来说，在上述整个印刷环节中最为关键的技术是印前阶段的制版技术。例如，被誉为第一次印刷技术革命的活字印刷术和第二次印刷技术革命的汉字激光照排技术，都是因制版技术而引发的印刷业重要变革。由此可见，制版技术在印刷技术的发展历史进程中具有举足轻重的地位。制版技术是利用制版设备实现数字化图文信息转移到印版上的技术。从制版原理及材料的角度来划分，印刷技术的发展主要为四个阶段：第一，以雕版印刷术和活字印刷术为代表的物理成像制版方式；第二，以照相制版术、激光照排技术、计算机直接制版技术(基于曝光原理)为代表的传统感光成像印刷技术；第三，以静电数字技术、喷墨数字技术为代表的无需制版的数字印刷技术；第四，以纳米材料绿色制版技术为代表开展研究的绿色印刷技术。本章将概述印刷技术的现状及未来发展。

1.1 基于物理成像的印刷技术

我国的印刷术起源于雕版印刷术[3]，它是最早的基于物理成像的印刷技术，发明于隋末唐初，并兴盛于宋代。雕版印刷术是将文字、图像反向雕刻于木板等材质上，再于印版上刷墨、铺纸、施压，使印版上的图文转印于纸张等承印物的工艺技术。在古代，雕版印刷又称版刻、梓行、雕印等。在当时的历史条件下，雕版印刷术的发明，使文件的批量制作成为现实，并且它利于妥善保管，可实现多次印刷，并经久耐用。这在当时对知识信息的传播和文化影响的拓展是极其有利的。图 1-1 为陈列的木雕版印刷及印刷品展示。经历千余年的创新与发展，雕版印刷工艺[4,5]从单版发展到多版、从单色发展到多色，印刷工艺不断丰富和成熟，在世界文化的传播和发展中做出了不朽的贡献。2006 年，雕版印刷工艺经国务院批准列入国家级非物质文化遗产名录。

(a)

(b)

图 1-1 木雕版印刷(a)及木雕版印刷品(b)

雕版印刷也具有自身不可克服的缺点，它的工艺极其复杂，从备料到雕版、刷印、套色，直至装帧，包含二十多道工序，严重限制了信息的多样化和快速传播。北宋庆历年间(1041—1048 年)[6]，为了克服雕版印刷的弱点，雕印工匠毕昇发明了活字印刷术，将整版刻字的方法改为单独刻字，使效率成倍提升，成为印刷史上一项划时代的伟大发明，并奠定了现代印刷技术的基础。他是世界上第一个发明活字印刷术的人，比德国的谷登堡要早约 400 年。关于毕昇的胶泥活字印刷，沈括在《梦溪笔谈·卷十八·技艺》中有详细的记载。

活字印刷术的历史发展时期很长，一直延续使用到 20 世纪中后期，主要经历了泥活字(图 1-2)、木活字和铜、锡、铅等金属活字的多个时期的演变和发展。无论材料如何变化，活字印刷术的核心工艺并没有多大变化，都是预先制成单个活字，每次印刷时再按照文字要求，捡出所需要的字模，排版后再印刷。我国在西夏、元代、明清等不同时期均有活字印刷品流传。

图 1-2 泥活字

铅活字印刷术在活字印刷史上具有特殊的地位。据现有史料记载，我国在明弘治末至正德年间(1505—1508 年)就已经采用铅活字排印书籍。但由于雕版印刷术在我国使用较为成熟，以及受社会环境的影响，包括铅活字在内的多种活字印刷术很长时期内在我国并没有推广起来。15 世纪中叶，德国人谷登堡对铅活字的材料和工艺进行了改进，使铅活字印刷术在欧洲逐渐得到推广，并于 19 世纪初传入我国后才逐渐大量应用。谷登堡对于铅活字印刷术的贡献主要是使用金属(铅、锡、锑)作为活字铸造材料，确定了三者的配比；改制出世界上第一台印刷机，实现机械化；将水性油墨改为油性墨。直到 20 世纪中期，铅活字印刷还被广泛用于我国社会各种印刷品的印制。

我国的活字印刷术为世界文化的发展做出了重大贡献，它的广泛传播对世界科学文化的发展产生了重大作用和积极影响。

1.2 基于感光材料发展的印刷技术

1.2.1 感光材料的出现

感光材料是指一种见光或接受光信息会发生结构性能变化，经化学或物理加工处理后能获得固定影像的材料。1727 年，德国 Schulge 发现了 $AgNO_3$ 的感光性能，开启了人类对感光材料的认识和研究[7]。感光材料最早被应用于感光照相技术。1839 年，英国科学家塔博特(H.F.Talbot)发明了负像照相技术，它是通过将浸有 AgI 的纸曝光后，经 $AgNO_3$ 和没食子酸显影，$Na_2S_2O_3$ 定影后，得到一张负像，再涂上蜡作为底片，翻拍后得到多张正像照片[7]。该技术开创了现代照相的先河，塔博特也被后人称为现代照相之父。照相技术的发明，不仅为人类提供了记录影像的新方式，而且也引发了印刷行业的技术进步，出现了照相制版技术。

照相制版技术是近代印刷技术的重要代表。它是照相技术应用于印刷制版行业而产生的新技术。照相制版技术的出现，宣告以感光成像为原理的近代印刷技术时代的到来，也促使印刷业从单一的雕版印刷技术发展为凸版、平版、凹版、孔版等多种印刷技术共存的繁荣景象，并一直持续到现在。

1.2.2 照相制版技术

照相制版技术是利用制版照相机，通过光学摄影成像原理，将原稿上的图像经过分色、加网后曝光于感光材料上，经后处理(显影、定影)得到加网后的阴图底片或阳图底片，然后将底片覆盖在涂有感光层的版材上进行曝光，得到不同印刷方式的印版。

由于印刷品不能（仅仅)依靠着墨层厚薄表现出连续变化的浓淡层次，因此必须将原稿转化成以网点构成的网目调图像，才能制作成印版，实现印刷。照相制版工艺中，网屏就是完成这一转化的工具，其作用是将由连续调变化的浓淡层次构成的画面分割成大小不同的网点。照相制版技术在印刷业中获得应用后，经历了由玻璃网屏发展到接触网屏、由间接加网方式发展到直接加网方式的进步。我国照相制版技术很长时间内都是以间接分色加网技术为主，直到 20 世纪 70 年代，直接分色加网技术才推广起来。

间接分色加网[8]是将分色和照相加网分开进行，称为“两步法”。首先将原稿信息分色成连续调的阴图片，再用接触网屏翻拍成网点阳图片。由于图像在间接分色加网制版转移过程中，细节损失较多，因此，修版是照相制版技术的关键步骤，但当时的修版很长时间内完全依赖于修版师傅的技艺，操作复杂，修版时间较长，效率低。

直接分色加网[8]是分色和加网一次完成，称为“一步法”，即在分色的同时利用接触网屏把原稿信息直接记录在分色片上。虽然直接分色加网工艺相比间接分色加网工艺，减少了制版流程，改善了图像的清晰度，一定程度上提高了制版质量；但它要求分色前必须制作标准化的蒙版系统，对操作人员要求较高，且不便于修改。随着20世纪电子计算机的兴起和快速应用，照相制版技术很快受到冲击，新发展的彩色桌面出版系统因其灵活、高效及可视性等诸多优势很快发展为印前图文信息处理的主要工具。

1.2.3 彩色复制技术

彩色复制技术的突破和发展，对于印刷技术应用于彩色印刷品的复制具有重要的推动作用。18世纪以前，基于手工雕刻印刷技术，人类不能轻易地实现对彩色印刷品的大量复制。随着对光的理解不断深入，颜色科学逐渐形成理论，并被应用到印刷行业，从而推动了彩色图像印刷复制技术的进步。

颜色是光作用于人眼之后引起的除形象以外的视觉特征；颜色依赖于光、人眼及物体本身，它既是一种视觉现象，又是一种光学现象。颜色的基本要素包括光源、物体及视觉系统。其中，光是物体颜色显现的先决条件，无光便无色。光是一种电磁波辐射，但并不是所有的电磁波辐射都能够引起人的视觉反应，只有可见光能够刺激人眼而被识别。可见光的波长范围为380～780 nm，在这个范围内人眼可识别由红到紫的各种光。当同样波长的光照射到不同的物体上时，会发现不同的物体呈现出不同的颜色，这是因为物体色彩的形成在于物与光的相互作用。当一束复色光照在物体表面时，某些波长的光被选择性吸收，另一部分光则发生反射或透射，这样人们所看到的色彩就是从物体表面反射或透射出的单色光的集合，从而产生了不同的色彩刺激。同样，人的眼睛(视觉系统)对于颜色的识别非常重要。关于颜色视觉的形成理论，在18世纪产生的扬-赫姆霍尔兹三色学说和赫林的对立色理论学说基础上，已发展出了现代比较完善的阶段学说[9]：证实人眼的视网膜上确实存在感红、感绿、感蓝三种视锥细胞，当光线刺激人眼视网膜时，三种视锥细胞分别选择吸收不同的光波；同时，三种视觉信息在由椎体细胞向视神经细胞传递过程中，重新组合形成三对对立性的神经反应，即红-绿、黑-白、黄-蓝反应。该学说很好地解释了颜色的混合、补色、色盲等现象，为印刷色彩学的建立奠定了理论基础。

1. 颜色的混合原理

光是可以混合和分解的，不同波长和比例的单色光可以混合到一起，形成复色光；复色光可以分解成多种单色光。由光的特性所决定，色彩也可以进行自由混合。色彩的混合有两种形式：加色混合和减色混合。

1) 色光的加色混合

加色混合[9,10]是指不同的色光或色料的反射光，同时或在极短的时间内刺激视网膜，从而产生另一种新的色调，这种混合模式针对的是色光，如电视、计算机的显示就是采用加色混合原理。在可见光光谱中，占据面积最大的是红、绿、蓝三种波段，其范围分别是：600～700 nm(红)、500～570 nm(绿)、400～470 nm(蓝)。科研人员通过大量的实验发现，红、绿、蓝三色以不同比例进行混合，几乎能够混合出自然界中所有的颜色，因此，红(R)、绿(G)、蓝(B)被称为光的三原色。1931 年国际照明委员会基于实验基础，规定了三原色的固定波长：红光 700 nm，绿光 546.1 nm，蓝光 435.8 nm。

改变三原色的比例，就可以得到其他各种颜色的色光。例如，对于红光和绿光的混合，将红光比例减弱，就可以得到黄绿光，将绿光减弱，则得到橙色光。在图 1-3 中可以看到白色光区域，凡是两种色光相加呈现白色时，这两种色光就互为补色，如红光和青光，绿光和品红光。实际上，互补色是相当严格的，700 nm 的红光，其补色光是波长 495.5 nm 的青光，而 650 nm 红光的补色光则是 495.3 nm 的青光。

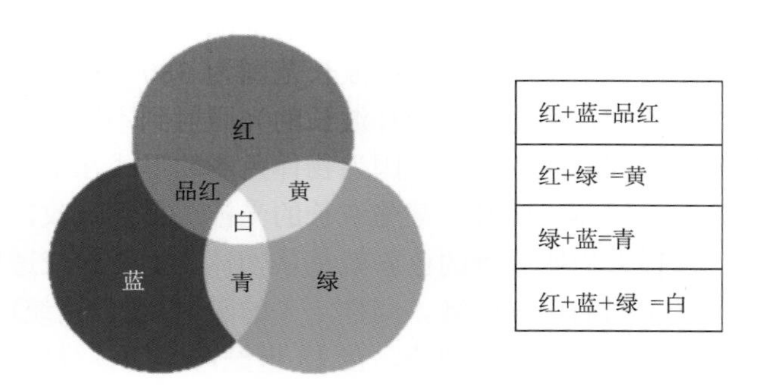

图 1-3 色光三原色的加色混合

2) 色料的减色混合

减色混合[9,10]是指两种或两种以上的色料混合或层叠后，对不同波长的可见光进行选择性吸收后呈现出不同的颜色。色料是指颜料或染料，其色彩的体现基于对光波的吸收，不同色料混合后，吸收的光波增加而体现色彩的反射或透射光波减少，这样的混合就称为减色混合。因此减色混合是针对色料的一种混合类型，如印刷油墨、油漆、墨粉等都是基于减色混合原理。

印刷过程中是通过印刷油墨(色料)复制颜色。印刷油墨的三原色是青、品红、黄。理想的色料三原色能够吸收一种三原色光而反射另外两种，例如，吸收红光，反射绿光和蓝光，因而呈现青色；吸收绿光，反射红光和蓝光，因而呈现品红色；吸收蓝光，反射红光和绿光，因而呈现黄色。如图 1-4 所示，青、品红、黄就是色料的三原色。

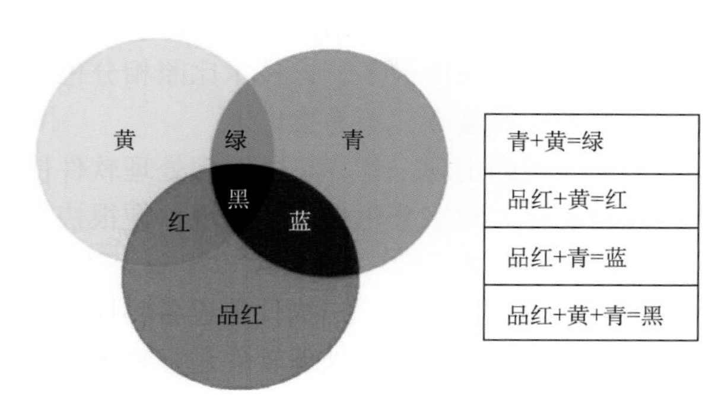

图 1-4 色料三原色的减色混合

调整色料三原色的比例，就可以得到其他色料的色彩。而实际生产中的印刷油墨往往不具有理想的三原色，没有一种颜色或染料能够实现理想色料三原色的光谱吸收，因而由色料三原色混合而成的其他色彩，也存在实际和理想的差别。为尽可能真实地还原原稿的颜色，科学家和印刷从业者不断研发新油墨，改进印刷工艺，目前印刷工业一般是通过青、品红、黄、黑四色油墨实现彩色印刷。另外，还可根据特殊要求制作专色油墨等。

2. 印刷分色及加网

分色和加网技术是彩色印刷复制理论的重要支撑。分色是为了通过有限的印刷油墨实现印刷品的颜色；而加网的目的是在模拟印刷设备下，表现出连续调印刷品丰富的阶调层次。

1)分色技术

从色料减色混合原理可知，理论上能够通过有限的三原色油墨(黄、品红、青)混合实现印刷品的所有颜色复制。在印前阶段，通过图像处理系统对原稿实现分色，是印刷油墨减色法实现的必要步骤。分色技术主要经历了照相分色技术、电子分色技术、数字分色技术阶段。在照相制版技术出现之后，照相分色技术在很长时间内占据主要地位。照相分色是基于照相制版设备中的红、绿、蓝三种滤色片对光的选择性吸收特性，将原稿中的所有颜色分解为品红、黄、青三原色，并在感光胶片上形成品红、黄、青三原色对应的黑白负片；由于光量的不同，负片上会形成密度不同的黑白图案。

照相分色技术实现了人们对彩色印刷品的批量印刷需求，但随着照相制版技术的退出，照相分色技术也因其烦琐、复杂的工艺以及对人员技术要求高等因素退出历史舞台。随后出现的电子分色技术[11]，是利用光电扫描和电子计算技术完成分色，最关键的部件是光源激光器，包括氦氖激光器、氩离子激光器和氙灯激光等，其中以氩离子激光电分机使用最多。该技术比照相分色效率高，产品质量好，但仍然不够灵活，专业化程度高，不易推广。

随着计算机彩色桌面系统的出现，计算机及图像处理软件快速发展，这推动了分色技术的数字化和自动化。数字分色技术一出现，便很快取代照相分色技术和电子分色技术成为主流分色技术。

数字分色技术[12]是使用数码照相机、扫描仪等设备将原稿输入计算机中获得图像的数字信息，再运用计算机中的图像处理软件进行输出处理，实现分色。分色的最终目的是将数字化的原稿通过Photoshop等处理软件实现色彩空间的转换，并通过分色算法的优化提高颜色复制的精确性。例如，把 RGB 图像转换为印刷复制用的 CMYK 图像；在 Photoshop 等分色软件中，可以对分色选项进行详细设置，包括分色类型、黑版阶调特性、黑色油墨限制、印刷油墨总量限制等。

2) 加网技术

网点是印刷中最重要的元素，它是最基本的印刷单元，在图像复制过程中承担着重要的作用，控制印刷质量最关键的因素就是对网点的控制。常见的书籍、宣传册、国画等印刷品，给人的感觉是图像文字等都是连续变化的，但是当用放大镜仔细观察时，便会发现新奇的现象，画面变成了一个个大小相同或不同的点，单独或互相叠加在一起组成了丰富多彩的颜色，所有的网点都是离散的，并且点的形状还是可变的，有圆形、菱形、方形等多种形状。其实在印刷中，这些点被称为印刷网点，它是印刷中实现图像的阶调层次(颜色明暗变化)的关键手段。正如我们看到的计算机屏幕上的数字图像，它们也是由各种离散的点即像素构成的，通过像素来表现数字图像的明暗变化。网点大小的设置与人眼的最小分辨率有直接关系，人眼的最小分辨率为 100 μm 左右。

将原稿上的图像从高光到暗调部分以连续密度形成的浓淡层次称为连续调，印刷加网的目的是将连续调的原稿分解成不连续的网点。随着科学技术的不断进步，加网技术从传统的玻璃网屏加网、接触网屏加网、电子网屏加网，发展到现在的数字加网。数字加网技术[13,14]主要有调幅加网技术、调频加网技术和混合加网技术(图 1-5)。

调幅加网技术是一种传统的、最普通的加网方式。它是在加网网点数目不变的情况下，以改变网点的大小来表达图像层次的深浅。调幅网点不仅在空间的分布上有规律，而且在单位面积内的数量是固定不变的，原稿上图像的明暗层次依

图 1-5 加网技术图

靠每个网点的面积变化在印刷品上得到再现。在印刷中，调幅加网技术[15]可通过有理正切加网技术、无理正切加网技术及超细胞结构加网技术实现。调幅网点的使用主要需要考虑网点大小、网点形状、网点角度、加网线数等因素。调幅加网的优势在于图像的中间调部分加网效果比较好且阶调过渡比较自然平滑；缺点在于加网线数受限于所使用的印刷生产条件。

调频加网技术[16]是通过网点的疏密来表现图像的层次关系。调频网点在空间的分布没有规律，为随机分布。每个网点的面积保持不变，依靠网点的密集程度即改变网点在空间上分布的频率，使原稿上图像的明暗层次在印刷品上得到再现。调频网点的使用主要考虑网点的大小和分布。1982 年德国 Scheuter 和 Fisher 首次提出了调频加网的理论，但当时的计算机水平无法满足调频加网的要求[17]。90 年代后期，随着计算机技术的发展，调频加网技术得到了实际运用。调频加网分布的细小网点打破了点子出现的周期性，从理论上消除了产生龟纹的基础。但是，调频网中网点的周长比调幅网中网点的周长大，因而调频加网比调幅加网网点扩大得也多；并且调频加网对工作环境要求苛刻，印刷质量较难控制。

混合加网技术是综合运用调频网点和调幅网点，以获得更加优异的图像层次。目前，市场上的混合加网技术主要有两种具体实现方式[15]：一种是同一图像的不同阶调采用不同的加网技术，例如，在亮调和暗调区利用调频网点捕捉细节，在中间调区利用调幅网点与调频网点完成平稳的渐变。另一种是不同阶调的网点都同时使用调频、调幅两者的特征算法进行混合加网。这类混合型加网技术也称为“二阶调频加网”。混合加网技术既体现了调频网点的优势，又具有调幅网点的稳定性和可操作性。因此，混合加网技术是未来加网技术发展的重要方向之一。

3) 网点形状和加网角度

从网点形状上讲，印刷中常见的网点为圆形网点、椭圆形网点、方形网点、链形(菱形)网点、十字架形网点、钻石形网点、线形网点、散播形网点以及其他的特殊形状网点(图 1-6)；最常用的网点为圆形网点、方形网点和链形网点，不同网点成像效果差异较大，应用环境也不相同。印刷制版中，加网角度的选择有着至关重要的作用。选择错误的加网角度，将会出现干涉条纹。常见的加网角度[10]有 90°、15°、45°、75°几种。45°的网点表现最佳，稳定而又不显得呆板；15°和 75°的网点稳定性要差一些，不过视觉效果也不呆板；90°的网点是最稳定的，但是视觉效果太呆板，没有美感。两种或者两种以上的网点套在一起时会相互干涉，当干涉严重到影响图像美观时，就出现俗称的“龟纹”。

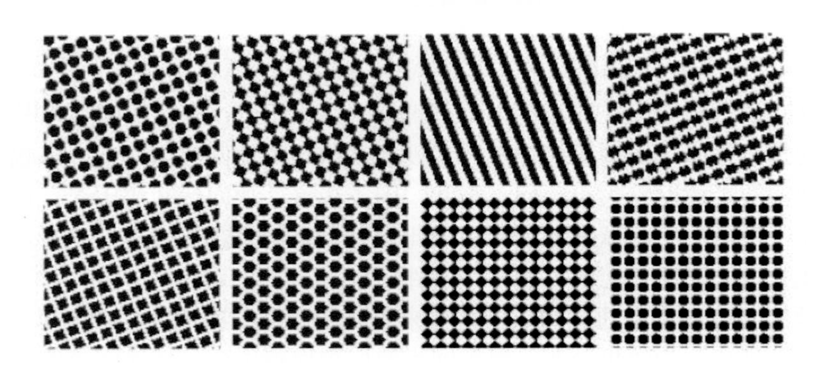

图 1-6　不同形状的加网网点

一般来说，两种网点的角度差在 30°和 60°时，整体的干涉条纹会比较美观；其次为 45°的网点角度差；当两种网点的角度差为 15°和 75°时，干涉条纹就有损图像美观了。

1.2.4　近现代印刷技术的发展

由于印刷品的多样化，为实现最佳的印刷复制效果，印刷技术也不再只有单一的选择，人们可以根据不同印刷品的特点，选择合适的印刷方式。以感光材料为基础形成了以平版(胶版)印刷技术、凹版印刷技术、凸版(柔性版)印刷技术及丝网印刷技术为主流的多样化的印刷技术体系，虽然在印刷原理、印刷工艺、印版材料等方面有很大区别，但是它们在制版技术上存在较大的共同点，主要经历了由人工/机械操作的铅字排版技术发展到以感光胶片为成像方式的照相制版技术，最终发展到以彩色桌面出版系统为主流的计算机直接制版技术。在此过程中，应用于印刷制版技术的感光材料也不断更新和发展，主要包括两大类：一类是银盐印刷感光材料，如在 20 世纪 90 年代占据主流制版技术的激光照排技术使用的胶片；另一类是非银盐印刷感光材料，如传统胶版印刷(简称胶印)使用的 PS 版、柔性版印刷(简称柔印)使用的树脂版，以及新型计算机直接制版技术使用的热敏 CTP 版等。本节将简要介绍目前主流的印刷技术体系。

1. 平版印刷技术

平版印刷的发展主要经历了石版印刷、珂罗版印刷和胶版印刷三种方式。1798 年，德国的逊纳费尔德发明了石版印刷技术，用天然的石灰石经物理及化学处理后制成印版进行印刷[18-20]；1817 年，逊纳费尔德将石版改良为薄锌版材，并把印刷方式改进成“圆压圆”的辊筒方式，进一步提高了印版的耐印性和生产速度[20,21]。石版印刷和珂罗版印刷都还属于直接印刷的范畴，是印刷版面与承印物直接接触，从而将印版上的图文直接转印到承印物上的直接印刷方式。1904 年，美国的威廉·鲁培尔将橡皮布应用在印刷滚筒上，制造出最初的三滚筒模式的印刷机，从而将平版的直接印刷方式改变成间接印刷方式，此又称为胶版印刷[22]。它是先将印版上的图文转印到橡皮布上，再由橡皮布与承印物接触，将图文转印到承印物上的间接印刷方式。胶版印刷的发明，是平版印刷术的一项重大改革，对平版印刷的进一步发展乃至整个印刷业的发展具有重要意义。现在一般所说的平版印刷指间接印刷方式的胶版印刷。

1) 平版印刷原理

平版印刷是利用油水不相溶的原理[22,23-25]，即印版的图文部分和空白部分具有不同的性能，图文部分亲油斥水，空白部分亲水斥油。平版印刷使用的印版，其图文部分和空白部分基本处于同一平面，从微观上看，图文平面比空白部分平面高出约 0.05 mm。在实际印刷时，必须先对印版上水(即润湿液)，使印版表面附着一层水膜，再通过墨辊输送油墨，这样可以保证印版的图文部分附着油墨，而空白部分因为水膜的存在，与油墨形成排斥，从而保证空白部分不亲墨。在印刷压力的作用下，印版图文部分的油墨经橡皮布滚筒转移到承印物表面，完成印刷。

2) 印版

胶印版材是目前应用最广、用量最大的印版。经过近几十年的快速发展，我国已成为胶印版材的生产大国，胶印版材产量约占全球总量的 50%。印版是实现平版印刷水墨平衡的关键材料，其性能直接影响到平版印刷印刷品的品质。印刷行业里常常说“三分印，七分版”，足见只有较好地了解平版印刷印版，才能清楚地认识平版印刷的整个过程。目前，胶印使用的印版主要由制版技术决定，其中激光照排技术使用的是预涂感光树脂版(presensitized plate，PS 版)，计算机直接制版技术使用的是 CTP(computer to plate)版。

a. PS 版

PS 版按感光层吸收紫外光后的成像特性，可分为阳图 PS 版和阴图 PS 版。

阴图 PS 版是在阳极氧化处理后的铝板上涂布阴图型感光液，烘干后制成。其成像原理是，当接受光照后，阴图 PS 版发生交联，或聚合成不溶性的树脂，显影时，曝光部分的树脂不发生溶解，未曝光的感光树脂发生溶解。阴图 PS 版的感光层从光化学机理上可分为光交联体系和光聚合体系[26]。感光层由感光树脂、成膜树脂、染料、溶剂等组成[27,28]，其中，对于感光树脂和成膜树脂的研究最多。早期阴图 PS 感光树脂为重铬酸盐明胶，但此感光物质有下列严重缺点：在暗室中几小时内会发生相互交联，不能以预涂式制作，且抗腐蚀性低。为解决该问题，美国柯达公司首次将不溶性高分子聚乙烯醇肉桂酸酯应用到 PS 版的制作中，从而提高了版材的感光灵敏度及抗腐蚀性。随着进一步的发展，可用于阴图 PS 版的感光树脂体系愈加丰富。例如，适用于光交联机理的光二聚体系(肉桂酰型和丙烯酰型)[26]、叠氮型及重氮型树脂；适用于光聚合机理的乙烯基单体或低聚物。其中，重氮型树脂因具有高感光度，曝光时不易受氧干扰等优点被应用得最多。该体系中感光树脂多采用二苯胺重氮树脂，成膜树脂类型较多，能溶于合适溶剂的线型聚合体均可使用。

阳图 PS 版是在阳极氧化处理后的铝板上涂布阳图型感光液，烘干后制成。其成像机理是，曝光时，涂层中的感光剂吸收紫外光后发生光分解或光氧化还原反应，从而使曝光的涂层在显影液中的溶解度增大，曝光部分溶解；未曝光部分留在版面上形成图像。20 世纪 30 年代，德国卡勒公司首先发现了重氮萘醌系感光化合物，并将其成功应用于阳图 PS 版的制作[29]。它是以 2,1,5-或 2,1,4-重氮萘醌磺酰氯为代表的重氮萘醌化合物与含羟基的高分子或小分子进行酯化后得到的感光性高分子材料。因其具有感光范围宽、显影宽容度大、碱水显影、操作方便等优点，20 世纪 60 年代后被广泛推广使用。到目前为止，世界上所使用的阳图 PS 版感光组成物几乎都是重氮萘醌磺酸酯体系。

b. CTP 版

计算机直接制版技术自 1995 年 DRUPA 印刷展进入人们视野，经历了二十年的发展，该技术已在全球范围内得到广泛认同和采用。随着 CTP 技术的革新，CTP 版也经历了电子照相体系、卤化银体系、高感光度高分子体系及热敏体系的研发和更新；目前市场上销售的 CTP 机主要是红外热敏 CTP 机和紫激光光敏 CTP 机，CTP 版也主要是热敏 CTP 版和紫激光 CTP 版。

(1) 热敏 CTP 版。

热敏 CTP 版是利用热成像技术成像，其感光范围一般为 830～1064 nm，通常搭载波长为 830 nm 的红外激光二极管(IR-LD)激光器成像。由于其具有高分辨率、高耐印力及可明室操作的综合优势而被商业印刷广泛使用。经过多年的技术发展，热敏 CTP 版成像原理形成了热烧蚀型、热交联型、热分解型、热转移型及热致相变等多种类型，其中以热交联型和热分解型方式为主[30]。

热交联型 CTP 版又称为阴图型热敏 CTP 版[30]，它由热敏涂层和亲水版基组成。该版材在激光束照射下，热敏涂层迅速发生交联反应，形成不溶于显影液的图文部分；未见光部分溶于显影液，被冲洗后露出的版基成为空白部分。热敏涂层一般由酚醛树脂等水溶性或碱溶性成膜树脂、热敏交联剂和红外染料组成。热敏交联剂在合适的温度下，将与成膜树脂发生交联反应形成空间网状结构，使交联的热敏涂层不溶于水；红外染料将会有效吸收红外激光的能量，经能量转换后，使热敏涂层的温度达到交联反应的温度。最早的阴图热敏 CTP 版在显影前需要预热，预热可以进一步加强交联效果，提高膜层的抗磨耗性和版材的耐印力；后来又发展出显影前无需预热的阴图热敏 CTP 版。阴图热敏 CTP 版一般通过外鼓式 CTP 制版方式成像。

热分解型 CTP 版又称阳图热敏 CTP 版[30]，与阴图热敏 CTP 版正好相反，它是热敏涂层在 800～850 nm 的红外激光照射下曝光发生分解，分解后经过显影处理，被显影液冲洗掉，从而露出亲水的版基；而未见光部分不具有碱溶性，显影处理后将保留在印版表面，具有良好的亲油性，即为图文部分。阳图热敏 CTP 版材具有感光度高、宽容度大、成像质量高等优势，在国内版材市场占据重要地位。国内外版材生产龙头企业都对阳图热敏 CTP 版材投入极大的研发力量，如乐凯华光印刷科技有限公司、成都新图印刷技术有限公司、四川炬光印刷器材有限公司、美国柯达公司、日本富士胶片公司及德国爱克发公司等，促进了该领域的技术进步。阳图热敏 CTP 版的热敏涂层一般由不溶于显影液的成膜树脂和红外染料构成。由于其成像原理的差异，阳图热敏 CTP 版在耐印力方面略逊于阴图热敏 CTP 版，提高阳图热敏 CTP 版的耐印力已成为国内外企业提高核心竞争力的主攻方向。曹雷系统研究了阳图热敏 CTP 版涂层中树脂种类对润版液的影响，指出抗醇性和耐磨性是影响热敏 CTP 版耐印力的主要因素，控制好醇类的使用可以克服版材在印刷过程中的掉版和耐印力低的问题；并进一步提出，阳图热敏 CTP 版的研制应向着提高抗醇性以及印刷过程中使用无醇润版液的方向发展。

热敏 CTP 版发展至今，技术水平和版材性能不断改进，发展比较完善。但是，在使用过程中仍旧面临许多难以克服的问题。例如，版材稳定性差，容易变质，并且前期无法检测出来，只有在曝光后才能发现；激光头的维修和更换成本高，耗电量多；速度不及光敏 CTP 版等缺陷。

(2) 紫激光 CTP 版。

紫激光 CTP 版[31,32]属于光聚合型版材，一般搭载 405～410 nm 的紫激光二极管光源扫描直接成像制版。紫激光 CTP 版由铝版基、感光层和表面层构成。其中，感光层主要由聚合单体(低聚物)、光引发剂、光谱增感剂、成膜树脂等原料组成。成像原理如下：当紫激光照射时，曝光部分的增感剂吸收紫激光能量，与光引发剂一起引发单体聚合、成膜树脂聚合，从而导致曝光部分的感光层不溶于显影液，形成图文亲油部分；未曝光部分被显影液冲洗掉，形成空白亲水部分。

紫激光版材具有以下优势[31]：紫激光能量高，具有更快的成像速度；波长较短(405～410 nm)，能够产生更小的激光点，在版材表面形成更精细的网点，从而使 CTP 版材具有更高的分辨率，最高分辨率可达 300 dpi(每英寸所能打印的点数，即打印精度)；能耗低，使用寿命长。目前，全球主要有四家公司具有生产紫激光 CTP 的技术，分别是日本富士胶片公司、德国爱克发公司、美国柯达公司、中国乐凯华光印刷科技有限公司。

自紫激光 CTP 技术出现以来，业界围绕“光敏 CTP 和热敏 CTP 谁更好”进行了相当长的技术讨论。目前来看，与热敏 CTP 相比，紫激光 CTP 除制版速度、耐印力方面略占上风外，其他参数指标均不及热敏 CTP，尤其是紫激光 CTP 的投入成本依然较高，以及严格的操作环境等限制了其在市场中的应用。据统计，2013 热敏 CTP 版产量约占我国 CTP 版产量的 64%；紫激光 CTP 版近几年呈滞长趋势，约占 7%；其他 CTP 版如 UV-CTP 近几年发展较快，占 28%左右，其中喷墨 CTP 版属于新兴技术，市场较小。

3) 润版液

润版液是目前胶印中必不可缺少的材料，在胶印水墨平衡中承担了斥墨(亲水)的角色，它不是单纯的水，而是一种混合溶液，用于在印版的空白部分形成合适的水膜，以保证空白部分免受油墨污染。近年来，润版液也不断地推陈出新，具有很多品种，大致分为三类：酸性润版液、酒精润版液和非离子表面活性剂润版液[33]。其中，酒精润版液使用得最多。润版液一般含有电解质、缓冲剂、印版保护剂、润湿剂、干燥剂等物质。印刷中，润版液用量过大或过小都会直接影响最终的印刷效果[34]。润版液用量过大时，影响图文部分的着墨，印刷品颜色平淡；润版液用量过小时，空白部分保护不到位，出现上脏，且纸张拉毛，印品质量下降。因此，在使用中，必须选择合适的润版液，并严格控制润版液的使用工艺和参数。

平版印刷中，掌握水墨平衡是确保印刷品质量稳定的关键，即在一定印刷速度和印刷压力下，正确调节润版液的供应量，使乳化后的油墨所含润版液的体积比例控制在 15%～26%，形成一定程度油包水(W/O)型稍微乳化的油墨，以最小的供液量与印版上的油墨相抗衡[35]。

2. 凸版(柔性版)印刷技术

凸版印刷是指印版的图文部分高于空白部分，且处于同一平面或同一半径的弧面上，并在图文部分涂布油墨，通过压力的作用，使图文印迹转移到承印物表面的印刷方法。我国发明的雕版印刷术就是应用凸版进行印刷。随着感光材料的应用，凸版印刷也发展为以感光树脂版为主流材质的印刷方式，简称柔性版印刷。柔性版指的是印版能够弯曲，从而可以固定在滚筒上的凸印版。滚筒通过机器运转高速压印，从而满足现代社会生产的高效率。

早期的柔性版印刷采用手工雕刻橡皮做印版、利用染料油墨印刷，由于采用苯胺油墨进行印刷，被称为“橡皮版印刷”或“苯胺印刷”。到 20 世纪 30～40 年代，柔性版印刷进入了实验阶段并进一步发展，新型油墨的开发，印刷机干燥装置的改进，网纹辊的出现以及制版、装版技术的提高使柔性版印刷技术发展到可在透明薄膜及普通纸上印刷[36]；1952 年，美国将苯胺印刷改名为柔性版印刷[37]。20 世纪 90 年代之后，柔性版印刷在包装装潢印刷中发展很快，已经成为仅次于平版印刷的第二大印刷方式。

1) 柔性版印刷原理

柔性版印刷(flexography)是使用柔性印版，通过网纹辊和传墨辊传递油墨的印刷方式。柔性印版是由橡胶版、感光性树脂等材料制成的凸版，所以，柔性版印刷属于凸版印刷的范畴。

柔性版印刷的油墨转移机理非常简单，低黏度、高流动性的油墨填充到网纹辊细小的着墨孔中，多余的油墨被刮刀刮除，留在网纹辊的着墨孔中的油墨随后转移到柔性版浮雕状的图文上，当印版上的油墨区和承印物接触时，轻压就完成了油墨的转移。图 1-7 是柔性版印刷的原理示意图[38]。

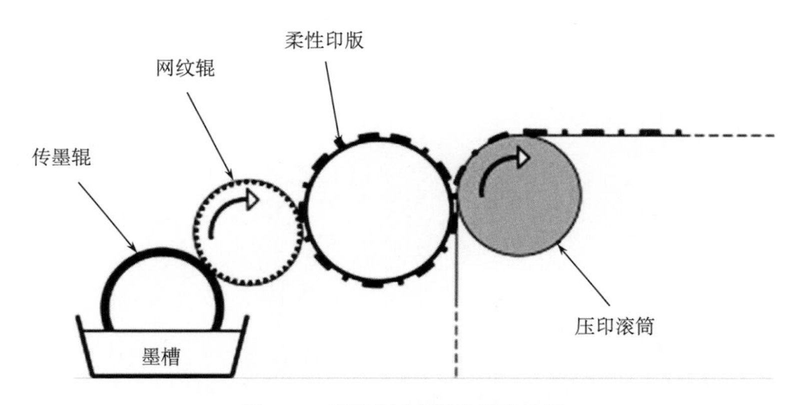

图 1-7　柔性版印刷原理示意图

2) 柔性版印刷材料

柔性印版经历了从橡皮版到感光树脂版的发展过程。1973 年以前，在整个柔性版印刷领域中，占据主导地位的柔性印版一直是橡胶柔性版。这类版材的平整度误差较大，制版工艺复杂、落后，分辨率低，导致柔性版印刷品的质量较差。它一般被应用在印刷要求不高的线条类产品上。1973 年，美国杜邦公司发明了用于柔性版印刷的感光树脂版(赛丽版)[39]。感光树脂版由光敏树脂构成，经紫外线直接曝光，使树脂硬化，形成凸版形状。在现代柔性版印刷技术领域中，感光树脂版的发展具有特别重要的意义。与橡皮版相比，感光树脂版分辨率高，制版速度也快。

柔性版材由聚酯支持膜、感光树脂层和聚酯保护层三部分组成，形成类似三明治的结构。感光树脂层涂布在聚酯支撑膜上，感光树脂层的表面是一层可揭去的聚酯保护层。聚酯支撑膜和聚酯保护层保护版材在搬运、裁切和背曝光过程中免受损伤。当聚酯保护层被撕下时，还有一层很薄的膜非常严实地铺在感光树脂层的表面用于减少直接接触。当感光树脂被紫外光曝光时，感光树脂中的固化物和光敏树脂发生聚合反应。感光树脂牢固地附着在聚酯支撑膜上保证尺寸的稳定性，以获得非常稳定的印刷套准精度。感光树脂版包括固体版和液体版两种。固体版是预先将感光树脂涂在金属或者聚酯片等支持体上层积后成型制成的版材。感光树脂的主要成分为聚酰胺(尼龙)、聚乙烯醇(PVA)、聚乙烯吡咯烷酮(PVP)或者聚酯等高分子物质，以及作为光硬化成分的丙烯酸单体和作为光聚合引发剂的化合物等[39]。液体版是在成型装置上，将液体感光树脂按需要的厚度进行成型完成制版。树脂的主要成分是不饱和聚氨酯或者不饱和聚酯等高分子物质，以及丙烯酸单体、光聚合引发剂等。

图 1-8 是一张柔性印版的图片。

图 1-8 柔性印版

根据柔性版印刷的工艺特点，一般柔印油墨具有两个显著特点：一是黏度低，流动性良好；二是能快速干燥。目前，国内外普遍使用的柔性版印刷油墨主要有三种类型：溶剂型油墨、水性油墨和紫外线(UV)光固化油墨。溶剂型油墨主要用于塑料印刷；水性油墨主要适用于具有吸收性的瓦楞纸、包装纸、报纸印刷；而紫外线光固化油墨为通用型油墨，纸张和塑料薄膜印刷均可使用。

3. 凹版印刷技术

1) 凹版印刷原理

凹版印刷属于直接印刷，与凸版相反，它的印版图文部分凹下，空白部分凸起。印刷时，在印版表面先涂满油墨，再经过刮墨装置将空白部分的油墨刮掉，从而只保留印版网穴中图文部分的油墨，在压力作用下，完成油墨到承印物的转移。通常压印滚筒在上，印版滚筒在下。印版表面上墨可通过印版直接浸在油墨槽中、墨泵喷墨、墨槽中墨辊传墨等多种方式实现。凹版印刷机的刮墨装置基本上都采用不锈钢片刮刀。刮刀设置在墨槽上方并压在印版滚筒表面，用于刮除版面上空白部分的油墨。图 1-9 为凹版印刷的原理图[40]。

图 1-9　凹版印刷原理示意图

2) 凹版制版技术

凹版印刷是一种非常古老的印刷方式，起源于 15 世纪早期(最早为铜版雕刻)。凹版制版技术从早期的手工雕刻凹版、照相腐蚀凹版，发展到了当今主流的电子雕刻凹版及激光雕刻凹版。

照相腐蚀凹版是利用化学药剂的腐蚀制版法，将网屏与底片放置在涂有铬盐溶液敏化的明胶层的炭素纸上，曝光后，用专门的炭素纸转移装置将炭素纸碾压到凹版印刷滚筒上，实现图文的转移。

电子雕刻凹版是将镀铜及对铜表面加工后的版辊固定在电子雕刻机卡盘和顶尖之间，在计算机的控制下做匀速运动，将电子信息转化为电流信号，再通过电流的强弱带动电子雕刻头的机械振动，实现图文信息记录。工艺流程包括滚筒清洗、电子雕刻、镀铬。电子雕刻机产生于 20 世纪 60 年代，是德国著名的 Hell 博士发明的，电子雕刻凹版技术促使凹版制版在质量、效率上显著提高。由于电子雕刻机雕刻刀的一次雕刻动作只生成一个网穴，并且其加网线数、加网角度及网穴深度要受到雕刻刀角度、滚筒转速和雕刻头的横向进给速度等多方面的限制，因此仍存在记录文字、图形，特别是小字号文字时边缘雕刻品质不佳等问题[41]。

激光雕刻凹版的原理是应用一路或多路高能激光束，使滚筒表面图文部分的胶层瞬间气化，然后将滚筒放置在腐蚀液中进行腐蚀，使图文部分被腐蚀形成网穴，空白部分胶层保留，随后再用清洗液清洗掉空白部分的胶层，滚筒表面镀铬后得到凹版版辊。与电子雕刻凹版相比，激光雕刻凹版的优势是加网时可以选择不同的网点形状，如方形、圆形、六边形等；并且加网角度、加网线数、网穴深度相比电子雕刻都有明显改善[41]。因此，随着激光技术的成熟，激光雕刻凹版技术已成为新的发展趋势。

图 1-10 是一张凹版印刷用印版照片。

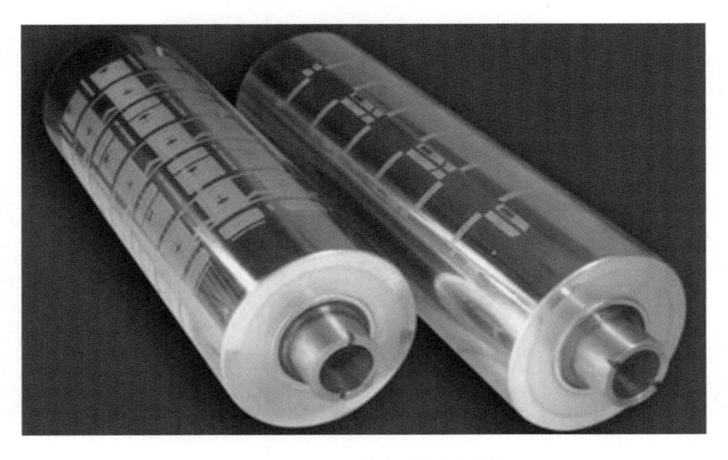

图 1-10 凹版印刷用印版

3）凹版印刷油墨

根据凹版印刷的工艺特点，凹版印刷油墨必须具备容易填入凹版网穴和被刮墨装置除去的性质，因此，与平版印刷油墨相比，凹版印刷油墨黏度和黏着力均低。凹版印刷油墨基本上属于牛顿流体，黏度和油墨的流动性息息相关，黏度的大小决定了油墨的转移效果。凹版印刷油墨的黏度太小时，印刷品墨色发虚，不平实；黏度太大，则会在印刷品的图文部分出现刮痕并出现糊版现象。因此，凹版印刷油墨的黏度在印刷过程中应保持恒定。凹版印刷油墨是溶剂挥发性的，溶剂挥发会导致黏度上升，所以必须在凹版印刷机上安装黏度自动控制器控制黏度。

4) 凹版印刷的特点

与凸版印刷、平版印刷表现图像的阶调层次的方式不同，凹版印刷不是依靠网点着墨面积的不同来表现阶调层次变化，而是取决于网穴体积和在印刷过程中的油墨转移量。凹版印刷是四大印刷技术中唯一可用油墨层厚薄表示色彩浓度的印刷方式。凹版印刷具有墨层厚实、层次丰富、印刷质量好、印版耐印且能长久存放等优点，尤其在粗质纸、玻璃纸、塑料膜、金属箔上印刷效果好。因此，凹版印刷很适合精细的彩图及包装印刷，如商标广告、装潢材料、塑料薄膜、金属箔、厚纸板等；另外，凹版制版难度大，可使用的油墨宽容度大，因此可以用于防伪印刷，通常用于有价证券的印刷，如货币、证券、邮票等。但由于制版印刷费昂贵，工序较为复杂，凹版不适合印量低的印件。

4. 丝网印刷技术

1) 丝网印刷原理

丝网印刷[42]属于孔版印刷。孔版印刷包括誊写版、镂空版、喷花和丝网印刷等，应用最为广泛的是丝网印刷。现代丝网印刷技术是将丝织物、合成纤维或金属丝网绷在木质或金属网框上，利用感光材料通过光化学的方法制成丝网印版。丝网印刷的工艺是：首先在绷好的丝网上涂布感光胶，形成感光版膜，然后利用感光材料的光硬化性，将阳图底版密合在版膜上晒版，经紫外线曝光、显影、冲洗得到丝网印版。由于印版上的图文部分不受光照射，感光版膜可溶于水，冲洗后印版上只有丝网，形成通透的部分，印刷时能透过油墨，在承印物上形成墨迹，得到图文。印版上受光照射的部分感光胶硬化，不能溶于水，形成固化版膜，将网孔封住，印刷时油墨不能透过，就形成了空白部分。图 1-11 是丝网印刷示意图[38]。

由于印刷方式的不同，丝网印刷又可以细分为“平压平”法、“平压圆”法和“圆压圆”法三种。三种印刷方法的区别在于网版与基材的形状，“平压平”法为网版和基材均为平面状态，“平压圆”法为网版是平面而基材是通过滚筒传送的圆面，“圆压圆”法为网版和基材均是随着滚筒同步移动的圆面。

丝网印刷的一个必备条件是选择合适的网版。网框的稳定性、丝网的目数、丝径及网版制作方法等均可影响网版的印刷质量。丝网的目数和丝径对网版的影响主要体现在印刷分辨率上，高目数、小丝径的网版印刷分辨率较高，有利于印

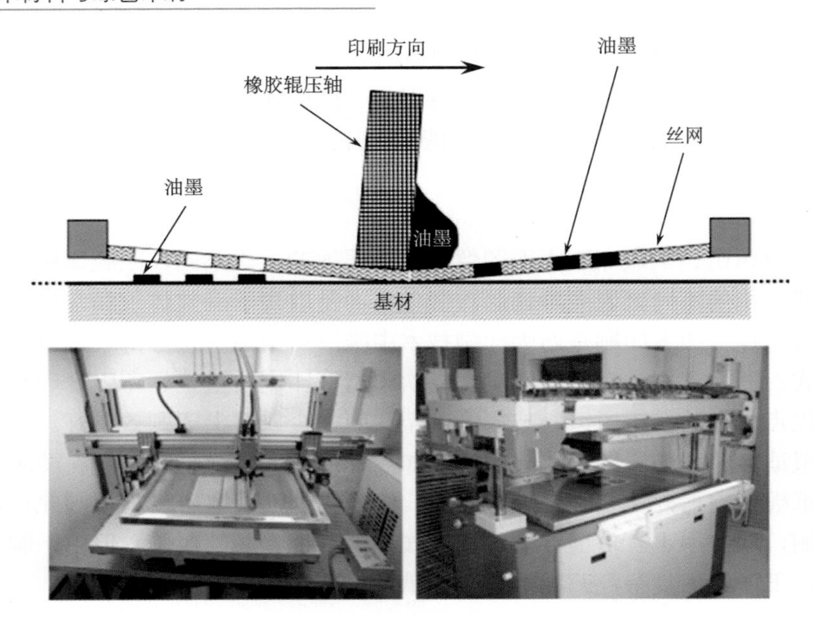

图 1-11　丝网印刷示意图

刷出高质量、高精细度的图案。但是也需要对相应的油墨进行调整，如黏度、细度等，以匹配相应的网版。

作为四大印刷方式之一的丝网印刷技术以其可控的油墨墨层来实现图像原稿的再现，墨层厚度范围为 1～300μm，且承印尺寸范围可在几平方微米到几平方米之间，承印物范围广泛。因此，丝网印刷被广泛应用在纺织、陶瓷、容器、标牌、广告及厚膜超集成线路和薄膜超导材料等领域。

2) 丝网印刷用感光材料

丝网印刷最早起源于中国，由镂空版印刷演变而来。丝网印刷的照相制版法于 1925 年正式实现，它与现在的直接感光制版法完全相同。1914 年前后彼得和伊梅里等相继发明了由明胶、聚乙烯醇、聚乙烯醋酸盐、牛皮胶、阿拉伯树胶等基本乳剂中加入重铬酸钾和重铬酸铵等感光物质构成的感光乳剂。随后，丝网印刷制版感光材料性能不断改进和发展，大致可分为四类：重铬酸盐系感光胶、醇溶性尼龙系感光胶、重氮树脂系感光胶、其他系感光胶。其中，重铬酸盐系感光胶是最早用于丝网印刷制版的感光材料，由于重铬酸盐具有较大的毒性，对人体有一定的危害，对环境也有污染，因此其使用受到限制。目前普遍采用的是重氮树脂系感光胶。重氮树脂系感光胶是 20 世纪 70 年代出现并得到发展的新型丝网印刷制版用感光材料。其组成主要分为以下两类[42]：重氮树脂+聚乙烯醇(PVA)+高分子乳剂、重氮树脂+聚乙烯醇(PVA)+高分子乳剂+丙烯酸单体。重氮树脂系感光胶是一种新型感光胶，具有优良的分辨力和耐印性能，且不存在环境污染和对人体的毒害。但重氮树脂系感光胶使用条件有所要求，涂布、曝光、显影等工艺必须一次完成，这是因为重氮树脂系感光胶涂布干燥后形成的感光膜容易在避光阴凉处发生暗反应，从而导致感光胶失效。为克服上述缺点，出现了新一代丝网印刷用感光材料“聚乙烯醇环缩醛苯乙烯基吡啶盐树脂感光胶”，简称“SBQ 感光胶”。SBQ 感光胶[43]具有感光度高、可直接使用、稳定性优异、无毒无害等诸多优势，是未来丝网印刷感光材料发展的重要趋势之一。

1.3　数字印刷技术

数字印刷是将数字化的图文信息通过数字印刷机直接记录到纸张等承印材料上进行印刷。数字印刷机的发展要从打印机说起，早期计算机用打印机由打字机改装而成，都是使用撞击色带的打印技术。20 世纪 70 年代，打印技术由最初的撞击色带系统发展到非撞击打印系统，形成了激光和发光二极管打印机、喷墨打印机、直接热打印机、热转移打印机和染料热升华打印机等[44]。但由于技术上的局限，当时的打印机还称不上是数字印刷，它还不能打印特殊符号、标记或图形，图像打印则更困难，另外，无法满足计算机高速输出的需求。数字印刷真正成熟是在 20 世纪 90 年代后，德国海德堡公司在 1991 年 Print91 展览会上展出了 GTO-DI 数字式印刷机；1993 年，以色列 Indigo 公司和比利时 Xeikon 公司分别推出 E-Print1000 和 DCP-1 彩色数字印刷机，这成为数字印刷技术诞生的标志[45,46]。同年，Chromapress 彩色数字印刷机开始销售，终于使数字印刷成为实际可行的印刷方法。

成像技术是数字印刷的核心技术，按照成像原理分类，当前用于数字印刷的成像技术包括磁成像法、热成像法、电子束成像法、静电成像法和喷墨成像法等[44-47]。其中静电照相法和喷墨成像法是主流的商业化数字印刷技术。

1.3.1　磁成像数字印刷

磁成像数字印刷(也称磁记录成像数字印刷)，是指利用铁磁材料在外加电场作用下产生磁场，并由磁场材料的磁子在外磁场作用下定向排列，形成磁性潜像，再利用磁性色粉与磁性潜像之间的磁场力的相互作用，完成潜像的可视化，最后，将磁性色粉转移到承印物上的印刷过程。磁性色粉采用的磁性材料主要是 Fe_2O_3，由于这种材料本身具有很深的颜色，所以该方法主要适合制作黑白影像，不太适合彩色影像制作[47]。

在磁记录技术的发展过程中，每一次取得的突破性进展都和磁记录材料的重大变革密切相关。可以说，正是磁记录材料的发展带动了磁记录技术的进步。磁记录材料的发展大致有三个重要的阶段：20 世纪 50 年代 γ-Fe_2O_3 磁粉的推出，70 年代 Cr_2O_3 和 Co-γ-Fe_2O_3 的应用，以及 80 年代金属磁粉与连续薄膜介质的研制和推广，促使磁记录波长向更短方向发展。目前，磁记录波长已由最初的 1000 μm 缩短到 300 nm。

通常的磁成像印刷系统由磁成像系统、成像鼓、显影装置、抽气装置、压印滚筒、固化装置、退磁装置以及清理装置等组成。成像鼓(磁鼓)是整个系统的核心，它的中心部分是非铁磁材料的核，在其表面依次涂上软质的铁镍层和硬质的钴镍磷层后，就变成了磁鼓。其中，磁性铁镍层厚度约为 50 μm，钴镍磷层厚度约为 25 μm，磁鼓的最外层还有一层是保护层，厚度仅为 1 μm。磁记录成像数字印刷的工艺过程一般包括成像、呈色剂转移、呈色剂固化、清理和磁潜像擦除等。

目前，磁记录成像可在普通承印物上实现，印刷价格较低廉；但印刷速度慢，一般为每分钟数百张，并且印刷质量较差，限制了该技术的规模应用。

1.3.2 热成像数字印刷

热成像数字印刷是指利用热效应，并采用特殊类型的油墨载体转移图文信息的一种印刷技术。热成像技术可以分为热升华和热转移两种，它们都是先将油墨转移到承印基材上，再通过加热转移到承印物上。两者的区别有三点[47]，首先，信息转移方式不同，热转移成像中，油墨存储在一个供体中，并通过施加热量转移到承印材料上；而在热升华成像中，油墨通过扩散从供体转移到承印材料上，即通过热量熔化墨，并扩散到纸张上。其次，使用的油墨不同，热升华油墨层由染料构成，而热转移油墨层以颜料为基本材料。最后，承印物不同，热升华成像要求承印物表面涂布特殊的接受层，而热转移成像对承印物没有特殊要求。

热升华成像是迄今所有数字印刷方法中复制质量最高的技术。热升华成像是一种非银盐成像方式。影像的形成是由两个片子完成的：一个是染料的给予体，另一个是染料的接受体。成像时，染料通过受热发生热升华反应，由给予体扩散转移至接受体而形成影像。热量控制是由加热头根据输入的信息来控制的，而加热头是由一排发热元件线阵组成的，每个发热元件采用热响应快、响应线性度好的新型材料制成。染料扩散的多少依赖于发热元件温度的高低，发热元件的温度受像素的颜色值控制发生连续变化，以此来表现层次等级。而输入的信息是根据所存储的影像数据来控制的，主要通过加热所释放染料的品种和释放染料的量来控制。染料有黄、品红和青三种基本颜色，经过这样的过程就可以在接受体上得到应有的颜色类别和一定的密度。该种方法最后形成的影像质量由完成影像形成的染料给予体和染料接受体控制。热升华成像技术在打印过程中不存在墨滴扩散的问题，因此，可实现高质量的图像复制，并且因表面会涂布一层保护膜，图像长久保存不褪色；但其也具有打印速度慢、不适合文本打印、对环境要求苛刻、打印幅面窄、材料利用率低等缺点。

1.3.3 电子束成像数字印刷

电子束成像数字印刷也称离子成像数字印刷，它通过使电荷定向流动建立潜像，该过程类似于静电成像数字印刷。不同之处在于，静电成像数字印刷是先对感光鼓充电，然后对其进行曝光生成潜像；而电子束成像数字印刷的经典图文是由输出的离子束或电子束信号直接形成的。离子束或电子束成像数字印刷的图文鼓采用更坚固、更耐用的绝缘材料制成，以便接收电子束的电荷。

电子束成像数字印刷系统工作时，首先由成像盒产生电子束，这些电子束通过与成像盒相连的引导筒排列成电子束阵列，该电子束阵列被引导到能暂时吸收负电荷的绝缘表面上。当滚筒旋转时，由于电子束的开通与关闭，在绝缘表面形成电子潜像。滚筒转动到呈色剂盒所在位置时，电子潜像将吸附带正电的呈色剂粒子。已吸附了呈色剂粒子的绝缘表面继续转动到转印辊，承印物在通过转印辊与绝缘滚筒形成的加压组合时，由转印辊对承印物加压；在该压力下，绝缘表面与承印物表面紧密接触，且处在巨大的压力下，从而使电子潜像吸附的呈色剂粒子转移到了承印物上。考虑电子潜像吸附的呈色剂粒子不可能全部转移到承印物表面，在转印辊后面安装有刮刀，以刮下那些未被转移的呈色剂粒子。上述过程完成后，虽然未被转移到承印物表面的呈色剂粒子被刮掉了，但绝缘表面可能还带有电子，为此需要利用擦除辊擦除剩余的电子，以利于下一步的成像和转印。

1.3.4 静电成像数字印刷

静电成像(electrophotographic)也称电子成像，是指利用激光扫描方法在半导体上形成静电潜像，再利用异性电荷相互吸引的方法将带有电荷的色粉转移到光导体的静电潜像上，然后利用同样的方法将墨粉转移到纸张上并将其固化的一种印刷方法。

静电成像数字印刷技术最初用于静电复印，它是基于卡尔森(Carlson)和科尔纳(Kornei)在1938年的发明，利用光导和静电效应结合而成的。后来日本佳能公司对该种技术进行了改进，使其中的核心部件——感光辊的使用寿命大大提高，形成了新型的“NP静电复印法”[48,49]。

静电成像数字印刷技术的基本工作原理是“光电转换”，即首先对涂有光导体的滚筒式感光鼓均匀充电，然后利用由计算机控制的激光束对其表面进行曝光，受光部分的电荷消失，未受光部分仍然携带电荷，通过吸附感光鼓上与电荷极性相反的墨粉或液体色剂成像，再转移到承印物上。其中，感光鼓是静电成像的核心部件，它用光导材料制成。光导材料是一种半导体材料，当在黑暗中时，电阻极大，可视为绝缘体，但是在光照条件下，却表现出导体的特性(如半导体硒在有无光照的情况下，电阻值可相差1000倍以上)。静电成像数字印刷技术正是利用光导材料的这种性质，把光导材料涂到铝合金制成的鼓形零件上，形成感光鼓。从静电成像数字印刷产生到现在，先后出现了三种感光辊：OPC 鼓(有机光导材料)、硒鼓和陶瓷鼓(α-Si 陶瓷)。实际应用中，多层涂布的有机光导体 OPC 鼓使用最广，陶瓷鼓逐渐增多，而含硒化合物的应用正在减少。

静电成像数字印刷中使用的呈色剂主要有两种不同的类型，可分为干式色粉和液体呈色剂[50]。干式色粉是通过在墨粉中掺杂经防氧化处理的铁粉混合成显影剂，显影剂中的铁粉与墨粉摩擦后，使墨粉带负电，铁粉带正电，当显影剂中的墨粉遇到带正电荷的图文潜像后便吸附形成图文，而铁粉因带正电荷被排斥回显影槽。例如，比利时 Xeikon 公司、美国 Nexpress 公司是采用干式色粉(墨粉)显影的静电成像数字印刷技术的代表厂家；而 HP Indigo 静电成像数字印刷技术是采用液体呈色剂(电子油墨)的代表。与采用干式色粉的静电成像数字印刷机不同的是，采用液体呈色剂的静电成像数字印刷机只有一个色组，需要转印多次才能完成一次多色印刷，而采用干式色粉的静电成像数字印刷机有多个色组，且每个色组都是一个独立的单元；另外，采用液体呈色剂印刷在印刷质量和印刷速度上都优于干式色粉印刷。

静电成像数字印刷技术因其产能、品质及灵活多变的特点，非常适合小批量快速印刷，目前广泛应用于图文快印业，并在快速的政府文印行业、直邮(DM)账单行业、小批量多批次的服装吊牌等行业取代小胶印，弥补了传统印刷技术在小批量小幅面印刷领域的缺陷，开辟出新的应用领域。但静电成像数字印刷技术受激光成像技术的限制，高速旋转时，因激光束会发生偏转，从而造成对图像质量的影响。近年来，为改进和提升静电成像数字印刷技术的品质，静电成像数字印刷技术的研发已聚焦在高精细电子油墨代替色粉、印刷速度和质量的提升、印刷幅面的加大等重点方向。

1.3.5 喷墨数字印刷

1. 喷墨原理及类型

喷墨印刷(inkjet printing)是将油墨以一定的速度从喷嘴喷射到承印物上，然后通过油墨与承印物的相互作用，使油墨在承印物上形成稳定的图文。这种技术第一次作为明确的概念出现是在 Lord 的一个专利中，而后由于人们不能够提出详细的方法来限制液滴的流向，该技术直到20世纪五六十年代才得到发展。

喷墨印刷过程中，关键步骤包括：液滴的产生、基材上液滴的定位及相互作用、液滴的干燥或是通过其他固化机制形成固态沉积物。

按照喷墨印刷产生液滴的不同机制，可以将其分为两大类：连续喷墨

(continuous inkjet, CIJ)印刷和按需喷墨(drop on demand, DOD)印刷，如图 1-12 所示[51]。

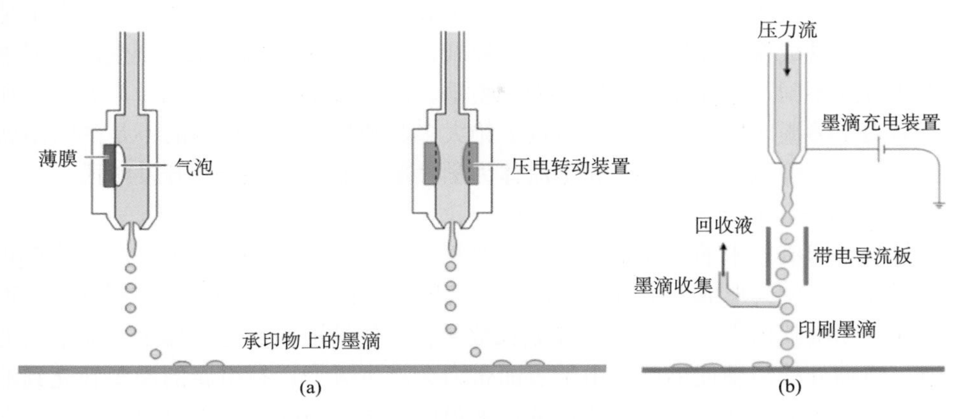

图 1-12　喷墨印刷产生液滴的两种机制

(a) 按需喷墨印刷；(b) 连续喷墨印刷

1) 连续喷墨印刷

连续喷墨印刷是指由喷墨控制器产生连续喷射的墨滴，其中图文部分的墨滴转移到纸张上，非图文部分的墨滴发生偏移回到油墨循环系统。连续喷墨又经历了二值偏转、多值偏转、Stream 成像技术及 Ultrastream 成像技术类型。在二值偏转技术中，墨滴具有两种状态，其中带电的(非图文部分)墨滴被电场偏转，不带电的(图文部分)墨滴转移到纸张上。而多值偏转技术中，墨滴具有不同的电荷，当通过电场时，便产生不同程度的偏转，从而转移到承印物的指定位置。Stream 成像技术是通过改变液体的表面张力，将墨滴分为不同大小的墨滴，较大的墨滴才能到达承印物上，较小的墨滴则被稳定气流吹回循环回路中。该技术因具有更高的成像质量、更快的成像速度，被认为是极具竞争力的成像方式。柯达公司是连续喷墨技术的代表，继 Stream 成像技术之后，2016 年德鲁巴展会上，柯达公司展出了使用其第四代连续喷墨技术 Ultrastream 的喷印单元。与 Stream 技术的最大不同之处是控制墨滴走向的原理。Ultrastream 技术采用的是静电原理，Stream 技术采用的是气压原理；Ultrastream 新技术下喷头有更高的工作频率，可以生成更小、更均匀的墨滴，对墨滴运动轨迹实现更精准的控制。Ultrastream 被认为是高速运动条件下实现高分辨率喷墨印刷的新标准。连续喷墨技术的特点是墨滴产生速度快(100～300 kHz)，墨滴运行受环境的影响小；喷头与承印物的距离可达 3～6 mm，印刷质量受承印物变形和粉尘的影响小；喷头不易堵塞，无需频繁清洗。

2）按需喷墨印刷

按需喷墨模式与连续喷墨模式的不同之处在于，按需喷墨中，墨滴的产生是不连续的，受成像计算机的数字信号所控制，只在需要印刷时才会产生。根据墨滴生成方式不同，按需喷墨印刷分为热喷墨、压电喷墨、静电喷墨、声波喷墨和电流体力学喷墨印刷技术[52-54]。市场上绝大多数喷墨印刷机使用的不是热喷墨就是压电喷墨，静电、声波喷墨和电流体力学喷墨印刷技术还处于开发阶段。

a. 热喷墨印刷技术

热喷墨印刷技术的原理是利用一个薄膜电阻器，在油墨喷出区中将小于 5 pL 的油墨加热，使其形成一个气泡，这个气泡以极快的速度（＜10 μs）扩展开来，迫使墨滴从喷嘴喷出[54]。气泡再继续成长数微秒，便消逝回到电阻器上，随着气泡消逝，喷嘴处的油墨便缩回。由于表面张力会产生吸力，拉引新的油墨补充到油墨喷出区中，如此往复，墨滴便连续地被喷射出来。热喷墨印刷机对于喷头的设计要求不高，简单易行[55]。但由于油墨在喷出时被瞬间加热，容易发生化学反应或产生降解，影响油墨的稳定性，因而热稳定性差的油墨使热喷墨印刷技术在应用上受到限制[56]。

b. 压电喷墨印刷技术

在压电喷墨印刷技术中，油墨是由一个和热喷墨印刷技术类似的喷嘴所喷出，但是墨滴的形成方式是基于缩小油墨喷出的区域来完成的。而喷出区域的缩小，是由施加电压到喷出区内的一个或多个压电板来控制的[54]。压电喷墨印刷技术是利用晶体施加电压时产生形变的特性，在常温状态下稳定地将油墨喷出，它对墨滴的控制能力强。相对于其他喷墨印刷技术，主要是对比热喷墨印刷技术，压电喷墨印刷技术具有更多的优点，因而该技术受到了更多的青睐。

首先，压电喷墨印刷技术对于墨滴体积和形状的控制更精准。压电陶瓷元件驱使电压脉冲对隔膜产生压力使墨滴喷出，因此，通过对压电元件的调控驱动，可以更好地控制墨滴的形状、大小以及保证喷射方向的一致性，从而实现印刷层厚度均一，同时压电喷墨印刷技术并不需要对油墨进行循环，省去了循环系统。

其次，压电喷墨印刷技术对油墨的选择更为宽泛。由于其特殊的工作原理，压电喷墨印刷并不需要对油墨进行瞬时高温加热（200～300 ℃），这就有效避免了温度过高而使得油墨变质的问题，尤其是含有有机和生物材料成分的油墨[57-59]。Setti 等[60]对热喷墨印刷过程中酶的活性做了相关研究，报道称通过使用 Olivetti I-Jet 型热喷墨印刷机，酶的活性降低了 15%；之后，Xu 等[61]使用热喷墨印刷机成功地将哺乳动物细胞沉积在琼脂及含有胶原蛋白涂层的玻璃基底上。研究表明，该细胞的活性降低了 8%。Nishioka 等[62]在对过氧化物酶的活性进行研究时，发现压电喷墨印刷使该酶的活性降低了 50%以上。但是随着降低喷墨的压缩率，酶活性的损失可忽略不计。同时还发现，糖类的引入(如海藻糖、葡萄糖等)可以形成大量氢键，对过氧化物酶产生保护作用，从而有效防止酶失活。虽然以上结果看似表明热喷墨印刷同样具有对生物活性材料的适用性，也表明油墨暴露在高温环境中的时间极短(约 2 μs)，但是对油墨的变质程度的评价应该侧重于热敏感的材料，并且通过每种油墨的测试来进行综合衡量。与压电喷墨印刷技术一样，热喷墨印刷技术同样需要对油墨进行表面张力调控。Lonini 等[63]的研究报道中，所使用的生物材料油墨需要进行改进以确保在热喷印过程中不出现堵头情况。通过 HP Deskjet 5740 热喷墨印刷机和 Epson Stylus C46 压电喷墨印刷机的对比，研究人员发现，压电喷墨印刷机能够流畅喷印而且保证生物材料的活性。热喷墨印刷机虽然也没有发生堵头现象，但是打印头并不能连续喷出油墨。因此，并不像之前研究表明的，热喷墨印刷同样对油墨的表面张力有所要求[64-66]。而且，压电喷墨印刷技术成本更低，操作更便捷。虽然压电喷墨印刷和热喷墨印刷技术的印刷分辨率趋于一致，而且油墨的热稳定性近些年来得到了极大程度的改进，但绝大部分用于科学研发的市售打印机都是基于压电喷墨印刷技术，主要是因为压电喷墨打印喷头的成本低，操作简单、快捷。

c. 静电喷墨印刷技术

静电喷墨印刷技术是基于对带电墨滴进行电压调控以使油墨连续喷出。墨滴被挤出后先经过两片电极，之后会带上电荷，通过高压电场的作用，会发生方向偏转，通过调控电压即可实现油墨的可控喷印。静电喷墨印刷技术的优点在于可以形成比喷嘴尺寸更小的墨滴。因为墨滴从墨盒喷出后经过带电荷和电压调制过程，该种结构可以从尖端分裂形成更细小的墨滴。然而，静电喷墨印刷要求油墨材料是导电性材料，这在一定程度上限制了其应用范围。早在 1992 年，Newman 等[59]研发了一种安培葡萄糖传感器，其中，葡萄糖氧化酶和四硫富瓦烯(TTF)介质的成膜借助了静电喷墨印刷技术。由于喷印系统上的导电检测器不能探测到非导电材料，研究人员向其中加入了四丁基高氯酸铵来增加油墨的导电性。基于该种方法制备的电极在当时具有优异的再现性和宽的工作范围。近些年来，也有相关研究报道了静电喷墨印刷沉积单壁碳纳米管以制备功能性图案。Kim 等[67]开发了一种导电混合物，该混合物由 D_2O、十二烷基磺酸钠(SDS)及碳纳米管(0.05 g/mL，*W*/*V*)组成。通过将外施电压保持在 2.5 kV，可以形成直径为 10 μm 的喷印墨滴。Shigematsu 等[68]报道了利用自制的静电喷墨印刷喷头沉积水溶性的单壁碳纳米管油墨，通过向安装在毛细管中的针尖施加脉冲电压，碳纳米管油墨可从针尖喷出。他们发现，通过降低所施加的电压和增大油墨的黏度可以提高印刷图案的分辨率。液体的表面张力是喷印过程中的临界参数，可以通过向油墨中加入乙醇来进行调控，该喷头可以实现 45 μm 印刷分辨率。

d. 电流体力学喷墨印刷技术

压电喷墨印刷技术可以产生的最小墨滴体积在皮升级，在制备纳米级功能图案时，需要能够产生更小体积的墨滴，因此人们开发出了电流体力学喷墨印刷技术[69]。该技术可将油墨从管径300 nm的毛细管中喷出，得到直径为(240±50) nm的墨滴，并打印出分辨率为数百纳米的图案和功能器件。具体过程是，在喷头和导电基材间施加电压，产生的电场引起油墨中的离子聚集于喷头的弯液面附近。这些离子间的库仑排斥力导致液体表面产生切向应力，从而使弯液面变形为圆锥状，称为泰勒锥。在合适的电场下，泰勒锥顶点处的静电压力克服毛细管张力，纳米尺寸的液滴会从顶点喷出。2007 年日本东京大学和德国普朗克固态研究所的研究人员通过电流体力学喷墨印刷技术实现了亚飞升级墨滴的产生，并将这种技术用于制备有机半导体上的高精度银接触电极，得到的晶体管迁移率约为0.02 $cm^2/(V \cdot s)$，开关电流比在10^4以上[70]。

e. 声波喷墨印刷技术

声波喷墨印刷技术是将一种高频传感器安置在声学透镜的后面，声学透镜可以产生一定频率的声波，透镜将声波的能量聚集以克服墨滴的表面张力，从而将墨滴从喷嘴喷射出来[71]。Paul 等[72]使用声波喷墨印刷机成功地制备了有机薄膜晶体管(TFT)，他们将聚合物有机半导体材料溶于有机溶剂，在疏水的栅极绝缘层上以一步法沉积得到了具有 35 μm 分辨率且十分均一的薄膜，这是其他方法(如旋涂法)所不能实现的。通过该种方法制备得到的晶体管，其性能与其他方法制备得到的相似，而且节省了油墨，从而降低了成本、减少了废物的产生。由于该种技术所用喷头不需要喷嘴，因此克服了常规喷印方法易堵头的缺点。

喷墨数字印刷是一种非接触印刷方式，对承印物的形状和材料具有很高的宽容度，幅面大，且可实现多色印刷。早期的喷墨印刷技术由于喷墨头的限制，存在很多缺陷，如经常出现墨杠、颜色不能准确输出等；随着喷头等核心技术的不断提高，喷墨数字印刷的质量显著提升，已能满足普通印刷品的印制要求，并正在成为最具发展潜力的数字印刷技术。目前，诸多静电照相数字印刷厂商也都在加大开展喷墨数字印刷机的研发，包括美国惠普公司、日本富士施乐公司、日本柯尼卡美能达公司、日本佳能公司等，由此可见，喷墨数字印刷已成为数字印刷技术发展的未来。

2. 喷墨数字印刷技术的应用

1) 按需印刷

在电子出版、网络出版快速增长的时代，出版业的发展面临着新的挑战。喷墨印刷机的出现，给出版业带来新的发展模式，有效缓解了传统大批量出版物起印量高、库存积压的压力，满足了小批量出版物按需生产的需求，创造了新的市场增长点[73]。例如，全世界最大的按需印刷服务提供商是美国的英格拉姆内容集团[74]，其从 1998 年的 1100 种图书启动按需印刷，发展到现今超过 600 万种图书的按需印刷。按需印刷市场巨大，国内诸多企业也看好这一市场，包括郑州今日文教印刷有限公司、四川新华文轩出版传媒股份有限公司、香港虎彩集团、东莞大朗中编印务有限公司等纷纷投资按需印刷[74]。

2) 在标签领域的应用

喷墨印刷因其灵活高效、适应性高、成本低的特点，在个性化包装方面拥有巨大的应用潜力，目前已在标签领域取得较好的应用，例如，药品监管码及防伪标签等市场已广泛应用。2017 年在中国召开的世界标签协会（L9）北京峰会暨中国国际标签高端论坛上，北美标牌与标签制造商协会的迈克尔・瑞特表示[75]，在北美市场新装机的设备中，数字印刷机占比已经由 2011 年的 33%增长到 2014 年的 52%，并预计将在 2020 年超过 77%。数字印刷技术中的喷墨印刷是未来 3 年中发展最为迅速的标签印刷方式。另外，据欧洲不干胶标签协会统计的数据调查发现，2016 年投资数字印刷设备占比 31%，首次超过了传统印刷设备投资的 28%。而在购买数字印刷设备的企业中，31%的企业选择了喷墨印刷机。

3) 在瓦楞产品领域的应用

喷墨印刷技术主要应用于瓦楞纸箱、瓦楞纸盒等瓦楞产品的短版订单，具有高效率、低成本的显著优势。目前，惠普、爱克发等国际公司都非常重视瓦楞产品市场，并推出相应的产品[76]。例如，HP Scitex 15500 瓦楞印刷机，可对厚度达 2.5 cm 的瓦楞纸板进行印刷；爱克发的 M-Press 系列喷墨印刷机也适用于瓦楞产品的印刷。国内数字印刷设备厂商北京金恒丰科技有限公司[76]推出的喷墨印刷机 U3000 专门用于瓦楞产品，是目前国内印刷速度最快、印刷范围最广的工业级喷墨印刷机。未来随着喷墨印刷机的性能提升、成本下降，喷墨印刷机将会应用于更多瓦楞产品的印刷[77]。

4) 在商业印刷领域的应用

商业印刷范畴包括广告宣传页、彩色画报、高档画册、精美杂志、菜谱、名片、喷绘广告、条幅展架等，是喷墨印刷最大的应用市场之一。商业印刷内容色彩鲜艳、图案美观，产品以促销为目的，尽最大可能吸引消费者的目光。随着个性化需求的增多及批量化印刷数量的减少，传统印刷技术将会显著增加成本压力，压缩企业利润空间。在喷墨印刷技术品质提升和成本控制的作用下，喷墨印刷技术在商业印刷领域的应用优势将逐渐显现。

5）在功能器件制备中的应用

喷墨印刷是选择性地沉积功能材料的最有前景的方法之一[78]，可以实现复杂、精密图案的大面积制备，而且因为图形设计方便、操作成本低廉等优势而广泛应用于各种功能器件如传感器、发光器件、太阳能电池、生物器件及微电路等的制备。例如，有机高分子具有可溶液加工的性质，因此可用喷墨印刷方法实现功能高分子薄膜的图案化，并应用于聚合物晶体管等其他有机电子薄膜器件的图案化加工。美国 Palo Alto 研究中心的研究人员在喷墨印刷制备有机薄膜晶体管方面开展了大量的研究工作，他们在金属薄膜表面高温打印熔融蜡，作为光刻胶，经刻蚀后得到了图案化的源/漏金属薄膜电极，通道宽度为 40～400 μm[72,79,80]。另外，喷墨印刷法在传感器制备领域受到广泛关注。Wang 等[81]利用喷墨印刷，在可以弯折的铝片上打印出具有热响应的 ZnO 图案，在 ZnO 图案上打印纳米银作为电极，实现了完全使用打印制备热敏传感器，其信噪比高达 50 dB。笔者所在课题组通过喷墨印刷方法并结合浸润性调控得到光子晶体微流通道。

1.4　印刷产业的绿色化

随着我国印刷产业的稳步快速发展，我国印刷业已跃居世界第二位。但我国绿色印刷的发展与发达国家相比仍比较落后，印刷行业的环保问题严峻，已被列入国家大气污染防治重点行业[73]。我国中小型印刷企业居多，由于新技术投入成本高、人才限制或者环保处罚压力不够等因素，他们转型接受先进的低污染或绿色材料和工艺的过程比较慢，大多数中小企业仍在使用传统的印刷加工工艺，从版基制备过程中使用的酸碱电解液，感光制版过程中的废定影液、显影液、废弃胶片，到印刷过程中的溶剂型油墨排放的大量挥发性有机化合物（volatile organic compound，VOC）等，都给周围环境带来巨大的压力，印刷产业的绿色化和可持续发展已成为当今印刷业各界人士最为关注的问题，加快开发新型环保的印刷技术、设备或材料已迫在眉睫。针对绿色印刷的未来发展需求，国内外企业均开展了积极的研究和产业应用，例如，围绕热敏 CTP 版材和紫激光 CTP 版材开展了免处理 CTP 版材、无水胶印版材等的研发，围绕溶剂型油墨开展了 UV 固化油墨、水性油墨等的研发。我国相关科研院所和高校也开展了免处理 CTP 版材、环保型油墨等新技术的研发。下面将简要介绍几种代表性的绿色环保技术。

1.4.1　绿色印刷版基

胶印在传统印刷中占据重要地位。我国是胶印版材生产大国，据中国印刷工业协会统计，2015 年我国胶印版材生产量约 3.97 亿 m^2，占全球胶印版材总消耗量的 50%以上。版基作为胶印版材的重要支撑物，目前常用的版材多采用纯铝为版基，自 1950 年美国 3M 公司成功研发 PS 版后，印刷版基六十多年的发展一直没有摆脱电化学腐蚀氧化铝版基生产工艺，每年因电解、阳极氧化等排放废渣、废液达千万吨，对环境造成严重污染，同时造成巨大的电能消耗。

为了减少电解粗化过程中产生的污染，目前一些印刷版材采用了非金属基底，如聚酯版材和纸基版材等。聚酯材料的物理和化学稳定性较铝版基差，在溶剂或高温的条件下可能会发生膨胀、变形或扭曲。此外，由于在高速印刷的过程中会产生大量的热，聚酯版容易变软，在遭到拉伸后产生变形，造成定位不准，影响整个印刷过程的产品一致性。所以，需要对所用聚酯版基进行筛选和优化。在国外，已有部分印刷企业选择聚酯版基代替铝版基来完成小幅面印刷。

目前，国外有德国爱克发公司的 Setprint 聚酯版、日本三菱公司的 Silver Digiplate 聚酯版和先特(Xante)聚酯版，它们主要是银盐及紫激光 CTP 版，由于国外技术的垄断，聚酯 CTP 版的设备和版材价格一直居高不下，限制了其应用。虽然从目前来看，聚酯版基或纸基版要大规模推广还有很多关键技术亟须突破，但不可否认，发展低成本的聚酯版基或纸基印刷版材不仅符合市场的需求，还可大幅减少铝版基带来的环境问题，是未来版基发展的重要研发方向。

1.4.2　绿色印刷版材

20 世纪 90 年代初，中国科学家王选院士成功研制出世界首套汉字激光照排系统，使中国印刷业成功告别了“铅与火”，迎来了“光与电”，实现了印刷行业的第二次技术变革；随后发展的计算机直接制版技术(CTP)，摒弃了传统激光照排技术中胶片的使用，减少了胶片曝光后因化学药液显影、定影带来的环境污染，但由于仍是基于感光成像的原理，CTP 版材仍存在化学显影处理排放的废液污染问题。为实现制版工艺的清洁化、绿色化，国内外研究学者围绕免化学处理 CTP 版材、完全免处理 CTP 版材、无水胶印版材、纳米绿色版材等开展了深入系统的研发，有力地推动了印刷制版工艺的清洁化、绿色化发展。

1. 免处理 CTP 版材

免处理 CTP 版材[82]从狭义上讲是指印版在制版设备中曝光后，不需要经过任何处理就可以直接上机印刷的版材，即真正的免处理版材；而从广义上讲免处理 CTP 版材还包括免化学处理 CTP 版材或低化学处理 CTP 版材，它们是指印版曝光后无须化学显影处理，或者仅需要含很少化学成分的显影液显影的版材。目前，免处理版材技术[83]主要有热烧蚀、热致极性转变、热熔及在机显影技术等类型。

热烧蚀技术就是通过红外激光的热能效应将版材的表面涂层烧蚀击穿，使其露出铝版基，图文部分没有被激光烧蚀就保留下来，这样就形成了图文和非图文部分。该技术的优点是实现完全免处理，曝光成像时就完成显影，无须后续显影；缺点是版材烧蚀过程中产生药膜涂层的粉尘，需要在制版机上添加特殊的吸尘装置；激光能量要求较高，制版速度较低。

热致极性转变技术是利用版材表面涂层在红外激光的热能作用下亲水亲油性能发生改变，这样的印版无须其他后处理也可以直接上机印刷。但是，由于生产成本和印刷适性等问题，这种版材一直没有大批量商业生产。完全免处理版材目前只有小量的试生产，而且由于版材的感光度很低，即使使用高功率的激光器，生产效率还是较低，可用于生产速度要求不高的商业印刷。

热熔技术是指 CTP 版材经过热敏制版机（标准 830 nm）曝光后，图文部分的涂层吸收热量发生热熔合效应，用水性胶清洗上胶后得到印版[84]。因此，热熔 CTP 版材的感光膜中必须含有很小的塑胶聚合微粒，以能够接收高细强的激光束，从而发生热熔反应。该版材不仅具有常规热敏 CTP 版材耐印力好、分辨率高的特点，而且制版过程中无化学处理环节、工艺简捷，因此已实现商业化。热熔型版材是爱克发公司的专利技术，其开发的 Thermolite 版材、Azura 版材就采用了热熔技术，可广泛应用于爱克发、网屏、柯达、海德堡等品牌热敏 CTP 设备上[85]。

在机显影的免处理版材是指印版在印刷机上进行曝光显影，利用润版液的润湿效应使版材显影，将非图文部分的药膜去除。这种在机显影的版材最早是为直接成像（DI）印刷机开发的，需要对每种颜色的滚筒都配备激光成像装置，其成本及后续维护成本较高。目前，直接印刷机已逐渐被数字印刷机取代。基于热敏型在机显影的免处理 CTP 版材目前也有一些用户，紫激光的在机显影版材对紫激光能量的要求较高。此类 CTP 版材的优点是不需要化学显影，在印前制版中不会产生废液；缺点是在印刷机上显影，印刷操作人员对版面内容的识别和校对，以及制版质量的控制无法准确进行，反倒容易产生操作错误，引起时间和材料的浪费；另外，在机显影过程中，印版的非图文部分药膜进入润版液循环系统中，会给印刷带来隐患。在机显影版材是为短版印刷设计的，所以耐印力比较低，一般在 5 万左右。

2. 无水胶印技术

无水胶印技术是针对传统有水胶印而提出的。传统有水胶印依靠水墨平衡原理，在印刷前需要先上水（润版液），再上墨，当水墨的比例合适后，才能得到好的印刷品。印刷中，润版液的用量调节往往依赖于经验，润版液使用不当将会引发油墨乳化、纸张变形、糊版等一系列复杂的质量问题[86]。而无水胶印技术完全是将斥墨的硅橡胶层作为印版的空白部分，在严格的温度和湿度控制下，使用专用油墨完成印刷。无水胶印免除了水墨平衡控制，印刷质量优于传统有水胶印，并且避免了润版液中醇类挥发引起的环境污染，是一种环保型的印刷技术。

20 世纪 70 年代，无水胶印首先由美国 3M 公司推出，随后由日本东丽公司购买并推广[87]。经过 40 多年的发展，无水胶印技术在一定程度上已经被接受和认可。据统计，欧洲无水胶印市场[87]占有率为 7%～8%，美国为 11%～12%，日本 15%的单张纸印刷机采用无水胶印版材。无水胶印版材因具备墨层厚实、网点精细、扩大率小、印刷质量佳等突出优势，非常适合印制高档环保型标签，在以环保安全为基准的食品包装领域具有广阔的应用前景[88]。图 1-13 为德国高宝公司展示的无水胶印机。

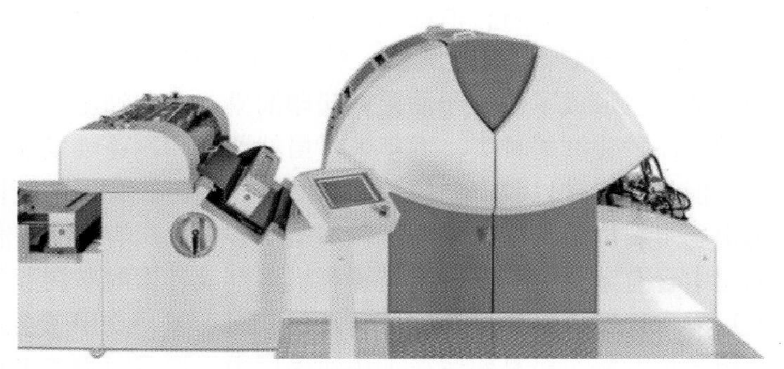

图 1-13 无水胶印机

目前，我国也有企业开始应用无水胶印技术，但总体来说，无水胶印在我国的应用还处于起步阶段，这主要还是由于无水胶印技术在具有特有优势的同时，还存在一些推广障碍。主要包括两方面，一是应用环境苛刻，对车间环境和设备温度的要求都非常高，环境不适宜将影响油墨的黏度，从而导致出现质量问题；比有水胶印的坏版概率大，印前花版不容易被发现，印刷过程中，也容易受纸粉、纸毛等摩擦影响出现花版的现象，导致印版报废；印刷速度不能太快，一般控制在 9000 张/h，太快容易导致热量散发慢，滚筒表面温度升高，油墨黏度下降，印品表面出现水渍等问题。二是成本高，使用前需配备各种辅助设备及装置，如冷却循环装置、温度控制系统、专用冲版机等，并且前期测试投资较大；另外，耗材价格高，目前无水胶印版材仍完全依赖进口，价格为普通印版的 1～2 倍；无水胶印油墨价格比普通油墨高 20%～30%[89,90,91]。因此，未来无水胶印版材还需加快解决技术、成本、工艺等诸多实际应用问题，才有望在我国大规模推广。

3. 纳米绿色版材

由前所述，传统的 PS 版或 CTP 版都是在铝版基的表面通过涂布感光液形成感光涂层，需经曝光、显影处理后完成印版制作；不仅制版过程中存在化学废液污染，而且铝版基的电解氧化过程也带来大量的酸碱废液排放。针对这一现状，编者所在课题组提出了一种新型的免砂目处理的纳米绿色版材，它是在未经阳极氧化的铝版基表面均匀涂布上特制的纳米功能性涂层，构建出版材表面特殊的微/纳米结构，满足印版的各项印刷要求。该铝版基在涂布纳米涂层之前，仅需要进行简单的水清洁处理，不需要经过阳极氧化工艺；并且随着版基技术的进步，该技术还可应用于聚酯版基或者纸版基。从技术原理和技术路线上看，该版材完全不需要进行感光处理，工艺简捷、绿色环保，是未来版材绿色化发展的方向之一。

1.4.3 绿色印刷油墨

印刷油墨是重要的印刷原材料消耗品之一，2015 年我国油墨消耗总量约达 68 万 t，并且近二十年来一直保持高速增长，平均增长率超过 10%[73]。随着印刷技术的发展，印刷油墨也形成了由胶印油墨、凹印油墨、柔印油墨、丝印油墨及喷墨油墨等组成的多品种化油墨种类。近年来，虽然数字印刷蓬勃发展，传统印刷业务缓慢下滑，但目前仍是以胶印油墨和凹印油墨占主流。我国的胶印油墨、凹印油墨的使用市场主要以溶剂型油墨为主，油墨中含有大量有毒有害化学物质。例如，凹印油墨中含有苯类、酮类、酯类等有机溶剂或者聚酰胺树脂等，此种油墨在印刷生产过程中挥发出氟氯烃会破坏臭氧层，而甲苯、二甲苯会对工人的健康产生伤害；甲苯挥发慢，极易残留在干燥油墨层中，造成对消费者构成直接威胁的溶剂残留问题；另外，这些有毒有害物质能够发生化学迁移，对包装内容物造成污染，从而导致内容物中含有甲苯、二甲苯、铅、汞、砷、铬等有害物质。

近年来，随着化学工业的技术进步，新型合成树脂和高级有机颜料被应用于环保油墨的开发，有利地推动了醇溶性油墨、水性油墨、能量固化油墨等系列绿色印刷油墨产品的应用和推广，对大幅减少或彻底解决传统印刷油墨带来的 VOC 排放等问题提供了良好的解决方案。但由于进口环保油墨的成本过高，而国内绿色印刷油墨与国外在性能上还存在差异等因素，绿色印刷油墨在我国的推广受到限制，相信随着我国在环保油墨开发方面的持续投入和攻关，我国绿色油墨也会迎来新的快速发展。以油墨组成来分类，绿色印刷油墨包括醇溶性油墨、水性油墨、能量固化油墨及大豆油基油墨等。

1. 醇溶性油墨

目前市场上使用的塑料印刷油墨大多采用苯类、酮类、酯类等有机溶剂，这些有机溶剂毒害性较强。由于水性油墨还不能够全面替代溶剂类油墨，所以油墨行业一直在努力开发可以被环境接受的醇溶性油墨。

醇溶性油墨是将醇溶性树脂、溶剂及有机颜料，经充分研磨分散后制成的具有良好流动性的胶状液体，通过挥发干燥而成的油墨。该类油墨具有干燥快、光泽亮、色彩鲜艳的特点。该油墨只含酯类和醇类溶剂，能够有效解决甲苯类油墨对健康所产生的伤害以及溶剂残留影响包装食品质量等问题。

醇溶性油墨是传统塑料印刷油墨的理想替代产品。以醇溶性聚酰胺和硝化纤维素混合做连接料生产的塑料包装表印油墨，完全可以取代甲苯类表印油墨。以聚酯及聚氨酯做连接料的表印油墨已成为欧美地区高档软包装印刷所用的主要油墨。目前国内使用的无苯复合油墨，主要以聚酯/聚氨酯或 PVB 树脂为连接料，可用于印刷双向拉伸聚丙烯(BOPP)、聚对苯二甲酸乙二酯(PET)、尼龙(NY)等薄膜。

醇溶性油墨具有良好的印刷适性、优异的浅网印刷性能和良好的附着牢度，但同时也存在不耐油脂、抗水性差、不耐高温和在低温状态下易结块等缺点。未来聚氨酯油墨将是醇溶性油墨发展的重点。用聚氨酯代替目前使用较多的醇溶性硝化纤维素和其他树脂可使油墨在印刷适性、干燥速度、耐冻、抗水等方面保持优异的性能。

油墨采用乙醇等醇类溶剂迎合了当前油墨的发展趋势，新型醇溶性油墨在不改变客户原有的生产设备和生产工艺的前提下，充分保证了印刷品质量，并可使新型油墨的使用成本比溶剂型油墨下降30%左右。因此新型醇溶性油墨的市场竞争力十分强劲，前景十分广阔，也将占据我国软包装油墨市场的主要份额。

2. 水性油墨

水性油墨是以水及水溶性树脂作为油墨连接料的主要成分，不存在溶剂型油墨中因使用有机溶剂而导致的 VOC 排放问题，因此，具有优异的环保性能，被广泛应用于食品包装、烟酒包装、儿童玩具等对环保性要求比较高的包装印刷领域，印刷方式以柔性版印刷与凹版印刷为主。

当前，在欧美和日本等发达国家和地区，水性油墨已经逐步取代溶剂型油墨，成为胶印以外印刷方式的专用油墨。以美国为例，约95%的柔性版印刷和80%的凹版印刷都采用水性油墨。目前我国水性油墨的研发和生产还处于起步阶段，高档水性油墨完全依赖进口；水性凹印油墨在纸张上已经得到了广泛应用，但在塑料薄膜上的应用还受限制，这主要是塑料薄膜的表面能远低于水，水性油墨在薄膜表面的润湿性差、附着力小以及干燥时间较长等因素，导致印刷速度、光泽度和色彩鲜艳度都低于溶剂型凹印油墨，从而影响了水性凹印油墨在软包装行业的推广和普及。

目前，国内塑料薄膜上印刷的水性油墨的光泽度已经较好，附着力也基本能够满足要求，但是干燥速度较慢是其面临的主要问题，可以通过延长烘道、提高烘道温度和改变干燥形式等手段来解决。提高烘道温度是加速油墨干燥的有效办法，但是由于塑料薄膜受热容易变形，因此烘道温度的提高受到限制。目前水性油墨主要是采用红外干燥及电加热干燥方式。已有研究者提出应用微波干燥方式替代现有的干燥方式，微波干燥不仅速度快而且不会损害印刷基材。

3. 能量固化油墨

能量固化油墨是利用紫外光(UV)或者高能电子束(EB)将油墨中的单体聚合成聚合物墨膜的油墨。目前能量固化油墨主要为紫外光固化油墨和电子束固化油墨两大类。

紫外光固化油墨在20世纪40年代被开发出来,但是直到最近20年才得到较大的发展。紫外光固化油墨是指在一定波长的紫外光线照射下，油墨中的光聚合引发剂吸收一定波长的光子后转为游离态分子的自由基,通过分子间能量的传递,使聚合性预聚物和感光性单体变为激发态，产生电荷转移络合体，络合体间不断交联聚合，使液态油墨瞬间转变成固态，从而实现油墨的干燥固化。紫外光固化油墨具有干燥速度快、生产效率高、能耗低、无溶剂挥发等环保优点，而且印品范围比较宽，可广泛应用于薄膜、塑料、金属、纸张等承印物，因此成为未来绿色印刷油墨的重要组成部分之一。

紫外光固化油墨应用领域众多。例如，无气味、低迁移性甚至无迁移性的紫外光固化油墨，可满足食品包装和药品包装所面临的日益严峻的法规要求；高固化速率可满足高速转胶印的需求；紫外光喷绘油墨在饮料和啤酒罐、各种玻璃和金属瓶罐、硬质瓦楞纸包装材料、电线电缆及印刷电路板等各种承印材料上用于工业涂装、标识和编码等已初露锋芒。

采用电子束能量固化的油墨称为电子束固化油墨。普通油墨印刷后墨膜层的干燥过程一般是油墨中的挥发组分被承印物吸收和挥发，固态物质则保留在承印物表面，形成一层薄薄的墨层。电子束固化是以电子束做照射能源，使活性液体化学组分发生辐射化学反应，在常温下迅速干燥固化的过程。

电子束固化油墨是近年来发展起来的新型环保包装印刷油墨。电子束固化油墨安全、无有害挥发物，对环境、包装物没有污染，印刷品的气味比紫外光固化油墨小，主要用于食品包装印刷。随着电子束固化油墨原料和配套设备的降价以及设计配方的进一步成熟，其未来有望成为可大力推广的实用、经济型油墨。

4. 大豆油基油墨

植物油墨[92]是采用植物油脂作为连接料的油墨，目前研发和应用的连接料主要有碱炼大豆油、菜籽油、棉籽油、葵花籽油和红花籽油等，其中最常用的是大豆油基的植物油墨(图1-14)。与传统油墨相比，大豆油基油墨的流动性和着色性能好，透明度高、色彩鲜艳、不易掉色、价格便宜、印刷效果良好，具有优异的上机稳定性、良好的印后加工性和优良的耐擦性，并且对纸张的宽容度较大，脱墨效果好，易回收利用。目前，大豆油基油墨正在逐步取代以冷凝轮转胶印油墨为主的矿物油油墨。

图 1-14　大豆油基油墨

1.4.4　其他新型环保技术

1. 屏幕软打样

传统打样方法采用出胶片、晒版、打样等工序。数字打样是指以数字印刷系统为基础，在印刷过程中按生产标准与规范处理好页面图文信息，直接输出彩色样稿的新型打样技术，即使用数字化原稿直接输出印刷样张。数字打样系统一般由彩色喷墨打印机或彩色激光打印机组成，并通过色彩管理摸拟印刷打样的颜色，用数据化的原稿得到校验样张。

而屏幕软打样[47]（也称虚拟打样）（图1-15）是在显示器上仿真显示印刷输出效果的打样方法，它通过对显示器进行色彩校正和色彩管理，使显示器的显示效果与印品达到一致。屏幕软打样分本地打样和远程网络打样两种。屏幕软打样可以大大缩短印刷生产周期，减少重复劳动和材料使用量，削减成本，提高效益。因此屏幕软打样不仅实现了所谓的所见即所得，还带来了一种更有效的沟通方式，更有效的流程和生产管理理念。

2. 环保纸张

纸张是印刷过程中消耗量最大的资源之一，而纸张也是森林砍伐的主要原因之一。在过去 40 年间，地球上 50%的森林（约 30 亿 hm^2）已被砍伐，余下只有 20%未受人类破坏，由此引发的全球性温室效应将导致南北两极冰山融化，造成严重的生态灾难。因此，发展环保纸张和再生纸对减少环境资源的损耗具有重大意义。

图 1-15 屏幕软打样

轻型纸即轻型胶版纸，是环保纸张的一种。它由化学浆制成，不进行蒸煮，不会有废气废液排出，制备工艺清洁无污染。轻型纸具有较高的松厚度及表面强度，以低克重达到较高的厚度要求。

再生纸是以废纸为原料，经打碎、去色制浆后再经过多种复杂工序加工生产出来的纸张。其原料一部分来源于回收的废纸，同时加入一些原生浆以提高纸制品的强度。回收 1 t 废纸能生产 800 kg 再生纸浆，这相当于少砍 17 棵大树，节约造纸能耗 9.6 t 标准煤，减少 35% 的水污染。

纸包装不像塑料那样不易溶解，不像玻璃那样易碎，也不如金属重，便于携带。另外，纸制品易于降解，既可以回收再生纸张或作为植物肥料，又可以减少空气污染，净化环境。与塑料、金属、玻璃三大包装材料相比，纸包装被认定为最有前途的绿色环保包装印刷材料之一。环保纸质包装种类很多。例如，包装纸袋代替塑料袋，用于包装物品或食品；将废纸或成品纸浆打碎成泥，通过真空吸附，用模具模塑成型为纸制品的纸模；纸筒制成的各种包装硬盒等。

3. 印后环保材料

1) 环保型上光油

纸质包装受外界环境的影响，表面的油墨层易于脱落，且无光泽的包装品不受人们喜爱，通常采用覆膜的方法解决以上问题。然而，覆膜难以自然降解，进行废包装材料回收时，纸塑难以分离，分离成本高，产生大量固体废弃物，因此对于环保要求高的包装材料禁止采用覆膜工艺。为了降低分离成本，易于降解回收，可对印刷包装品涂布环保型上光油。环保型上光油主要分以下两种。

(1)水性上光油：主要由主剂、溶剂、助剂三大类组成，具有无色、无味、透明感强且无毒、无有机挥发物、成本低、来源广等特点，是其他溶剂型上光油无法比拟的。如果加入其他主剂和助剂，还可具有良好的光泽性、耐磨性和耐化学药品性，经济卫生，对包装印刷尤为适合。水性上光油的溶剂主要是水，有害溶剂几乎没有，且流平性能非常好。但是其不足之处在于干燥速度较慢，容易造成产品尺寸不稳定等工艺故障，因此，在使用中适当添加乙醇，以提高水性溶剂的干燥性能，改善水性上光油的加工适性。水性上光油在凹印机上的使用与一般溶剂型上光油相比更为方便，主要是控制好上光油的黏度、网纹辊的深度和烘箱的温度。

水性上光油在操作中消除了对人体的危害及给环境带来的污染，被食品、烟草印刷企业重视。由于水性上光油中的主要原材料国产化程度不断提高，其生产成本不断下降，市场竞争力将不断增强，未来将成为印刷品表面整饰市场的主流产品。

(2)UV上光油：采用UV(紫外)照射来固化上光油的方法，具有涂料快速固化和低温固化，油墨不容易褪色的特点。UV上光油几乎不含溶剂，有机挥发物排放量极少，因此减少了空气污染，上光油固化时不需要热能，其固化所需的能耗相对较小。另外，UV上光油对油墨亲和力强，附着牢固；UV上光油有效成分含量高，挥发少，用量相对节省；UV上光固化后的印品表面更具耐磨性、耐化学药品性，稳定性好，能够用水和乙醇擦洗；UV上光产品不易粘连，固化后即可叠起堆放，有利于后续工序加工作业。

2)水溶性薄膜

水溶性薄膜是一种环保性包装材料，它可以最终降解为CO_2和H_2O，因此，可以彻底解决包装废弃物的处理问题，缓解现有包装材料带来的巨大污染。

水溶性薄膜的生产原料主要是由成膜剂和辅助剂组成。成膜剂可使用蛋白质材料、淀粉等多糖类物质及聚乙烯醇等合成聚合物，辅助剂为与成膜剂相容的物质。再添加各种表面活性剂、增塑剂、防黏剂，便可制得水溶性薄膜。

水溶性薄膜具有良好的力学性能、热封性能，使用安全方便，可用于多种产品的包装，未来具有广阔的发展前景。

3) 环保型胶黏剂

胶黏剂是一种通过界面作用，把不同物体牢固黏结在一起的高分子化合物，在包装、印刷和生物医药等领域有着广阔的应用市场。传统胶黏剂含有溶剂残留、易燃易爆、VOC 排放等污染隐患。发展水性化、固体化、无溶剂和低毒的环保型胶黏剂已成为胶黏剂的发展方向。环保型胶黏剂包含热溶型、无溶剂型和水基型胶黏剂。

(1) 热溶型胶黏剂：在室温下为固态，加热到一定温度后熔化，与被黏结物连接在一起，是具有一定胶结强度的胶黏剂。它可制成块状、薄膜状、条状或粒状，便于包装和储存；它的黏结速度快，满足自动化操作及高效率的要求。使用过程中无溶剂挥发，不会给环境带来污染，利于资源再生和保护环境。

(2) 无溶剂型胶黏剂：是将可进行化学反应的两组分分别涂刷在黏合的物料表面，在一定条件下，它们紧密接触进行化学反应，达到交联的目的。两组分必须对各自的黏合物具有较强的黏合性，并且反应的时间、压力、温度等工艺因素适当。

(3) 水基型胶黏剂：是以水为溶剂或分散介质制得的环保型胶黏剂，由于不含有机溶剂，减少了环境污染，具有上胶量少，黏结强度高等优点。水基型胶黏剂主要有丙烯酸乳液、聚氨酯 (PU) 乳液。水基型胶黏剂是以水做分散介质，具有对环境友好，无毒、不可燃、固含量高达 50%～60%，可用现有设备生产以及设备较易清洗等优点。

1.5 总结和展望

印刷技术的绿色化和数字化，是印刷产业未来发展的重要内容。国家新闻出版广电总局非常重视印刷行业的环保问题，将绿色印刷作为印刷行业“十二五”和“十三五”发展规划的重要工程和任务。2010 年 9 月 14 日，环境保护部、国家新闻出版总署[①]共同签署了《实施绿色印刷战略合作协议》，标志着我国正式启动绿色印刷工作；2011 年 10 月 8 日，又联合发布《关于实施绿色印刷的公告》。截至 2015 年 8 月，全国有 500 多家印刷企业通过了绿色印刷认证。同时，为控制印刷业排放的 VOC 对环境的污染，我国自 2010 年起，从国家和地方层面均有相关的办法和标准出台，通过规定 VOC 排污限制和收取 VOC 排污费等措施，给使用污染工艺的印刷企业施压，同时给予实施绿色印刷的企业各项支持政策，引导企业逐渐由传统粗放型污染工艺向绿色印刷转型，提升企业实施

① 2013 年，国家新闻出版总署和国家广播电影电视总局合并为国家新闻出版广电总局。

绿色印刷的积极性和信心。虽然我国绿色印刷实施已初步取得成效，并得到印刷企业的重视和支持，但是我国距离真正实现全产业链的绿色印刷，还有很长的路要走。

21 世纪，互联网技术的迅速发展和应用，使电子阅读迅速走入人们的生活，数字出版呈现出蓬勃发展的趋势，纸质出版规模不断萎缩。据中国新闻出版研究院 2017 年 4 月发布的第十四次全国国民阅读调查报告显示，2016 年我国成年国民手机阅读率高达 66.1%。由此可见，在数字出版蓬勃发展及纸质出版物数量不断下降的冲击下，传统以纸质出版为主要方向之一的印刷业面临着全新的挑战。为应对这一挑战，适应数字出版发展的趋势，传统出版厂商以数字出版为基础，通过改革传统出版流程、使用数字印刷技术以及借助互联网发展多种传播方式等，重点推广数字出版物，从而实现传统出版与数字出版的“融合”发展。另外，除开拓已有的出版印刷、包装印刷、商业印刷领域外，寻求新的印刷可应用市场已成为当今全印刷业关注的焦点。

印刷技术是实现材料图案化的有效方式，是重要的增材制造技术之一。纳米材料因其特殊的尺寸效应和性质，在诸多领域显示出潜在的应用前景和重要价值。编者所在课题组经过多年研究，将纳米科技的创新研究成果与印刷技术相结合，为印刷产业的绿色发展打开了一扇新的大门。他们利用纳米材料超亲水/超亲油特性，创新性地提出一种非感光、无污染、低成本的纳米绿色制版技术，并进一步发展出包括绿色制版、绿色版基和绿色油墨在内的系统的纳米绿色印刷产业链技术，有望从根本上解决印刷产业链的环境污染，从而推动印刷产业的绿色发展。同时进一步提出“绿色印刷制造”的大印刷概念，拓展印刷技术在印刷电子、3D 打印、印染、建材等众多重要领域的应用，从根本上颠覆传统的生产方式，从源头解决众多产业的严重污染和资源浪费问题。“绿色印刷制造”的大印刷发展理念，为印刷产业的发展开拓了思路，提供了新的发展机遇，有望在众多领域开展更深层次的技术创新与应用研究，推动传统印刷技术向“绿色化、功能化、立体化、器件化”发展，从而最终实现中国在一些产业领域的技术变革和跨越式发展。

参 考 文 献

[1] 李英. 今日印刷, 2013, 11: 14-16.
[2] 国家新闻出版总署. 印刷技术术语　第 1 部分: 基本术语. 北京: 中国标准出版社, 2008.
[3] 胡更生, 龚修瑞, 李小东, 等. 印刷概论. 北京: 化学工业出版社, 2005: 2-3.
[4] 赵春英. 中国出版史研究, 2016, 1: 82-87.
[5] 朱燕. 工业设计, 2016, 7: 110-111.
[6] 石永强. 新疆新闻出版, 2015, 3: 81.

[7] 金养智, 魏杰, 刁振刚, 等. 信息记录材料. 北京: 化学工业出版社, 2003: 1.
[8] 万晓霞, 邹毓俊. 印刷概论. 北京: 化学工业出版社, 2001: 80-82.
[9] 刘武辉, 胡更生, 王琪. 印刷色彩学. 北京: 化学工业出版社, 2008: 27-32, 60-72, 183-192.
[10] 王利捷, 朱永双, 刘志宏, 等. 印刷工艺. 北京: 中国轻工业出版社, 2016: 48-51, 55-68, 75.
[11] 王世勤. 影像技术, 2001, 2: 39-42.
[12] 刘宁俊. 印刷杂志, 1999, 3: 17-19.
[13] 谢侍棋, 成刚虎. 印刷杂志, 2009, 10: 39-42.
[14] 李飞, 唐正宁. 包装工程, 2005, 5: 47-49, 52.
[15] 谢侍棋, 韩啸, 成刚虎. 中国印刷与包装研究, 2010, 1: 25-28.
[16] 翟琴. 解放军测绘学院学报, 1999, 2: 149-150.
[17] 李延雷, 刘士伟, 周世生. 广东印刷, 2005, 2: 27-28.
[18] 丁一. 中国印刷, 2000, 11: 39-40.
[19] 邹文梅. 经济研究导刊, 2013, 26: 83-84.
[20] 陆亚萍. 广东印刷, 2005, 3: 60-62.
[21] 刘宁俊. 广东印刷, 1999, 5: 8-9, 11.
[22] 何晓辉, 李金城, 王晋. 印刷原理与工艺. 北京: 印刷工业出版社, 2008: 37-40.
[23] 辛健. 黑龙江科技信息, 2015, 25: 133.
[24] 韩晓亮. 平版印刷原理. 中国新闻出版广电报, 2007-07-13.
[25] 陈双军, 谢耕. 印刷技术, 2011, 11: 45-46.
[26] 门红伟, 王世勤. 感光材料, 1994, 5, 3-9.
[27] 邝良菊, 邹应全. 信息记录材料, 2007, 5: 39-42.
[28] 邝良菊, 邹应全, 杨幸幸. 影像科学与光化学, 2009, 2: 121-127.
[29] 周海华, 邹应全, 包华影. 信息记录材料, 2007, 3: 42-47.
[30] 张永斌. 影像技术, 2009, 5: 48-52.
[31] 刘陆, 邹应全. 信息记录材料, 2009, 4, 26-36.
[32] 刘红莉, 刘冲. 印刷质量与标准化, 2007, 7: 18-21.
[33] 王世勤. 印刷技术, 2011, 15: 59-60.
[34] 杨平, 马增翼, 张引来. 甘肃科技, 2016, 8: 58-59.
[35] 潘苕生. 印刷世界, 2009, 2: 13-15.
[36] 谢长城, 孙福盛. 今日印刷, 1995, 2: 12-13.
[37] 简任保. 广东造纸, 1999, 1: 44-47.
[38] Krebs F C. Sol Energy Mater Sol Cells, 2009, 93(4): 394-412.
[39] 丁红运. 科技创新导报, 2009, 21: 91, 93.
[40] Kitsomboonloha R, Morris S J S, Rong X Y, et al. Langmuir, 2012, 28(48): 16711-16723.
[41] 吕秋丽. 印刷杂志, 2003, 7: 13-14.
[42] 潘杰, 葛惊寰, 刘春林, 等. 实用丝网印刷技术. 北京: 化学工业出版社, 2015: 1-7.
[43] 宋涛. 丝网印刷, 2010, 11: 35-36.
[44] 姚海根. 印刷杂志, 2009, 10: 1-7.
[45] 数字印刷技术讲座第一讲: 数字印刷概述. 印刷世界, 2007, 11: 18-22.

[46] 王世勤. 影像技术, 2009, 3: 3-12.
[47] 刘筱霞, 陈永常. 数字印刷技术. 北京: 化学工业出版社, 2016: 10-77, 173-179.
[48] 王灿才. 丝网印刷, 2011, 9: 44-47.
[49] 蒋春华. 广东印刷, 2012, 3: 26-27.
[50] 胡维友. 印刷世界, 2008, 1: 56-59.
[51] Derby B. Annu Rev Mater Res, 2010(40): 395-414.
[52] Caglar U, Pekkanen V, Valkama J, et al. Ceramic Integration and Joining Technologies. Hoboken: John Wiley & Sons Inc, 2011: 743-776.
[53] Le H P. J Imaging Sci Technol, 1998, 42(1): 49-62.
[54] Gonzalez-Macia L, Morrin A, Smyth M R, et al. Analyst, 2010, 135(5): 845-867.
[55] Ballarin B, Fraleoni-Morgera A, Frascaro D, et al. Synth Met, 2004, 146(2): 201-205.
[56] Cui X, Boland T. Biomaterials, 2009, 30(31): 6221-6227.
[57] Magdassi S, Ben-Moshe M. Langmuir, 2003, 19(3): 939-942.
[58] Kamyshny A, Ben-Moshe M, Aviezer S, et al. Macromol Rapid Commun, 2005, 26(4): 281-288.
[59] Newman J, Turner A, Marrazza G. Anal Chim Acta, 1992, 262(1): 13-17.
[60] Setti L, Fraleoni-Morgera A, Ballarin B, et al. Biosens Bioelectron, 2005, 20(10): 2019-2026.
[61] Xu T, Jin J, Gregory C, et al. Biomaterials, 2005, 26(1): 93-99.
[62] Nishioka G M, Markey A A, Holloway C K. J Am Chem Soc, 2004, 126(50): 16320-16321.
[63] Lonini L, Accoto D, Petroni S, et al. J Biochem Biophys Methods, 2008, 70(6): 1180-1184.
[64] Allain L R, Askari M, Stokes D L, et al. Fresenius J Anal Chem, 2001, 371(2): 146-150.
[65] Okamoto T, Suzuki T, Yamamoto N. Nat Biotechnol, 2000, 18(4): 438-441.
[66] Roda A, Guardigli M, Russo C, et al. Bio Techniques, 2000, 28(3): 492-496.
[67] Kim Y, Son S, Choi J, et al. J Semi Conductor Tech Sci, 2008, 8(2): 121-127.
[68] Shigematsu S, Ishida Y, Nakashima N, et al. Jpn J Appl Phys, 2008, 47(6S): 5109.
[69] Park J U, Hardy M, Kang S J, et al. Nat Mater, 2007, 6(10): 782-789.
[70] Sekitani T, Noguchi Y, Zschieschang U, et al. Proc Natl Acad Sci, 2008, 105(13): 4976-4980.
[71] Parashkov R, Becker E, Riedl T, et al. P IEEE, 2005, 93(7): 1321-1329.
[72] Paul K E, Wong W S, Ready S E, et al. Appl Phys Lett, 2003, 83(10): 2070-2072.
[73] 中国印刷及设备器材工业协会组. 中国印刷产业技术发展路线图. 北京: 科学出版社, 2016: 99-106.
[74] 小舟. 数码印刷, 2012, 8: 22-26.
[75] 樊凡, 数字印刷: 世界标签市场的活力担当. 中国新闻出版广电报, 2017-05-09.
[76] 张宇瑶. 印刷技术, 2016, 12: 38-40.
[77] 郑亮. 印刷杂志, 2014, 4: 44-48.
[78] 孙加振. 今日印刷, 2013, 4: 6-8.
[79] Wong W S, Paul K E, Street R A. J Non-Cryst Solids, 2004, 338: 710-714.
[80] Wong W S, Chow E M, Lujan R, et al. Appl Phys Lett, 2006, 89(14): 711-715.
[81] Wang C T, Huang K Y, Lin D T W, et al. Sensors, 2010, 10(5): 5054-5062.
[82] 董家华. 科技风, 2015, 24: 23.

[83] 王茂生. 印刷技术, 2008, 21: 59-60.
[84] 张红路. 印刷工业, 2011, 4: 81-82.
[85] 来燕. 数码印刷, 2008, 8: 39-41.
[86] 丁然. 印刷技术, 2013, 12: 62-63.
[87] 陈群. 印刷杂志, 2012, 8: 4-7.
[88] 徐世垣. 印刷工业, 2014, 1: 67-68.
[89] 成都新图新材料股份有限公司. 印刷技术, 2016, 3: 46-47.
[90] 唐东芳. 印刷技术, 2014, 1: 24-27.
[91] 孟云. 中国印刷, 2015, 12: 91-93.
[92] 孙加振. 中国包装, 2013, 6: 58-61.

第2章 纳米技术与绿色印刷

印刷过程简单来说就是用特殊的设备将油墨转移到承印物表面，以一定的图案或功能表现出来。在这一过程中，材料是基础，贯穿整个印刷过程。材料的革新及人们对材料的认知决定了印刷技术的发展。

在活字印刷时代，人们认识到泥土烧结后会变硬，在其表面刻上文字，蘸上墨汁后可以将泥块上的字印在纸或者绢布上，由此开启了印刷的时代。活字印刷技术在今天看来非常落后与简单，但却代表了那个时代的最高水平。从泥块烧结到今天的激光照排以及代表未来发展趋势的绿色印刷技术，它们都留下了材料革新的印记，体现了人们对材料认识的不断加深。

在技术不发达的时代，人们只能通过听其声、观其形、辨其色等手段来定义和描述材料。随着技术的发展，人们对材料的认识角度变得多维化，并从宏观认知延伸到微观理解，由此出现一类新兴的材料——(微)纳米材料，相关的技术称为纳米技术(nanotechnology)。

纳米技术是用单个原子、分子制造物质的科学技术，研究结构尺寸在 1～100 nm 范围内材料的性质和应用。纳米技术是以许多现代先进科学技术为基础的科学技术，它是现代科学(混沌物理、量子力学、介观物理、分子生物学)和现代技术(计算机技术、微电子和扫描隧道显微镜技术、核分析技术)结合的产物。纳米技术是一门交叉性很强的综合学科，研究的内容涉及现代科技的广阔领域。纳米科学与技术主要包括纳米物理学、纳米化学、纳米材料学、纳米生物学、纳米电子学、纳米加工学、纳米力学等。这七个相对独立又相互渗透的学科形成了纳米材料、纳米器件、纳米尺度的检测与表征这三个研究领域。纳米材料的制备和研究是整个纳米科技的基础。纳米材料是指三维空间尺寸中至少有一维处于纳米尺度范围内或由它们作为基本单元构成的材料，这是一类由维度与尺寸定义的材料。纳米材料的基本单元可以分为三类：①零维材料，指在材料空间三维尺寸均为纳米尺度，如纳米粒子、量子点和原子团簇等；②一维材料，指在空间有两维处于纳米尺度，如纳米线、纳米管、纳米带和纳米棒等；③二维材料，指在三维空间中有一维处于纳米尺度，如超薄膜、超晶格和分子外延膜等[1]。

事实上，纳米材料并不是我们这个时代发明的产物，它一直就存在于客观世界里，如天然陨石中含有纳米级氧化铁颗粒；贝壳是由纳米层状结构的无机盐与蛋白质构成；蜡烛燃烧产生的烟雾中存在碳的纳米颗粒或团簇；等等。由于之前认识的局限性及技术手段有限，如此小尺度的材料难以被观察，因而也未被人们所认识。随着观察表征手段的革新、完善，我们可以观察、研究如此小尺度的材料，揭示这类材料的独特性质并合理运用。从认识论的角度来说，微/纳米材料是一类新兴的材料。

研究纳米材料，不仅是要在材料尺度上进行划分，更重要的是要对该尺度下材料的特殊性质进行认识、把握与应用。纳米材料因其纳米尺度而具有远高于块体材料的表面能、特殊的表面/界面效应、量子尺寸效应、宏观量子隧道效应、库仑堵塞与量子隧穿效应等，并在光、电、磁、热、敏感材料等方面都显示出与常规块体材料不同的特性和功能[2-12]。目前，纳米结构材料正以它所具有的奇特性质对人们的生活和社会的进步产生重要影响，并给物理、化学和材料等许多传统学科的发展带来新的机遇。世界各国均把纳米材料的研究、开发和应用放在优先发展的战略地位。

纳米材料是纳米科技领域中最具有活力的学科分支，它是纳米科技发展的重要基础，利用纳米材料可以构建高对比度的浸润性表面，纳米功能材料亲水/亲油性质可控。用纳米涂层取代原来电解氧化的过程，用纳米材料打印制备代替曝光成像，用水性墨代替油性墨，从源头解决印刷产业链中80%以上的污染。

纳米绿色印刷制造的核心理念是将纳米材料和印刷技术相结合，实现印刷产业的绿色化、功能化、立体化和器件化。纳米绿色印刷技术分辨率高、节能环保、成本低，正以其显著的优势对传统印刷产业和印刷电路板行业进行着革命性改变，也将给人们的工作和生活带来很多改变。针对印刷产业绿色发展的重大需求，深入系统地研究打印印刷过程中的关键基础科学问题，以纳米材料打印印刷技术为基础，发展“绿色制版、绿色版基、绿色油墨”的完整绿色印刷原理与材料体系，结合数字技术，系统解决印刷产业的污染问题，可以突破传统印刷技术精度的极限，拓展绿色印刷技术在制备功能器件领域的应用，为绿色印刷技术开辟新的途径。因此，发展纳米绿色印刷技术对于从源头消除污染、促进印刷产业的可持续发展具有重大意义。

2.1 纳米材料

2.1.1 纳米材料的提出与发展

纳米是“在长度尺度上的一个有魔力的点，因为在该点处最小的人造器件与自然界的原子和分子结合在一起”。1959 年，诺贝尔奖获得者、著名物理学家 Richard Smalley 曾预言：“让我们拭目以待，下个世纪将令人难以置信，我们将通过逐个原子，在尽可能小的尺度上来合成物质，这些微小的纳米物质将使我们的工业和生活发生翻天覆地的变化。毫无疑问，当我们得以对细微尺度的事物加以操作时，将大大扩充我们可能获得物性的范围。”1962 年，日本的久保(Kubo)及其合作者发展了量子限域理论，从而推动了实验物理学家对纳米粒子进行探索。1980 年，德国物理学家 Gleiter 教授驾车进行了一次横穿澳大利亚中部大沙漠的探险活动。面对广袤无际的沙漠，Gleiter 教授思维活跃，浮想联翩。作为一名长期研究晶体物理的著名科学家，这次特殊的旅途促使他逆向思考着如何利用晶格缺陷研制出一类性能异乎寻常的新材料。这种思考所带来的巨大诱惑力促使他回国后马上着手此类新材料的研究。历经四年的不懈努力，他终于在 1984 年通过惰性气体凝聚法合成出一系列超细金属粉末。这类金属粉末就是最早的人工合成纳米材料[13, 14]。Gleiter 教授作为纳米材料的创始人，他的开创性工作极大地引发了各国对纳米材料的研究兴趣。1990 年 7 月在美国巴尔的摩召开了全世界第一届国际纳米科学技术学术会议。如今，纳米材料引起了全世界各国材料界和物理界极大的兴趣和高度重视，形成世界性的“纳米热潮”，纳米科技成为最活跃的前沿学科领域之一。

随着经济与社会的快速发展，环境污染和能源短缺日益严重，已成为制约人类社会可持续发展的主要障碍。工业革命以来，传统的化学、冶金和采矿等工业过程中有毒有害物质的排放对环境造成严重的污染，不可再生的化石燃料的过度开发造成了能源危机。纳米材料与技术的迅猛发展为解决环境污染和能源短缺两大难题带来了新的希望。材料尺度的减小赋予纳米材料许多本体材料所不具备的新颖性质和特殊用途，而这些都可以归因于纳米材料所具有的独特物理效应。已发现的纳米材料基本物理效应有小尺寸效应(又称体积效应)、表面与界面效应、量子尺寸效应、宏观量子隧道效应、库仑堵塞与量子隧穿效应等，所有的纳米材料都或多或少存在上述纳米效应，并在光、电、磁、热、敏感材料等方面都显示出与常规块体材料不同的特性和功能，因而在能源、环境、生物医学和健康、催化和传感等领域有着十分广阔的应用前景[2-12, 15]。目前，纳米结构材料正以它所具有的奇特性质对人们的生活和社会的进步产生重要影响，并给物理、化学和材料等许多传统学科的发展带来新的机遇。纳米科技不仅可以使科学家在纳米尺度上发现新现象、新规律，建立新理论，而且还将带来一场工业革命，成为 21 世纪经济增长的新动力。世界各国均把纳米材料的研究、开发和应用放在优先发展的战略地位。纳米材料学研究的主要内容包括三个方面：一是探索发现纳米材料的新现象、新性质，这是纳米材料研究的长期任务和方向，也是纳米材料研究领域的生命力所在；二是系统地研究纳米材料的性能、微结构，通过与相应的块体材料对比，找出纳米材料特殊的构建规律，建立描述和表征纳米材料的新概念和新理论，发展和完善纳米材料科学体系；三是发现与合成新型的纳米材料及新颖的纳米结构。

2.1.2 纳米材料的制备

纳米科技发展至今，出现了多种多样的纳米材料制备方法。这些制备方法可以按照不同的划分方法进行分类。其中，按照制备过程中是否发生化学反应，可以将纳米材料制备方法分为物理方法和化学方法；按照起始原料是否为宏观本体结构，可以分为“从上到下”方法和“从下到上”方法；按照制备体系所处的相态，则可以分为气相法、液相法、固相法和超临界法。本节按最后一种分类法，对气相法、液相法、固相法和超临界法进行简单介绍。

1) 气相法

纳米材料的气相合成与制备方法，是将高温的蒸气在冷阱中冷凝或在衬底上进行沉积以制备纳米材料的方法。利用各种前驱气体或加热固体蒸发成气体以获得气源，使之在气体状态下发生物理变化或者化学反应，最后在冷却过程中凝聚长大形成纳米粒子。采用气相法制备的纳米材料主要有纳米粉体、纳米线、纳米管、超晶格薄膜和量子点等。气相法主要包括物理气相沉积(PVD)[16]和化学气相沉积(CVD)[17]。在某些情况下可采用其他能源来加强 CVD，如用等离子体增强 CVD, 也称 PCVD[18]。

CVD 法：在 CVD 过程中，前驱体气相分子被吸附到高温衬底表面时，发生热分解或与其他气体分子反应，随后在衬底表面形成固体。在大多数 CVD 过程中应尽量避免在气相中形成反应粒子，因为这样不仅降低气体的含量，而且在形成的薄膜中还可能引入不希望出现的粒子。PVD 法：在 PVD 过程中没有化学反应产生，其主要过程是固体材料的蒸发和蒸气的冷凝及沉积。制备过程中原材料的蒸发和蒸气的冷凝通常是在充有低压高纯惰性气体(Ar、He 等)的真空容器内进行。采用 PVD 法可制备出高质量的纳米粉体，并且通过调节蒸发的温度和惰性气体的压力等参数可控制纳米粉体的粒径。1984 年 Gleiter 等首先采用蒸气冷却法制备出具有清洁表面的 Pd 和 Fe 等纳米粉体，并在高真空中将这些粉体压制成块体纳米材料。利用 PVD 法可制备出粒径为 1～10 nm 的超细粉末，所得粉末纯度高，圆整度好，表面清洁，且粒径分布比较集中。该方法的缺点是粉体的产出率低，在实验室条件下一般产出率仅为 100 mg/h，工业上的产出率约为 1 kg /h。

2) 液相法

液相法制备纳米材料的特点是先将制备材料所需组分溶解在液体中形成均相

溶液，然后通过沉淀反应得到所需物质。液相法具有材料纯度高、均匀性好、设备简单、原料容易获得和化学组成控制准确等优点。根据制备和合成过程的不同，液相法可分为沉淀法、微乳液法、溶胶-凝胶法、溶剂热法等。

沉淀法：在含有一种或多种离子的可溶性盐溶液中加入沉淀剂(如 OH^-、CO_3^{2-}、SO_4^{2-}、$C_2O_4^{2-}$ 等)，或在一定温度下使溶液发生水解，形成不溶性的氢氧化物、碳酸盐、硫酸盐、草酸盐等沉淀物，将所得沉淀物过滤、洗涤、烘干及焙烧，即可得到所需的纳米氧化物粉体[4]。

微乳液法：微乳液是由水、油、表面活性剂和助表面活性剂按适当比例混合，自发形成的各向同性、透明、热力学稳定的分散体系。根据体相的不同，微乳液可分为油包水(W/O)和水包油(O/W)微乳液。表面活性剂是由性质截然不同的疏水和亲水部分构成的两亲分子，当加入水溶液中的表面活性剂浓度超过临界胶束或胶团的浓度(CMC)时，表面活性剂分子便聚集形成胶束，其疏水碳氢链朝向胶束内部，而亲水的头部朝向外面接触水介质。在非水基溶液中，表面活性剂分子的亲水头朝向内，疏水链朝向外聚集而形成反相胶束或反胶束。无论是胶束或反胶束，其内部包含的疏水相(油滴)或亲水相(水滴)的体积均很小。但当胶束内部的水或油的体积增大，使液滴的尺寸远大于表面活性剂分子的单层厚度时，则称这种胶束为溶胀(swollen)胶束或微乳液，其直径可在几纳米至几百纳米之间调节。由于化学反应被限制在胶束内部进行，微乳液可作为制备纳米材料的纳米级反应器。根据水、油和表面活性剂的性质和加入量的不同，微乳液中的胶束可自组装成不同的纳米结构。微乳液法目前已被广泛地应用于制备聚合物、金属、硫化物、氧化物等多种纳米材料[19, 20]。

溶胶-凝胶法：溶胶-凝胶法(sol-gel)是 20 世纪 60 年代发展起来的一种制备玻璃、陶瓷等无机材料的新工艺，近年来许多人采用此法制备纳米材料[21-23]。其基本原理是利用金属醇盐或无机盐的水解直接形成溶胶，然后使溶质聚合凝胶化，再将凝胶干燥、焙烧去除有机成分，最后得到无机材料。与其他方法相比，溶胶-凝胶法可使多组分原料之间混合的均匀性达到分子级水平，并且合成温度低，获得的超细粉纯度高，粒径、晶型可以有效控制。

溶剂热法: 溶剂热反应是高温高压下在水或其他溶剂中进行的化学反应的总称。溶剂热反应主要分为溶剂热氧化、溶剂热沉淀、溶剂热合成、溶剂热还原、溶剂热分解、溶剂热结晶等。在高温高压的环境下，往往会发生一些普通条件下不能发生的反应，从而得到新颖的材料[24]。

3) 固相法

固相法合成与制备纳米材料是指固体材料在不发生熔化、气化的情况下使原始晶体细化或发生反应以生成纳米材料的过程。目前，固相法主要包括机械合金化、固相反应、大塑性变形、非晶晶化及表面纳米化等方法。

机械合金化法：人们将机械粉碎过程称为机械研磨(mechanical milling，MM)或机械合金化(mechanical alloying，MA)[25, 26]。MA 法的优点是操作简单，设备投资少，适用材料范围广，而且有可能实现纳米材料的大批量生产(乃至吨级)以满足各种需求。MA 法的主要缺点是研磨时存在来自球磨介质(球与球罐)和气氛(O_2、N_2、H_2O 等)的污染。例如，使用钢球和钢质容器，样品极易被 Fe 污染。污染程度取决于球磨机的能量、被磨材料的力学行为以及被磨材料与球磨介质的化学亲和力。

固相反应法：固相反应法(solid reaction, SR)是指由一种或一种以上的固相物质在热能、电能或机械能的作用下发生合成或分解反应而生成纳米材料的方法[27]。固相反应法的典型应用是将金属盐或金属氧化物按一定比例充分混合，研磨后进行煅烧，通过发生合成反应直接制得超微粉，或再次粉碎制得纳米粉。固相法的设备简单，但是生成的粉体容易结团，常需要二次粉碎。

大塑性变形法：利用大塑性变形(severe plastic deformation，SPD)方法可以获得纳米和亚微米结构的金属与合金。在大塑性变形过程中，材料产生剧烈塑性变形，导致发生位错增殖、运动、湮灭、重排等一系列过程，从而使晶粒不断细化并最终达到纳米量级。这种方法的优点是可以生产出尺寸较大的样品，如板和棒等，而且样品中不含孔隙类缺陷，晶界洁净。该法的一个缺点是样品中含有较大的残余应力，适用范围受到材料变形难易程度的限制；另一个不足是晶粒尺寸稍大，一般为 100～200 nm。目前人们正探索通过改变压力、温度、合金化等参数，试图进一步减小晶粒尺寸。

非晶晶化法：非晶晶化法(crystallization of amorphous material，CAM)是将非晶态材料(可通过熔体激冷、机械研磨和溅射等获得)作为前驱材料，通过适当的晶化处理(如退火、机械研磨和辐射等)来控制晶体在非晶固体内成核、生长而使材料部分或完全地转变为具有纳米尺度晶粒的多晶材料的方法[28]。在用非晶晶化法制备纳米晶体材料时，由于晶粒和晶界是在晶化过程中形成的，所以晶界清洁，无任何污染，样品中不含微孔隙，而且晶粒和晶界未受到较大外部压力的影响，因而能够为研究纳米晶体性能提供无孔隙和内应力的样品。非晶晶化法的不足主要表现在必须首先获得非晶态材料，因而只局限于制备在化学成分上能够形成非晶结构的材料。

4) 超临界法

超临界流体(supercritical fluid，SCF)是指在临界温度和临界压力之上的流体，它具有黏度低、密度小、流动性好、传质传热容易等特性。超临界流体对状态参数的改变十分敏感，温度或压力的微小变化就会使流体的性质发生较大的改变，不仅是其溶剂化性能的改变，也包括其介电性能等物理化学性能的改变。超临界流体由于具有很低的表面张力、优异的表面润湿性及很高的扩散性，被视为一类合成和制备纳米材料的良好介质。以超临界流体为介质制备纳米材料是一项正在研究中的新技术，该方法主要通过改变压力来调节体系的过饱和度和过饱和速率，从而使溶质从超临界溶液中结晶或沉积出来。二氧化碳是目前研究最为广泛的超临界流体，因为它具有不可燃、无毒、价格低廉、产物易于分离等优点。超临界流体制备纳米材料具有成本低、毒性小等优点，到目前为止，已成功用于制备多种纳米材料[29, 30]。

2.1.3　纳米材料的特性

纳米材料由于其独特的尺寸结构，有着传统材料不具备的特征。已发现的纳米材料的基本物理效应有小尺寸效应(又称体积效应)、表面与界面效应、量子尺寸效应、宏观量子隧道效应、库仑堵塞与量子隧穿效应、介电限域效应等。

1. 小尺寸效应

当物质的体积减小时，将会出现两种情形：一种是物质本身的性质不发生变化，而只有那些与体积密切相关的性质发生变化，如半导体电子自由程变小，磁体的磁区变小等；另一种是物质本身的性质也发生了变化，当纳米材料的尺寸与传导电子的德布罗意波长相当或更小时，周期性的边界条件将被破坏，材料的磁性、内压、光吸收、热阻、化学活性、催化活性及熔点等与普通晶粒相比都有很大的变化，这就是纳米材料的体积效应，也即小尺寸效应。这种特异效应为纳米材料的应用开拓了广阔的新领域。

2. 表面与界面效应

当颗粒的直径减小到纳米尺度范围时，随着粒径减小，比表面积和表面原子数迅速增加。

3. 量子尺寸效应

当金属或半导体从三维减小至零维时，载流子在各个方向上均受限，随着粒子尺寸下降到接近或小于某一值(激子玻尔半径)，费米能级附近的电子能级由准连续能级变为分立能级的现象称为量子尺寸效应。金属或半导体纳米粒子的电子态由块体材料的连续能带过渡到分立结构的能级，表现在光学吸收谱上为从没有结构的宽吸收带过渡到具有结构的特征吸收带。量子尺寸效应带来的能级改变、能隙变宽，使微粒的发射能量增加，光学吸收向短波长方向移动(蓝移)，直观上表现为样品颜色的变化，如 CdS 微粒由黄色逐渐变为浅黄色，金的微粒失去金属光泽而变为黑色等。同时，纳米粒子也由于能级改变而产生大的光学三阶非线性响应，还原及氧化能力增强，从而具有更优异的光电催化活性。

4. 宏观量子隧道效应

微观粒子具有贯穿势垒的能力，称为隧道效应。近年来，人们发现一些宏观量，如微粒的磁化强度、量子相干器件中的磁通量及电荷等也具有隧道效应，它们可以穿越宏观系统中的势垒并产生变化，称为宏观量子隧道效应[4]。利用这个概念可以定性解释超细镍粉在低温下继续保持超顺磁性。Awachalsom 等采用扫描隧道显微镜技术控制磁性粒子的沉淀，并研究低温条件下微粒磁化率对频率的依赖性，证实了低温下确实存在磁的宏观量子隧道效应。宏观量子隧道效应的研究对基础研究和实际应用都有重要的意义，它限定了磁带、磁盘进行信息存储的时间极限。宏观量子隧道效应与量子尺寸效应，是未来微电子器件发展的基础，或者说，确立了现有微电子器件进一步微型化的极限。

5. 库仑堵塞与量子隧穿效应[5, 6]

当体系的尺度进入纳米级时（一般金属粒子为几个纳米，半导体粒子为几十纳米），体系是电荷“量子化”的，即充电和放电过程是不连续的，充入一个电子所需的能量 E_c 为 $e^2/2C$，其中，e 为一个电子的电荷，C 为小体系的电容，体系越小，C 越小，能量 E_c 越大。我们把此能量称为库仑堵塞能。换句话说，库仑堵塞能是前一个电子对后一个电子的库仑排斥能，这就导致了对于一个小体系的充、放电过程，电子不能集体传输，而是一个个单电子的传输。通常把小体系中这种单电子输运行为称为库仑堵塞效应。如果两个量子点通过一个“结”连接起来，一个量子点上的单个电子穿过能垒到另一个量子点上的行为称作量子隧穿。利用库仑堵塞和量子隧穿效应可以设计下一代的纳米结构器件，如单电子晶体管和量子开关等。

6. 介电限域效应

介电限域效应指纳米粒子分散在异质介质中由界面引起的体系介电增强的现象，主要来源于微粒表面和内部局域场强的增强。一般来说，过渡族金属氧化物和半导体微粒都可能产生介电限域效应，纳米粒子的介电限域效应对光吸收、光化学、光学非线性等都会有重要的影响。一般情况下，纳米材料被分散在一种介电常数较低的基质中，当介质的介电常数比纳米粒子小得多时，介电限域效应将起很重要的作用，它将使电子、空穴库仑作用增大，从而使激子束缚能进一步增大，最终引起吸收光谱和荧光光谱的红移[8]。

以上几种效应都是纳米粒子和纳米固体的基本特性，它们使纳米粒子和纳米固体呈现出许多奇特的物理和化学性质[7,13]，出现一些不同于其他块体材料的反常现象。这使纳米材料具有了传统材料所没有的优异性能和巨大的应用前景，成为材料科学中的一大亮点。

(1)特殊的光学性质：金属超微颗粒对光的反射率很低，通常可低于 1%，大约几微米的厚度就能完全消光。例如，当黄金被细分到小于光波波长的尺寸时，即失去原有的富贵金属光泽而呈黑色。事实上，所有的金属在超微颗粒状态下都呈现为黑色，如银白色的铂(白金)变成铂黑，金属铬变成铬黑。超微颗粒尺寸越小，颜色越黑。利用等离子共振频移随晶粒尺寸变化的性质，可通过改变晶粒尺寸来控制吸收边的位移，从而制造出具有一定频宽的微波吸收纳米材料。利用这个特性，金属超微颗粒可以作为高效率的光热、光电等转换材料，从而可以高效率地将太阳能转变为热能、电能。此外，又有可能应用于红外敏感元件、红外隐身技术等。

(2)特殊的热学性质：固态物质在其形态为大尺寸时，熔点是固定的，随着纳米材料粒径的变小，其熔点不断降低，烧结温度也显著下降，当粒径小于 10 nm 时尤为显著。例如，金的常规熔点为 1064 ℃，当颗粒尺寸减小到 10 nm 时，则降低 27 ℃，2 nm 尺寸时的熔点仅为 327 ℃左右；银的常规熔点为 670 ℃，而超微银颗粒的熔点可低于 100 ℃。因此，以超细银粉制成的导电浆料可以进行低温烧结，此时元件的基片不必采用耐高温的陶瓷材料，甚至可用塑料。采用超细银粉浆料，可使膜厚均匀，覆盖面积大，既省料又具高质量。超微颗粒熔点下降的性质为粉末冶金工业提供了新工艺。例如，在钨颗粒中附加 0.1%～0.5%(质量分数)的超微镍颗粒后，可使烧结温度从 3000 ℃降低到 1200～1300 ℃，以致可在较低的温度下烧制成大功率半导体管的基片。

(3)特殊的磁学性质：当颗粒尺寸减小到 20 nm 以下时，其矫顽力可增加 1000 倍，若进一步减小其尺寸，大约小于 6 nm 时，其矫顽力反而降低到零，呈现出超顺磁性。纳米磁性金属的磁化率是普通金属的 20 倍，而饱和磁矩是普通金属的 1/2。一般 $PbTiO_3$、$BaTiO_3$ 和 $SrTiO_3$ 等是典型的铁电体，但当其尺寸进入纳米量级时就会变成顺电体；铁磁性物质尺寸进入纳米级(～5 nm)，由于由多畴变成单畴，其产生极强的顺磁效应。

(4)特殊的力学性质：表现在强度、柔韧度、延展性方面。粒径为 6 nm 的纳米 Fe 晶体的断裂强度比多晶 Fe 高 12 倍。

(5)特殊的电学性质：对于铜等金属导体，其尺寸下降到几个纳米时将不再导电。当二氧化硅等绝缘体的尺寸下降到纳米量级时，电阻会大大下降，失去绝缘特性，变成导体。例如，低温下的金属纳米颗粒会呈现电绝缘性，而氮化硅纳米颗粒组成的纳米陶瓷在交流电下具有很小的电阻。纳米材料具有常规材料所不具备的特性，必将在化学、电学、力学、光学、磁学等领域具有广阔的应用前景。

2.1.4 纳米材料在印刷中的应用

纳米材料是传统材料向更小尺度发展的结果。纳米材料的兴起，不仅催生了许多新的学科与研究热点，对印刷行业也产生非常大的影响，给印刷工业的发展带来了新的机遇。纳米材料的创新和应用，推动了绿色油墨和绿色版材制备技术的研发。

1. 纳米绿色版材

印刷版材作为衔接印前和印刷的关键要素，是印刷制版工艺中的关键材料之一，对印刷过程起着非常重要的作用。如目前国内外的制版工艺主要是CTF(computer to film，计算机直接出胶片)和CTP制版。其中CTF制版主要使用PS版，而计算机直接制版主要使用的是CTP版，它们都属于目前国内外使用的传统印刷版材。无论是PS版或CTP版都是以铝板为基底，为了获得足够的耐印力与分辨率，都需要对铝版材进行电解粗化，后处理过程都需要经过曝光、显影的化学处理。版材的生产工艺包括清洗、除油、电解粗化、阳极氧化、封孔、涂布、烘干等诸多工序，会排放大量的废液和废渣，造成能源消耗和环境污染。虽然可采用酸碱中和的粗放方式进行排放处理，但也浪费了大量的酸碱资源，而且将产生大量的废渣。据统计，2011年我国版材产量达3亿m^2，如此大的版材产量造成了巨大的环境污染。

纳米绿色版材是将新型功能性纳米涂料通过特定工艺均匀涂布在未经电化学处理的铝版表面，使金属版材在具有合适的粗糙度的同时，又具有良好的吸墨性和耐磨性，实现传统版材所具备的高耐印力和保水性等印刷要求，是真正意义上的绿色版材。纳米绿色版材完全摒弃了传统版材电化学腐蚀的原理，省去了电解氧化等诸多烦琐工序，工艺简捷、成本低廉且绿色环保，具有核心自主知识产权。考虑到已有的纳米材料绿色制版技术的研发背景和产业化基础，纳米绿色版材与纳米材料绿色制版技术的集成推广和应用，将彻底解决我国印刷制版工艺中由电解氧化和感光处理引起的污染和资源浪费问题，大幅提升我国印刷行业的技术研发水平，对推动我国绿色印刷产业的发展具有重要的意义。纳米绿色版材的生产工艺简单，将制备好的纳米涂布液经辊涂(或挤压涂布)涂布在经过简单清洗的铝版材表面，烘干后就得到纳米绿色版材，电化学处理铝版材和纳米绿色版材的生产工艺如图2-1所示。电化学处理铝版材需要经过除油、电解、阳极氧化、封孔、涂布五个关键工艺，为了形成多重砂目，一般需要两次电解，能耗和废酸、废碱的排放量巨大。纳米绿色版材的生产工艺只需要涂布这一个关键工艺，成本优势和环保优势明显。

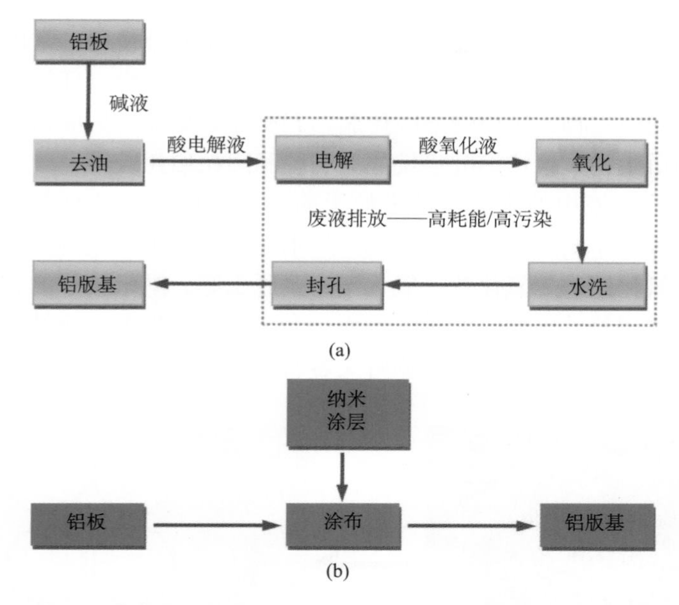

图 2-1　电化学处理铝版材(a)和纳米绿色版材(b)的生产工艺

纳米绿色版材的版材材料可以是非金属，也可以是金属类。非金属版材有纸张、聚酯板、醋酸纤维素薄膜等，金属版材有铝板、锌板、不锈钢板等。由于铝板具有质地轻、伸缩性小、尺寸稳定、容易得到均匀细密的砂目、版面保水性好等优点，一直是 PS 版和 CTP 版的版材基底。纳米绿色版材由于没有砂目结构，基底的选择范围更广，而铝板的收缩率小，套印精确，所以也是纳米绿色版材的首选。纳米绿色版材的铝板基底选择标准与 PS/CTP 版相同。

铝板的清洗过程是用丙酮或碱液清洗表面的油脂，此清洗过程力度应足够大，确保油脂清除干净，如果油脂清除得不干净，铝板和涂层的黏合力下降，在印刷时易发生掉版现象。纳米涂布液的制备和涂布工艺是构建版材表面纳米结构的关键工艺，它决定了版材在印刷过程中的保水性和耐磨性等印刷适性。根据涂布液黏度的不同和版材表面结构构造，纳米绿色版材可以采用辊涂或挤压涂布方式，由于涂布时有溶剂挥发，需要有溶剂回收装置。

纳米涂布液的主要成分是树脂和亲水性纳米粒子，树脂和纳米粒子的复合增强作用大大提高了涂层的耐磨性，使纳米绿色版材的耐印力可以达到 10 万。树脂还可以分散稳定纳米粒子，提高涂布液的分散稳定性，纳米粒子在印刷过程中主要起保水作用。树脂在纳米涂层体系中占据极其重要的地位，它的基本特性及用量都将直接影响涂层的涂布和最终的制版性能。树脂的含量、分子量、力学性能、黏结性能、韧性、耐腐蚀性等基本特性对涂层涂布工艺和制版性能有很大的影响。由于树脂要承受印刷机的高速摩擦，所以对树脂的力学性能和韧性要求较高，一般单一树脂不能同时满足以上要求，需要不同的树脂复合使用。常用的高分子聚合物选自酚醛树脂、聚丙烯酸树酯或聚丙烯酸树酯的衍生物、环氧树脂、聚乙二醇或聚乙二醇的衍生物、聚丙烯酰胺树脂、聚氨酯、聚酯、尿醛树脂、聚乙烯醇或聚乙烯醇的衍生物、聚乙烯吡咯烷酮、明胶和阿拉伯树胶等。

通过调整涂布液中的亲水性纳米粒子的含量和粒径可以改变涂布液的稳定性、打印的精度和印刷过程的水墨平衡。亲水性纳米粒子一般为二氧化硅、碳酸钙、氧化锌、氧化铝、二氧化钛、氧化锆、蒙脱土等。纳米粒子的含量越高、粒径越大，稳定性越差，印刷时亲水性越强，会导致上墨性差；而纳米粒子的含量太低、粒径太小时保水性不够，印刷时又容易上脏(图 2-2)。

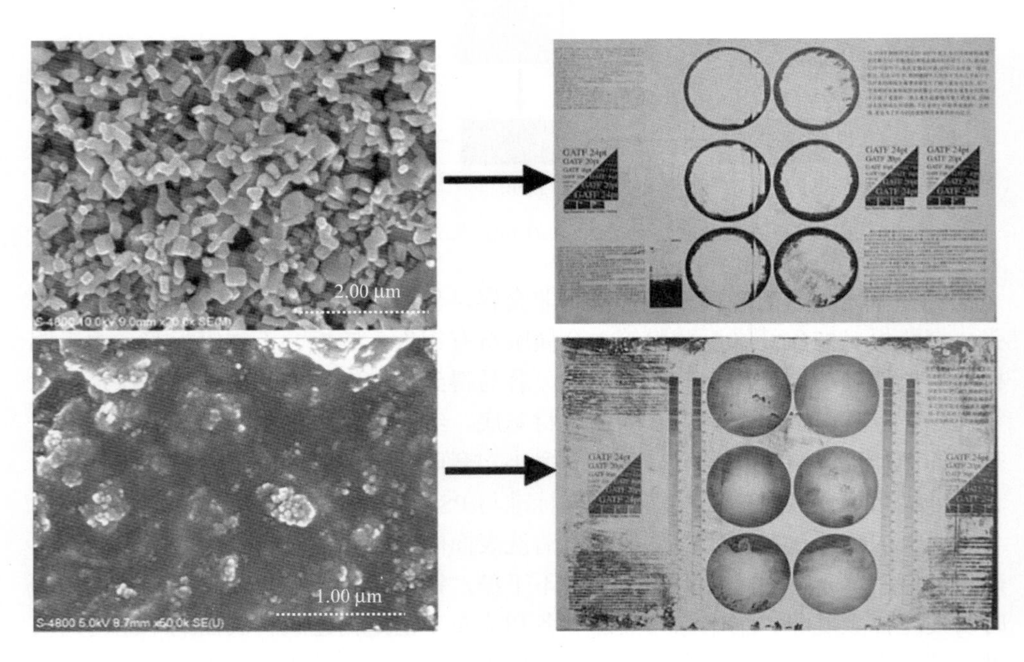

图 2-2　纳米粒子的粒径和含量对印刷质量的影响

纳米绿色版材是基于纳米材料的浸润性调控，在版材表面构筑不同尺度的纳米结构来调节打印精度和印刷适性的，它与 PS 版材和 CTP 版材的性能参数有很大区别。表 2-1 是纳米绿色版材和 PS/CTP 版材的参数性能对比。

纳米涂层与电化学氧化砂目具有本质的不同，电化学氧化砂目依靠氧化物的亲水性与物理凹凸结构实现保水，而纳米涂层则通过控制涂层中的纳米粒子与微纳复合结构调节版材的保水性，可通过调整实现亲水到疏水，高黏附到低黏附的调控，所以其表面结构相差很大。图 2-3 是纳米绿色版材的表面结构和 PS/CTP

版材的砂目结构对比。

表 2-1　纳米绿色版材与 PS/CTP 版材的参数性能对比

	纳米绿色版材	PS/CTP 版材
表面粗糙度(μm)	0.2～0.4	0.4～0.9
氧化膜厚度(g/m^2)	—	1.5～3.5
纳米粒子粒径(nm)	20～40	—
涂布量(g/m^2)	2.0～4.0	1.6～2.5
图文区与水接触角(°)	>90	>90
非图文区与水接触角(°)	<10	<10
网点还原率	1%～99%	1%～99%
耐印力	10 万	10 万

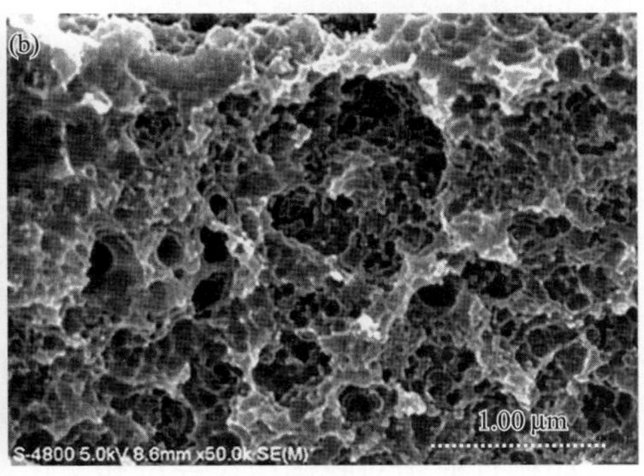

图 2-3　纳米绿色版材的表面结构(a)和 PS/CTP 版材的砂目结构(b)对比

纳米涂布液制备后通过纳米颗粒在高聚物中的应用及特定的涂布工艺，在印版表面构造出含两种或两种以上不同纳米微区的复合结构，从而实现对亲水亲油的调控，使纳米涂层版材满足高分辨率印刷制版要求。通过对涂布液和涂布工艺的调整，可以得到表面具有不同微纳结构的版材，表面微纳结构不同，亲水、亲油两种纳米微区的反差不同，所得到版材的打印精度和网点还原率不同。图 2-4(a)的微纳结构中纳米粒子结构疏松，纳米粒子粒径较大，导致网点还原率不高，印刷阶调表现很差，而图 2-4(b)中的纳米粒子粒径小，树脂与纳米粒子的结合度好，又具有一定的粗糙结构，可以实现网点还原率为 1%～99%的图像，且此结构中高分子树脂的含量和分子量适中，可以有效控制制版油墨墨滴的扩散，制版精度高，耐印力高。

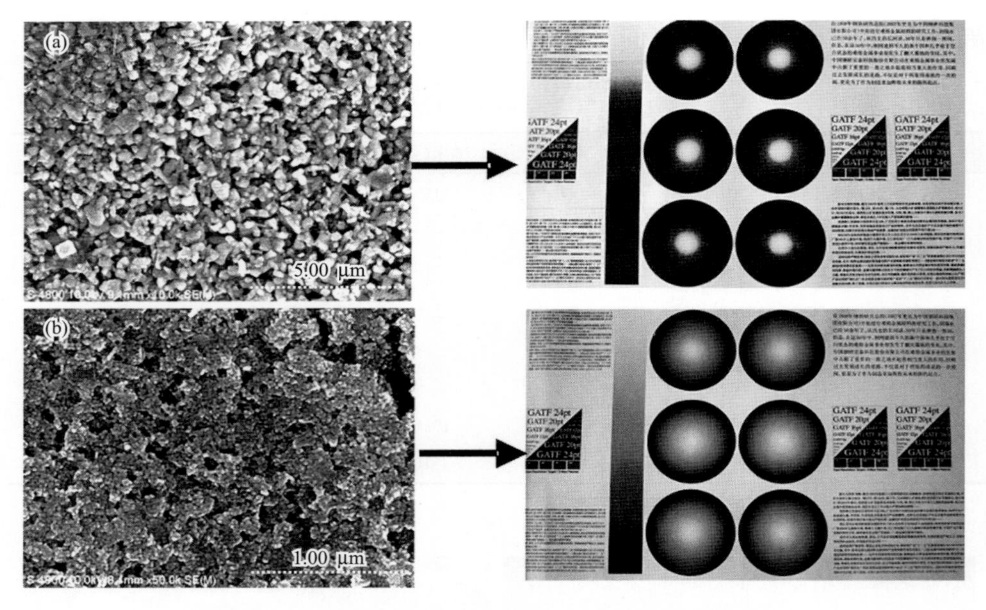

图 2-4　纳米绿色版材不同的表面结构对应的印刷效果

纳米绿色版材可以完全代替电解砂目粗化过程，生产成本低廉，绿色无污染，市场前景广阔。它可以作为传统 PS 版或 CTP 版的版材，直接涂布感光或感热涂层，经过曝光、显影后进行印刷，免去高污染、高耗能的处理过程；可以基于纳米材料新一代制版技术，通过喷墨打印的方式在纳米绿色版材上进行计算机直接打印制版；同时也可用于非金属版材，具有广泛的适用性。

印刷行业是对我国国民经济和文化发展有重要影响的行业之一，我国已成为继美国、日本之后全球排名第三的印刷市场，随着全世界对环保的迫切需求，我国印刷业在“十二五”规划的总体目标中，也明确将“绿色印刷”列为关键指标。发展绿色印刷新材料和技术已成为我国印刷产业实现可持续发展的战略需求。纳米绿色版材不仅没有版材生产时的电化学处理污染，没有感光液的涂布污染，也没有 PS/CTP 版材的曝光、显影等后处理污染，是真正意义上的绿色版材，也是以后印刷版材发展的新方向。纳米绿色版材由于成本低廉，后处理简单，容易回收利用，绿色无污染的优点，市场前景广阔。

2. 纳米油墨

油墨是整个印刷过程的关键因素，油墨各方面的性能会影响印刷品的质量，改善油墨性能对提高印刷效果具有十分重要的作用。随着对环保和油墨本身要求的提高，环保型油墨、高纯度和高细度油墨将得到长足的发展。基于纳米材料的多种特性，油墨中加入纳米粒子会使油墨具有特殊的功能和性能，将它运用到油墨体系中会给油墨产业带来巨大的推动作用。通过纳米技术来改善油墨各方面的性能，提高了油墨的耐紫外性、耐候性、着色性等，从而提高印刷效果，具有深远的意义。

在纳米油墨中，纳米粒子是最重要的组成部分。它可以是有机的、无机的、金属的、非金属的或者它们的氧化物，人们可以根据用途加入相应的纳米材料。在产品的制造过程中加入 3%～5%质量比的纳米颜料，即能改善油墨遮盖率、饱和度、耐旋光性、耐水性等问题。纳米油墨主要由连接料、颜料、填料、助剂等组分构成。连接料是纳米油墨的流体部分，能使颜料在分散设备上轧细、分散均匀，在承印物上附着牢固，而且使油墨具有必要的光泽、干燥性能和印刷转移性能。颜料在纳米油墨中为油墨提供颜色和各种耐久性，对油墨的流变性能也有较大的影响。助剂是纳米油墨制造及印刷使用中，为改善油墨本身性能而附加的一些材料。纳米油墨的助剂种类较多，主要有偶联剂、中和剂、溶剂、增稠剂、防沉降剂、防霉剂、润湿剂、分散剂及消泡剂等。不是所有的纳米粒子都可以作为纳米油墨的颜料来使用。普通纳米粒子表面活性大，表面能高，粒子在油墨体系中很容易发生团聚现象，一旦粒子间出现了团聚现象，用一般方法很难将它们再分散开。纳米油墨用的纳米粒子有特殊要求，要求每个粒子都具有单分散性，这也是纳米油墨稳定与否的技术关键。

普通油墨制备过程中通常需要加入表面活性剂来改善油墨的润湿性，由于纳米粒子具有很好的表面湿润性，它们吸附于油墨中的颜料颗粒表面，能大大改善颜料的亲油性和可润湿性，并能保证整个油墨分散系的稳定。所以添加有纳米粒子的纳米油墨，其印刷适性得以提高。采用新技术可以将油墨中的颜料制成纳米级，这样，由于它们高度微细而具有很好的流动与润滑性，可以达到更好的分散悬浮性和稳定性。纳米颜料用量少，光泽好，树脂粒径细腻，成膜连续，均匀光滑，膜层薄，印刷图像清晰。纳米技术与印刷油墨结合，创造出了粒径小、细度高的油墨。而油墨的颗粒越细，颜料颗粒与连接料接触面就越大，印刷的性能也就越好，其网点也就显得更清晰饱满。纳米油墨的色彩较为饱和、艳丽，此外，纳米油墨尚具有耐水、耐磨、穿透性佳等优点，因此不仅保留了传统油墨的优点，还结合了纳米技术的优势。例如，纳米 SiO_2 具有防结块、乳化性、流化性、消光性、支持性、悬浮性、增稠性、触变性等性能。用添加了特定纳米粒子的纳米油墨来印刷彩色印刷品，所得印刷品层次会更丰富，图像细节表现能力也会大增。再如，纳米 $CaCO_3$ 油墨不仅可以起到增白、扩容、降低成本的作用，还具有补强作用和良好的分散性。

纳米油墨的最大优势事实上是可以通过在油墨中添加不同纳米粒子，实现不同的油墨功能与印刷产品性能。例如，金属纳米粒子对光波的吸收不同于一般材料，它可以将各种波长的光线全部吸收而使自身呈现黑色，同时对光还有散射作用，因此添加了金属纳米粒子的油墨就具有较高的色纯度和色密度。具有导电性的纳米粒子可以屏蔽静电，从而可制备抗静电油墨，具有导电性的纳米粒子更可用于印刷电子。具有较好流动性的纳米粒子可以提高油墨层的耐磨性。加入 TiO_2、ZnO、Fe_2O_3 等有天然的抗紫外线能力的纳米粒子，能明显地提高油墨的抗老化性。具有—N═N—发光基团的纳米粒子，光照几分钟后就能在黑暗中自行发光，其发光强度和维持时间（12～24 h）是传统荧光材料的 30 倍以上。用含有这种微粒的油墨印刷出来的印品，不需要外来光源，单靠自身发光就很容易被人们识别。此外，还有现已研制出的温致变色油墨、光致变色油墨及压致变色油墨，它们在经过消毒过程、光或者压力接触时都会发生颜色的变化，以此判断物品的好坏。磁性防伪油墨中由于纳米磁性物质的加入，印刷出来的产品的图文部分可以通过专用检测器检测出磁信号，因此采用纳米磁性防伪油墨所印制出的密码等信息可以通过解码器读出。

纳米油墨的具体内容将在第 4 章中详细论述。

3. 纳米功能纸

随着人们生活水平的提高，人们对各种印刷品的要求也越来越高。传统的黑白印刷产品因纸张粗糙、印刷品质低而难以满足人们的审美需求。此外，当前数码技术飞速发展，数码照相机已经取代传统胶片照相机，数码打印也已走进千家万户。Romano 认为，数码印刷是必然的发展趋势。高品质印刷品的市场需求不断推动着材料革新与技术进步，进而深刻影响印刷过程的各个环节。

众所周知，传统的承印物一般为纸。随着对印刷品品质要求的提高，对于纸张的要求也在提高。无论何种印刷过程，对纸张的要求都是必须实现吸墨量高、干燥快。而对于数码印刷过程，更是要求纸张要实现“三高一快”：高光泽度、高防水性、高吸墨量、快干。以这种特性的纸作为承印物得到的印刷品无论是色彩的鲜艳度、画面的清晰度还是逼真度都已经接近甚至超过传统的卤化银纸。那么，如何实现纸张的这些特性呢？答案就是纳米材料与纳米技术的应用。这里所说的纳米纸并不是说纸是纳米尺度的，而是说纸被纳米材料修饰处理过。

纳米颗粒具有非常高的比表面积与表面能，纳米颗粒的高表面能特性可以用于纸张中，增强纸张的强度与匀度等。目前，纸张浆料的纤维尺寸以及造纸过程中所添加助剂的尺寸大多在微米级范围内，例如，纤维宽度在 10～12 μm，填料颗粒的尺寸在 0.1～10 μm，细小纤维、非纤维性细小物质、可溶性聚合物等的颗粒尺寸均小于 2 μm[31]。纳米颗粒被加入纸浆中，可以将浆料中的微米尺度的细小组分聚集到一起，从而形成尺寸小但强度大的絮聚物，该絮聚物在高湍动状态下仍会保持较高的抗剪切力，从而避免在湿部环境中细小纤维、非纤维性细小物质的流失，可以很好地改善纸浆的浆层结构，进一步提高纸张的强度、匀度等基本性能。国外将新一代的阴离子胶态 SiO_2、阳离子聚合物[如阳离子改性淀粉(CS)]和阳离子聚丙烯酰胺(CPAM)共用，可在湿部产生粒径为 3～5 nm、比表面积达 500～1000 m^2/g 的 SiO_2 纳米粒子[32]。

光泽度是物体表面接近镜面的程度。它与物体表面的粗糙度有关：表面粗糙度越低，表面看起来越光滑，相应的光泽度也越高。普通纸张表面是由细小纤维纵横交织形成的多孔结构[图 2-5(a)]。由于纤维之间形成的空隙互相贯通，因此，印刷时，若纤维吸墨性较好，墨滴可以很快渗入空隙中并沿着纤维扩散，导致墨点边界模糊，影响印刷品的精度；若纤维吸墨性不好而不能很好地吸收油墨，会导致承印物吸墨量不够。结果无论从色彩上还是从清晰度上都达不到印刷要求。

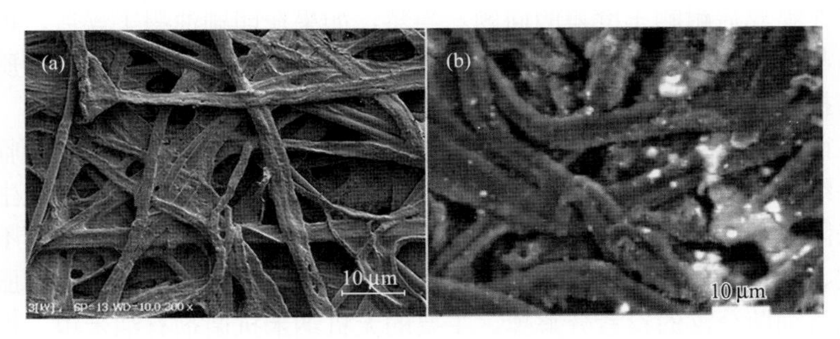

图 2-5　普通纸(a)和高光相纸(b)电镜照片[33]

为了解决吸墨快与墨滴扩散之间的矛盾，实现快速吸墨、高吸墨，同时又防止墨滴向周围定向扩散，影响墨点的形状与印刷图案的品质，必须对印刷用的纸张进行进一步的改性。目前常用的做法是在纸张表面涂覆一层纳米粉体，如纳米 SiO_2[图 2-5(b)]。纳米 SiO_2 粒径小于 100 nm，是无定形超细粉体，具有非常大的比表面积。纳米 SiO_2 粒径小、比表面积大、吸油量高，有利于油墨的固着，不易发生颜色扩散现象，用其制成的纸张表面光滑、分辨率高[34]。具体原因如下：纸张表面涂覆一层纳米 SiO_2 后，表面粗糙度大大降低，增强了纸张表面的光反射，从而大大提高纸张的光泽度。此外，纳米 SiO_2 粉体填充纸张纤维之间的空隙，而纳米 SiO_2 颗粒之间的空隙又形成新的纳米孔洞结构。这些纳米孔洞可以迅速被油墨浸润，形成纳米孔洞的 SiO_2 颗粒又能阻碍油墨向四周扩散。正是依靠这层纳米粉体，纸张可以迅速吸收大量的油墨，保证着色，又能阻碍墨滴向周边扩散，保证印刷的精度，从而完美地再现图案的色彩和清晰度。除了纳米 SiO_2 外，为了提高纸张的白度与不透明度，纸张表面也会用纳米 Al_2O_3 或纳米 $CaCO_3$ 粉体进行改性处理。这些纳米粉体颗粒尺寸很小(通常小于 100 nm)，且粒径的分布范围较窄，以其作为纳米颜料粒子对表面进行涂覆改性，可以明显提高纸张的白度与光泽度[35]。

为了解决传统纸不耐紫外线的问题，提高纸张的耐候性，人们将在纸张涂层中加入特殊的纳米颜料，如 TiO_2，利用特殊的纳米颗粒（尺寸通常为 70～180 nm）对紫外线较强的屏蔽作用，显著提高纸张涂层的耐紫外线和耐老化性能，大大降低纸张由于受到光照而发生老化的速度。上海同济大学波耳固体物理研究所和上海造纸研究所合作开展了以无机纳米材料为涂布颜料的应用实验[36]。以纳米级 SiO_2 和 TiO_2 作为功能纳米涂层材料，在含有磨木浆（TMP）的市售新闻纸表面形成一层纳米涂层，然后用 1000 kW、波长 315 nm 紫外灯照射 3 天。结果表明，涂有纳米材料的新闻纸不发黄不发脆，而不涂纳米材料的新闻纸则发黄发脆。这种工艺也可在彩喷纸及普通喷墨打印纸上应用，解决目前国产彩喷纸或普通喷墨打印纸存在喷墨后耐晒牢度差的问题。当然，如果在印刷油墨干燥后，再用“上光胶乳”与含有纳米粒子的溶液混合做一次面涂工艺，则既可解决耐晒质量差问题，又可提高产品表面光泽，实现质量档次升级。

除了前面所提到的紫外线对纸张的影响，细菌是纸张保存过程中面临的另一个挑战。纸张的主要成分纤维素是由葡萄糖组成的大分子多糖，容易滋生细菌，导致纸张降解。传统抗菌剂能够抑制、杀灭细菌，但大多数有机抗菌剂不耐热，且易挥发、易分解产生有害物质、安全性能差。而纳米抗菌剂不仅能克服上述缺点，还能将细菌分泌的毒素分解掉。主要的无机纳米抗菌剂有纳米银、铜、锌等以及光催化抗菌剂如纳米 TiO_2、ZnO、SiO_2 等。现在纸张用抗菌剂的研究，较多集中在纳米改性抗菌沸石[37]。经过纳米改性后，抗菌沸石缓慢释放所置换的 Ag^+、Cu^{2+}、Zn^{2+}等，达到很高的抗菌作用，其中负载 Ag^+的沸石抗菌剂的效果最好。光催化型无机抗菌剂主要有锐钛型 TiO_2 纳米粒子，其利用光催化反应达到抗菌效果。将纳米抗菌剂混入浆料或涂料（表面施胶液）中即可生产纳米抗菌纸。Lvov 研究组在用分层纳米涂布技术对纤维进行改性的研究中发现，用多个聚噻吩/聚丙烯胺（polythiophene/polyallylamine）双层对纤维改性，制成的纸张具有导电性，而且其导电性正比于纤维表面该双层的沉积数。这种导电纸及其制造方法可以用在具有监控电和光/电信号功能的智能纸的开发中[38, 39]。

2.2 微纳表界面浸润性

2.2.1 表面浸润性

印刷过程中油墨被转移到承印物表面，印刷品的质量和功能不仅取决于油墨本身的特性，还取决于油墨在承印物表面的铺展和成形性能。承印物表面的浸润性、黏附力等特性也是印刷过程中需要考虑的重要因素。

表面浸润性是用来衡量表面能够被液体润湿程度的物理量，指液体和表面接触时，液体可以渐渐渗入或附着在表面的特性[40]。亲水、疏水也就是我们常说的浸润性。液滴能否润湿表面，取决于表面、液滴的表面张力。表面张力是液体表面收缩作用在单位长度上产生的力，其单位是 N/m，是由液体表层分子受到不均匀的分子间作用力引起的。从能量的角度来看，表面张力指以可逆的方式形成新表面时，环境对系统所做的表面功变成了新表面上单位面积的表面层分子的 Gibbs 自由能。因此，表面张力又可以称为比表面 Gibbs 自由能，其单位是 J/m^2。以液体为例：处于液体内部的分子在各个方向所受的分子间作用力相互平衡，分子在液体内部运动时没有能量变化，无需外界做功；处于表面的分子所受的合力指向液体内部，因此液体内部的分子要想移动到界面必须具有足够的能量来克服这一指向内部的合力，也就是说增加液体的表面积需要外部对液体做功，因此增加单位面积所需的功称为这种液体的表面自由能。不仅液体具有表面张力和表面自由能，固体表面同样存在表面张力和表面自由能，其物理意义与液体相同。表面张力是从动力学角度描述这一现象，而表面自由能则是从热力学角度所做的描述。

表面浸润性通常以液滴在表面上的接触角来衡量(图 2-6)。将液体滴在固体表面，在固-液-气三相交叉点作气-液界面的切线，此切线与固-液交界线之间的夹角就是接触角[41]，一般用 θ 表示。固体表面液滴的接触角是固-液-气界面间表面张力平衡的结果，液滴的平衡使体系的总能量趋于最小，因而液滴在固体表面上处于稳态(或亚稳态)。光滑且均匀的固体表面上的液滴，其接触角可用 Young(杨氏)方程计算[42]：

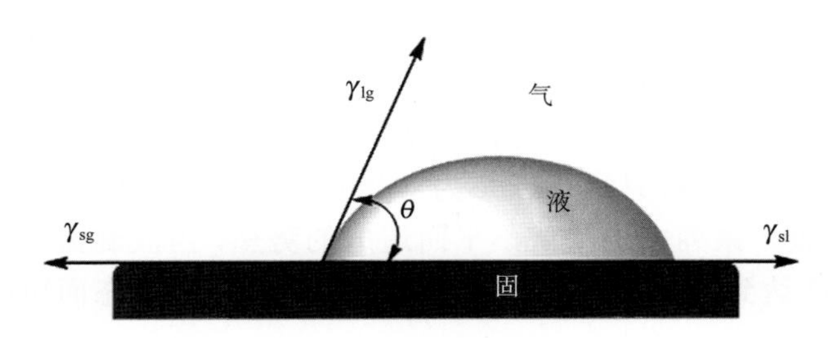

图 2-6　接触角示意图

$$\gamma_{sg} = \gamma_{sl} + \gamma_{lg} \cos\theta \tag{2-1}$$

式中，γ_{sg} 是固-气界面的界面张力；γ_{sl} 是固-液界面的界面张力；γ_{lg} 是气-液界面的界面张力；θ 是水滴在表面达到热力学平衡时的静态接触角，又称为本征接触角。所谓热力学平衡，指的是体系的性质不随时间而改变，或者说体系的任一微小的变化是可逆的。Young 方程是研究表面浸润性的基本公式。需要强调的是，Young 方程只适用于理想表面，即表面组成均匀、光滑、各向同性且在液体表面张力作用下不发生变形。用接触角作为液体对固体润湿程度的判据，一般以 θ=90°作为界线，对水而言，当水滴与表面的接触角 θ<90°时，可以说该表面是亲水的表面或者水能润湿这个表面；θ<5°的表面则称为超亲水表面；而当表面与水的接触角 θ>90°时，该表面称为疏水的表面；大于 150°的表面则称为超疏水表面。特别地，θ=0°为完全润湿，θ=180°为完全不润湿。

2.2.2 粗糙表面浸润性

Young 方程描述了液滴在理想表面的浸润性。但是，任何一个固体表面都不可能是绝对光滑、均匀的。实际的表面都具有一定的粗糙度，因此必须考虑粗糙度对表面浸润性的影响。目前，广泛应用于解释液滴表观接触角与表面粗糙度之间关系的是 Wenzel 方程和 Cassie-Baxter 方程。

1. Wenzel 方程

早在 1936 年 Wenzel 就认识到了粗糙度对固体表面浸润性的影响[43]，他认为在 Wenzel 浸润状态时，液体和粗糙固体表面接触的部分是完全浸润的。考虑到粗糙度对表面浸润性的影响，他将 Young 方程修改为

$$\cos\theta_{\rm r}=\frac{r(\gamma_{\rm sg}-\gamma_{\rm sl})\cos\theta}{\gamma_{\rm sg}-\gamma_{\rm sl}}=r\cos\theta \tag{2-2}$$

式中，r 是粗糙度，指实际的固-液界面接触面积与表观固-液界面接触面积之比（$r\geqslant1$）；$\theta_{\rm r}$ 是粗糙表面的接触角。

Wenzel 方程表明，粗糙表面上固-液的实际接触面积大于表观面积，从而增强了表面的疏水性（或亲水性）。即：θ<90°时，$\theta_{\rm r}$ 随着表面粗糙度的增加而减小，表面变得更亲水；θ>90°时，$\theta_{\rm r}$ 随着表面粗糙度的增加而变大，表面变得更疏水。Wenzel 方程只适用于热力学稳定平衡状态。但液体在粗糙表面上展开时需要克服一系列由于起伏不平而造成的势垒，当液滴振动能小于这种势垒时，液滴不能达到 Wenzel 方程所要求的热力学平衡状态而可能处于某种亚稳平衡状态。

2. Cassie-Baxter 方程

Wenzel 方程揭示了均相粗糙表面的表观接触角与本征接触角之间的关系。当固体表面由不同种类的化学物质组成时，Wenzel 方程则不适用。Cassie 和 Baxter[44] 进一步拓展了 Wenzel 方程，提出可以将粗糙不均匀的固体表面设想为一个复合表面，即他们认为液滴在粗糙表面上的接触是一种复合接触。当固体表面的粗糙不

均匀性表现为宏观起伏达到一定程度时，空气就容易被水截留在固体表面的凹谷部位。在这种情况下，复合表面的表观面积也可用它们各占单位表观面积的分数 f_1 和 $f_2(f_1+f_2=1)$ 来表示，它们相应的本征接触角用 θ_1 和 θ_2 来表示。一般地，描述复合表面的公式为

$$\cos\theta = f_1\cos\theta_1 + f_2\cos\theta_2 \tag{2-3}$$

此即 Cassie-Baxter 方程。该方程也适用于多孔物质或粗糙至能截留空气的表面，此时 f_2 为孔隙所占分数或截留空气部分的表观面积分数。由于空气对水的接触角 $\theta_2 = 180°$。因此，式(2-3)可以变为

$$\cos\theta = f_1\cos\theta_1 - f_2 \tag{2-4}$$

式中，f_1 和 f_2 分别是固-水界面和水-气界面所占的分数($f_1+f_2=1$)。式(2-4)比式(2-3)准确之处在于它更精确地描述了真实的体系。但是，在式(2-4)中，对任意粗糙的表面来说，要准确确定 f_1 和 f_2 的值是很困难的。实际上，常见的 f_1 部分所表示的界面并非光滑平坦的表面，所以还需在上述的公式中引入粗糙度系数 r 来修正，则

$$\cos\theta = rf_1\cos\theta_1 - f_2 \tag{2-5}$$

对于不同粗糙结构的表面，粗糙系数 r 将取不同的数值。同时，从式(2-5)还可以看出，当本征接触角大于90°时，表面粗糙度的增大将增大表观接触角的大小。这一点与 Wenzel 方程不同，因为即使是本征接触角小于 90°的平滑表面，也可以由于超疏水气室的存在，接触角增加。

2.2.3　超亲水/超疏水表面

由 Wenzel 和 Cassie-Baxter 方程可知，固体表面粗糙可以增强其表面的浸润性，于是就产生了两个特殊的浸润性状态：超亲水和超疏水。当水滴滴到表面上时，能够浸润表面并铺展开，同时接触角 θ 趋向于 0°，这种表面就被定义为超亲水表面，其所表现出的浸润状态就是超亲水状态。虽然有些表面仅通过高表面能的物质修饰也能表现出超亲水性质，但是，多数情况下表面粗糙结构仍然是实现超亲水表面的关键。超疏水表面则是指那些静态接触角大于 150°的固体表面，这种特殊的疏水状态被称为超疏水状态。这是从静态接触角的角度描述超亲/疏水。若进一步考虑接触角滞后(hysteresis)的现象，超疏水表面又可分为六种(图 2-7)：Wenzel 状态，Cassie 状态，Lotus 状态，Wenzel 与 Cassie 的过渡态，Gecko 状态，以及 Petal 状态。

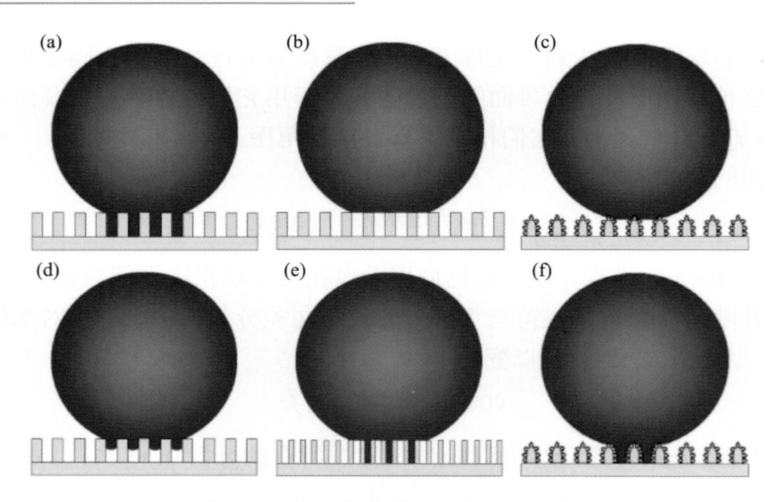

图 2-7 超疏水表面六种假设的状态

(a) Wenzel 状态；(b) Cassie 状态；(c) Lotus 状态；(d) Wenzel 与 Cassie 的过渡态；(e) Gecko 状态；(f) Petal 状态

接触角滞后指的是前进接触角与后退接触角之差。通常，液滴的三相接触线开始向前移动时的接触角称为前进接触角(θ_a)，也可以理解为下滑时液滴前坡面所必须增加到的角度；而三相接触线开始回缩时的接触角则称为后退接触角(θ_r)，也可以理解为下滑时液滴后坡面所必须降低到的角度(图 2-8)。

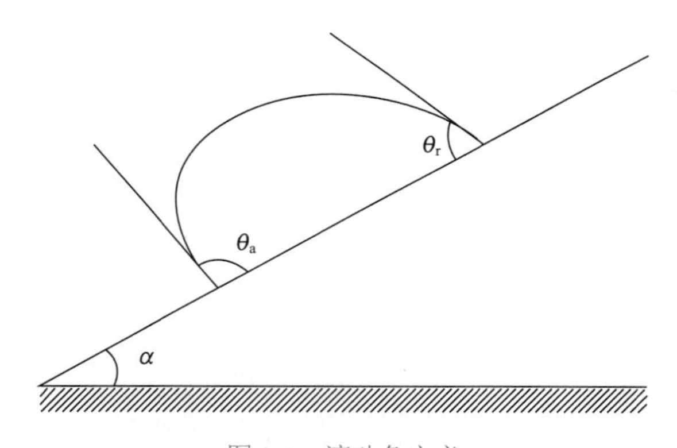

图 2-8 滚动角定义

液滴在倾角为 α 的粗糙表面上，Wenzel 状态与 Cassie 状态是最常见的两种超疏水状态。对于 Wenzel 状态，水滴以浸润模式接触表面，就像是“钉”在表面上，表现出了极大的接触角滞后。由于此时水滴在表面上不能滚动，所以测量滚动角不能反映表面的接触角滞后。在 Cassie 状态下，水滴以非浸润模式接触表面，此时表面对水滴的黏附力较低，属于超疏水低黏附的状态。比较常见的超疏水低黏附材料就是水黾腿。水黾能够在水面上自由行走而不会落入水中，就是因为其四条腿具有超疏水、超低黏附的特性。在表面张力及低黏附作用下，水黾能够漂浮在水面上并能自由移动[图 2-9(a)][45]。荷叶表面所表现出的超疏水状态，则是Cassie 状态的一个特例，赋予了荷叶表面自清洁的性质，也称为 Lotus 状态[图 2-9(b)][46]。另外，在实际的例子中，经常存在 Wenzel 与 Cassie 的过渡状态。这样的表面存在一定的接触角滞后，水滴可以悬挂在表面，可以通过测量滚动角来反映其接触角的滞后。壁虎脚底的特殊微观结构使它可以在墙壁或房顶自由爬行，壁虎脚底的这种高黏附状态也称为 Gecko 态[图 2-9(c)][47]。类似地，玫瑰花瓣表面具有微米乳突和纳米凸起分级结构，这些微纳复合结构为实现其表面的超疏水性提供了足够的粗糙度，同时也对水具有较高的黏附性[图 2-9(d)][48]。水滴在花瓣表面可以形成球体形状，但却不能从花瓣表面滚落。这种现象称为“花瓣效应”，具有这种效应的超疏水表面就是 Petal 状态。

图 2-9　(a)水黾能够在水面自由行走；(b)荷叶的自清洁效应；(c),(d)高黏附态的壁虎脚和玫瑰花瓣

在 Cassie-Baxter 和 Wenzel 方程的指导下，空气中具有特殊浸润性的表面可以通过调节表面化学组成和表面微观结构来实现。而在水-油-固三相体系下，将方程中对应的项进行替换后，Cassie-Baxter 和 Wenzel 方程仍然适用，即水下的特殊浸润性表面也可以从表面能和微观结构两方面进行考虑。在自然界中，船舶和

海上设备容易受到浮游生物的黏附，日久则受损，而鱼类身体表面却没有这种问题，它们能保持身体表面的清洁。大海发生石油泄漏的时候，经常可以观察到海鸟浑身沾满了原油而丧失保暖、游泳、潜水和飞翔的能力，最终在饥寒交迫中死去，但是鱼类不受这种困扰，它们能够逃离被原油污染的水域。经过研究发现，秘密藏在鱼鳞当中。鱼鳞由磷酸钙、蛋白质和一层分泌物构成。鱼鳞外观上是透明的，似花瓣，富含水分(含水量为 16.4%～17.8%)。鱼鳞表面微/纳米结构与表面水膜的共同作用赋予了水下鱼鳞的超疏油性质，使鱼鳞能够不受油污和浮游生物黏附困扰(图 2-10)[49]。油-水-固三相界面上的接触角可以通过式(2-6)描述：

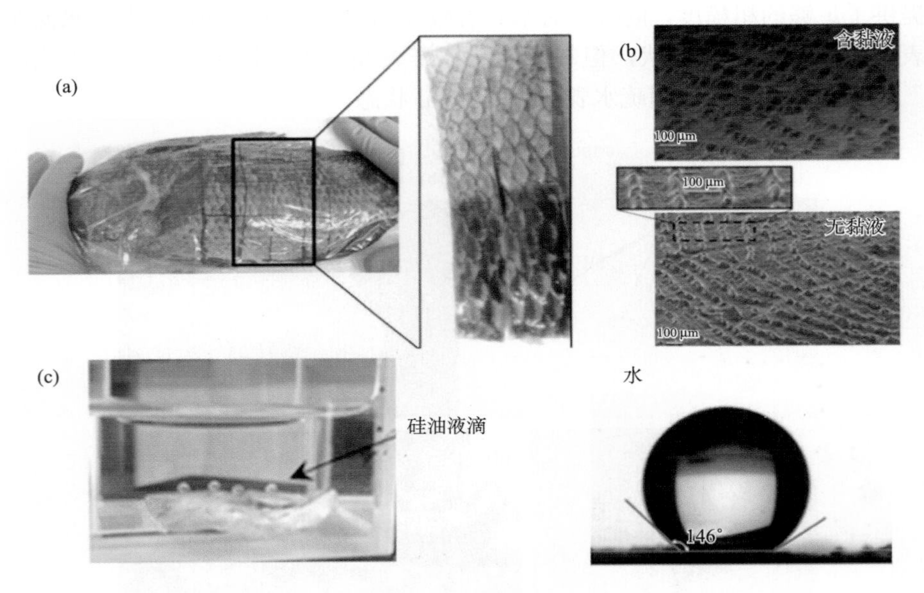

图 2-10 鱼鳞结构与防油性质表征

(a)用于结构和性质表征的鱼鳞的光学照片；(b)含有黏液(上)和不含黏液(下)鱼鳞的扫描电镜照片；(c)将硅油液滴置于放在水中的鱼鳞表面，油滴能够呈现球形形貌，在水下鱼鳞对于油的接触角能够达到 146°

$$\cos\theta_3' = f\cos\theta_3 + f - 1 \tag{2-6}$$

式中，f 是固体的表面积分数；θ_3 是水下油在光滑表面上的接触角；θ_3' 是水下油在粗糙表面上的接触角。水下 1,2-二氯乙烷在光滑硅片表面的接触角为 134.8°±1.6°，对于微/纳米复合结构，f 约为 0，通过方程得到 θ_3' 接近 180°，理论分析结果和实际测试结果相吻合。

2.2.4　浸润状态转变

对于不同粗糙度的表面，其本征接触角 θ 与表观接触角 θ_r 之间的关系可以用图 2-11 来表示，图中同时给出了适用于 Wenzel 状态与 Cassie 状态的 θ 与 θ_r 之间的线性关系[50]，这一关系与 Shibuichi 等[51]得出的实验结果（图 2-12）相一致。Dettre 和 Johnson[52]在总结 Wenzel 及 Cassie-Baxter 方程的基础上，通过模拟粗糙表面发现，表面的粗糙度因子存在一个临界值，超出这一临界值，固体的表面浸润性会从适用于 Wenzel 方程变化到适用于 Cassie-Baxter 方程。表面粗糙度越大，Cassie 状态和 Wenzel 状态之间的能垒越高，Cassie 状态越稳定。

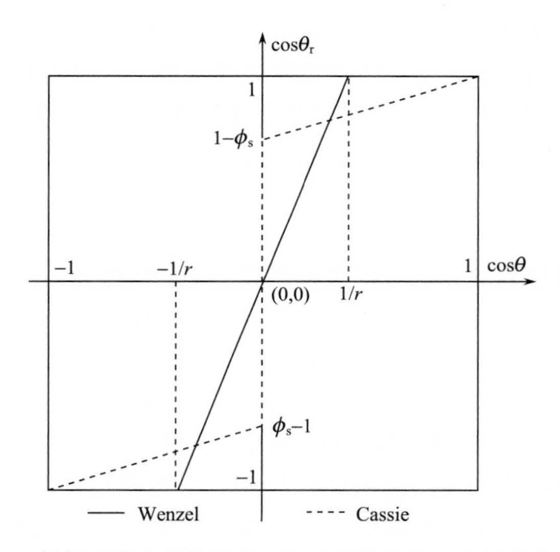

图 2-11　粗糙表面本征接触角 θ 与表观接触角 θ_r 之间的余弦关系

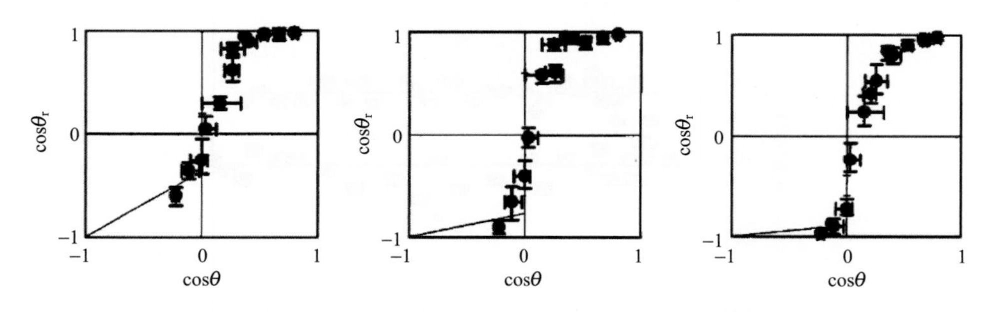

图 2-12　粗糙表面本征接触角 θ 与表观接触角 θ_r 之间关系的实验结果

然而，对于具有同一粗糙度的表面，其也可能有两种浸润状态，即有 Wenzel 和 Cassie 两个状态的表观接触角，这样就涉及两种浸润状态之间的转变问题[53]。

当一个液滴在固体表面处于Cassie状态，其接触角符合Cassie-Baxter方程时，在外界刺激如应力、光、电、热、磁等的作用下，液体将填满粗糙固体表面的沟槽，同时导致固体表面失去疏水性，进而其表观接触角也将由符合 Cassie-Baxter 方程转变成符合 Wenzel 方程[54]。

当浸润性从 Wenzel 状态向 Cassie 状态转变时，其接触角是增加的，并且其接触角分别符合式(2-2)和式(2-5)。通过联合以上两式可以得到临界转变角度 θ_{T1}

$$\cos\theta_{T1} = \frac{f_1 - 1}{r - f_1} \tag{2-7}$$

如果接触角 $\theta<\theta_{T1}$，那么液体和固体接触部分所包含的空气是不稳定的，浸润性很容易从 Cassie 状态转变成 Wenzel 状态。为了得到比较稳定的束缚空气层，固体表面必须足够地疏水，临界转变角度必须足够小，因为 Cassie 浸润状态只有在 $\theta > \theta_{T1}$ 或 $\cos\theta < -1/r$ 时是稳定的。但是上述公式还只是经验性和模型化的结果，因为固体表面不一定符合公式所描述的情况，接触角与表面的形貌有关。

2.2.5 浸润性的尺度效应

我们常说：通过测量一定体积的水在表面上的接触角，就可以判定水对这个表面的润湿情况。然而，“一定体积”究竟是多少呢？不同的人测量水滴的接触角时所使用的水滴体积不尽相同，结果会不会有很明显的差异呢？这个问题不解决，就无法在印刷过程中准确地评价表面的浸润性，也就无法比较表面上图文区与非图文区的浸润性差异。Drelich 的研究表明，水滴的直径在毫米级范围内变化对接触角的测量值没有明显的影响(图 2-13)[55]。也就是说，测量水滴在表面上的接触角时，不必担忧由水的挥发引起的水体积变化——只要水的挥发不会引起水

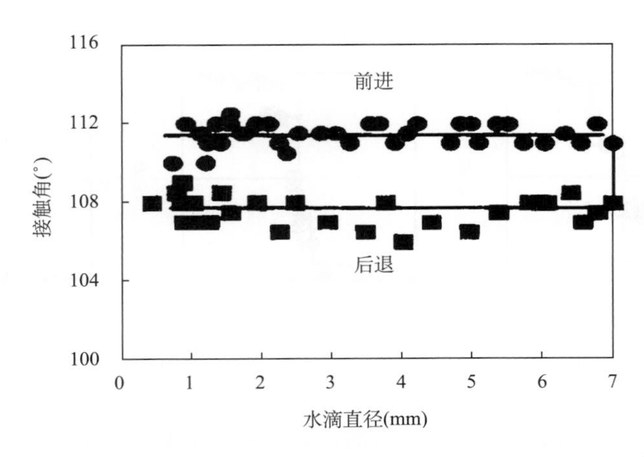

图 2-13 不同尺寸水滴的前进接触角与后退接触角

滴尺寸出现毫米级的变化。因此，在测量静态接触角时可以选择多至 10 μL 的水滴，也可以选择少至 0.5 μL 的水滴。需要注意的是，尽管水滴的尺寸在毫米尺度范围内对水滴的接触角影响不大，在测量水滴的接触角时仍必须保证水滴的体积是相同的。

虽然水滴的尺寸在毫米尺度范围内变化对水滴的接触角影响不大。但是，当水滴直径缩小至微米尺度时，水滴在表面的浸润情况又会变得如何呢？Jung 和 Bhushan[56]研究了阵列硅柱表面上水滴蒸发过程中浸润态的转变过程，发现随着水滴不断蒸发，水滴尺寸逐渐减小，水滴与基底的接触面积也不断减小，但接触角几乎不发生变化，在此过程中，水滴在表面上处于 Cassie 状态。当水滴的半径小于 423 μm 时，水滴完全浸润基底，转变为 Wenzel 状态(图 2-14)。水滴在表面上的浸润状态随水滴尺寸变化而发生转变的现象即是浸润性的尺度效应。

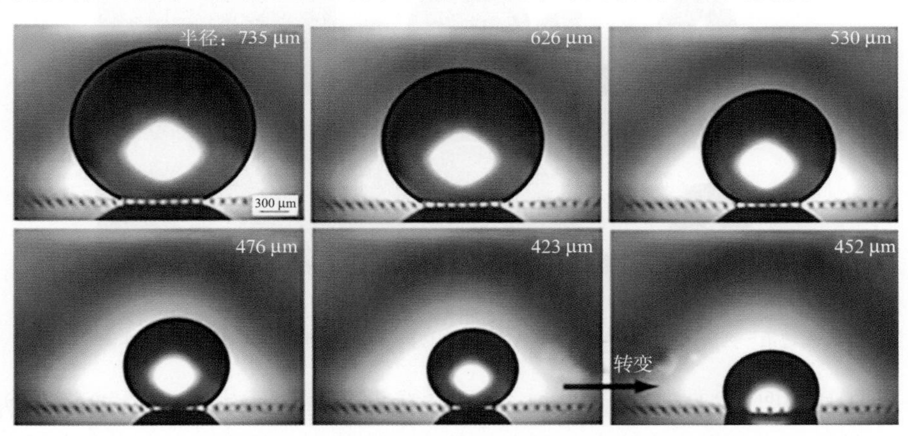

图 2-14　水滴尺寸变化引起的浸润性转变

为什么会产生这种尺度效应呢？一般情况下谈论的浸润性，往往指的是毫米尺度甚至更大的水滴在表面的浸润性，而表面粗糙结构的尺寸一般是微米级甚至纳米级的，也就是说水滴的尺寸远远大于粗糙结构的尺寸。此时，可以将表面看成是均匀的粗糙表面，水滴在表面上的浸润行为可以用 Young 方程、Wenzel 方程或 Cassie-Baxter 方程来描述，水滴的尺寸效应可以忽略。随着水滴的尺寸缩小到微米尺度，与表面粗糙结构的尺寸在同一数量级或仅仅略大于表面粗糙结构时，表面粗糙结构的各向异性与不均匀性就会影响水滴在表面的浸润行为，并且水滴尺寸越小，表面粗糙结构的这种各向异性与不均匀性就越明显，从而引起水滴在表面上浸润性的变化。

水滴的这种尺寸效应引起的浸润性变化在荷叶表面表现得尤为明显。众所周知，通常情况下水滴在荷叶表面很容易滚落，我们也将荷叶的这种性能称为超疏水性或自清洁性。但是，2005 年，Cheng 等[57, 58]惊讶地发现：当热的水蒸气在冷的干荷叶表面冷凝时，形成的微米尺度水滴黏附在荷叶表面，不再滚落。其后，郑咏梅等[59]也通过实验证实了水滴的尺寸效应引起的浸润性转变。中国科学院化学研究所绿色印刷实验室 He 等[60]首次报道了微米尺度的水滴在超疏水阵列 ZnO 纳米柱表面浸润性变化情况，并揭示了表面结构对微水滴浸润性变化的影响(图 2-15)。

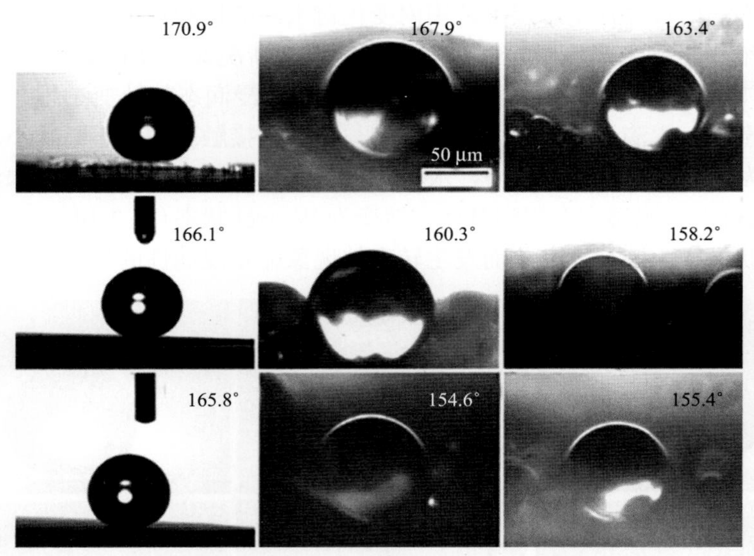

图 2-15 阵列 ZnO 纳米柱表面水滴静态接触角

左边第一列所用的水滴为 5 μL；中间列与右边列照片中的水滴均是微米尺度小水滴

刘天庆等[61]通过理论分析发现，如果优化设计表面结构，引入合理的微/纳复合多级结构可以使微小水滴在表面上处于 Cassie 状态，尽管微小液滴在表面上的 Cassie 状态是从 Wenzel 状态转变而来(图 2-16)。

2.2.6 表面对液滴的黏附性

当然，无论是毫米尺度的大水滴还是微米尺度的水滴，仅仅以静态接触角来说明其在固体表面的浸润性是不够的，还必须考虑表面对水滴的黏附性。对于毫米尺度的水滴来说，通常利用水滴在表面的滞后角或水滴在表面的滚动角来表征表面对水滴的黏附性：如果水滴在表面的滞后角或滚动角小，那么水滴就容易在重力作用下滚动或滚落，水滴在这样的表面很容易发生去浸润。但是，对于微米尺度的水滴来说，在目前的实验技术与条件下，测量其滞后角是非常困难甚至是不可能的，其原因就在于微水滴的尺寸效应导致测量误差较大。同时，水的毛细长度 L 为

$$L = \sqrt{\frac{\gamma}{\rho g}} \tag{2-8}$$

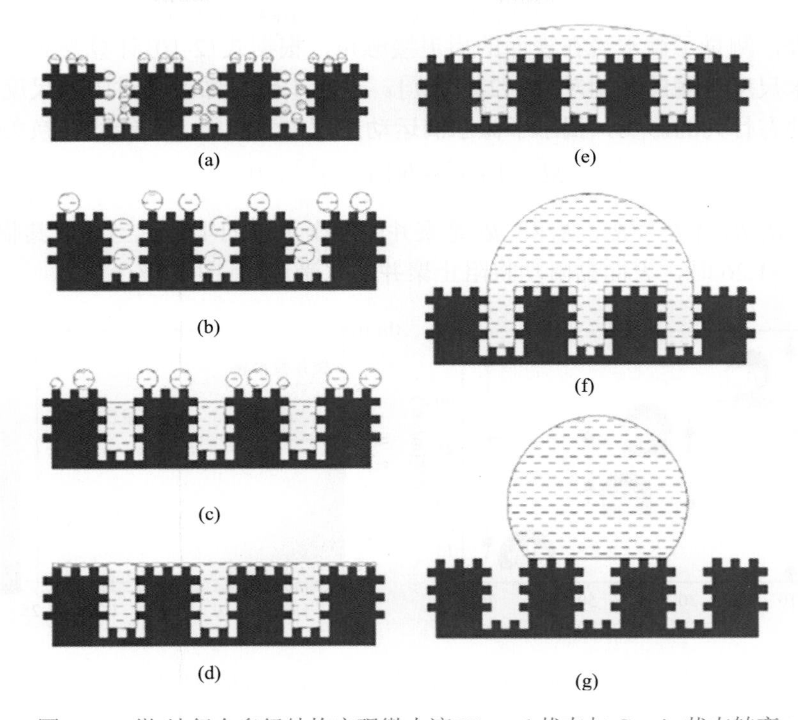

图 2-16　微/纳复合多级结构实现微水滴 Wenzel 状态与 Cassie 状态转变

水蒸气在微纳结构表面成核，形成纳米尺寸的小水滴(a)。随后，水滴逐渐长大(b)，并在微/纳结构中间形成连续液膜(c，d)。液膜不断变厚，形成鼓包状的液帽(e,f)，在表面张力的作用下液体从结构内部脱离，完成 Wenzel 态到 Cassie 态的转变(g)

式中，γ 是水的表面张力；ρ 是水的密度；g 是重力加速度。根据此公式计算得到水的毛细长度约为 2.7 mm。若水滴的直径小于这个数值，重力对水滴的影响可以忽略。可见，对于一个微米尺度的水滴而言，重力的影响微乎其微，水滴不可能在重力的作用下从表面滚落，水滴在表面的滚动角也难以测量。因此，微小水滴在表面的动态浸润过程仍然是目前面临的一大挑战。

根据 Young 方程，水滴浸润表面时所做的功为

$$W_{\mathrm{ad}} = -\gamma_{\mathrm{l\text{-}g}}(1+\cos\theta) \tag{2-9}$$

当水滴在表面发生去浸润时，表面对水滴的黏附功可以表示为[62]

$$W_{\mathrm{ad}} = \gamma_{\mathrm{l\text{-}g}}(1+\cos\theta_{\mathrm{rec}}) \tag{2-10}$$

式中，$\gamma_{\mathrm{l\text{-}g}}$ 是水的表面张力；θ 是水滴在表面的静态接触角；θ_{rec} 是水滴在表面的后退接触角。

如果能测量微水滴在表面的后退接触角，就能计算出水滴在表面上的黏附功。中国科学院绿色印刷实验室 He 等[63]首次观察了微米尺度的水滴在超疏水表面的

蒸发过程，测量了微水滴在表面的后退接触角，根据式(2-10)计算得到了不同表面对微米尺度水滴的黏附功[图 2-17(a)]。进一步研究黏附功对微米尺度水滴在表面的动态行为的影响，揭示了微水滴运动过程中表面能、动能的转换关系：

$$\Delta\tilde{E} = 1 + x^2 - b(1+x^2)^{2/3} \geqslant 0 \tag{2-11}$$

式中，$x=R_1/R_2$ 且 $R_1 \geqslant R_2$，R_1 和 R_2 是聚并的两个水滴的半径。当 b 取其临界值，即 $b_c=2^{1/3}=1.26$ 时，表面黏附功将阻止聚并的水滴运动[图 2-17(b)]。

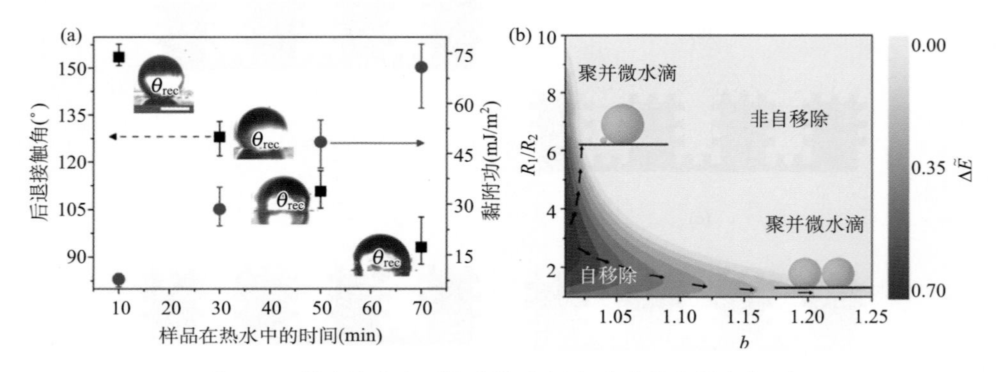

图 2-17 微水滴在表面的黏附功(a)与自移除能量变化(b)

黏附功对微水滴运动行为的影响让我们能够清楚地认识到微液滴在表面上的动态浸润行为。但是，因为表面粗糙结构的微观不均匀性与各向异性更加明显，测量微水滴后退接触角的难度也比较大。Wier 和 McCarthy[64]通过分析阵列硅柱表面微水滴从 Cassie 状态转变成 Wenzel 状态的过程(图 2-18)，得出了微水滴在单一微米结构上发生浸润性转变的临界条件：

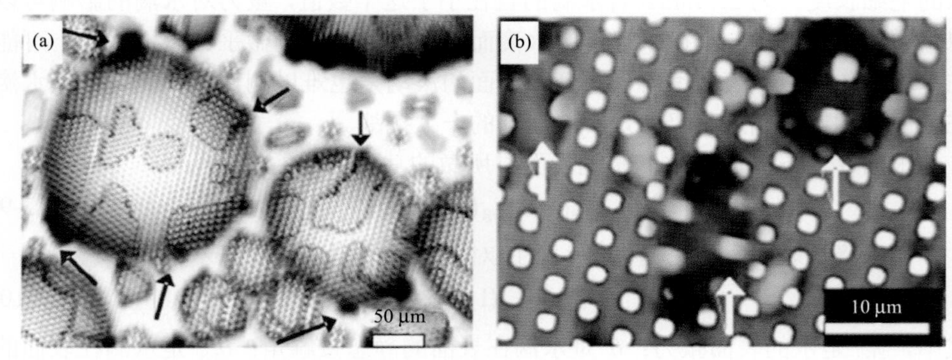

图 2-18 微液滴在表面的 Wenzel-Cassie 状态转变

图中箭头所指均为液滴三相线在硅柱上的变形

$$P_c = -\gamma_{lv} L_{cp} \cos\theta_0 / A_{cp} \tag{2-12}$$

式中，γ_{lv} 是气-液界面的表面张力；θ_0 是微水滴的前进接触角；L_{cp} 是阵列规整结构的重复单元上固相周长；A_{cp} 是每一个重复单元所包含的表观气相面积。当微液滴的静水压力大于 P_c 时，水滴将浸润基底，从 Cassie 状态向 Wenzel 状态转变。

2.3　印刷过程中的界面浸润性

2.3.1　印刷中界面浸润性关键科学技术问题

印刷过程最关键之处在于实现油墨在图文区与非图文区的合理分布。这类似于计算机科学语言中“0”和“1”的问题，即图文区为 1，非图文区为 0。印刷过程中所出现的各种令人眼花缭乱的现象，其背后的科学本质皆是“0”与“1”的问题。

印刷过程中，墨滴在不同基材上的可控图案化涉及众多国际科学难题，如液滴在固体表面干燥过程中的咖啡环效应(coffee ring effect)、马拉戈尼效应(Marangoni effect)与液滴融合过程中的瑞利不稳定性(Rayleigh instability)，都极大影响了印刷技术的精度和适用性(图 2-19)。急需解决的关键科学技术问题如下。

(1)材料表面浸润性的精细调控：材料表面的微/纳米结构和化学性质是决定其浸润性的关键因素。通过表面微/纳米结构与形貌的构筑与化学修饰，实现表面浸润性的精确调控与油墨印刷适性的匹配，为印刷高精度图案提供理论依据和技术基础[3]。

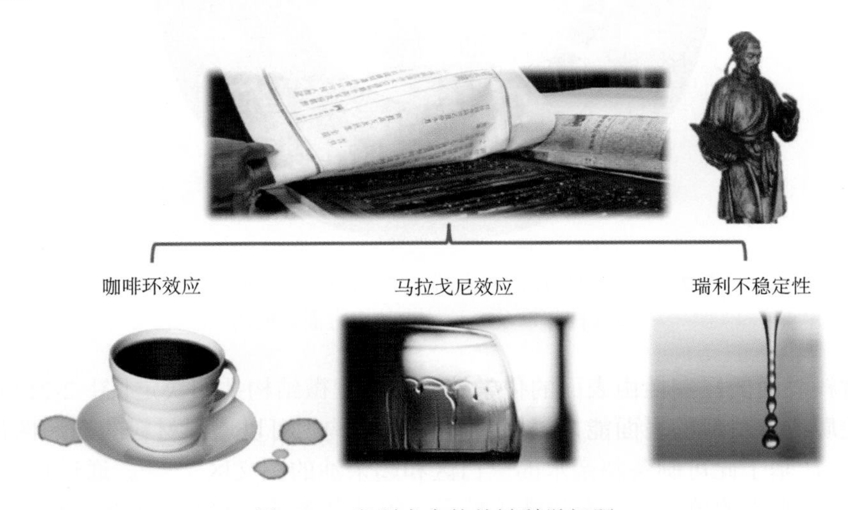

图 2-19　印刷术中的关键科学问题

(2)液滴动态浸润性的调控与图案化：液滴在固体表面的收缩、铺展、融合与转移等行为，是由液滴在材料表面的浸润与黏附特性所决定，涉及 Wenzel 状态和

Cassie 状态等不同浸润模式。深入研究墨滴在不同材料表面的动态浸润行为，发现材料表面浸润性、液滴表面张力和黏附力与液滴扩散、黏附、移动及液膜破裂等过程控制的基本规律，实现墨滴从零维到三维图案化过程的精确调控。

(3)液滴内溶质或微粒的可控自组装：通过深入研究实现材料表面各向异性的可控浸润与黏附，控制液滴干燥过程中三相线的滑移，实现液滴溶质或纳米粒子的均匀分布及可控组装，并通过各向异性的浸润性控制实现图案化与器件制备。

界面墨滴的浸润性控制是印刷过程中的关键科学问题，实现图案化与油墨转移，即在印版表面构建清晰的亲油(图文)区与亲水(空白)区，是印刷技术的基本科学技术过程。基于表面浸润性质调控，通过数字化(“0”、“1”)设计和浸润性差异，构建具有高反差浸润性差异的超浸润表面图案，从而直接进行高精度印刷[65]，如图 2-20 所示。

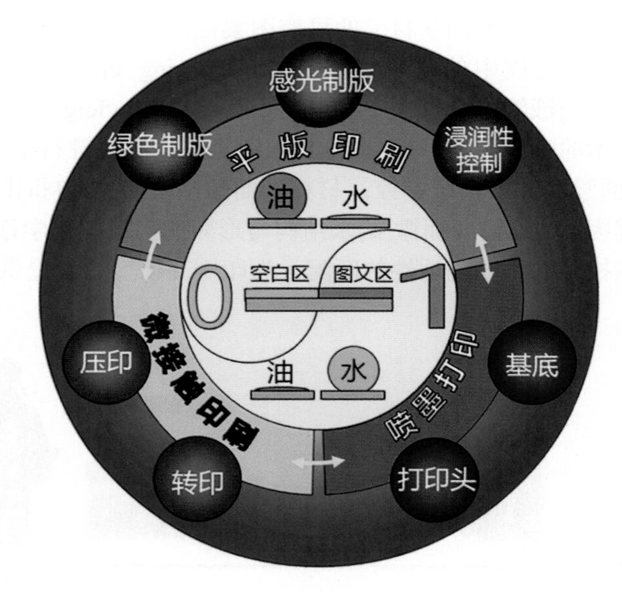

图 2-20 图案化浸润性表面在平版印刷、微接触印刷、喷墨打印以及多种技术结合方面的应用

材料表面的浸润性由表面的化学性质与物理微结构共同决定[图 2-21(a)]，化学性质决定材料的表面能，表面的微/纳米结构则可以增强材料的浸润性(亲水或疏水)，基于此可制备超亲水的空白区和超亲油的图文区[66, 67]。通过设计具有疏水核-亲水壳的单分散聚合物乳胶粒子，组装制备了具有有序纳米结构的表面，利用不同组装温度与组装环境下聚合物材料的相分离，可以实现材料表面浸润性从超亲水到超疏水的有效调控[图 2-21(b)][67, 68]。具有不同微/纳复合结构的表面，

表现出不同的液滴黏附与脱黏附状态。类似于印刷过程中的水与油墨的黏附过程，不同粗糙结构的水-固界面表现出对油滴不同的浸润模式[图 2-21(c)]。因此，控制材料表面的微/纳米结构和化学组成可以调控水/油体系的浸润特性，并可实现浸润模式在 Wenzel 状态和 Cassie 状态之间的转变[69,70]。纳米版材表面的微/纳米结构实现超亲水与超亲油特性，构建出高反差的浸润性表面图案，提高了印刷过程中印版的精度和油墨转移的效率。正像数码照相对胶卷照相的革命一样，纳米材料绿色制版技术完全避免了感光冲洗过程，是目前最环保的印刷制版技术[71]。

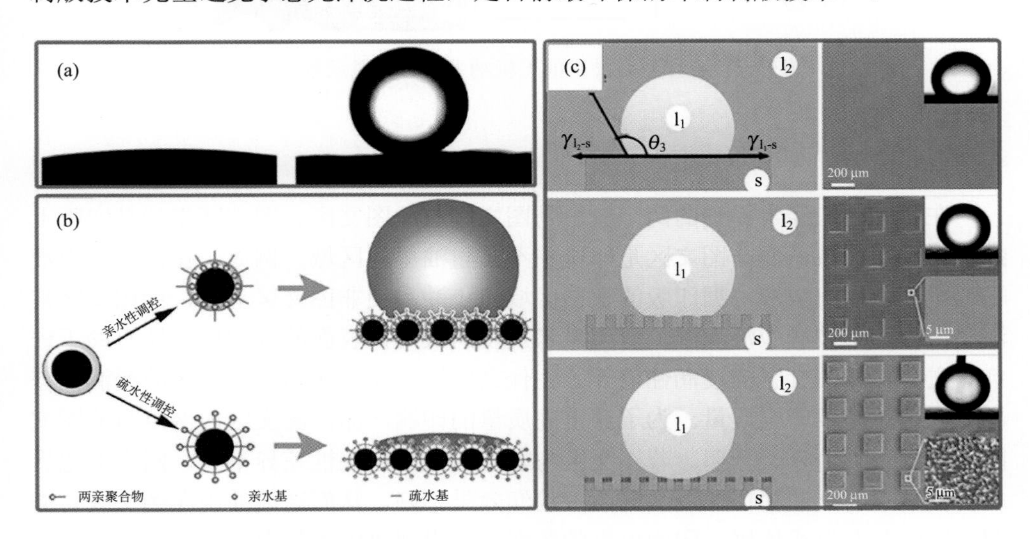

图 2-21　纳米材料绿色打印/印刷的基本原理示意图

(a) 纳米结构实现高对比度差异的表面浸润性；(b) 在纳米粒子表面实现超亲水与超疏水特性的调控；(c) 不同微结构的水-固界面表现出不同的油滴浸润模式（Wenzel 状态与 Cassie 状态）

纳米材料绿色制版技术要发展成为一项可行的应用技术，还必须考虑印版的实际应用要求，如分辨率、耐印力等。为满足印版高分辨率的要求，通过对印版表面进行纳米结构处理，实现了版材的超亲水性，并通过有效调控转印材料在超亲水版材表面的扩展和浸润行为，实现了图文区域浸润性从超亲水到超亲油的转变，从而保证印版图文区与非图文区形成清晰的界面，使印版具有很高的分辨率。为了提高印版的耐印力，通过在转印材料中复合 SiO_2、Al_2O_3 等纳米粒子，有效地实现了转印材料的复合增强，提高了图文区的耐摩擦性（图 2-22）。在此基础上，系统研究了纳米复合材料中聚合物的种类和含量、表面张力、纳米粒子的大小对打印制版质量的影响，优化了纳米转印材料的组成。这主要是通过在转印材料中添加纳米复合粒子，对转印材料进行复合增强来实现。中国科学院化学研究所绿色印刷实验室通过在油墨中添加无机 SiO_2 或 TiO_2 纳米粒子，开发了一种喷墨直接制版用的耐磨油墨，使印版的耐印力得到了很大的提高。

图 2-22　用于绿色打印制版技术的无机纳米复合材料示意图及印刷的样品

2.3.2　印刷中的微纳表界面浸润性

在印刷中，经常提到的两个概念是图文区与非图文区。图文区指的是印版上黏附油墨的区域，而非图文区是印刷中不黏附油墨的区域。例如，在使用润版液平版印刷中，润版液占据印版的空白区域防止油墨使非图文区上脏，而图文区被油墨占领，不被润版液润湿。研究微米尺度的液滴在表面的浸润性，还有助于评价图文区与非图文区的浸润性差异。为什么要比较图文区与非图文区的浸润性差异呢？这就涉及印刷质量。为了获得高质量的印刷产品，图文区内网点与非图文区的边界必须清晰、分明。若图文区与非图文区的浸润性差异不大，网点的边界就会模糊不清，油墨在非图文区的去浸润效果不好，从而造成油墨在图文区与非图文区的分布界线模糊，印刷出来的图案就会出现“糊版”现象。由此可见研究微米尺度的液滴在表面浸润性的重要性。要实现高精度、高质量的印刷，就必须形成清晰的图文区与非图文区界面，亲油和亲水界面要有足够的反差，即图文区超亲油(疏水)，非图文区超亲水(疏油)。

在印刷中经常遇到液-液-固三相体系，对于液-液-固三相系统来说，其相界面张力之间的关系也可以用修正的 Young 方程来进行定量化计算。例如，一个液相为水，另一个液相为与水不互溶的油，当油滴在水中置于固体表面时，接触角 θ_{ow} 由固-油(s-o)界面和油-水(o-w)界面切线方向的夹角给出，即

$$\cos\theta_{ow} = \frac{\gamma_{sw} - \gamma_{so}}{\gamma_{ow}} \tag{2-13}$$

式中，γ_{so}、γ_{sw} 和 γ_{ow} 分别是固-油、固-水和油-水界面的界面张力。

而固体表面的水滴在空气中的 Young 方程及固体表面的油滴在空气中的 Young 方程分别为

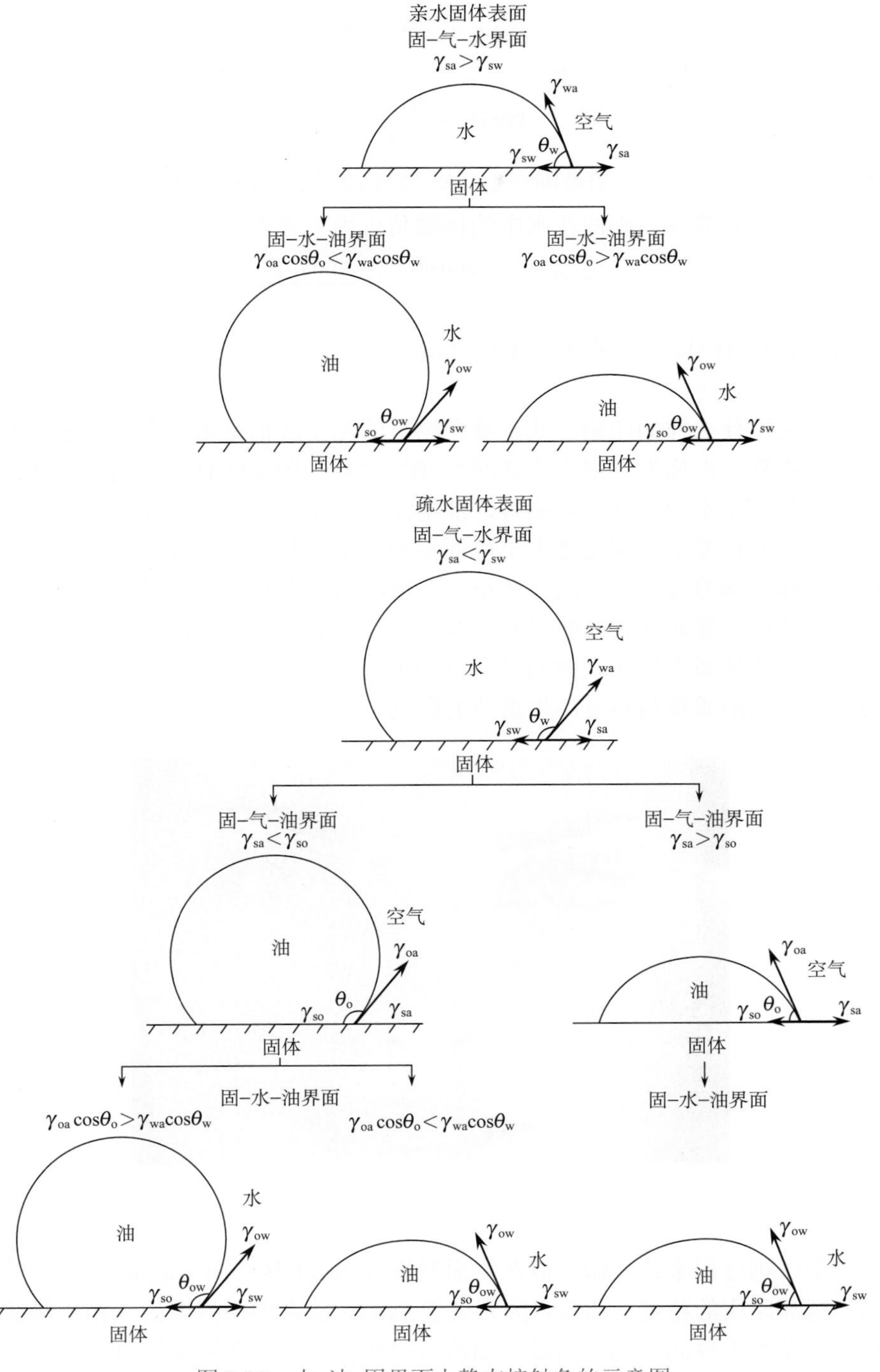

图 2-23　水–油–固界面上静态接触角的示意图

$$\cos\theta_{\mathrm{w}} = \frac{\gamma_{\mathrm{sa}} - \gamma_{\mathrm{sw}}}{\gamma_{\mathrm{wa}}} \tag{2-14}$$

$$\cos\theta_{\mathrm{o}} = \frac{\gamma_{\mathrm{sa}} - \gamma_{\mathrm{so}}}{\gamma_{\mathrm{oa}}} \tag{2-15}$$

式中，γ_{sa}、γ_{wa}、γ_{oa} 分别是固-气、水-气和油-气界面的界面张力。

将以上三式联立，则油在水中的接触角可由下式表示：

$$\cos\theta_{\mathrm{ow}} = \frac{\gamma_{\mathrm{oa}}\cos\theta_{\mathrm{o}} - \gamma_{\mathrm{wa}}\cos\theta_{\mathrm{w}}}{\gamma_{\mathrm{ow}}} \tag{2-16}$$

根据式(2-16)即可预测水下不同油滴在不同表面的浸润情况，将其总结于图2-23[72]。

无论采用什么样的印刷方式，承印物上的图文区都是由一个个微米尺度的圆点构成的点阵，也称为像素点阵或网点(图 2-24)。图文区具有亲油疏水性；而非图文区则具有亲水疏油性。印刷时，油墨浸润图文区，而在非图文区则发生去浸润。提高印刷精度的关键是增大单位面积的像素点数或网点数，而单位面积上像素点数增加意味着像素点的尺寸变小，即墨滴尺寸变小。在微米尺度上，微小墨滴的尺寸效应使墨滴在表面的浸润性与毫米尺度的液滴的浸润性不完全相同，水滴的尺寸效应使微水滴在表面的浸润行为更加复杂和难以预测，同时也对印刷技术与印刷产品的质量与精度产生重要的影响。

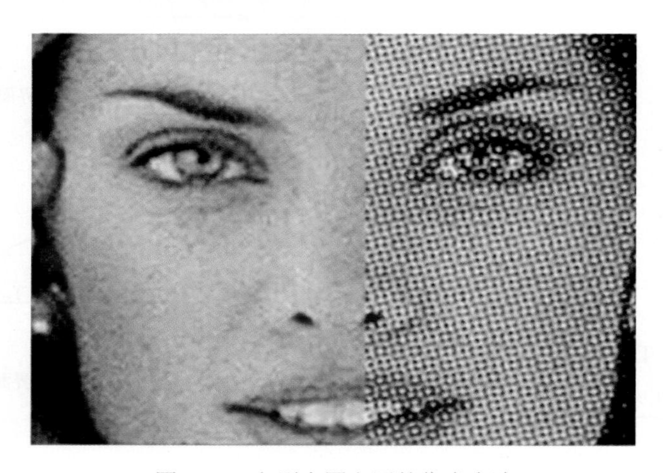

图 2-24　印刷中图文区的像素点阵

对于印刷过程来说，微液滴在表面发生 Wenzel 状态向 Cassie 状态的转变更有利于提高印刷的精度与质量，因为处于 Cassie 状态的微液滴的三相接触线更容易移动，发生去浸润行为。当微液滴的去浸润行为发生在图文区时，毫无疑问会进一步缩小网点的尺寸，而这恰恰是提高印刷精度与质量的关键要素之一。要使微液滴在表面上发生 Wenzel 状态向 Cassie 状态的转变，微液滴必须克服表面黏附力的影响，尽管目前还没有仪器能够测量微液滴在表面的黏附力。但是，这并不影响我们认识微液滴在粗糙表面上的浸润性转变以及解决这个问题的决心。考虑一个微小的液滴在具有微/纳复合结构的粗糙表面上的浸润行为，对这个微小液滴进行受力分析，如图 2-25 所示。

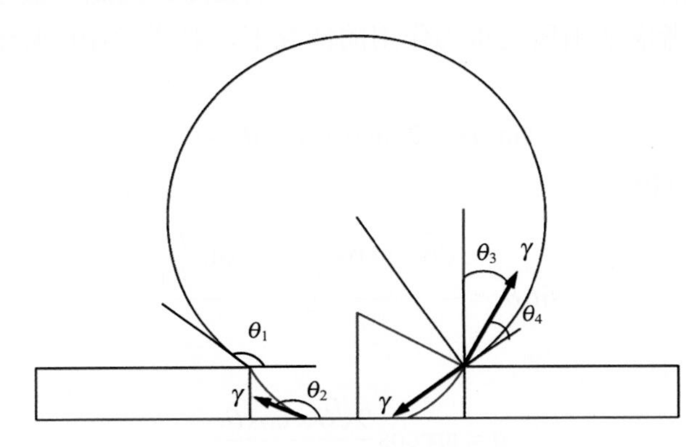

图 2-25　微水滴在多孔表面受力示意图

微小液滴与微米孔顶部接触时，表面张力的垂直分量为[73]

$$\overline{\gamma}_1=\gamma\left[\cos\theta_3-\cos(\theta_3+\theta_4)\right] \tag{2-17}$$

接触线长度为

$$l_1=-8\phi w\tan\theta_1 \tag{2-18}$$

式中，θ_1 是微小液滴在超疏水表面上的静态接触角，且 $\theta_1=\theta_3+\theta_4+\dfrac{\pi}{2}$；$\phi$ 是实际接触线长度与表观接触角长度的比值。

小液滴受到的微孔顶部的力为

$$F_c=\overline{\gamma}_1 l_1 \tag{2-19}$$

微小液滴的曲率半径(R_2)与接触角 θ_3 的关系为

$$R_2=\frac{w}{\cos\theta_3} \tag{2-20}$$

结合式(2-17)~式(2-20)可得

$$F_c=-8\phi w\gamma\tan\theta_1\left[\cos\theta_3-\cos(\theta_3+\theta_4)\right] \tag{2-21}$$

$$\tan\theta_3=\frac{-R_2\cos\theta_2-h}{w} \tag{2-22}$$

式中，h 是孔的深度；θ_2 是微小液滴在微孔底部的接触角。

结合式(2-20)和式(2-22)，可得

$$w\sin\theta_3 + h\cos\theta_3 + w\cos\theta_2 = 0 \tag{2-23}$$

从而

$$\cos\theta_3 = \frac{w\sqrt{w^2\sin^2\theta_2 + h^2} - hw\cos\theta_2}{w^2 + h^2} \tag{2-24}$$

由于该水滴的尺寸很小，远远小于水的毛细长度，因此，重力对液滴的影响可以忽略。在不考虑液滴所受重力作用的情况下，对式(2-19)求导，由 $F_c' = 0$ 可得

$$\sin^3\theta_1 - 2\sin\theta_1 + \cos\theta_3 = 0 \tag{2-25}$$

由式(2-24)可得

$$\sin\theta_1 = \frac{\sqrt{6}\times\left(\cos\frac{q}{3} - \sqrt{3}\sin\frac{q}{3}\right)}{3} \tag{2-26}$$

其中

$$q = \arccos\frac{9\sqrt{6}\times\cos\theta_3}{8} \tag{2-27}$$

由式(2-21)、式(2-26)和式(2-27)，就可以根据表面粗糙结构的尺寸参数以及微液滴在表面的静态接触角计算得到微液滴在表面发生 Wenzel 状态向 Cassie 状态转变时所要克服的黏附力的大小。

2.3.3 固-液界面与图文转印

印刷是根据油、水不相溶的原理，利用亲疏水图案化的基底实现油墨的图案化分布，并把印版上的图文转印至承印物上面。在正向印刷中，印版上的图文部分是疏水的，非图文部分是亲水的，为了能使油墨在疏水的图文区铺展，首先向印版供水，这一过程中水会选择性地浸润亲水的非图文区，从而保护印版的非图文部分不受油墨的浸湿，可见亲疏水图案化的基底是得到高分辨平版印刷产品的关键之一。

超亲水与超疏水是浸润性的两个极端。水在超亲水表面铺展非常快，接触角接近于零。从微观形貌上看，超亲水表面大多具有多孔结构，如苔藓类植物。而超疏水表面则是水完全不可润湿的，其中最典型的例子是荷叶，由于多级微/纳复合结构的存在，水在其表面形成球形并且容易从表面滚落，赋予荷叶表面自清洁的功能。如果在同一表面结合超亲水和超疏水性这两个极端状态并形成精确的二维微图案，可以增强油墨的选择性图案化，得到高质量的印刷产品。

1. 基于光分解反应的图案化基底

基于光分解反应的图案化方法能够得到相对稳定的图文区和非图文区差异，同时提高最终的印刷转移效率，并且在某种程度上避免制备过程中产生大量的化学污染。例如“无显影胶印”：疏水的聚硅烷薄膜首先被修饰在聚苯基甲基硅氧烷（PMPS）印版表面，之后图案化的紫外光照使聚硅烷薄膜光分解，分解的区域显示出亲水的性质。紫外照射过的区域的亲水性可以通过在润版液中加入三羟甲基氨基甲烷碘来充分保持，从而在印刷过程中更好地排斥油墨[74]。类似原理也被用于印刷电极阵列：在表面修饰十八烷基三氯硅烷（OTS）的单分子层，以获得较低的表面能，通过光刻实现图案化，产生可以反复循环再生的图案化亲/疏水区域。浸涂时通过调节最佳的提拉速度、黏度及溶剂极性，得到网点的大小与电极线宽，分别小于 1 μm 和 5 μm[75]。

Tadagana 等[76]发展了一种制备超亲水–超疏水微米级图案化涂层的方法：由一层具有花形结构的氧化铝凝胶、一层极薄的二氧化钛凝胶及一层氟硅烷（FAS）构成的超疏水涂层选择性地通过紫外光照破坏氟硅烷中的氟代烷基，得到超亲水–超疏水图案，其可应用于印刷。此外，利用二氧化钛的光催化反应也可以制备超亲水–超疏水微图案：首先利用电化学沉积及自组装法制备超疏水的二氧化钛纳米管单层薄膜，然后利用光掩模，在紫外光照射下催化反应分解涂层表面的疏水单分子层，使光照区域变成超亲水，从而得到超亲水–超疏水的微图案化表面[77]。Fujishima 带领的团队基于二氧化钛表面的超亲水–超疏水图案在胶印技术上的应用进行了系列报道[78-80]。其基本思路是：首先将二氧化钛涂覆在一个相当粗糙的表面，修饰疏水的单分子层以实现表面的超疏水性；然后通过喷墨打印将含有抗紫外聚合物的墨滴打印到基底表面，暴露的单分子层在紫外光的照射下被催化分解，使基底表面具有选择性的超疏水区域；最后洗掉油墨，可以不使用掩模版而得到图案化的超亲水–超疏水胶印印版。在经过印刷过程后，残留在印版表面的单分子层可以用紫外照射的方式除去，印版回复到最初状态。由这一方法制备的印版具有高度的可重复使用性，通常可以承担超过 5000 页的印刷强度。此外，对于彩色印刷可以达到 133 LPI（每英寸 133 条线）的高分辨率[81]。

2. 基于响应性的图案化浸润性

刺激–响应性表面浸润性因其可控、可逆等特性而引起研究人员的兴趣。相关的外界刺激可以是光[82-88]、电场[89-92]、热[93]、pH[94, 95]、溶剂[96]及光电协同[97]等。其中光照及光电协同浸润能够简单地用于得到液体的图案印刷品。中国科学院化学研究所绿色印刷实验室制备了定向排列的超疏水氧化锌光导纳米棒阵列表面，利用光电协同浸润过程来精确控制这种表面图案的浸润性转换[98]。即通过施加低于电浸润阈值的偏压，光电协同浸润仅仅发生在光照区域，实现图案化。如图 2-26 所示，这种光电协同印刷过程可简述如下：首先，油墨被加在薄膜表面，然后图案化的光“H”照射在表面上，油墨图案“H”随之留在表面；之后油墨图案从薄膜表面被转移到亲水的印刷纸上，最终得到需要的“H”图案。在光电协同印刷过程中，排列的氧化锌纳米棒阵列为图案化的浸润性转变提供了各向异性的浸润条件，因为其能够在光照下实现各向异性的浸润性，即由于毛细效应，浸润更容易发生在平行于纳米棒的方向上，同时垂直于纳米棒的方向上则由于三相线不连续而难以浸润[99]。因此，微米级的液体能够通过设计表面的纳米结构及调节电毛细压来控制。此外，具有较高机械强度及良好可控性的超疏水排列的多孔阵列结构的二氧化钛覆盖纳米孔阳极氧化铝薄膜表面的光电协同诱导的图案化浸润过程也得到了证实[100]。紧密统一排列的纳米孔阵列，具有平行且相邻孔间防渗漏的结构，为印刷过程中的重复利用能力提供了光电协同作用诱导的图案化浸润条件，这对于光电协同液体复印的应用具有巨大的促进作用。

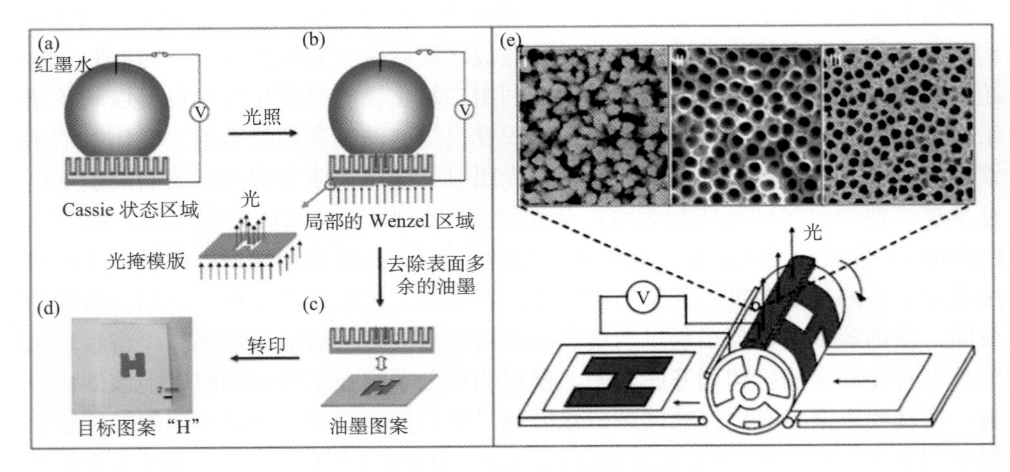

图 2-26　光电协同印刷过程及其机理

(a) 油墨加在薄膜表面；(b) 图案化光“H”照射表面；(c) 油墨图案“H”留在表面；(d) 得到“H”图案；(e) 制备的取向纳米棒的浸润模式

自从 1997 年发现二氧化钛表面的光诱导超双亲性[82]，对其实际应用的相关研究迅速引起广泛的关注。基于二氧化钛薄膜表面超双亲性和疏水性间的开关，即二氧化钛薄膜在光照下是超双亲的而在暗场下是疏水的，中国科学院化学研究所绿色印刷实验室证明了二氧化钛薄膜和水溶性油墨能够实现可擦除印刷。图 2-27 显示了二氧化钛薄膜作为可擦除印刷材料的过程：当二氧化钛薄膜上疏水的图文区被紫外光照射时，这些区域的亲水性极大地提高(超亲水)，同时非图文区仍然是疏水；当薄膜浸入水性油墨中时，超亲水的图文区吸收油墨，非图文区则排斥油墨，因此得到清晰的边界；当图案化的油墨与基底接触时，图文信息从二氧化钛薄膜转移到基底表面；多次重复印刷之后，二氧化钛薄膜经过超声清洗并放置至表面恢复到疏水状态，然后进行下一轮的曝光和印刷过程。Moller 等[101]报道了一种含有 4′-[三氟甲氧基-4,4′-二苯并氮]侧基的单层染料，其具有可擦除的浸润行为。偶氮苯发色团具有最具代表性的顺反异构构型，这些构型之间的转变由两种波长的光照触发。由于具有不同顺反异构构型的该染料分子形成的单层结构显示出不同的浸润行为，直径约微米级液滴的图案在经光掩模光照产生的顺反异构的图案上形成，并且随后再由光照擦除。图案的擦和写完全是可逆的。当染料被喷涂到表面上时，溶液的挥发使单层染料图案能够转移到印刷媒介上，即用于印刷技术中。Ansari 等[102]制备了一种具有荷叶表面结构的铝印版，即通过 775 nm 的飞秒激光脉冲，结合电流扫面系统，将一个 2 μm 厚的阳极氧化铝层覆盖在铝印板表面作为微米结构。这些由激光处理的亲水表面会随着时间延长而恢复，这种可重复使用性和持续性可应用于印刷工业。

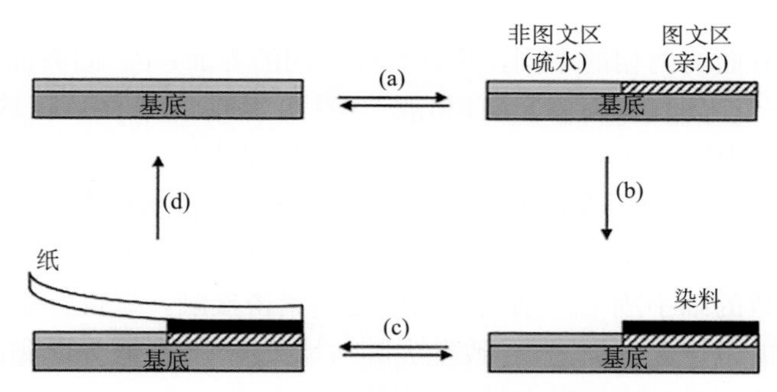

图 2-27　二氧化钛薄膜作为可擦除印刷材料

(a) 光照过程；(b) 染料吸收过程；(c) 印刷过程；(d) 薄膜循环过程

除了以上提到的外场响应可擦除浸润性材料，许多其他具有可变换浸润性的响应性材料都有作为可擦除印刷材料进行应用的潜力[76, 77, 103-108]。

现有的和新兴的技术可以从超亲水和超疏水这两种浸润性相差极大的组合中获益许多。这种亲疏水图案化基底的优点是：①可以简便地控制液滴的几何形状以及对液滴进行定位；②亲疏水微图案可以在不需要表面活性剂的条件下将液体填充满特定区域；③超亲水部分的图案可以用作表面张力驱动的微流体通道；④在同一个表面上，单个独立的液滴之间可以非常靠近并且不发生相互融合；⑤超疏水区域的 Cassie 状态可以用其气膜来控制生物黏附；⑥超亲水和超疏水性区域之间由于接触角等的极端差异而产生的不连续的去浸润与浸润效果，可用于将水溶液分配到超亲水区域而不浸润超疏水性基板，上述这些特性可以实现油墨在图文区的附着，提高印刷产品的质量。

虽然超疏油基底概念的引入已经超过 10 年，并且通过现有的方法制备超疏油-超亲油图案化基底的方法是可行的，但是到目前为止，还没有看到这些基底的实际使用。使用这些图案化基底可能会产生与超亲水-超疏水图案基底相同的应用，但超疏油-超亲油图案化基底适用于有机溶剂，为反向印刷提供了材料基础。

2.3.4 液-液界面与图文转印

当两种互不相溶的物质相互接触时，会在接触面形成界面，并存在分子间相互作用如范德瓦耳斯力，产生界面黏附。界面黏附现象在自然界中广泛存在，并在工业应用中起到了关键作用。例如，在涂层制备过程中需要考虑涂层与基底材料的黏附，只有在黏附力合适的情况下涂层才能涂布均匀且不易脱落；在由异质材料构成的结构性构件中，要考虑两种材料之间的黏附与体相材料内聚力相互匹配，由此得到的复合材料在受到应力时界面机械强度足够大，不容易在界面处发生断裂；对于液体输运，被输运的液体与基底之间的黏附尤为重要，在微流控装置中需要重点考虑。

根据构成界面的两相的不同，共有五种不同的界面：固-固界面、固-液界面、液-液界面、固-气界面（即固体表面）和液-气界面（即液体表面）。在这五种界面中，固-固界面黏附、固-液界面黏附和液-液界面黏附是人们关注的焦点，其中前两种已被广泛研究。固-固界面黏附的一个生动的例子是壁虎脚的黏附。壁虎能够在天花板上自由行走，其奥秘就在于它特殊的脚趾结构。如图 2-28 所示，在壁虎的脚趾上分布着无数的细小刚毛，刚毛与墙壁之间紧密接触，壁虎行走时刚毛与墙壁间产生强有力的范德瓦耳斯力，导致壁虎脚与墙壁间的固-固界面黏附相互作用很强，从而使壁虎可以牢牢地贴在墙壁上[109]。

对于液-液界面黏附的研究，近两年逐渐兴起并呈现上升趋势。两种互不相溶的液体相互接触形成液-液界面，这一界面上发生的浸润性、黏附性等界面行为在印刷过程中具有重要的作用。

对于液-液界面能够稳定存在的问题，法国的 Quere 教授从能量最低角度深入研究了在粗糙表面上形成稳定的液-液界面的条件（图 2-29）[110]。他们使用图 2-29(a)所示的粗糙结构作为基底，在其表面吸附液体 1，再在液体 1 的表面滴加液体 2。当液体 1 与固体表面结合的能量最低时，液体 2 将浮在液体 1 的表面而不会下沉。经过计算，他们得到了能够形成稳定的液-液界面的条件，表达如下：

$$\Delta\gamma = \gamma_1\cos\theta_1 - \gamma_2\cos\theta_2 - \gamma_{12} > 0 \tag{2-28}$$

式中，θ_1 和 θ_2 分别是液体 1 和液体 2 在固体表面的接触角；γ_1、γ_2 和 γ_{12} 分别是液体 1 的表面张力、液体 2 的表面张力以及液体 1 与液体 2 之间的界面张力。

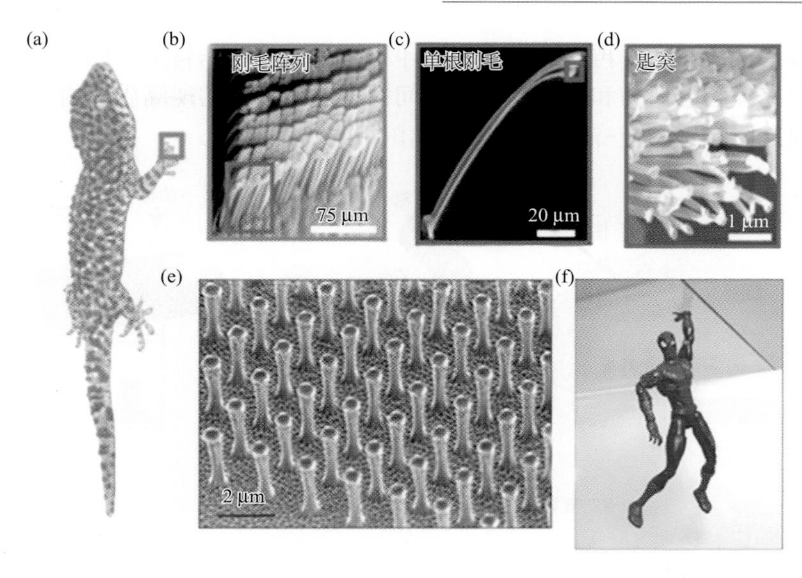

图 2-28　壁虎脚刚毛结构及其仿生制备

(a) 标出脚趾的 *Tokay gecko* 壁虎；(b)～(d) 壁虎脚上刚毛结构的 SEM 逐级放大照片；(e) 仿生制备的聚亚酰胺微细毛结构；(f) 基于壁虎脚的可逆干黏附胶具有各种重要的应用，例如，这种固-固界面黏附可以使玩具蜘蛛人悬挂在玻璃上

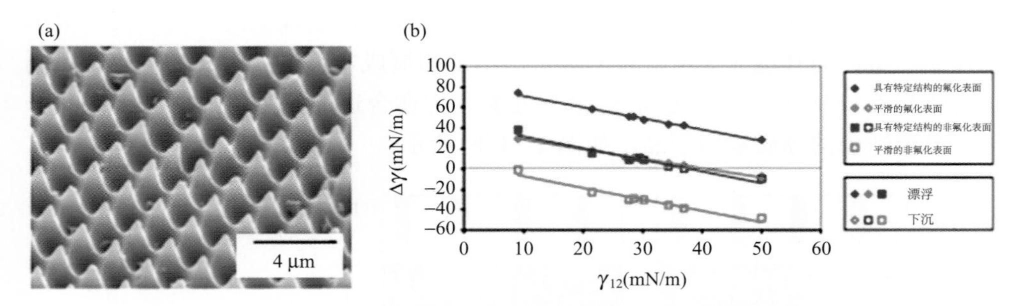

图 2-29　固体基底上液-液界面稳定存在的条件

(a) 具有粗糙结构的固体表面用于锁定液体 1；(b) 液体 1 与液体 2 表面张力的差值决定了液体 2 是否下沉，从而使液-液界面失去稳定性

平版印刷因其制版工艺简便、成本低廉、印版复制容易等优点而广泛用于印刷品的印刷。在平版印刷中，液-液界面的相互作用直接决定了印刷品的质量。如图 2-30 所示，平版印刷使用的印版具有(超)亲水的非图文区和亲油疏水的图文区，图文区与非图文区处于同一个平面上，依靠化学成分的差异实现油墨的图案化。在印刷过程中，首先使用水辊在非图文区涂布一层水膜，即润版液。由于润版液在亲水的非图文区铺展形成连续的液膜，阻止油墨对非图文区的黏附，在印版上形成空白区域。随后使用油辊将油墨涂布到亲油疏水的图文区。图文区的油

墨被转移到橡皮布上，再通过橡皮布转印到纸张或其他基材上形成最终的图案。印刷中存在体相内聚力和界面黏附力之间的竞争，为了实现高质量的图文转移，控制界面黏附特别是液-液界面之间的黏附显得尤为重要。

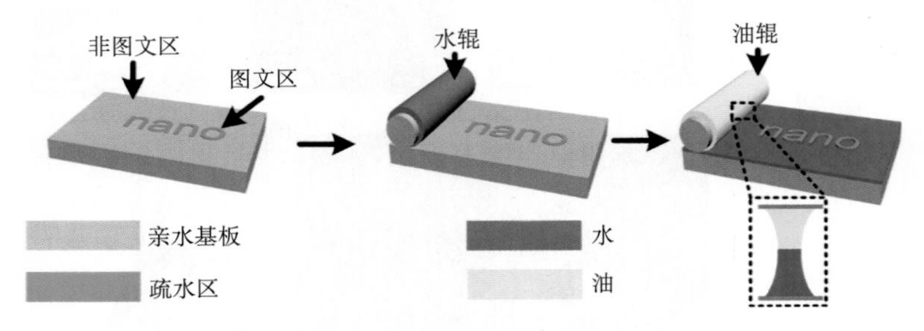

图 2-30 印刷过程示意图

液-液界面在非图文区形成，产生油水双相液桥

但由于平版印刷是基于印刷过程中的油水动态平衡，当印刷油墨与润版液之间的作用失去平衡时，就会影响印刷品的质量。常见的印刷质量问题包括糊版与掉版两种。所谓糊版，即在印刷品原本没有油墨覆盖的非图文区黏附大量的油墨，如图 2-31(a)所示。而掉版则是指印刷品图文区原本具有油墨的区域出现空白，或是上墨不够，如图 2-31(c)所示。印刷中糊版或者掉版现象的出现不仅严重影响印刷质量，而且造成大量纸张的浪费，增加印刷成本，增大污染物排放。印刷过程中只有控制油墨与水之间液-液界面黏附力在合适的范围，才能获得层次分明、着墨适当的高质量印刷品，如图 2-31(b)所示。

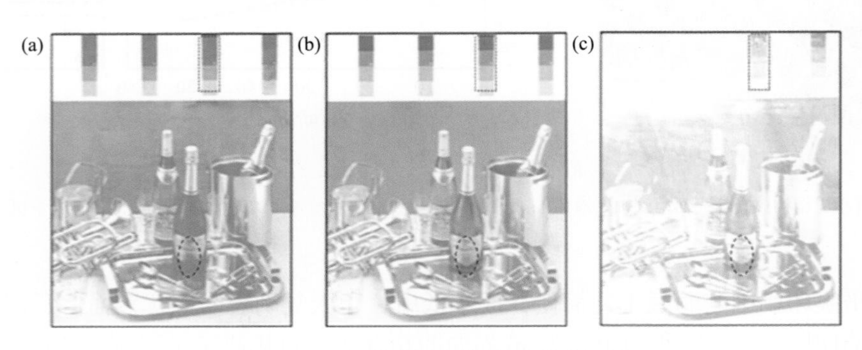

图 2-31 印刷过程中的界面黏附问题

(a)非图文区出现油墨过多黏附现象，即糊版现象；(b)液-液界面黏附合适，印刷品具有较好的层次感；(c)图文区出现缺少油墨，即掉版现象

澳大利亚莫纳什大学的沈为课题组[111]在油墨黏附方面进行了系统的研究。他们认为，印刷过程是一个高速度的动态过程，热力学量如表面能、界面能或黏附

功等参数并不能表征这一过程。在考察油墨转印与否的时候，必须通过比较油墨与润版液之间的黏附强度以及油墨与润版液自身的撕裂力来预测。通过特殊的装置设计，他们测试了模拟印刷过程中油墨与润版液分离时的撕裂力变化（图 2-32），发现在图文区和非图文区由油墨与润版液分离所导致的力有很大的变化：在图文区所测试的撕裂力很大，达到 1.2 N，而非图文区的撕裂力则低至 0.2 N。据此他们提出了油墨选择性转移机理：图文区由于对油墨具有高黏附性，油墨层自身被拉断，从而实现转移，而非图文区由于润版液的存在，润版液充当了弱的边界层的作用，油墨与润版液分离时弱边界层被撕裂，造成非图文区抗拒油墨黏附；撕裂的润版液溶入油墨中对油墨进行乳化，增加油墨的流动性，对印刷有利。

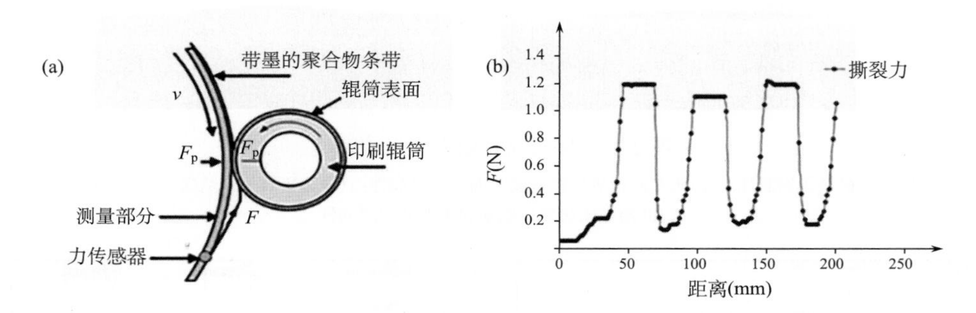

图 2-32　平版印刷油墨与润版液分离机理

(a) 所用装置示意图：印刷辊筒与油墨辊接触并分离时通过力传感器记录分离所需的撕裂力，从而推断分离层所在的位置；(b) 一次印刷过程中的撕裂力变化；F_p. 接触力，v. 旋转速度

中国科学院化学研究所绿色印刷实验室对印刷过程中液-液界面的动态黏附进行了系统的研究[112]。以超亲水/亲油的阳极氧化的铝板为基底（图 2-33），表面覆盖一层水膜后，使用黏性的硅油与水膜接触并以不同速度拉离，发现对于特定黏度的硅油与水膜构成的界面，拉离速度不同，其黏附行为有很大的差别（图 2-34）：当采用较小速度分离油-水界面时，油滴被拉伸并最终黏附到水膜上，对应于印刷过程中的糊版现象；当采用较大的速度分离时，水膜被油滴拉起并最终破裂，使油滴表面黏附上少量水，对应于印刷过程中的掉版现象；只有在一个合适的速度下分离，油-水界面才会发生破裂，实现水膜与油滴的完全分离，这一速度被定义为油水分离的临界速度 v_c。对于黏度为 6×10^4 cSt[①]的硅油，其与水膜分离的临界速度为 1.3 mm/s。

① 运动黏度的单位为 St（斯），即 m^2/s，实际测定中常用 cSt（厘斯），1 cSt=1 mm^2/s。

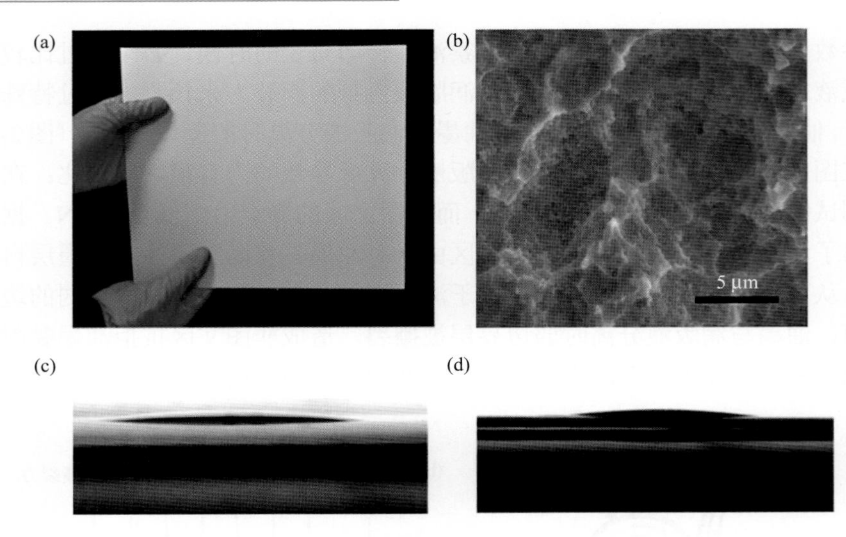

图 2-33 阳极氧化铝表面形貌表征

(a)大面积阳极氧化铝照片；(c)水在阳极氧化铝基底表面的超浸润性；(b)阳极氧化铝基底的扫描电镜照片；(d)油在阳极氧化铝基底表面的超浸润性

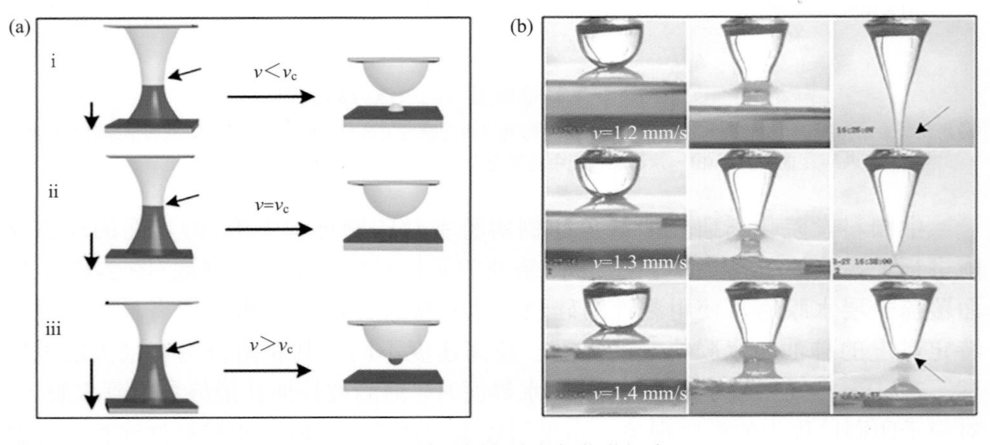

图 2-34 液-液界面动态黏附行为

采用不同的拉伸速度，双相液桥上的断裂点不同。低拉伸速度下油滴(黄色)断裂，高拉伸速度下水膜(蓝色)破裂，在临界速度下油-水界面发生完全分离。(a)液-液界面相互作用的示意图；(b)6×10^4 cSt 硅油与水膜相互作用过程的视频截图

对于不同黏度的硅油，其油-水界面分离的临界速度随着硅油黏度的增大而减小[图 2-35(a)]。在黏度为6×10^4 cSt 的硅油中进一步增加纳米粒子，如粒径 14 nm 的 SiO_2 纳米粒子，油-水界面分离的速度会进一步降低。当粒子含量达到 12%左右时，硅油已经处于极高的黏性状态，在准静态下分离油-水界面，此时仍然是水膜破裂而硅油不会发生断裂[图 2-35(b)]。

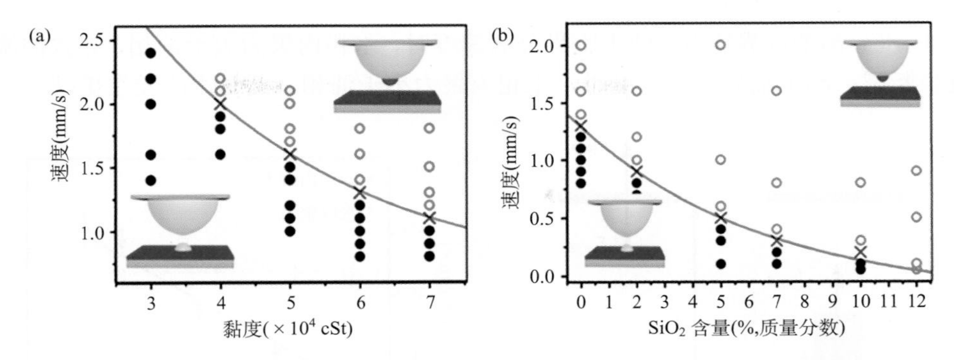

图 2-35　油-水界面分离临界速度与硅油黏度及硅油中纳米粒子含量的关系

进一步使用微天平测试了油-水界面分离时力的变化(图 2-36)：在低于临界速度情况下拉伸油-水界面，随着油滴的拉伸，力曲线出现缓慢变化，从屈服点 Y 开始到 B 点，由于油水之间的相互作用，油滴被拉伸并最终断裂。而对于在临界速度以上拉伸油水界面，从屈服点 Y'到 B'点，力曲线迅速降到最小值。此时水膜发生破裂，黏附于硅油油滴表面。

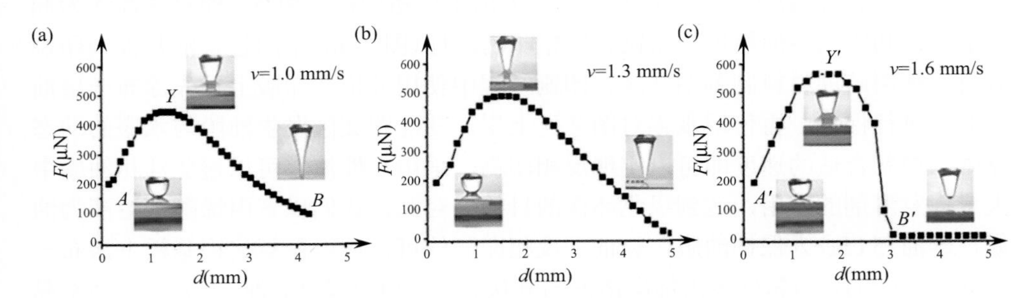

图 2-36　不同拉伸速度下油-水界面分离的力随拉伸距离变化的曲线图

液-液界面上不同黏附行为是由于在拉伸过程中油水双相液桥内部油相与水相之间内聚力的竞争，为此我们分别构筑了油相和水相两种单一相的液桥。随着拉伸速度的增加，油相内聚力增加，且呈现线性关系(图 2-37)。硅油内聚力随拉伸速度的变化可以用 Stefan 方程表示，其表达形式如下所示：

$$\frac{F_{\text{co,油}}}{\pi R^2}=\frac{C\eta V}{d^3} \tag{2-29}$$

式中，$F_{\text{co,油}}$ 为硅油内聚力；R 为接触面的半径；C 为常数；η 为硅油黏度；v 为液桥拉伸速度；d 为液桥分离距离。经过拟合，得到硅油内聚力为 358.39 v。

而对于水相液桥来说，测定的内聚力不随时间变化(图 2-37)。随着拉伸速度的增加，油相内聚力增加。油相内聚力与水相内聚力有一个交点，对应速度正好是油-水分离的临界速度。低于临界分离速度时，水相内聚力大于油相，导致油滴发生断裂；高于临界分离速度时，水相内聚力小于油相，此时水膜发生破裂。

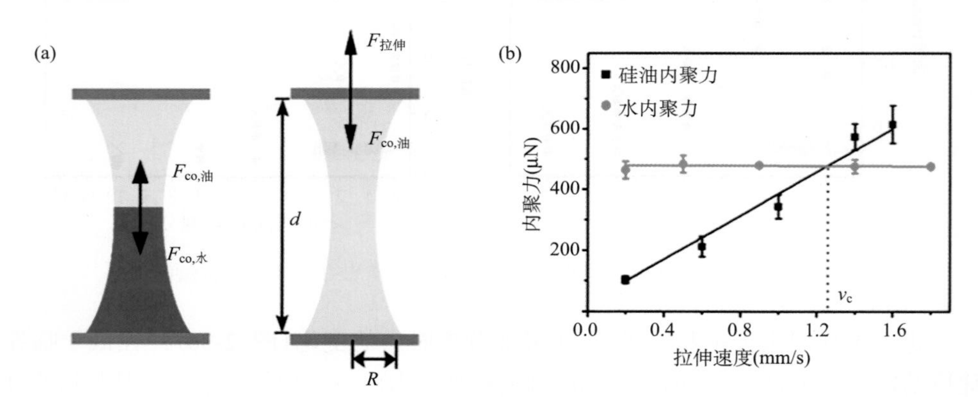

图 2-37 液-液界面上油相与水相内聚力的竞争

(a) 双相液桥和单相液桥受力分析；(b) 油相和水相内聚力随拉伸速度的变化

从油-水界面黏附出发，我们进一步提出了反相印刷的概念，即将油膜作为润版液层，利用水性油墨进行印刷。反相印刷过程(图 2-38)采用超亲油基板为印刷版材，使用疏油材料制备图文区。印刷过程中使用油辊在印版上预先涂布一层油膜对其进行保护，再使用水辊对图文区上墨。在非图文区发生油膜与水墨的动态黏附，控制合适的速度即可以实现反相印刷。采用水性油墨可以避免油相油墨中大量挥发溶剂的使用，达到绿色环保的目的。对此，我们以聚丙烯酸水溶液为油墨，硅油(5 cSt)为保护油膜，验证了反相印刷的可行性。在氧化铝基板上涂布一层低黏度硅油，当黏性聚丙烯酸溶液与其接触时，可以发现，油-水界面的动态黏附行为仍然具有速度依赖性，且这种速度依赖性与聚丙烯酸溶液的黏度有一定的关系。控制拉伸速度即可实现油膜与聚丙烯酸液滴的完全分离(图 2-39)。

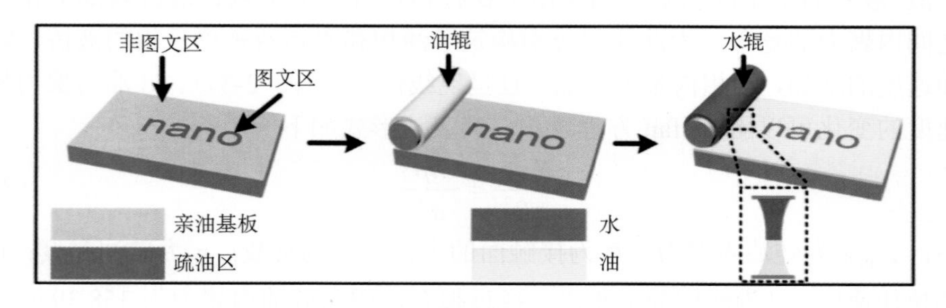

图 2-38 反相印刷过程示意图

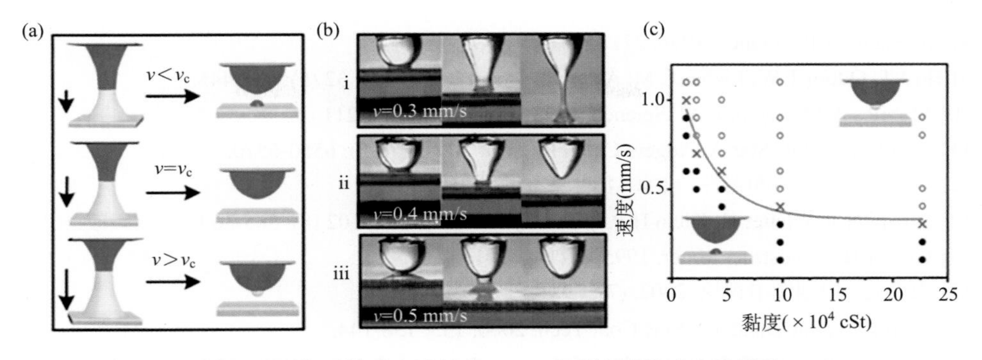

图 2-39　聚丙烯酸水溶液与 5 cSt 硅油油膜的动态黏附性

(a) 聚丙烯酸水溶液(蓝色)与硅油油膜(黄色)的动态黏附示意图；(b) 19%聚丙烯酸水溶液与 5 cSt 硅油在不同拉伸速度下的相互作用过程视频截图；(c) 油水界面分离临界速度与聚丙烯酸溶液黏度之间的关系图

2.4　小　　结

印刷作为我国四大发明之一，迄今已有近千年的历史。时至今日，印刷技术已经得到了长足的进步。丰富多彩的印刷品、多功能印刷制造，极大地满足了人们的精神生活与物质需求。社会的发展与进步对印刷技术提出了更高的要求。

纳米技术给印刷和印刷油墨带来了新的发展机遇。不同的领域、不同的层次、不同的用途给印刷提出了不同的要求，从而催生了种类繁多的纳米油墨及承印物。我们不仅要有好的印刷油墨，关注油墨的成分、黏度、黏附性、触变性、干燥性，等等，更重要的是控制形成墨滴的大小，以及油墨在承印物表面的图文区与非图文区合理分布，也就是油墨在承印物表面的选择性浸润与去浸润，这也是提高印刷精度与图案质量，控制印刷图案形貌的关键。本章概述了与印刷相关的纳米技术，从油墨与承印物的角度揭示印刷过程中的各种纳米材料的功能和表面浸润性研究。为印刷油墨与承印物的开发与制造提供了理论和实验依据，使油墨与承印物有更好的适应性，从而获得完美的印刷产品，实现多功能印刷制造。

参 考 文 献

[1] Pokropivny V V, Skorokhod V V. Mat Sci Eng C-Bio S, 2007, 27(5-8): 990-993.
[2] 白春礼. 纳米科技现在与未来. 成都: 四川教育出版社, 2001:79.
[3] 江雷, 冯琳. 仿生智能纳米界面材料. 北京: 化学工业出版社, 2007.
[4] 张立德. 中国科学院院刊, 2001, 16 (6): 444-445.
[5] Klein D L, Roth R, Lim A K L, et al. Nature, 1997, 389 (6652): 699-701.
[6] Alivisatos A P. J Phys Chem-Us, 1996, 100 (31): 13226-13239.
[7] Trindade T, O’ Brien P, Pickett N L. Chem Mater, 2001, 13 (11): 3843-3858.

[8] Alivisatos A P. Science, 1996, 271 (5251): 933-937.
[9] Hu J T, Odom T W, Lieber C M. Accounts Chem Res , 1999, 32 (5): 435-445.
[10] Morales A M, Lieber C M. Science, 1998, 279 (5348): 208-211.
[11] Kauffman D R, Star A. Angew Chem Int Edit, 2008, 47(35): 6550-6570.
[12] 朱静. 纳米材料和器件. 北京: 清华大学出版社, 2003.
[13] Birringer R, Gleiter H, Klein H P, et al. Phys Lett A, 1984, 102 (8): 365-369.
[14] Gleiter H. Nanostruct Mater, 1995, 6, (1-4): 3-14.
[15] 白春礼. 中国图书评论, 2002, (7): 79.
[16] Zehnder T, Patscheider J. Surf Coat Tech, 2000, 133: 138-144.
[17] Medeiros-Ribeiro G, Bratkovski A M, Kamins T I, et al. Science, 1998, 279 (5349): 353-355.
[18] Li Y M, Mann D, Rolandi M, et al. Nano Lett, 2004, 4 (2): 317-321.
[19] Shchukin D G, Sukhorukov G B. Adv Mater, 2004, 16 (8): 671-682.
[20] Liu Z L, Lee J Y, Han M, et al. J Mater Chem, 2002, 12 (8): 2453-2458.
[21] Novak B M. Adv Mater, 1993, 5 (6): 422-433.
[22]Wen J Y, Wilkes G L. Chem Mater, 1996, 8 (8): 1667-1681.
[23] Cushing B L, Kolesnichenko V L, O'Connor C J. Chem Rev, 2004, 104(9): 3893-3946.
[24] Wang X, Li Y D. J Am Chem Soc, 2002, 124 (12): 2880-2881.
[25] Trovarelli A, Zamar F, Llorca J, et al. J Catal, 1997, 169 (2): 490-502.
[26] Koch C C. Nanostruct Mater, 1997, 9 (1-8): 13-22.
[27] Dai H J, Wong E W, Lu Y Z, et al. Nature, 1995, 375 (6534): 769-772.
[28] Lee H J, Ni H, Wu D T, et al. Appl Phys Lett, 2005, 87: (12).
[29] Ziegler K J, Doty R C, Johnston K P, et al. J Am Chem Soc, 2001, 123 (32):7797-7803.
[30] Cooper A I. Adv Mater, 2001, 13 (14): 1111-1114.
[31] 边蕴静. 化工新型材料, 2001, 29 (7): 31-32.
[32] 孙跟德. 国际造纸, 2001, 20 (5):43-45.
[33] Cheng F, Lorch M, Sajedin S M, et al. ChemSusChem, 2013, 6 (8):1392-1399.
[34] 王玉丰, 黄红生, 陆建辉. 中国造纸, 2005, 24 (9): 74-75.
[35] Lin C C, Chang F L, Perng Y S, et al. Adv Mater Sci Eng, 2016.
[36] 钱鹭生, 倪星元. 华东纸业, 2002, 33 (2):17-22.
[37] 杨飞, 陈克复, 杨仁党, 等. 中国造纸, 2006, 25 (8): 51-55.
[38] Agarwal M, Lvov Y, Varahramyan K. Nanotechnology, 2006, 17 (21):5319-5325.
[39] Zheng Z G, McDonald J, Khillan R, et al. J Nanosci Nanotechno, 2006, 6 (3): 624-632.
[40] Barthlott W, Neinhuis C. Planta, 1997, 202 (1): 1-8.
[41] Sun T L, Feng L, Gao X F, et al. Accounts Chem Res, 2005, 38 (8): 644-652.
[42] Young T. Philos Trans R Soc London, 1804, 95: 65-87.
[43] Wenzel R N. Ind Eng Chem, 1936, 28: 988-994.
[44] Cassie A B D, Baxter S. Trans Faraday Soc, 1944, 40: 0546-0550.
[45] Gao X F, Jiang L. Nature, 2004, 432 (7013): 36.
[46] Samaha M A, Gadel-Hak M. Polymers, 2014, 6 (5): 1266-1311.

[47] Liu K S, Du J X, Wu J T, et al. Nanoscale, 2012, 4 (3): 768-772.
[48] Feng L, Zhang Y, Xi J, et al. Langmuir, 2008, 24 (8): 4114-4119.
[49] Waghmare P R, Gunda N S K, Mitra S K. Sci Rep-Uk, 2014, 4.
[50] Bico J, Marzolin C, Quere D. Europhys Lett, 1999, 47 (2): 220-226.
[51] Shibuichi S, Onda T, Satoh N, et al. J Phys Chem-Us, 1996, 100 (50): 19512-19517.
[52] Johnson J R E, Dettre R H. Adv Chem Ser, 1963, 43 (43): 112.
[53] Dupuis A, Yeomans J M. Langmuir, 2005, 21 (6): 2624-2629.
[54] Lafuma A, Quere D. Nat Mater, 2003, 2 (7): 457-460.
[55] Drelich J. J Adhesion, 1997, 63 (1-3): 31-51.
[56] Jung Y C, Bhushan B. J Microsc-Oxford, 2008, 229 (1): 127-140.
[57] Cheng Y T, Rodak D E, Angelopoulos A, et al. Appl Phys Lett, 2005, 87 (19).
[58] Cheng Y T, Rodak D E. Appl Phys Lett, 2005, 86 (14).
[59] Zheng Y M, Han D, Zhai J, et al. Appl Phys Lett, 2008, 92 (8).
[60] He M, Wang J J, Li H L, et al. Soft Matter, 2011, 7(8): 3993-4000.
[61] Liu T Q, Sun W, Sun X, et al. Langmuir, 2010, 26 (18): 14835-14841.
[62] Gao L C, McCarthy T J. Langmuir, 2009, 25 (24):14105-14115.
[63] He M, Zhou X, Zeng X P, et al. Soft Matter, 2012, 8 (25):6680-6683.
[64] Wier K A, McCarthy T J. Langmuir, 2006, 22(6): 2433-2436.
[65]Tian D L, Song Y L, Jiang L. Chem Soc Rev, 2013, 42 (12): 5184-5209.
[66] Yao X, Song Y L, Jiang L. Adv Mater, 2011, 23 (6): 719-734.
[67] Wang J X, Zhang Y Z, Wang S T, et al. Accounts Chem Res, 2011, 44 (6): 405-415.
[68] Wang J X, Wen Y Q, Hu J P, et al. Adv Funct Mater, 2007, 17 (2): 219-225.
[69] Liu M J, Wang S T, Wei Z X, et al. Adv Mater, 2009, 21(6): 665-669.
[70] Huang Y, Liu M J, Wang J X, et al. Adv Funct Mater, 2011, 21 (23): 4436-4441.
[71] Li Z R, Wang J X, Zhang Y Z, et al. Appl Phys Lett, 2010, 97 (23): 233107.
[72] Jung Y C, Bhushan B. Langmuir, 2009, 25 (24): 14165-14173.
[73] He M, Zhang Q, Zeng X, et al. Adv Mater, 2013, 25(16): 2291-2295.
[74] Nagayama N, Tachibana Y, Yokoyama M. Bull Chem Soc Jpn, 1998, 71:2005-2009.
[75] Park S K, Kim Y H, Han J I. Org Electron, 2009, 10 (6):1102-1108.
[76] Tadanaga K, Morinaga J, Matsuda A, et al. Chem Mater, 2000, 12 (3): 590-592.
[77] Lai Y K, Lin C J, Wang H, et al. Electrochem Commun, 2008, 10 (3): 387-391.
[78] Nishimoto S, Kubo A, Nohara K, et al. Appl Surf Sci, 2009, 255 (12): 6221-6225.
[79] Nakata K, Nishimoto S, Kubo A, et al. Chem-Asian J, 2009, 4 (6): 984-988.
[80] Nakata K, Nishimoto S, Yuda Y, et al. Langmuir, 2010, 26(14): 11628-11630.
[81] Magerl A, Goedel W A. Langmuir, 2012, 28 (13): 5622-5632.
[82] Wang R, Hashimoto K, Fujishima A, et al. Nature, 1997, 388 (6641): 431-432.
[83] Wang S T, Song Y L, Jiang L. J Photoch Photobio C, 2007, 8 (1):18-29.
[84] Lim H S, Kwak D, Lee D Y, et al. J Am Chem Soc, 2007, 129(14): 4128-4129.
[85] Zhang X T, Jin M, Liu Z Y, et al. J Phys Chem C, 2007, 111 (39): 14521-14529.

[86] Notsu H, Kubo W, Shitanda I, et al. J Mater Chem, 2005, 15 (15): 1523-1527.
[87] Irie H, Ping T S, Shibata T, et al. Electrochem Solid St, 2005, 8(9): D23-D25.
[88] Uchida K, Izumi N, Sukata S, et al. Angew Chem Int Edit, 2006, 45 (39): 6470-6473.
[89] Prins M W J, Welters W J J, Weekamp J W. Science, 2001, 291 (5502):277-280.
[90] Krupenkin T N, Taylor J A, Schneider T M, et al. Langmuir, 2004, 20(10):3824-3827.
[91] Zhu L B, Xu J W, Xiu Y H, et al. J Phys Chem B, 2006, 110 (32):15945-15950.
[92] Mugele F, Baret J C. J Phys-Condens Mat, 2005, 17 (28):R705-R774.
[93] Crevoisier G B, Fabre P, Corpart J M, et al. Science, 1999, 285 (5431): 1246-1249.
[94] Yu X, Wang Z Q, Jiang Y G, et al. Adv Mater, 2005, 17 (10): 1289-1293.
[95] Xia F, Ge H, Hou Y, et al. Adv Mater , 2007, 19(18): 2520-2524.
[96] Minko S, Muller M, Motornov M, et al. J Am Chem Soc, 2003, 125 (13): 3896-3900.
[97] Chiou P Y, Moon H, Toshiyoshi H, et al. Sensor Actuat A:Phys, 2003, 104 (3): 222-228.
[98] Tian D L, Chen Q W, Nie F Q, et al. Adv Mater, 2009, 21 (37): 3744-3749.
[99] Anantharaju N, Panchagnula M V, Vedantam S. Langmuir, 2009, 25 (13):7410-7415.
[100] Tian D L, Zhai J, Song Y L, et al. Adv Funct Mater, 2011, 21 (23): 4519-4526.
[101] Moller G, Harke M, Motschmann H, et al. Langmuir, 1998, 14 (18): 4955-4957.
[102] Ansari I A, Watkins K G, Sharp M C, et al. J Nanosci Nanotechno, 2011, 11 (6): 5358-5364.
[103] Nishimoto S, Sekine H, Zhang X T, et al. Langmuir, 2009, 25 (13): 7226-7228.
[104] Ishizaki T, Saito N, Takai O. Langmuir, 2010, 26 (11): 8147-8154.
[105] Geyer F L, Ueda E, Liebel U, et al. Angew Chem Int Edit, 2011, 50 (36): 8424-8427.
[106] Zahner D, Abagat J, Svec F, et al. Adv Mater, 2011, 23 (27): 3030-3034.
[107] Piret G, Galopin E, Coffinier Y, et al. Soft Matter, 2011, 7 (18): 8642-8649.
[108] Li H Z, Yang Q, Li G N, et al. Acs Appl Mater Inter, 2015, 7 (17): 9060-9065.
[109] Autumn K, Liang Y A, Hsieh S T, et al. Nature, 2000, 405(6787): 681-685.
[110] Lafuma A, Quere D. Epl-Europhys Lett, 2011, 96 (5): 56001.
[111] Shen W, Mao Y, Murray G, et al. J Colloid Interf Sci, 2008, 318 (2): 348-357.
[112] Bao B, Su B, Wang S, et al. Adv Mater Interfaces, 2014, 1 (6): 1400080.

第3章

纳米材料绿色制版技术

为了得到一张张精美的印刷品，传统胶印印刷要经过制版、印刷等环节，每年将产生大量挥发性有机化合物(VOC)、废液及废渣，给环境保护带来巨大的压力。随着人们的环保意识日益增强，印刷行业绿色化、数字化发展成为主流趋势，材料和技术的进步必将在其中发挥重要作用。以纳米材料调控表面浸润性的长期研究为基础，中国科学院化学研究所绿色印刷实验室将纳米材料与印刷技术相结合，开发了一系列绿色印刷技术，包括无需曝光、冲洗等化学处理过程的纳米材料绿色印刷直接制版技术(制版环节)；无需电化学处理、无废酸废碱排放的绿色版材生产技术(版材环节)；采用水性或环保型溶剂的绿色油墨技术(印刷环节)；以及延伸到绿色印刷电子电路、绿色印染和建材图案的制备技术等。本章主要针对纳米材料绿色制版技术稍作阐述。

3.1 纳米材料绿色制版技术基本原理

传统的 PS 版及 CTP 版制版技术一般采用的是“减法原理”，即先在整个基底上涂覆一层感光材料，再通过制版机曝光或刻蚀后清洗掉多余的部分。这种工艺会造成材料的浪费，同时产生大量的废气、废液和废渣(图 3-1)。

出于对节约成本，减少排放的考虑，中国科学院化学研究所绿色印刷实验室开发的纳米材料绿色制版技术反其道而行之，以“加法原理”实现高效快速、清洁环保的制版过程。简单来说，这种纳米材料绿色制版技术是以喷墨打印技术为基础，在空白基底上只打印图文区域，即将特制的纳米复合转印材料通过直接制版设备(自主研制)精确打印在具有纳微米结构的超亲水基底上，利用纳米材料对界面性质的调控，在版材表面形成具有相反浸润性(超亲油/亲水)的微区(图文区和非图文区)，从而实现直接制版印刷(图 3-2)。

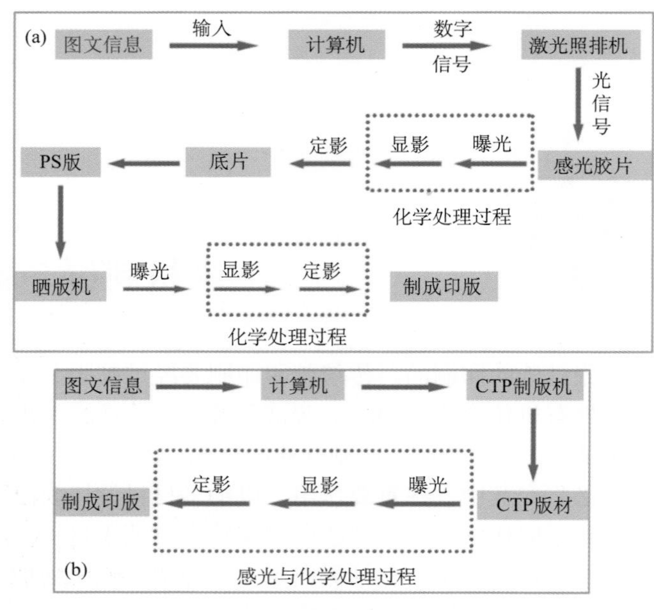

图 3-1 传统制版技术

(a) PS 版制版技术；(b) CTP 版制版技术

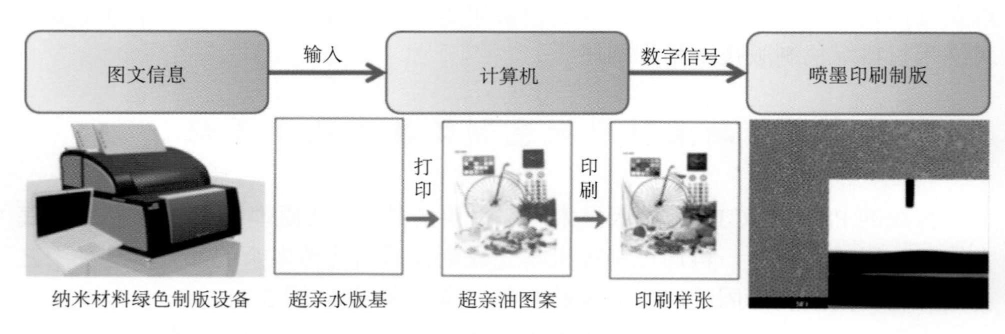

图 3-2 纳米材料绿色制版技术

印版的质量与精度决定了下一阶段印刷产品的品质。因此，制版过程中必须控制好印版上图文区与非图文区的精度。以喷墨打印过程为依托的纳米绿色制版技术通过基底表面微观结构调节制版油墨在版材表面的浸润性，进而实现制版精度的精确控制。对印版材料表面进行处理产生纳微米复合结构(图 3-3)，可以有效地控制转印区域的浸润性，实现从超亲水到超亲油的转变，避免普通材料难以实现超亲水/超亲油的高反差转变而导致的印刷过程中的糊版现象。在复合转印材料中加入无机纳米粒子，可以有效实现有机/无机材料的复合增强，大大提高转印区域的耐磨擦(耐印)性，同时可避免使用无机微米颗粒在打印过程中容易引起的打印头堵塞及印刷分辨率低等问题。因此，纳微米结构版材和纳米粒子复合转印材料的协同作用，不仅可以大大提高耐印力，而且可以有效地提高印刷的精度。

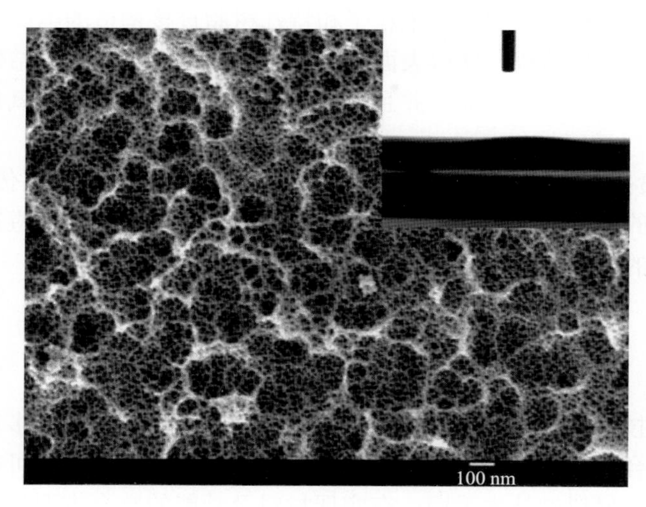

图 3-3　超亲水版材的纳微米复合结构

纳米材料绿色制版技术完全摒弃了现有制版技术中感光成像的技术思路，采用了全新的技术路线，具有独特的绿色环保、工艺简捷、成本低廉等优点，是未来制版的主要发展方向。

(1) 在材料成本和环境保护方面，由于彻底摆脱了感光材料的使用，省去了感光胶片或感光预涂层及其冲洗化学品，借助纳米材料超亲油/超亲水特性进行非感光成像，制版工艺简化，并减少预涂层浪费及显影、冲洗后处理带来的污染，大大降低成本的同时有效减少了环境污染。

(2) 在设备方面，省去了暗室及曝光冲洗设备。

(3) 在工艺方面，省去了曝光冲洗、修版、晒版等环节。

(4) 在图像质量方面，影像转移质量明显提高。由于直接在版材上高精度打印出所需的图文部分，减少了图像转移的次数，真正实现了“所见即所印”，图像再现性好，无需拼版、修版，因而其图文处理质量也大大提高。同时纳米尺度的浸润性精确调控技术，使转印区域实现由超亲水到超亲油的精确转变，从而满足高质量、高精细印刷要求。

(5) 在制版设备方面，采用喷头并行工作设计模式，改变了以往单一依靠增加喷嘴数量来加快制版速度的设计思路，而采用量产的喷嘴进行并行设计和集成，可以成倍提高设备的工作效率，同时大大降低了设备开发成本和周期。

(6) 在转印材料方面，采用水性体系，安全环保，制版油墨中的无机纳米粒子和树脂有效复合，大大提高转印材料的耐磨擦性，使印版具有很高的耐印力；同时避免了在打印过程中因使用无机微米颗粒而引起的打印头堵塞等问题。

(7)在制版版材方面，利用纳米粒子和特殊树脂直接构造的纳微米复合结构代替电化学处理的砂目结构，使得表面结构更容易控制调整，表面结构更均匀。版材的生产工艺简单，成本低廉，并且从根源上解决了铝基电解、氧化带来的一系列污染。

总之，以喷墨印刷技术为依托的纳米材料绿色制版技术在颠覆传统制版技术，革新制版方式的同时，也为我们带来新的问题与思考：如何扬长避短，充分利用喷墨印刷技术的优点，实现纳米材料绿色制版的进一步发展？

3.2 喷墨印刷制版

诸多科学技术的进步来源于理想功能材料的整合，最终达到多功能化，由此产生的集成复合系统将显著推动科技的发展。喷墨印刷作为一种可在空间和功能上精确分配微纳材料的技术手段，在实现材料及功能的整合方面体现了其独特的性质。它通过非接触的方式将多种类型的特定功能材料进行直接图案化沉积，具有方法简便、成本低廉、灵活快速等优点，成为了最具前景的图案化方法之一，在功能器件研究及其推广应用领域受到了广泛关注。目前，喷墨印刷技术已被广泛应用于各类光电功能器件的制备。然而，喷墨印刷图案相对低的分辨率限制了该技术的进一步发展，喷射液滴的有限尺寸调控范围也是喷墨印刷高分辨率图案的基本障碍之一；同时，油墨的组成和承印基材的浸润性显著影响墨滴的蒸发过程及进一步功能化。因此，如何提高喷墨印刷技术的精度，实现对墨滴的精确控制对于印刷器件的发展至关重要，也是喷墨印刷技术面临的挑战之一。

即使受限于墨滴尺寸的调控限制和不均匀沉积造成的粗糙分辨率，喷墨印刷在避开了许多复杂的前、后处理过程(如光刻、模板的使用)后，还是为功能器件的制备提供了一个简单而低成本的图案化处理平台，从而提高了制备的成本效益。本章将全面系统地介绍近年来喷墨印刷相关研究工作，如改进喷墨设备、优化油墨组成及调控基材浸润性等。

纳米材料绿色制版技术的图案化是通过计算机控制的喷墨印刷过程来完成的，即在亲水版材上利用喷墨印刷的方法制备具有相反浸润性的亲油区信息图案。印刷时首先对印版进行过水处理，使水在印版上形成均匀的水膜，然后上油墨，由于图文区的亲油性，在该区域油墨将水膜排开形成油膜，非图文区仍然为水膜，这样就形成了与图案信息相同的油膜图案。要达到良好的印刷效果，对印版的基本要求是印刷精度和耐印力高，纳米材料和纳米结构的制备和应用在其中起着非常重要的作用。

众所周知，典型的喷墨印刷过程包括油墨在外力驱动下以墨滴的形式从喷嘴喷出，随后，具有一定速度的墨滴与承印基材碰撞接触，最终墨滴在承印基材上干燥沉积。喷墨印刷过程中，液滴喷射与断裂，以及在版材上的图案化，对印刷制版的精度和质量起着关键的作用。

要实现高精度印刷，首先需要图文区与非图文区之间具有清晰的界面，并且浸润性具有足够的反差，即图文区超亲油(疏水)，非图文区超亲水(疏油)。固体表面的亲/疏液现象主要通过液滴在固体表面的接触角来表征，固-液界面的接触角模型通常基于著名的 Young 方程，该方程仅仅适用于理想光滑固体表面，对于实际的粗糙表面具有一定的偏差，这是由实际表面的粗糙结构决定的。粗糙表面的接触角称为表观接触角，表观接触角除了与固体表面的物理化学结构有关外，还与固体表面的粗糙结构有关。控制液滴的浸润性，手段之一就是调整液滴的表面张力和黏度等参数，通过调整油墨溶剂的组分，低沸点溶剂挥发，改变溶剂之间的界面性质，促进主体油墨在高沸点不良溶剂界面的去浸润，从而在基底表面形成较小的墨点，提高图像的分辨率。除了可以对液滴的表面张力和黏度进行调整，对印版表面的控制也是非常重要的手段。由于版材的粗糙结构可以影响液滴的浸润和去浸润行为，因此通常会在印版表面构筑特定的纳米结构，调节液滴(转印材料)在版材表面的扩展和浸润行为。

3.3　液滴喷射与断裂

3.3.1　瑞利不稳定与喷墨印刷

自 20 世纪 50 年代开始，喷墨印刷技术作为一种方便、廉价和快捷的图案化成像技术得到了快速的发展和应用[1]。提高喷墨印刷精度的关键在于喷射足够小的墨滴。为了得到小的微液滴，通常借助外部作用，如压电挤压、热气泡、泰勒锥、热电、液滴微流体通道等技术来解决。当液滴从喷口喷射出来时，不论是水滴还是油滴，都会受到自身结构及所处的外界环境的影响，从一种不稳定或者准稳定的状态向稳定的状态变化，从而产生断裂或者分裂，这就是瑞利不稳定现象。

瑞利不稳定现象广泛存在于生活和生产中。例如，当水从水龙头中流出后，会由液柱慢慢地断裂成一串液滴；将食用油放在两手之间拉伸的时候就会在液丝中间产生椭球[2]。又如在高温下，孔道首先发生边缘钝化形成指纹孔道，这种指纹孔道由于瑞利不稳定最终演变成圆球形孔洞[3,4]。液滴表面能最小化原理是产生瑞利不稳定的关键，即液滴的表面积应尽量减小，从而降低表面能，而相同体积条件下，球形具有最小表面积。1858 年英国数学家泰勒对此进行了解释并作出理论计算。

瑞利不稳定原理可以用一个简单的模型来说明。假如有一个液柱，其半径为 R，各处液体表面能相等，且液体表面受到均匀的扰动，那么就会出现均匀的变形，这种均匀的变形被称为扰动波。对波长为 λ 的一个波，最终形成的液滴为均匀的球体，其半径为 r。根据体积相等，可以求出最后得到的微液滴的半径为

$$r = \sqrt[3]{3R^2\lambda / 4} \tag{3-1}$$

出现瑞利不稳定的前提是液柱的表面能大于最后形成的小液滴的表面能，也就是说

$$2\pi R\lambda\gamma > 4\pi r^2\gamma \tag{3-2}$$

由此可以得出

$$\lambda > \frac{9R}{2} \tag{3-3}$$

即当液柱的长径比(长度直径比)大于 2.25 时，液柱就会断裂为多个液滴。

由于瑞利不稳定是由液柱的表面能大于形成液滴的表面能造成的，如图 3-4 所示，形成多个小液滴的表面能之和必然大于液柱形成一个大液滴的表面能。那么为什么它不形成一个大液滴而是一串小液滴呢？当液柱受到周围环境扰动时，液柱就会出现如水波一样的波动。而对于一个液体表面，其每个点受到的拉普拉斯(Laplace)压力为

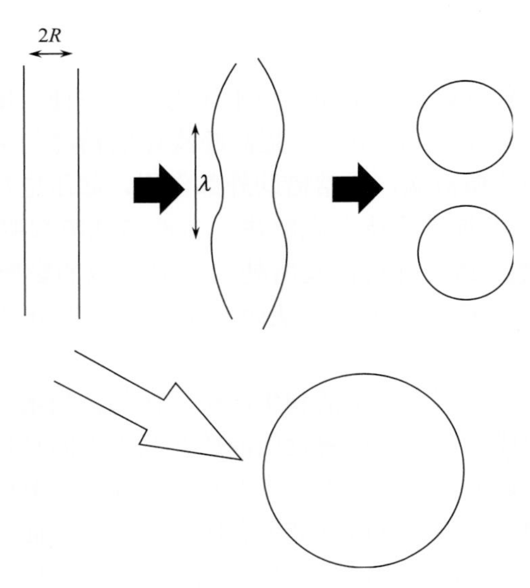

图 3-4　瑞利不稳定示意图[5]

$$p = \gamma\left(\frac{1}{R_1} + \frac{1}{R_2}\right) \tag{3-4}$$

式中，R_1 为液柱横截面的圆半径；R_2 为与液柱同轴方向上的曲率半径。在波峰处，液体受到的拉普拉斯压力为

$$p_{\mathrm{c}} = \gamma\left(\frac{1}{R_{1\mathrm{c}}} + \frac{1}{R_{2\mathrm{c}}}\right) \tag{3-5}$$

在波谷处，液体受到的拉普拉斯压力为

$$p_{\mathrm{t}} = \gamma\left(\frac{1}{R_{1\mathrm{t}}} + \frac{1}{R_{2\mathrm{t}}}\right) \tag{3-6}$$

曲率半径 R_2 一般都很大，其产生的拉普拉斯压力很小，可以忽略。由于 $R_{1\mathrm{t}}<R_{1\mathrm{c}}$，因此 $p_{\mathrm{t}}>p_{\mathrm{c}}$，波谷处受到更大的拉普拉斯压力，液体分子或者原子便从波谷流向波峰处，并且其速度越来越快。所以对于较长的液柱，虽然全部回缩能形成表面能更小的大液滴，然而却没有足够的时间，而唯一能让其形成大液滴的方法便是降低干扰，增大扰动波的长度。综合时间因素和干扰因素之后，最容易形成的干扰波长 $\lambda = 2\sqrt{2}\pi R$ 。

瑞利不稳定虽然给工业生产及生活带来了很多不便，然而将瑞利不稳定用于印刷中可大大提高印刷的精度与质量。

依据墨滴产生与喷射方式，最为成熟的喷墨印刷技术有气泡式喷墨印刷和压电式喷墨印刷[1]。气泡式喷墨印刷机是通过加热、瞬间气化油墨，产生压力喷出墨滴，因此也称为热电式喷墨印刷机，其加热部件一般由热电材料组成。气泡式喷墨印刷机的工作原理如图 3-5 所示[6,7]。在喷头上组装了一个微型的加热器，当给加热器加电压时，加热器产生热量，并将加热器附近的油墨迅速加热气化，从

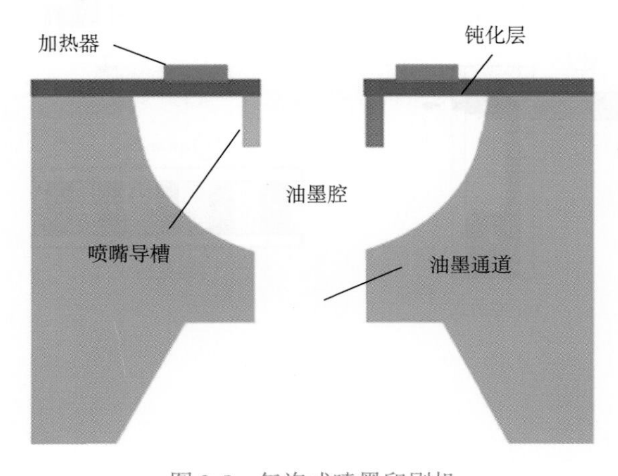

图 3-5　气泡式喷墨印刷机

而产生气泡，气泡产生的压力将喷嘴的油墨喷射出去。气泡式喷墨印刷机的加热器有两种不同的工作方式：一种是将加热器安在喷孔里面，称作顶头式喷射(top shooter)，另一种是安装在喷口处，称作侧边式喷射(side shooter)。这两种形式的基本原理是一样的。1981 年佳能公司发布了第一款气泡式喷墨印刷机。随后，惠普公司也发布了自己的气泡式喷墨印刷机。这种印刷机简便且便宜，能够实现规模化生产，迅速得到广泛应用，但是墨滴发射的精准度差，分辨率低。

压电式喷墨印刷机是通过压电陶瓷在加电压的情况下产生形变，从而喷出墨滴，现在广泛采用的压电材料一般为 $Pb(Zr_xTi_{1-x})O_3$，简称为 PZT[8]。压电式喷墨打印机主要有挤压式、弯曲式、推动式和剪切式四种(图 3-6)。挤压式是陶瓷材料在加电压下使通道变小，从而产生压力，喷出油墨。首台挤压式压电喷墨打印机由美国 Clevite 公司在 1972 年开发，并开始引领压电式喷墨印刷机的发展。弯曲式压电喷墨印刷机由 Chalmers 大学开发，利用单侧的压电陶瓷在电压下弯曲来缩小通道，产生压力，从而喷出墨滴。推动式压电喷墨印刷机是 1984 年由美国 Exxon 公司提出，利用压电陶瓷变形来推动喷口相接的腔部上壁变形，从而推动油墨喷射出墨滴。最后，Fischbeck 提出了剪切式喷墨印刷技术，利用压电陶瓷的剪切变形来推动墨滴的发射。压电式喷墨印刷机具有很高的稳定性和很高的墨滴喷射频率，相对比较复杂，但是经过几十年的发展，现在已经得到了广泛的应用，并实现了规模化的生产。

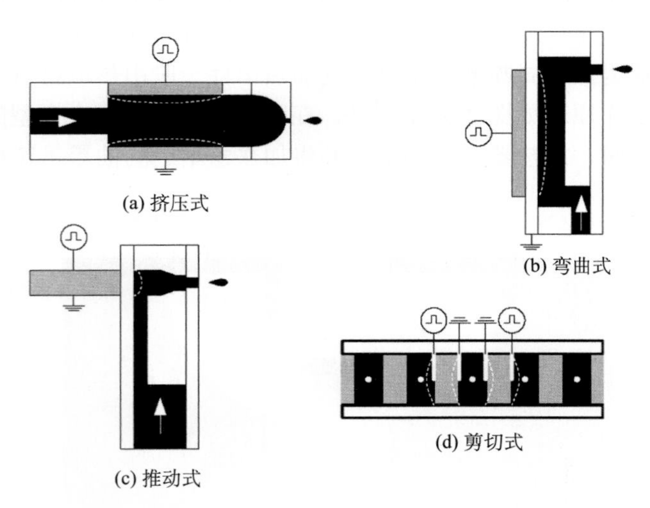

图 3-6 压电式喷墨印刷机的分类[1]

3.3.2 高能场效应与喷墨印刷

虽然液体能够通过自身表面能的改变来自发形成或者通过外加震动促进断

裂，然而要想获得更小的液滴，特别是小于 pL（10^{-12} L）级别的液滴却十分困难。例如，要形成半径为 r 的液滴，其液体通过半径为 R 的宏观液体提供，那么需要新提供的能量为

$$\Delta\delta = \pi n\gamma r^2 - \pi\gamma R^2 \tag{3-7}$$

而

$$n = \frac{R^3}{r^3} \tag{3-8}$$

则

$$\Delta\delta = \pi\gamma R^2\left(\frac{R}{r} - 1\right) \tag{3-9}$$

可见随着液滴半径 r 的减小，需要额外提供的能量将急剧增加。如果以半径为 1 mm 的水滴为宏观液滴，产生 fL（10^{-15} L）级别的小液滴，半径约为 1 μm，需要提供的能量 $\Delta\delta$=226 kJ，传统产生小液滴的技术已经不能满足要求。

与压电或者热电材料相比，电场能瞬间产生更高的能量，通过调节电压可以使液滴在电场作用下通过泰勒锥形成更小的液滴[9]。泰勒锥是指通过在毛细管管口和基材之间加电场使管口的液体变成锥状。液体在强电场下会变形首先由 Gilbert 于 1660 年提出，1916 年 Zeleny 拍摄了毛细管末端液滴在电场下的变形[10]，1925 年 Wilson 和 Taylor 发现在电场下肥皂泡也有同样的现象[11]；1964 年 Taylor 对这种现象提出了比较完整的解释[9]：在没有电场时，毛细管管口的液体是凹形的半球状或者加压后形成凸形的半球状，当加上电场后，管口的液体就受到表面张力和电场力的双重作用，随着电压的增加，电场强度增强，溶液中的电荷就会聚集在溶液表面，表面电荷产生的电场就会使管口的液滴变形，当电压达到某一临界值时，半球形的液滴就会变成锥形，而平衡时的锥角为 49.3°。如果继续增加电压，锥角尖端就会发射液滴［图 3-7（a）］，此液滴的半径远小于毛细管的内径。继续增加电压，由于表面电荷的增加，电荷就会出现分散累积的现象，从而出现分散在边缘的两个锥形尖端［图 3-7（b）］。继续增加电压，将会有更多的电荷积累

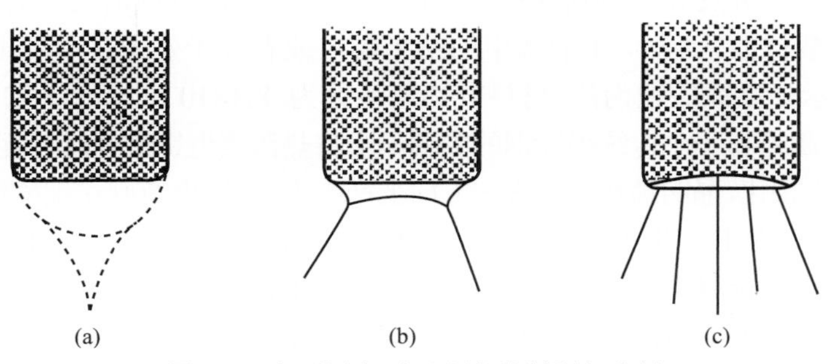

图 3-7　在不同电压下液滴的断裂与发射

在毛细管管口，此时就会出现多个沿着毛细管管口的锥形尖端，出现多级发射，此时喷口的墨滴犹如爆炸一样，四处飞溅[图 3-7(c)]。再进一步增加电压，毛细管尖端和基材之间就会出现电击穿，形成电流，闪出火花，从而导致危险发生[12]。

利用此原理，Rogers 小组[13]在 2007 年设计了高分辨打印设备(图 3-8)：把玻璃毛细管尖端喷口对着一个导电的基材，当给两端加电压时，在泰勒锥的作用下，就能产生比喷口还小的液滴。当毛细管喷口小到 300 nm 时，所得到的打印点的大小仅有 240 nm，而这所对应的液体体积在 aL(10^{-18} L)与 fL(10^{-15} L)的水平，远远小于普通喷墨打印所能得到的墨滴大小。这种方法被用于制备性能优异的电子器件，如柔性高分辨电极、最小直径为 20 nm 的墨点[14]。借助这种方法还能利用电场聚焦作用层层叠加油墨，实现 3D 打印。

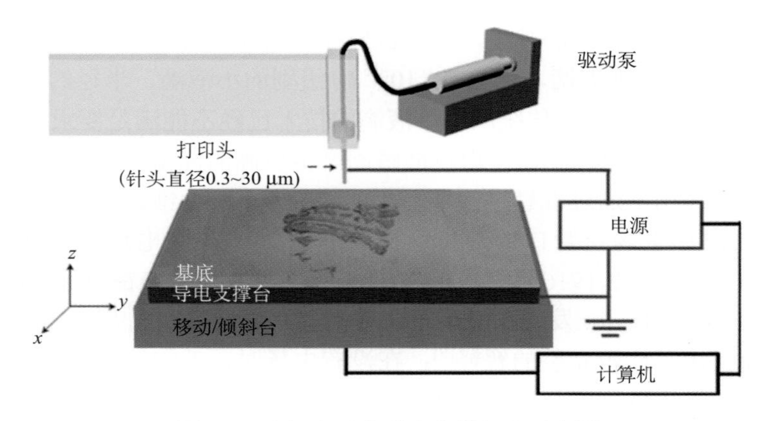

图 3-8 电场水动力学高分辨打印示意图

此外，磁场、温度场等也可以实现微小液滴的分离和产生。2010 年 Ferraro 依据热电动力学原理，利用热电场实现了 aL(10^{-18} L)量级墨滴的打印[15]。当高热的物质作用在热电材料上时，在受热的地方就会产生很高的温度，使热电材料极化，产生很大的局部电势，从而产生一个很强的电场，这就是热电场。利用这个强而尖的电场吸引液滴吸附到基材上，撤去热源之后，电场消失，而产生的小液滴则残留在基材上。当然，小液滴中的纳米颗粒或者分子残留在基材上形成图案。如图 3-9 所示，以铌酸锂为热电材料[热电系数为-8.3×10^{-5} C/(m^2 • ℃)]，热源为连续波 CO_2 激光和一个传统锡焊钢的尖端。当将热源接近铌酸锂时，铌酸锂被加热的地方将发生极化，晶畴被极化后在 z 方向上产生电势差，电荷则在铌酸锂表面富集，吸引液体向上，使其产生类似泰勒锥的液体形状，最终液体被拉起、切断。

尽管利用高能场效应(电场或者热电场)产生微小液滴为高分辨打印提供了新方法，但也带来了新问题。当用电场分离液滴时，高的电压及溶液具有导电性

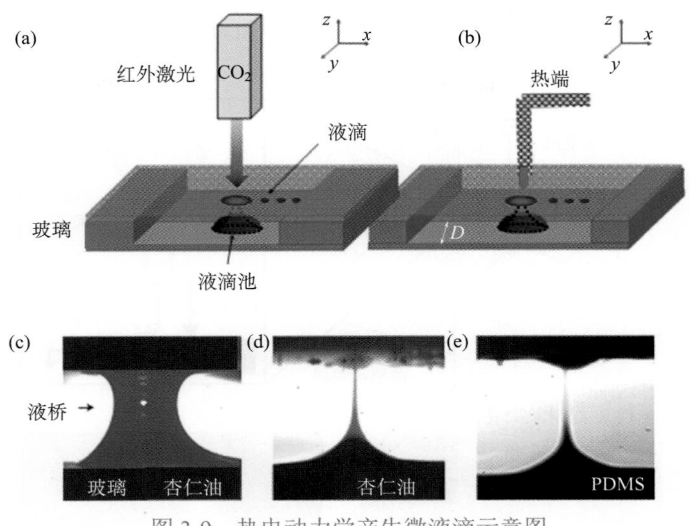

图 3-9 热电动力学产生微液滴示意图

PDMS. 聚二甲基硅氧烷

不仅给喷头，还给基材及油墨提出了新的要求，限制了其广泛的应用。而热电场不仅需要高能耗的热源，并且需要特殊的热电材料，这增加了打印的成本，也限制了其广泛的应用。

另一个产生微小液滴的途径是改进喷墨打印设备。喷墨打印设备通常包含液体储存器、驱动系统及喷射墨滴的打印头，改进喷墨打印设备是减小图案尺寸并提高图案分辨率的最根本方式，其最终目标是以尽可能高的精度和低的残留使尽可能小的定量液滴从打印头完全喷出。针对打印头进行改进的主要途径是减小喷嘴的物理尺寸或者通过增加额外的驱动方式来降低墨滴尺寸。然而，单纯减小喷嘴的物理尺寸会增大油墨在喷嘴开口处受到的毛细作用，从而导致驱动墨滴喷射的压力增大。喷嘴的孔径减小到一定尺寸后，现有的基于压电或热泡技术的打印设备无法克服细小喷嘴处产生的巨大毛细作用及黏度效应，难以将油墨从喷嘴处喷射出。

因此，为了突破现有普通喷墨打印设备的限制，进一步提高打印分辨率，Rogers 课题组[13]提出并发展了电流体力学喷墨打印技术。采用此技术，在合适的电场下，由电压引起的静电压力能够克服毛细力，将油墨从直径为 300 nm 的毛细管中喷出，得到直径为(240±50) nm 的墨滴，并打印出数百纳米分辨率的精细图案和功能器件。

充分理解电流体力学喷墨打印技术的机理和调控参数，可将用于电流体力学喷墨打印技术的油墨扩展至绝缘、导电聚合物及含纳米颗粒的溶液等[16]。例如，以黏性聚合物溶液作为油墨，Lee 课题组[17]直接在器件的表面高速、精确地制造出直径约为 290 nm 的纳米线(图 3-10)。此外，电流体力学喷墨打印技术还可用于 DNA 和细胞分配[18,19]、多维结构的制造[20,21]和电学材料的图案化[22]等过程。

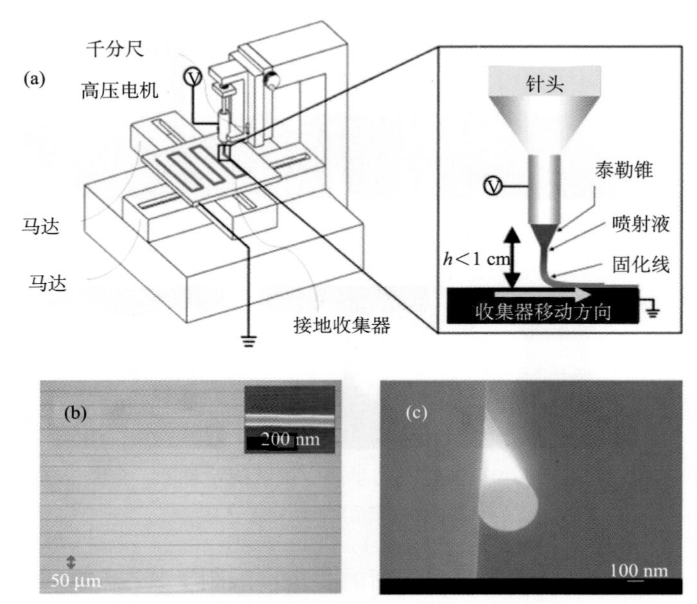

图 3-10 电流体力学喷墨打印技术制备纳米线

进一步引入其他调控参数，Poulikakos 课题组[14]通过将电流体力学喷墨打印技术和静电自动聚焦技术相结合，制造出了精细的三维金纳米结构(图 3-11)。除了对打印头的调控，喷墨打印的环境[23]、墨滴的喷射频率[24,25]、打印图案的设

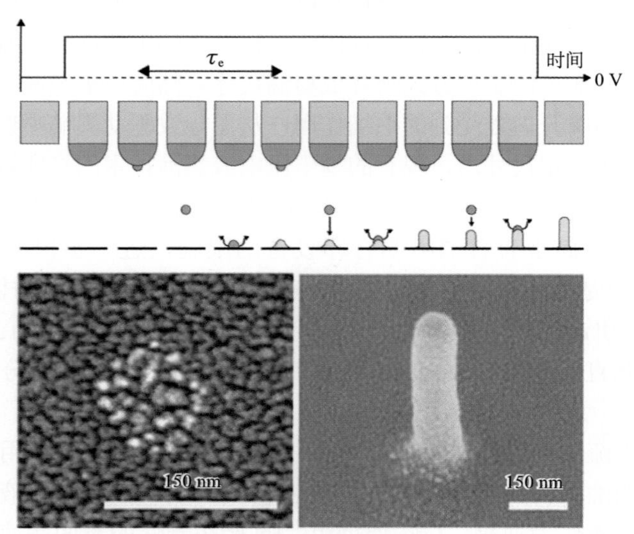

图 3-11 电流体力学喷墨打印和静电自动聚焦技术结合制备纳米三维结构

τ_e.喷射周期

计[26]、液滴间距的调控[27]和墨滴驱动方式[28]等参数也都显著影响着墨滴的产生、聚并、干燥和图案的均匀程度，是值得关注的喷墨打印调控参数。

降低喷嘴的尺寸除了需要额外的驱动外，还会导致喷嘴的机械强度和耐用性降低。因此 Jiang 课题组[29]提出并制备了一种超疏水喷嘴，通过引入粗糙结构和降低表面能将喷嘴的浸润性修饰为超疏水，便可在没有任何额外驱动的情况下制备微小墨滴（图 3-12）。其原理是从表面浸润性为亲水或疏水的喷嘴分配的墨滴的体积与喷嘴的外径相关，而从超疏水喷嘴挤出的墨滴的三相接触线在分配过程中始终被钉扎在超疏水喷嘴的内壁，从而导致墨滴的体积仅与其内径相关。此外，超疏水喷嘴可以有效地减少喷嘴表面的油墨残留，从而实现更高的液体转移效率。Song 课题组[30]进一步研究并制造了超疏油喷嘴，将通过控制喷嘴表面浸润性控制喷墨滴的方法扩展到对具有低表面张力的微小油滴的操控。因此，浸润性操控方法可以被认为是降低墨滴体积，增加喷墨打印精度的一种可行方法。

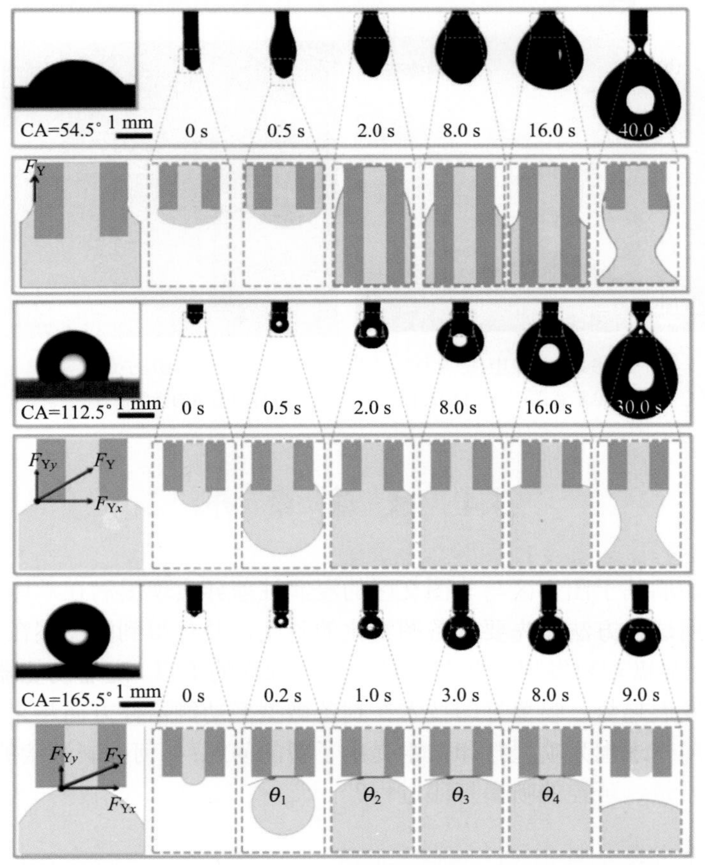

图 3-12　超疏水喷嘴的制备及其在微小墨滴操控方面的应用

CA. 接触角；F_{r}. 针孔对黏附力；$F_{\mathrm{Y}x}$. 黏附力的 x 轴分量；$F_{\mathrm{Y}y}$. 黏附力的 y 轴分量

另一种实现高分辨喷墨打印的方法是不通过喷嘴来制造墨滴，从而避免超细喷嘴产生的大毛细作用和由喷嘴造成的交叉污染。Ferraro 等[15]报道了一种热电流体力学喷射技术，该技术可以直接从液滴或液膜制备半径约为 300 nm 的墨滴(图 3-13)。由于此技术不依赖电极或特殊电路且不需要样品预处理过程，可潜在地用于开发相应的便携设备。

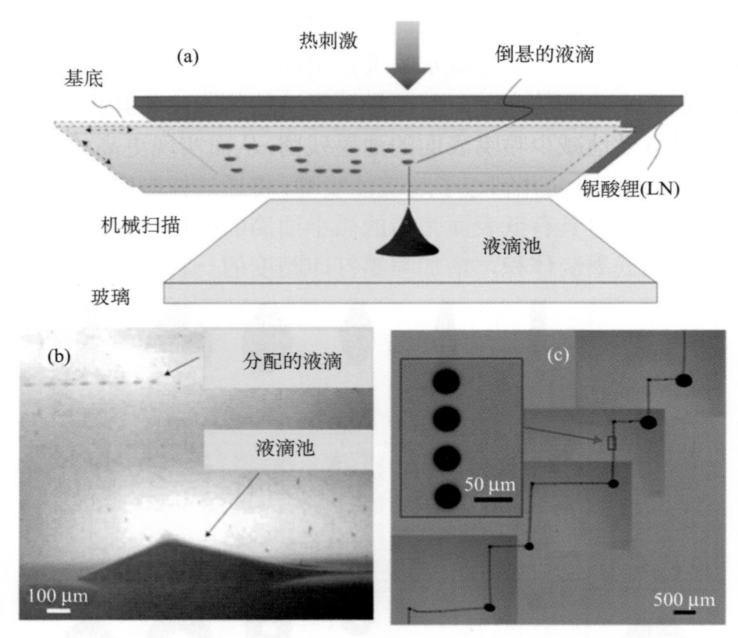

图 3-13 热电流体力学喷射技术喷射纳升体积的墨滴

(a)示意图；(b)打印过程光学照片；(c)打印图案的光学照片

3.4 液 滴 聚 并

传统的印刷基于图文区与非图文区的浸润性差异实现墨滴在承印物上的选择性分布。采用这种方法首先要制备图案化的基底，并且得到的图案在宏观上看是连续的，然而显微观察发现这些图案是一个个独立的墨点。随着功能器件微型化、多功能化的发展趋势，喷墨打印技术在制备微型多功能器件方面越来越受关注。这种新的应用需求也为喷墨打印技术提出了新的问题：如何控制液滴的聚并过程，从而实现高质量、可控的喷墨打印过程？

3.4.1 不含纳米颗粒体系中两液滴的融合

液滴融合过程可分为液滴间液桥的快速形成(早期融合阶段)和两个接触液滴

缓慢由椭球形松弛为球形两个阶段[31]。最早的研究主要集中在第二个阶段，但是，由于第一个阶段包含液滴对基材的撞击及其在基材上的铺展、融合[32]，而且经喷涂、打印，最终形成的固态涂层的性质主要取决于扩散融合，因而第一阶段在喷涂、打印中起着关键作用，对这部分的研究也很多。在双液滴融合研究中，最初的模拟计算认为[33]，两个接触液滴的液桥半径可表示为

$$R(t)=-\frac{\gamma t}{\pi\eta}\ln\left(\frac{\gamma t}{\eta R_0}\right) \tag{3-10}$$

式中，γ 和 η 分别是液滴的表面张力和黏度；R_0 为液滴的初始半径。液滴间的毛细力驱使两个液滴融合，而惯性力却对融合起妨碍作用。两个硅油液滴在玻璃基材上的融合实验表明，当硅油的黏度为 0.005～1 Pa • s 时，所得到的液桥半径与融合时间的 0.5 次幂呈正相关：

$$R\sim\left(\frac{\lambda R_0}{\rho}\right)^{1/4}\sqrt{t} \tag{3-11}$$

但是，对于两个低黏度硅油液滴在亲水基材上铺展、融合的情况，实验数据及理论计算表明当初始高度 h_0 远远小于它们的半径 R_0 时，液桥的宽度 d_m 是时间的函数(图 3-14)[31]，并且对于两个黏度为 μ、表面张力为 γ 的液滴，其可简单地表示为 $d_m\sim[\gamma h_0^3 t/(\mu R_0^2)]^{1/2}$。然而进一步研究表明液桥增长速率取决于两液滴间的

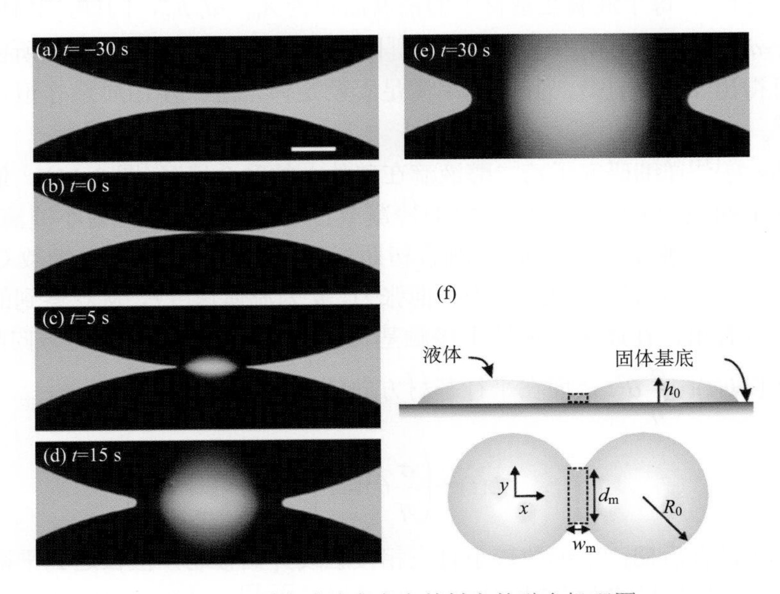

图 3-14　两滴硅油在亲水基材上的融合机理图

(a)～(e) 两滴硅油 (η=1000 cSt) 在聚苯乙烯基材上融合的光学显微镜照片，图中标尺为 500 μm；(f) 两液滴在亲水基材上的融合示意图

黏滞流动，而与曲率关系不大，尽管我们都知道弯曲的液桥可以驱使两液滴的融合。这表明在平面上的融合模式对复杂形状(如多液滴在柱形纤维上)也同样适用。两个液滴一接触，液桥就沿着它们的中心连线迅速增长，然而随着时间的增加，增长速率开始减缓，经过一段时间(>30 min)后，合并的液滴松弛成圆形。

三组不同黏度液滴融合实验表明，液桥宽度是时间的函数，这展现了融合的两个重要方面：①融合是一个由黏度控制的过程，黏度为 100 cSt 的硅油液滴融合速率比黏度为 300 cSt 的硅油液滴大，而后者的融合速率又大于 1000 cSt 的硅油液滴；②对于同种液滴，不同实验的结果差异比较大。由于普通液滴的高度满足四阶偏微分方程

$$\frac{\partial h}{\partial t}=-\frac{\gamma}{3\mu}\nabla\bullet(h^3\nabla\nabla^2 h) \tag{3-12}$$

在这里，重力忽略不计，取特征值 $h\sim h_0$ 及 $\nabla\sim 1/R_0$，其中 h_0 和 R_0 分别为两液滴刚接触时 (t_0) 的最大高度和最大半径，这里定义无量纲的时间为

$$\tau=\frac{\gamma h_0^3}{\mu R_0^4}(t-t_0) \tag{3-13}$$

从式中可以看出，液滴的几何形状对其融合机理有重要影响，而且当液滴附着于基材上时，每个液滴的体积恒定，根据泰勒定律可知，$R\sim(\gamma/\mu)(h/R)^3$，$h\sim R(\mu R/\gamma)^{1/3}$。每个液滴在基材上的铺展面积为 $A_m\sim d_m h_m$，同样，其体积 $V_m\sim d_m w_m h_m\sim d_m h_m d_m^3/R_0$，$w_m$ 表示液桥长度[图 3-14(f)]。由于 $d_m\gg w_m$，所以综合上述公式可得出 $d_m^3\sim\tau(u)$，其中速率满足泰勒定律，进一步由质量守恒定律可得 $d_m\sim\tau^{1/2}$。

Narhe 等[34]详细研究了乙二醇液滴在硅片上的融合情况(图 3-15)。他们发现两液滴的早期融合是由接触点引发的(冷凝或在邻近液滴上方注射小液滴)，并且在这期间三相接触线几乎不动。在融合初期，液滴的毛细数较大(毛细数 Ca>0.02，其中 $Ca=\eta u/\sigma$，η 为剪切黏度，σ 为表面张力，u 为流体速度)，从观察到的动态干燥过程可以看出，在此期间液桥不接触基材，且其区域在垂直基材方向随时间 t 成比例增长 $h(t)\sim\frac{\sigma}{\eta}\theta^2 t$，而在平行基材方向随着 $t^{1/2}$ 成比例增长：

$$L(t)\sim\left(\frac{\sigma}{\eta}\theta^2 R_0 t\right)^{1/2} \tag{3-14}$$

然而在融合后期，毛细数较小且三相接触线开始移动，但在达到平衡前，两液滴形成的液桥区域将随着时间增加呈指数增长[35-37]，且松弛时间的长短取决于液滴尺寸、初始接触情况、接触角和基材表面粗糙度，一般为几十秒，然而由于三相接触线附近蒸发比较快，这个值比从宏观流体力学预测的数值要大 5～6 倍，

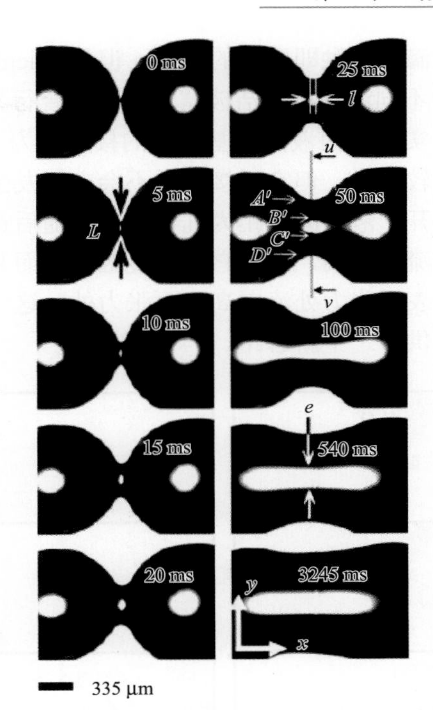

图 3-15　两个乙二醇液滴在硅片上的融合变化图

图中 L 和 e 沿着 y 轴方向，而 l 沿着 x 轴方向

最后两液滴缓慢由椭球形松弛为球形。对于两个低黏度液滴，融合过程受它们初始条件的影响很大，尤其是驱动两液滴松弛运动的初始动能。在邻近液滴上方注射小液滴引发的融合会产生很大的振荡，并促使三相接触线运动，而由冷凝引发的融合不存在振荡现象，这使得前者的松弛时间是后者的 1/100～1/10 倍(图 3-16)。

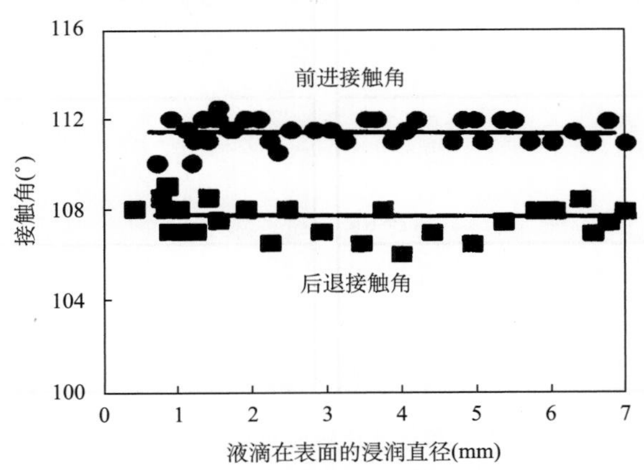

图 3-16　(a) 在邻近液滴上方注射小液滴引发的快速融合情况照片；(b) 冷凝引发两液滴融合的照片

前文所述都是两液滴一接触即融合的情况，但是 Riegler 课题组[38]仔细观察水和 25%乙酸溶液两种不同液滴在清洁玻璃表面的融合行为(图 3-17)，发现了液滴间的延迟融合现象。实验中两液滴在基材上的接触角为 6°～10°，尽管乙酸溶液和水的所有性质都比较接近，但它们接触后不会立即发生融合，反而刚开始乙酸液滴还会把水滴排斥开，液滴间间距为几百微米，随后在这之间会形成液膜，沿着液膜液体将由乙酸流向水滴，随后它们慢慢融合继而共混。这表明，融合时液体的流动方向是从低表面张力处流向高表面张力处，这一重要实验现象及相关研究为控制液滴融合提供了一个新思路。

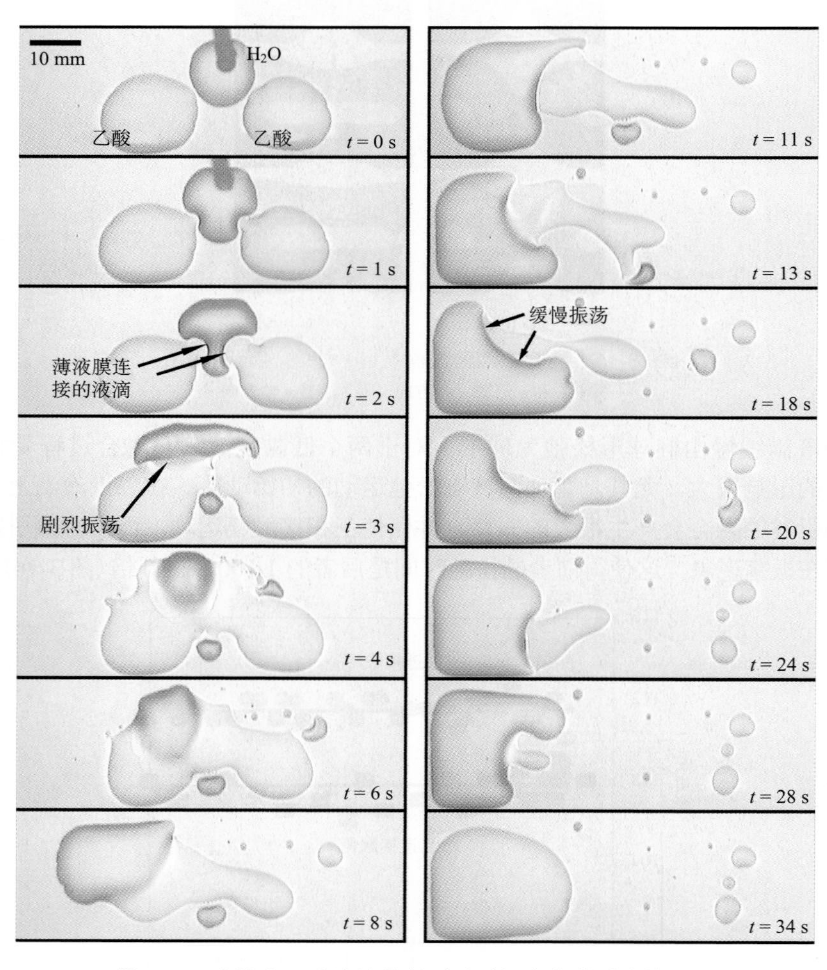

图 3-17 水滴和乙酸液滴接触后随时间变化的融合情况图

随后该课题组又对液滴延迟融合和快速融合现象进行了详细研究，并观察到了不融合现象，他们通过观察不同表面张力、黏度液滴的融合情况，并进行数学拟合，认为影响液滴融合状态的主要因素是两个液滴之间的表面张力差[39]，并且，在液滴延迟融合与快速融合之间存在着一个临界的表面张力差，$\Delta\gamma < \Delta\gamma^{c} = \dfrac{8\bar{\gamma}\theta}{Re_{c}^{n}}$（$Re_{c}^{n}$ 是液滴融合时的雷诺数，$\bar{\gamma}$ 是参与融合的两液滴表面的算术平均值，θ 是接触角），超过此临界值发生延迟融合现象。借助计算机的模拟研究，他们认为延迟几秒钟到几分钟之后，液滴才能发生融合[40]。在 2012 年的研究报道中，他们又进一步讨论了表面张力差对两液滴融合行为的影响[41]。一般情况下，两个接触的同种液滴会在毛细力驱动下发生融合以减小界面能，但对于两个不同种类而易于混合的液滴，它们接触后并不会立即发生融合，甚至有时可以观察到不融合现象，这主要是由于液滴间的局部表面张力差引起的马拉戈尼回流可与毛细力引起的回流相抵消[38, 39]。它们相互接触后，在一段时间内会保持分离，不发生融合。增大两液滴的表面张力差可使融合时间延长，继续加大两接触液滴的表面张力差甚至可观察到不融合现象（图 3-18）。两液滴接触后，毛细力驱使液流从液滴两端流向中心而马拉戈尼回流以速度 v_{N} 从一个液滴流向另一个液滴使它们难以融合。它们都以恒定速率沿着基材运动，然而沿着液桥方向少量流体从低表面张力端流向高表面张力端以减小液滴间的表面张力差。并且，在低表面张力液滴液-气界面处的流体速率约等于 $\dfrac{3}{2}v_{\mathrm{N}}$，在另一个液滴液-气界面处流体速率将达到约为 $2v_{\mathrm{N}}$，但是

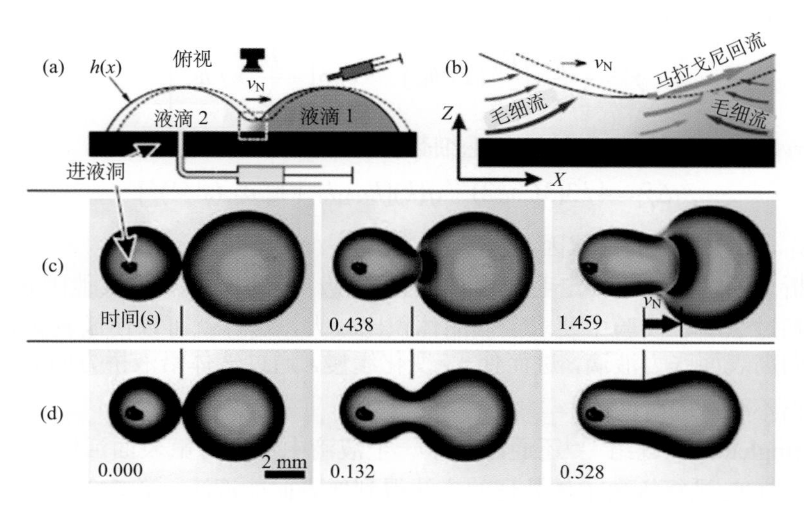

图 3-18　(a) 实验装置示意图；(b) 两液滴界面处的毛细力和马拉戈尼回流示意图；(c) 两个不同但易混液滴接触后观察到的不融合现象；(d) 两个相同液滴接触后立即融合

离开液桥后速率降到约为$\frac{3}{2}v_N$。对于一个表面张力为$\gamma(x)$（x为液滴在X轴方向的尺寸）的液膜，其在基材上运动过程中与毛细数$Ca=\eta v_N/\gamma$有关的拓扑结构$h(x)$取决于液桥表面弯曲、黏滞扩散、表面能量梯度之间的平衡：

$$h''' = 3Ca/h^2 - 3\gamma' / (2h\gamma) \tag{3-15}$$

当忽略马拉戈尼回流项（$\gamma'=0$）时，上述方程不能描述两液滴的形貌，因为$h'''>0$，这将只形成一个变形点（一个液滴与液桥的交点），而当$\gamma'\neq0$时，将会存在另一个液滴与液桥间的形变点，膜间的速率场可用下述公式描述：

$$u = z/\eta[\gamma' - (z/2 - h)\gamma h''] \tag{3-16}$$

进一步可得表面液流速率（$z=h$）：

$$u_s = u|_{z=h} = 3v_N/2 + h\gamma'/(4\eta) \tag{3-17}$$

马拉戈尼回流将使u_s增加，造成液滴不融合。

沿着液桥方向的马拉戈尼回流将使低表面张力的液体流向高表面张力处，造成高表面张力液滴表面覆有流速为$\frac{3}{2}v_N$，厚度为h_N的低表面张力液体。忽略其在流动方向的扩散，可以用水平扩散方程进行描述，水平方向速率为$v_N/2$：

$$D\frac{\partial^2 c}{\partial z^2} = \frac{v_N}{2}\frac{\partial c}{\partial x} \tag{3-18}$$

式中，D为扩散速率；$c\in[0,1]$，当$0<z<2h_N$时，$c|_{x=0}=1$，其他情况下均为0；$\gamma(x)$取决于$c(x,z)$，$\gamma(x)=\gamma_2+\Delta\gamma c(x,h)$，因而

$$\gamma' = \frac{\Delta\gamma}{2h_N}\sqrt{\frac{B_0}{2\pi}}(x/h_N)^{-3/2}\exp\left[-\frac{B_0}{8}x/h_N\right] \tag{3-19}$$

$B_0=v_N h_N/D$，又因两个液滴的毛细数相同，所以

$$\Delta\tilde{\gamma} = 4/3(3Ca/2)^{2/3}q(k)[h_N s_1 h_1 + \pi^2 p'_{s_2}(s^{(\infty)})^2] \tag{3-20}$$

式中，s_1、s_2为液滴的形状因子。

分析表明，接触角决定毛细数Ca的数量级，理想状态下，其他因素对Ca的影响不超过25%。实验中要求液滴的体积比较大，这样就可以使低表面张力液滴缓慢流向高表面张力液滴，进而使$\Delta\tilde{\gamma}$变化缓慢，通过液体沿液桥方向的运动，可以估算出不融合的时间。

Sirringhaus 课题组[42]还通过在第一个液滴中添加含氟表面活性剂或对第一个液滴用 CF_4进行等离子体处理的方法得到低表面能液滴，第二个液滴与其接触后将被排斥并自动流向侧面，形成宽度小于100 nm的通道。

3.4.2　含纳米颗粒体系中两液滴的融合

在实际应用中，喷墨液滴一般含有纳米颗粒、导电聚合物、半导体量子点及纳米线等功能材料[43-45]，并且如何使粒子在液滴干燥过程中产生的毛细力驱动下有序组装已被广泛研究[46, 47]，因此，控制这些液滴的融合形貌得到规整的结构对喷墨印刷电子器件、光伏器件及微电池很关键。

Spicer 等[48]通过改变两个乳胶液滴表面二氧化硅粒子覆盖率使其流变阻力与拉普拉斯压力相抵消，观察到了两液滴融合为一个球形液滴的中间过程，液滴表面粒子覆盖率可通过毛细力测得。通过改变两液滴表面粒子覆盖率，他们观察到了完全融合、融合中间态及完全稳定三种状态(图 3-19)，当两液滴表面粒子覆盖率 Φ 满足 $1.43<(\Phi_1 + \Phi_2)<1.81$ 时，界面处各向异性的拉普拉斯压力与弹性模量相抵消，这使它们很难进一步松弛为球形液滴，因而可观察到融合中间态。此外，他们还研究了存在内部微结构黏弹液滴的融合行为。在液滴融合过程中，由拉普

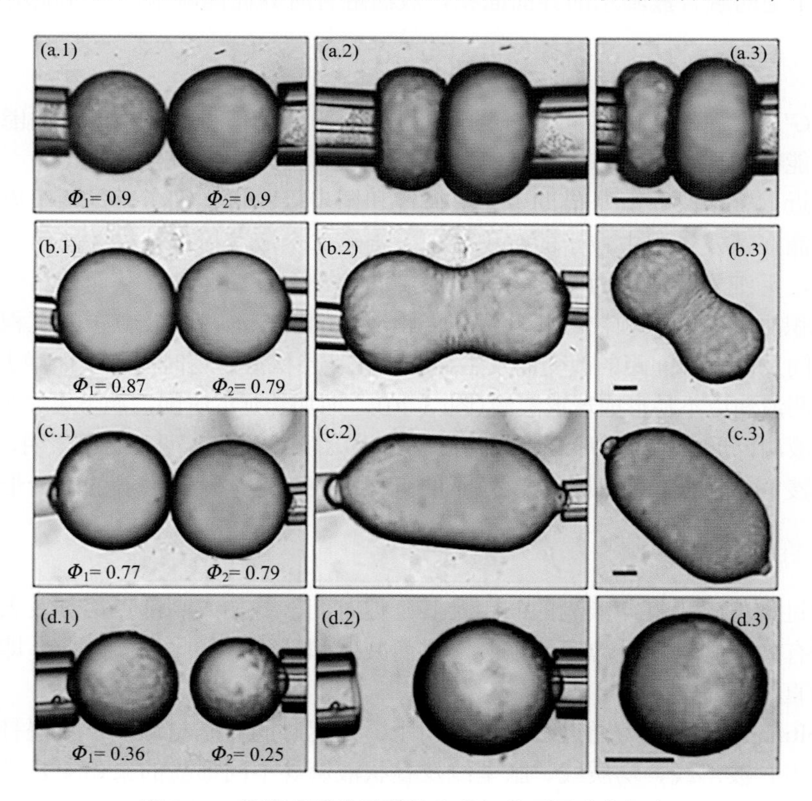

图 3-19　液滴表面粒子覆盖率引起的不同融合行为

(a)完全稳定状态；(b)、(c)观察到的融合中间态；(d)完全融合状态；图中标尺为 50 μm

拉斯压差引起的界面力将使融合液滴发生变形，$P\propto\gamma/R$，其中，γ 为油-水界面张力，R 为液滴半径，融合结构的最终形状为弯曲应变的函数：

$$\varepsilon=\frac{\Delta L}{L_0} \tag{3-21}$$

式中，L_0 为液滴融合前的初始长度，L_0=4R；ΔL 为线性形变。当液滴相互接触后，油滴将从液滴流向液桥，当液滴固含量较低时（Φ=0.15），由于弹性模量较小，它们的融合行为类似软凝胶，其很容易发生变形，最终松弛为球形；增加固体含量，弹性模量也随之增加，这将与拉普拉斯压力相抗衡，最终形成稳定的中间态；进一步增加固体含量，使 Φ=0.5 时，它们之间的弹力将使两液滴完全不发生融合。他们使用的部分结晶液滴是含有弹性网络状晶体的饱和油滴，如弹性多孔胶体凝胶，融合时拉普拉斯压差将使固态弹性网络发生变形，界面能也逐渐减小：

$$E_{界面}=A\gamma \tag{3-22}$$

式中，A 是两融合液滴总的界面面积，液滴融合时界面能减小，弹性能增加：

$$E_{弹性}=\frac{3}{2}G'\varepsilon^2V \tag{3-23}$$

式中，G'是液滴的剪切模量；V 是两个融合液滴的总体积。减小的界面能与增加的弹性能在完全稳定状态（ε=0）及完全融合状态（ε=0.37）时完全抗衡。

最近，Sun 课题组[49]借助荧光显微镜和同步摄像机详细考察了两个连续打印乳胶液滴在蒸发过程中粒子的沉积机理。当第二个液滴撞击基材并与第一个液滴融合时，毛细力及惯性力驱使第二个液滴向第一个液滴运动，从而使第一个液滴那端沉积更多的纳米颗粒。并且两个连续液滴的融合形貌以及粒子的沉积情况随延迟时间及两液滴间距的改变而发生显著变化，当保持延迟时间不变而增大液滴间距时，两液滴更不易形成球形液滴（图 3-20），而加长延迟时间，滴下第二个液滴时第一个液滴已形成“咖啡环”，这都将影响打印图案的质量。研究结果表明，通过调整液滴浸润、蒸发、毛细力以及粒子的沉积可控制连续打印液滴的融合形貌。

3.4.3 连续图案的印刷

通过调整喷墨打印液滴的间距及其延迟时间，并加入高沸点溶剂及表面活性剂[50,51]有效控制油墨中粒子的组装，进而减弱和消除“咖啡环”效应，即可得到均质的直线图案。

Soltman 课题组[52]通过改变液滴间距、延迟时间和基材温度，喷墨打印得到了孤立点、波形线、均质线、胀型线及叠状液滴等不同形貌的聚（3,4-乙撑二氧噻吩）-聚（苯乙烯磺酸）（PEDOT-PSS）线（图 3-21）。液滴间距太大时只能得到孤立点，降低基材温度同时减小液滴间距，邻近液滴将发生融合而形成波形线（线宽比孤

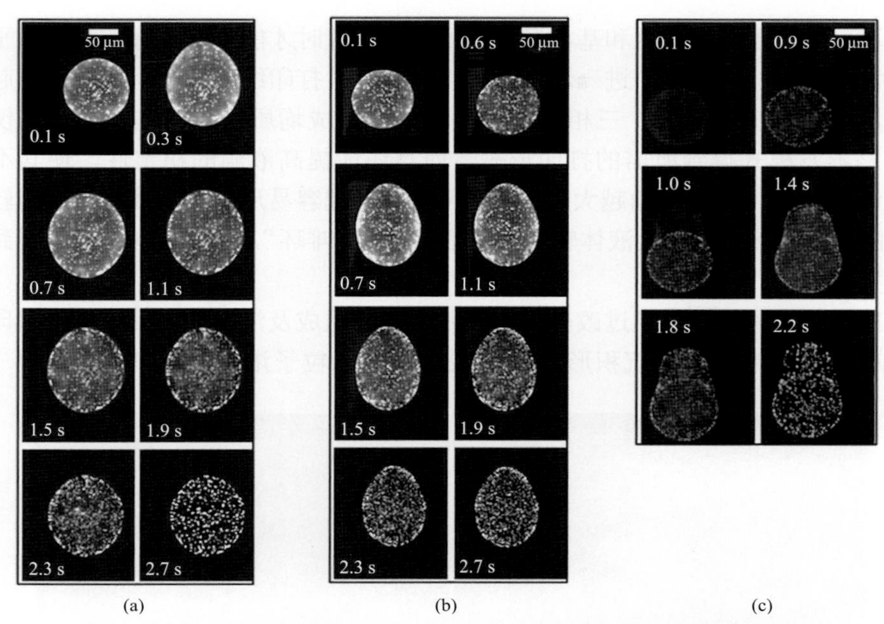

图 3-20　连续打印液滴融合形貌及其粒子沉积情况随延迟时间变化照片

(a) 延迟时间为 0.2 s，液滴间距为 0.60 D_c；(b) 延迟时间为 0.6 s，液滴间距为 0.64 D_c；(c) 延迟时间为 0.9 s，液滴间距为 0.70 D_c。D_c 为第一个液滴在基材上铺展的最大直径

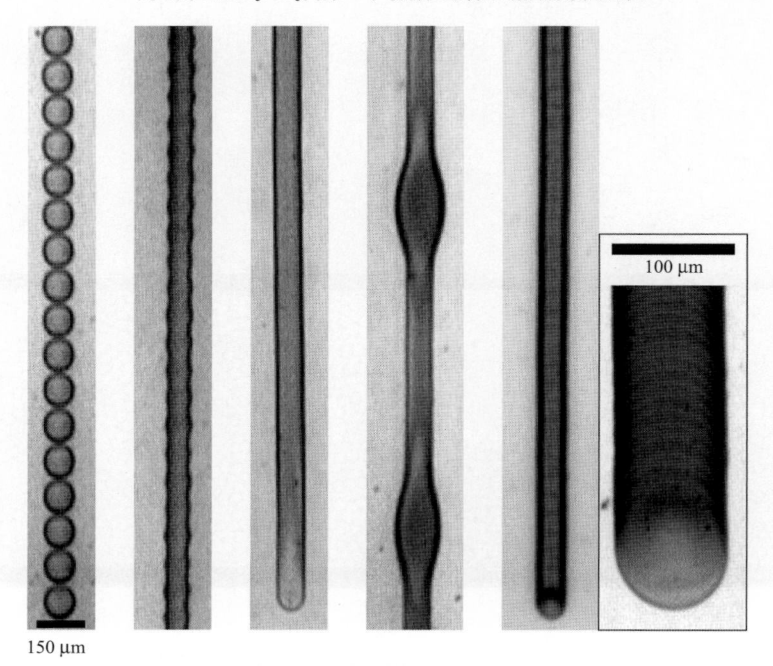

图 3-21　打印线的主要形貌

由左至右依次为：孤立点、波形线、均质线、胀型线、叠状液滴。从左到右液滴间距依次减小

立点小)，只有当液滴间距和基材温度都处于合适值时才能得到边缘和表面都平滑的均质直线(线宽最小)，进一步使打印液滴靠近，打印线的边缘将形成小凸起而得到胀型线。分析表明，三相接触线的固定对形成均质线至关重要。它不仅可以调整蒸发模式得到所需的打印形貌，而且还能提高液滴的稳定性，使其不与邻近液滴分离，且接触角越大(接近但小于 90°)越容易形成均质线，接触角较小时，由于三相接触线附近液体较多，更易形成“咖啡环”，而且相同条件下得到的线更宽。

Moon 课题组[53]还通过改变液滴间距、溶剂组成及溶质浓度控制了喷墨印刷含 SiO_2 纳米颗粒墨滴的沉积形貌(图 3-22)。纳米粒子浓度及溶剂组成对最

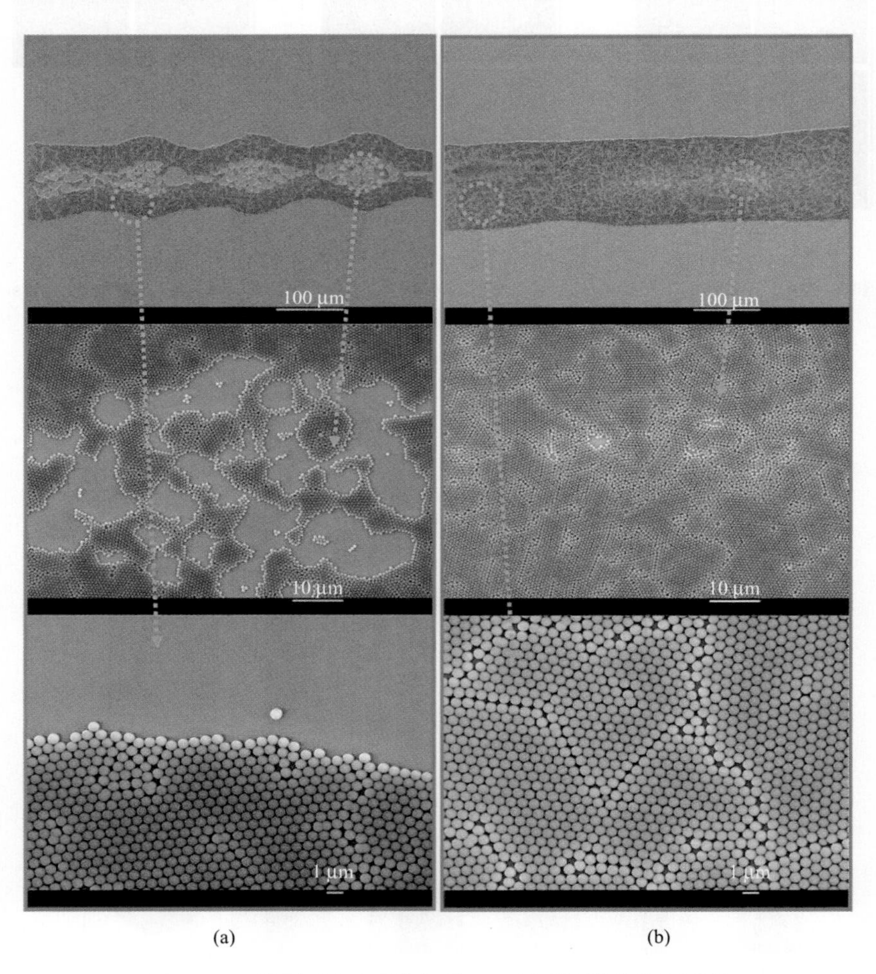

图 3-22　不同间距下喷墨印刷 SiO_2 纳米颗粒的沉积形貌

图案为 1×25 阵列，溶剂为水/甲酰胺的混合溶剂。(a) 间距为 150 μm；(b) 间距为 100 μm

终沉积形貌起决定性作用，单一低沸点溶剂将产生“咖啡环”现象，而高沸点溶剂的加入将使液滴边缘和中心存在表面张力差而形成马拉戈尼回流把粒子从边缘移向中心，这有效地解决了“咖啡环”现象，并且结合对溶质浓度的调整，喷墨打印得到了均匀的纳米颗粒层。Derby 等[54]通过在油墨中加入高沸点乙二醇并调节液滴间距喷墨打印制备了不同形貌的二氧化锆线(图 3-23)。

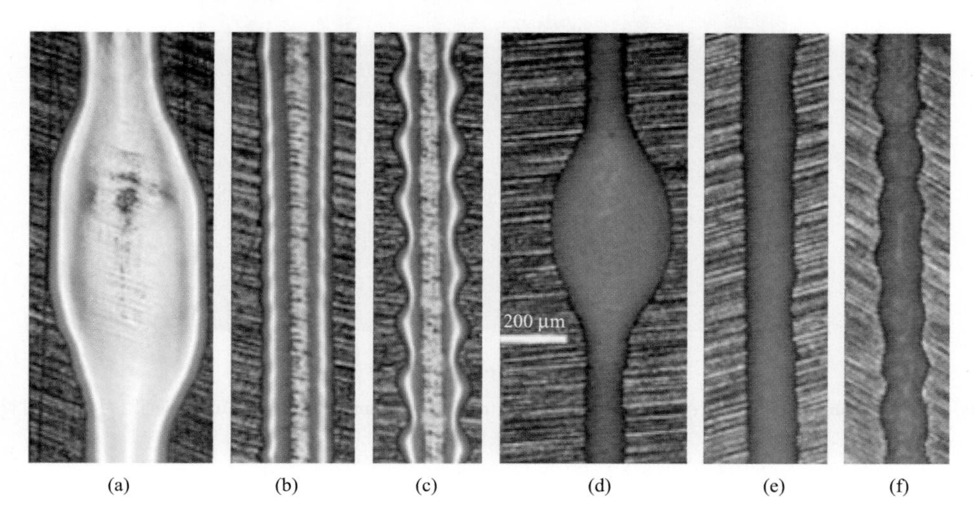

图 3-23　单一溶剂时[(a)～(c)]和乙二醇质量分数为 10%时[(d)～(f)]ZrO_2 的打印线形貌

ZrO_2 体积分数均为 10%，基材为环氧树脂，液滴间距和打印速率从左至右分别为：30 μm, 40 mm/s; 50 μm, 40 mm/s; 90 μm, 40 mm/s；30 μm, 40 mm/s；50 μm, 40 mm/s；90 μm, 40 mm/s

Kim 等[55]通过在 TiO_2 溶液中加入高沸点溶剂——*N,N*-二甲基甲酰胺形成共溶剂体系，并且在打印过程中调整液滴间距，得到了均质 TiO_2 线(图 3-24)及膜，应用于染料敏化电池的制备。同时通过公式验证了液滴在基材上的表面张力对其铺展起决定性作用，而液滴在基材上的铺展率 $\beta=D/D_0$，其中 D 为液滴直径，D_0 为液滴在基材上的直径。

中国科学院化学研究所绿色印刷实验室[27]通过控制喷墨液滴表面粒子浓度及表面张力改变其在基材上的动态浸润性喷墨打印制备了哑铃形、均匀线条及圆形结构。通过实验考察了喷墨液滴在基材上的动态浸润性对其融合行为的影响，并发现当两个融合液滴的表面张力差介于 0.77～1.50 mN/m 时墨滴在基材上的动态浸润性可诱导它们融合为均一线条。通过理论计算发现控制表面张力差的范围，可以打印不同的形貌，如圆形、哑铃形、直线等(图 3-25)。在此基础上实验室通过分别喷墨打印含均匀聚苯乙烯(PS)及银的纳米颗粒制备得到了由 PS 纳米颗粒组成的均一线条和波浪形光晶结构及由银纳米颗粒组成的均一线条和波浪形结构(图 3-26)，这对喷墨打印由纳米材料组成的高质量图案和器件具有重要意义。

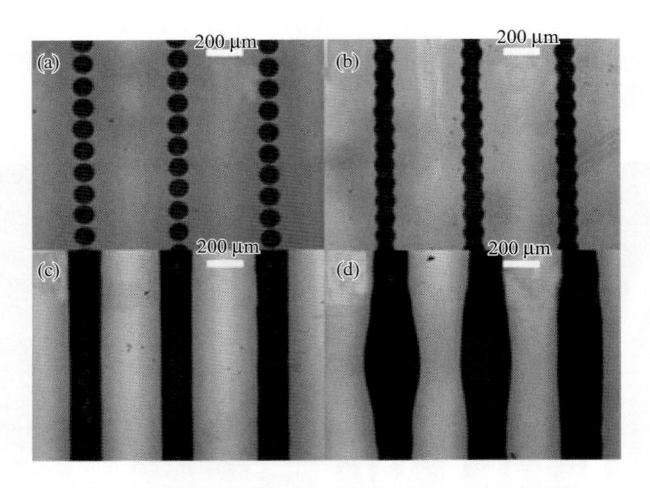

图 3-24 不同液滴间距下喷墨打印 TiO_2 线的形貌

(a)间距为 120 μm 时得到孤立点；(b)间距为 100 μm 和(c)间距为 50 μm 得到连续线；(d)液滴间距为 30 μm 时得到胀型线

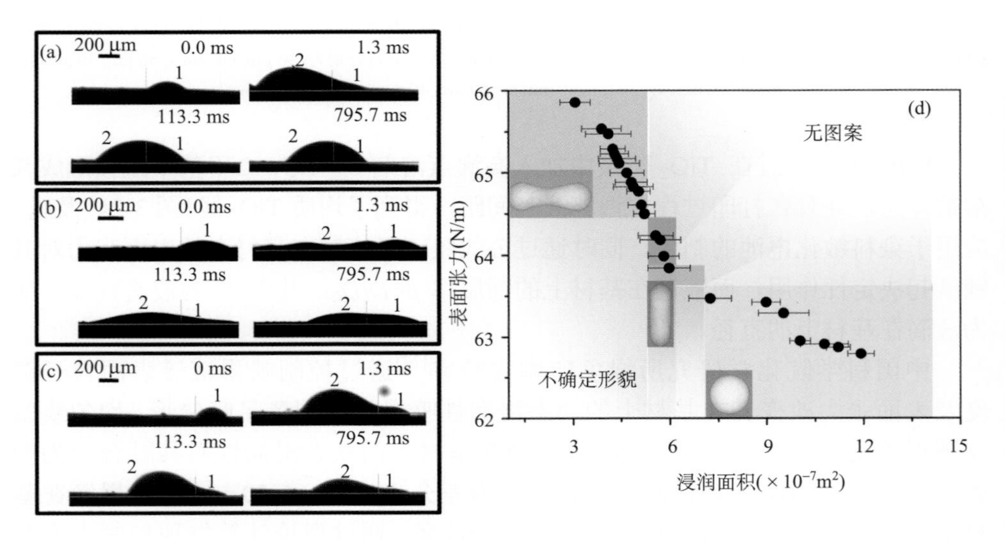

图 3-25 液滴聚并动态过程[(a)～(c)]以及液滴融合形貌与表面张力差之间的关系(d)

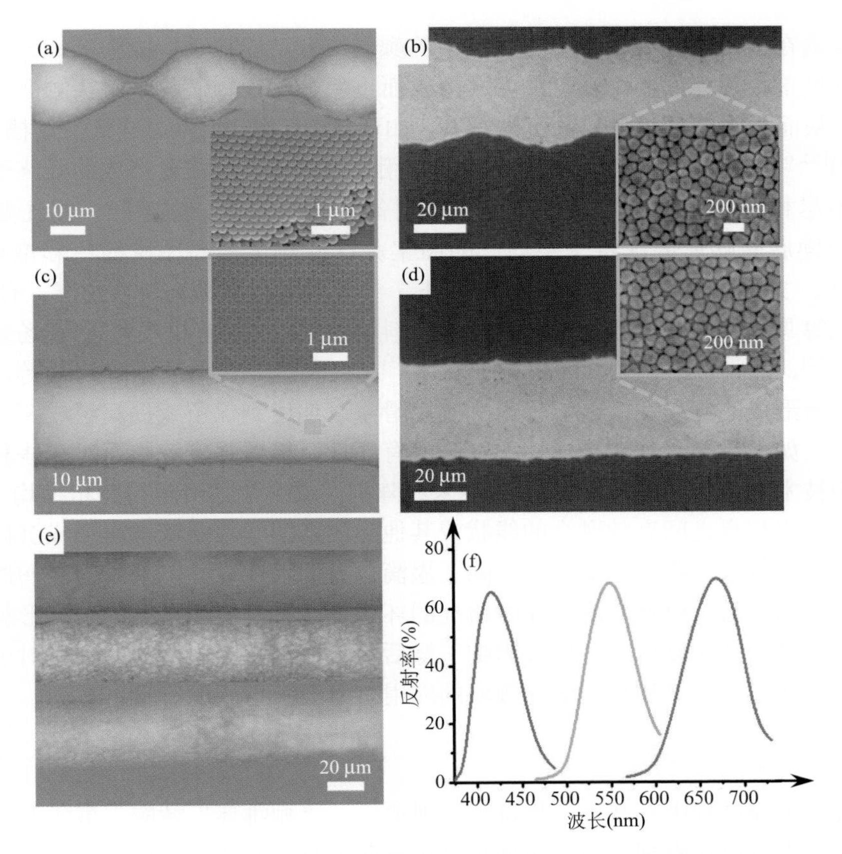

图 3-26 喷墨打印 PS 及银纳米颗粒所得线条的形貌

喷墨打印 PS 纳米颗粒得到波浪形(a)及均一(c)线条；喷墨打印银纳米颗粒得到波浪形(b)及均一(d)线条；喷墨打印 PS 纳米颗粒得到的红、绿、蓝三种颜色的均一线条(e)及其对应的微区光谱图(f)

3.5 液滴干燥与图案形貌

喷墨打印中的液滴聚并是形成特定图案的前提，液滴干燥过程则是将形成的图案成功保存下来的关键。图像的色彩饱和度、亮度、对比度、分辨率等关键参数与每一个像素点干燥后的形貌息息相关[56, 57]。除此之外，在利用喷墨打印制备印刷线路、功能器件时，除了所用材料和打印参数这些因素以外，墨滴干燥后的沉积形貌对线路[58-60]和器件[61-63]的性能也有着巨大的影响。利用新兴的 3D 打印技术制造各种产品时，如器官、衣物、玩具、汽车、功能器件等，底层“油墨”的干燥过程对后续层的铺展和结合质量至关重要，这一过程是决定所制备产品质量的关键之一[64]。

墨滴在干燥过程中，分散在墨滴中的颜料或者功能粒子、成膜剂、分散剂以及其他助剂会随着墨滴中溶剂的不断挥发而重新分布在墨滴与基底接触面的不同部位，从而会得到形貌各异的沉积图案，如环状[65]、线状[66] 、碗状[67]、槽状[52]、平整膜[63, 68]及半球状[69]等。对于不同的应用领域来讲，所需要形成的最终干燥形貌也不尽相同。例如，当利用喷墨打印制备普通的图像、文字时，往往要求墨滴在干燥后能够形成尽量平整均一的图案。这样对于提高图像的色彩饱和度、对比度、文字的分辨率非常有利。另外，一些利用石墨烯、聚合物层、有机/无机颗粒等具有特殊功能的材料制备特殊材料的图案[68, 53]、有机/无机薄膜场效应晶体管[61,62]、薄膜电池[70,71]、薄膜光子晶体[63]、细胞[72]、蛋白质微阵列[73]等，往往也需要所形成的沉积图案能够尽量平整光滑，以期达到保留或提高组成图案材料的性能，如电导率、载流子迁移率、高度有序性、机械强度等。而对一些利用喷墨打印技术制备的印刷电路[74]、微/纳米线阵列[75, 76]，往往希望得到粗细均一，排列整齐，点与点之间有效融合的线状或其他封闭状图案。墨滴干燥形成沉积图案的机理比较复杂，影响因素众多。除了墨滴自身的组成以外，基底的浸润性、导热性、表面形貌，以及墨滴干燥时所处的环境都会影响墨滴最终的干燥形貌。因此，研究墨滴的干燥机理，以及影响干燥后所形成沉积图案形貌的因素对于喷墨打印技术在工业生产和科学研究领域的应用有着至关重要的意义。

3.5.1 “咖啡环”效应

液滴干燥过程中会产生一种奇特的现象——“咖啡环”效应。事实上，在日常生活中也可以观察到，当一滴咖啡溅在桌面上时，液体蒸发后会发现液滴边缘位置形成了一个比中间区域颜色要深很多的暗环。这说明在边缘位置沉积的咖啡颗粒比中间区域的要多。这种不均匀沉积的现象被称作“咖啡环”效应，“咖啡环”效应不是咖啡固有的现象，许多含有其他微小粒子的液滴在挥发后都会在边缘出现一个类似的沉积环。“咖啡环”效应是自然界一个普遍存在的现象，它存在于许多不同组分的体系中，从较大的胶体颗粒到纳米颗粒及小分子，其本质是液滴的不对称蒸发。

在喷墨打印中，墨滴中功能溶质的均匀沉积对高精度图案的形成及所制备器件的性能与应用都非常重要。抑制喷墨墨滴的“咖啡环”效应实现均质打印印刷是提高图案精度及器件性能的关键问题之一。“咖啡环”是打印印刷墨滴的一种常见沉积形式。当墨滴在基材表面扩散蒸发时，其中的溶质通常会沿着液滴的边缘沉积，形成不均匀的环状形貌。这会大大降低打印印刷图案的精度，限制了打印印刷技术在高性能器件制备方面的应用。因此，抑制“咖啡环”的形成以形成均匀沉积膜成为了近年来的研究热点。在过去的十几年中，科研人员对形成“咖啡环”的机理以及液滴内部的粒子迁移进行了深入的研究。

“咖啡环”现象研究的早期，人们是从液滴内部粒子的迁移过程来解释“咖啡环”形成的原因。Adachi 等[77]研究了含有聚苯乙烯小球的液滴在玻璃表面的蒸发过程。他们发现随着液滴蒸发，粒子在液滴边缘聚集，最后在液滴边缘留下带状的条纹。他们认为这是由于在粒子迁移过程中，液滴的三相接触线发生了黏滞滑动，在振荡滑移运动下发生向中心的收缩迁移。为了解释该振荡滑移现象及带状条纹形成机理，他们建立一个数学模型，认为聚苯乙烯小球在滑动过程中受到了来自基底的摩擦力和液滴的表面张力，在三相接触线附近二者相互竞争导致带状条纹的形成。Shmuylovich 等[78]研究了含有聚苯乙烯小球的液滴在玻璃表面上的蒸发过程，其也证实三相接触线黏滞滑动是带状条纹形成的原因(图 3-27)。

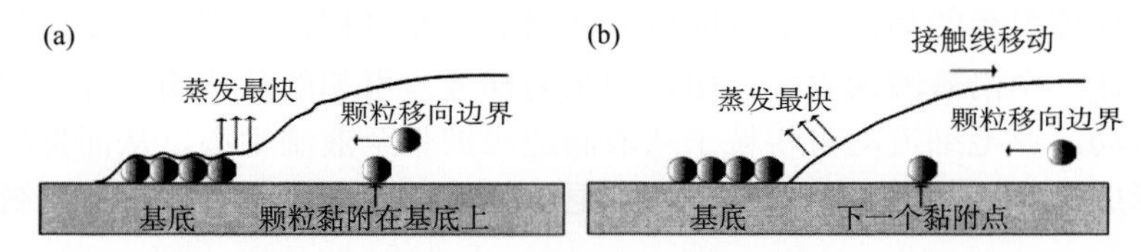

图 3-27　三相接触线钉扎时的示意图(a)和三相接触线黏滞滑动时的示意图(b)

1997 年芝加哥大学佛兰克研究所的 Deegan 等[47]对“咖啡环”现象进行了深入的研究。他们认为，由于液滴边缘的蒸发速度大于液滴中心的蒸发速度，这致使蒸发液滴内部产生一个外向的毛细流动，并将悬浮的粒子携带至液滴边缘，使粒子在边缘聚集，由此形成“咖啡环”，如图 3-28 所示。蒸发液滴的三相接触线定扎在基底表面是形成“咖啡环”效应的必要条件之一。当液滴的三相接触线

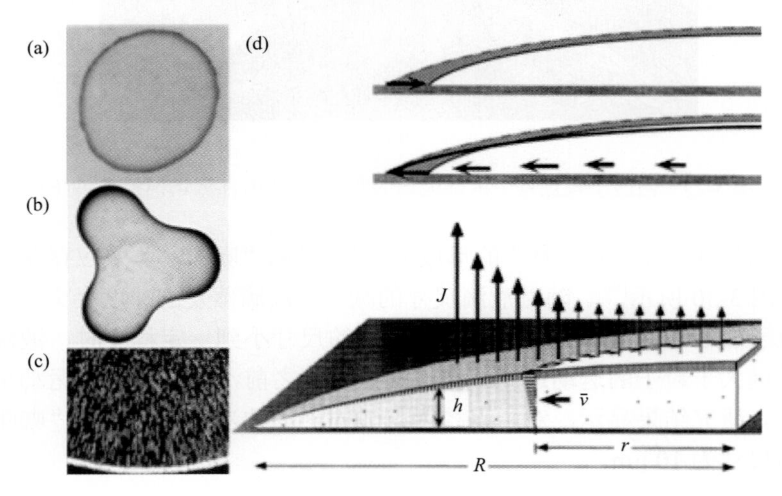

图 3-28　(a)蒸发过程中粒子向三相接触线迁移；(b)典型的“咖啡环”现象；(c)颗粒向边界移动；(d)“咖啡环”形成示意图

J. 单位面积的蒸发速率；$\bar{v}$. 任一半径 r 处的流体流速；R. 液滴的铺展半径

定扎在基底表面时，液滴边缘处的挥发速率会大于液滴中心处的挥发速率。为了补充液滴边缘损失的溶剂，液滴内部产生了由中心流向边缘的毛细流动，该毛细流动将悬浮的粒子携带至液滴边缘。当蒸发结束时，悬浮的粒子便会集中沉积在液滴边缘，形成“咖啡环”[65]。

Hu 和 Larson[79]则指出“咖啡环”形成的另一必要条件是抑制内向的马拉戈尼毛细流动(图 3-29)。马拉戈尼毛细流动是由 C.Marangoni 在 1865 年发现，是一种与重力无关的自然对流。由于具有高表面张力的液体对周围液体的拉拽力超过低表面张力的液体，因此，在表面张力梯度的存在下将自然引起液体流动至远离低表面张力的区域。浓度梯度或温度梯度均可引起表面张力梯度。Hu 和 Larson 将由温度梯度引起的马拉戈尼效应引入液滴的蒸发过程，证实了蒸发过程中液滴内部还存在一个沿着液滴表面、由表面张力梯度差引起的从液滴边缘向中心的马拉戈尼流动。该毛细流动可将粒子从液滴边缘携带至液滴中心，从而抑制“咖啡环”的形成。可见，抑制内向的马拉戈尼毛细流动也会产生“咖啡环”效应。

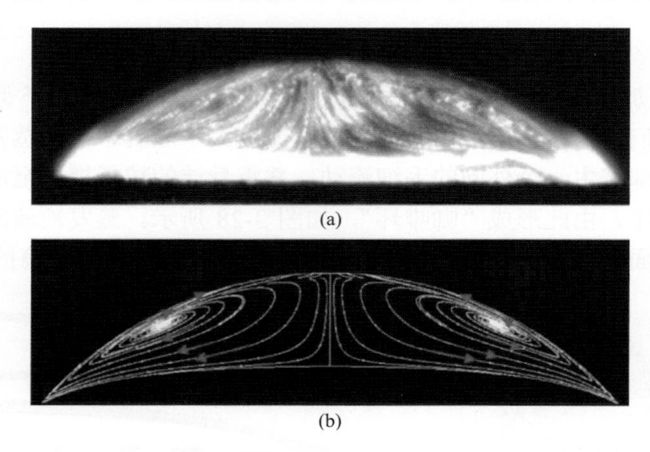

图 3-29　液滴干燥过程中内部流场的照片(a)和内部流场模拟结果(b)

液滴的尺寸对于“咖啡环”的形成会产生影响，“咖啡环”效应存在一个尺寸极限，如图 3-30 所示[80]。随着液滴尺寸的减小，液滴蒸发的速度会大大增加，而液滴内粒子的运动速度却变化不大。当液滴的尺寸小到一定程度时，液滴蒸发的速度将远远大于粒子的运动速度。在液滴蒸发完之前，粒子来不及运动至液滴边缘便沉积。研究结果显示，对于直径为 100 nm 的纳米颗粒，形成“咖啡环”的最小液滴尺寸为 10 μm。

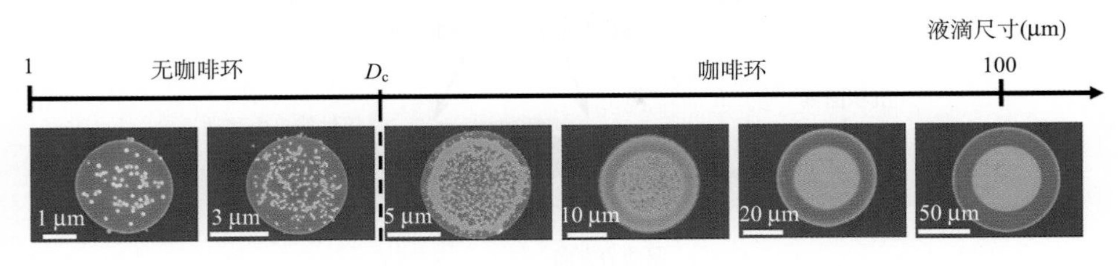

图 3-30　液滴尺寸对粒子沉积形貌的影响

3.5.2　抑制“咖啡环”效应

“咖啡环”效应会导致墨滴中溶质分布不均匀，影响墨滴干燥后的形貌与质量，进而影响图案的质量与精度。因此，在有些情况下，印刷过程中必须要抑制“咖啡环”效应。基于对“咖啡环”形成机理的认识，通常采用三类方法来控制“咖啡环”效应：一是减弱液滴内部的外向毛细流动；二是增大内向的马拉戈尼流动；三是控制蒸发过程中液滴三相接触线的移动。

1. 减弱外向毛细流动

含有粒子的液滴在基材表面的蒸发过程非常复杂，始终处于非平衡态。液滴内部的外向毛细流动是形成“咖啡环”的关键，因此减弱外向毛细流动可以有效抑制“咖啡环”效应。

油墨作为与喷嘴和承印基材均相互接触的中间体，是决定墨滴喷射性质和图案分辨率的非常重要的物质，而油墨的物理性质，如黏度、表面张力等参数显著地影响着墨滴的大小、卫星液滴的产生与否、墨滴与承印基材的碰撞性质以及最终得到的图案的均匀程度。油墨的性质可以通过溶剂和溶质两方面进行调控，Schubert 课题组[81]的研究表明对于某种特定的聚合物溶质，溶剂的变化显著地影响溶质的聚集状态，从而进一步影响油墨的可打印性。

Moon 课题组[51]发现，通过在溶剂中引入非挥发性的乙二醇作为混合溶剂，会在墨滴表面产生表面张力梯度和向内的马拉戈尼流，从而改善打印得到的点和线的形貌。Haick 课题组[82]进一步利用由二元组分混合溶剂产生的马拉戈尼流来调控沉积图案的形貌(图 3-31)，墨滴马拉戈尼流抑制了墨滴的进一步扩散，在降低接触角滞后的同时提高了沉积图案的均匀程度。

针对各种溶解程度差或不溶的溶质，科学家们更倾向于将它们制备成纳米颗粒分散体，并利用纳米颗粒的可组装特性进一步实现功能化。因此，多种材料如无机功能材料[83, 84]、有机功能材料[85-87]和复合功能材料[88, 89]，被制备为单分散的纳米颗粒。“咖啡环”是喷墨打印墨滴的一种常见沉积形式，当墨滴在基材表面扩散蒸发时，其内的溶质通常会沿着液滴的边缘沉积，形成不均匀的环状形貌，这

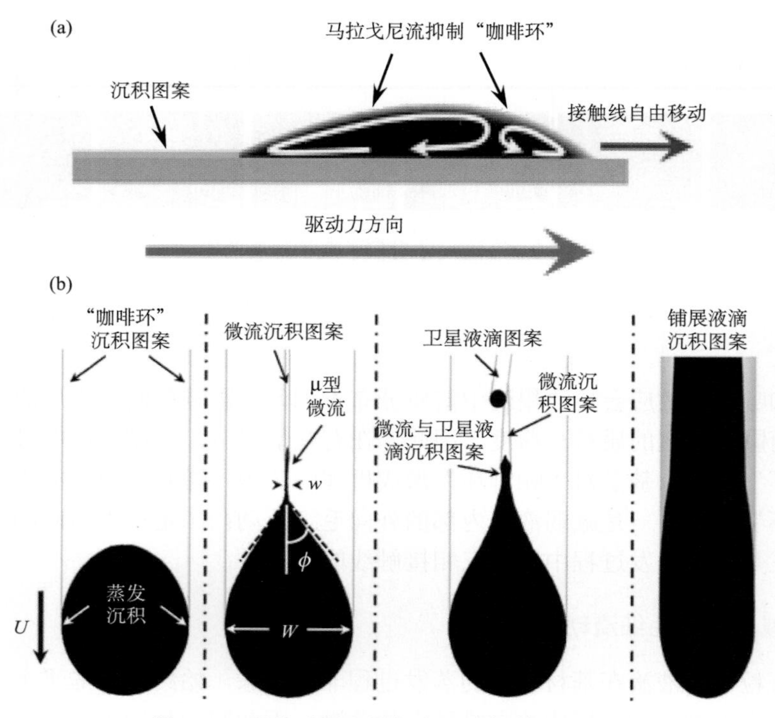

图 3-31 调控油墨内马拉戈尼流控制沉积形貌

(a)示意图；(b)不同条件下得到的图案；图中 W 是液滴润湿基底的宽度，w 是微流宽度，ϕ 是后退接触线与速度方向的夹角，U 是液滴在基底表面的迁移速度

大大降低了喷墨打印图案的精度，限制了其在高性能器件制备方面的应用。针对这个问题，Baiglketiz 课题组[90, 91]设计了一种由阴离子胶体和光敏表面活性剂组成的分散液，通过它可以可逆地调节颗粒和表面活性剂之间的相互作用，从而使沉积形貌可逆地在盘和环之间进行转换(图 3-32)。

由于纳米颗粒易于在喷嘴界面处聚集并进一步堵塞喷嘴，尤其更易于发生于孔径较小的喷嘴，因此采用均质的前驱体溶液作为油墨的反应性喷墨打印[92,93]进一步被人们广泛研究。通过开发前驱体油墨体系，Jabbour 课题组[94]通过连续打印还原剂溶液和金前驱体溶液，直接在所需承印基材上制备了单分散的金纳米颗粒组装体(图 3-33)，该方法制备的金纳米颗粒组装体具有非常高的单分散性且无任何污染排放。

增大液滴黏度可以有效地抑制纳米粒子向液滴边缘迁移。中国科学院化学研究所绿色印刷实验室[95,96]通过增大液滴的黏度，控制液滴内部的外向毛细流动，达到了抑制“咖啡环”的目的。他们在打印油墨中加入丙烯酰胺单体，利用单体聚合生成聚合物增大液滴的黏度，减少粒子向液滴边缘迁移，实现了纳米粒子的均匀沉积及有序组装。他们在油墨中加入单体而不是直接加入聚合物的目的是保持油墨的低黏度性，保证喷墨打印过程中的打印流畅性。

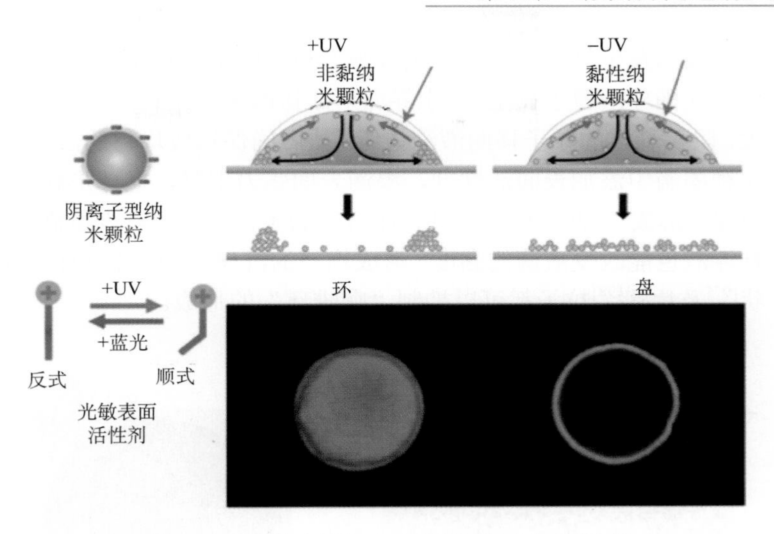

图 3-32　油墨内添加光响应物质控制沉积形貌

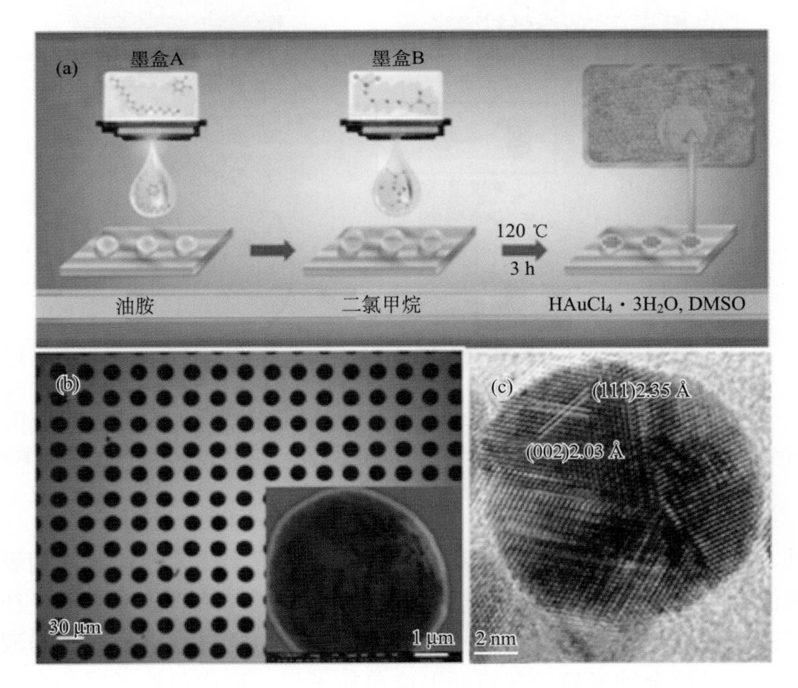

图 3-33　反应性喷墨打印制备金纳米颗粒堆积结构

(a) 制备过程示意图；(b) 制备图案的 SEM 照片；(c) 制备图案的 TEM 照片

改变液滴中颗粒的形状可以增大液滴表面的黏度，也能达到抑制“咖啡环”的目的[97]。与球形粒子不同，当椭球形粒子被外向毛细流动带至空气-水界面后，椭球形粒子使液面发生显著变形，产生较强的粒子间毛细作用力。这种远程的粒子间强吸引力使椭球形粒子在空气-水界面形成松散聚集结构，导致液滴表层的黏度迅速增大，阻止悬浮的粒子移向液滴边缘，从而确保形成均匀的沉积(图 3-34)。但是若在这种墨滴中添加表面活性剂，墨滴表面张力下降，椭球形粒子可以自由流向墨滴边缘，形成“咖啡环”。此外，在合适的条件下，混有少量椭球形粒子的球形粒子悬浮液也能改变液滴的黏度，形成均匀的沉积形貌。除椭球形粒子以外，棒状、丝状[97]及片状[98]粒子都可以抑制“咖啡环”的形成。

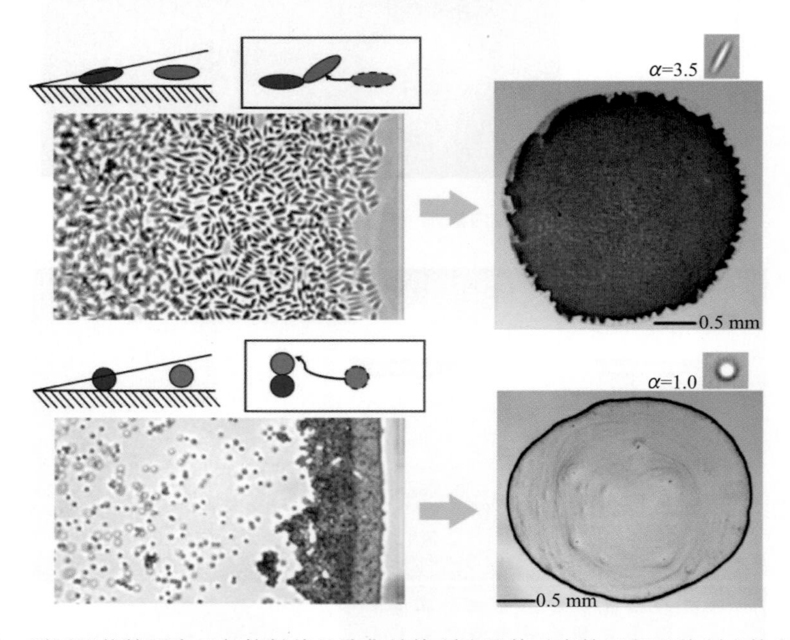

图 3-34 不同形状粒子在三相接触线处聚集结构(左)及其对应的沉积形貌(右)的光学照片

椭球形粒子在液滴表面形成松散聚集结构并最终形成均匀的沉积形貌；而球形粒子在液滴表面形成紧密聚集结构并最终形成“咖啡环”；α 为粒子的长径比

此外，由于蒸发液滴中的粒子在蒸发流的作用下会逐渐迁移至液滴表面，因此液滴表面稳定的单粒子层膜也可以被用来抑制粒子向液滴边缘移动。在金纳米粒子悬浮液中加入十二硫醇，并且控制液滴蒸发动力学过程以及粒子与液面间的毛细作用力，可使金纳米粒子在液面形成单粒子层。形成单粒子层的金纳米粒子被束缚在液滴的表面，无法重新运动至液滴内部，同时也难以向液滴边缘移动，因而有效地抑制了“咖啡环”的形成(图 3-35)[99]。

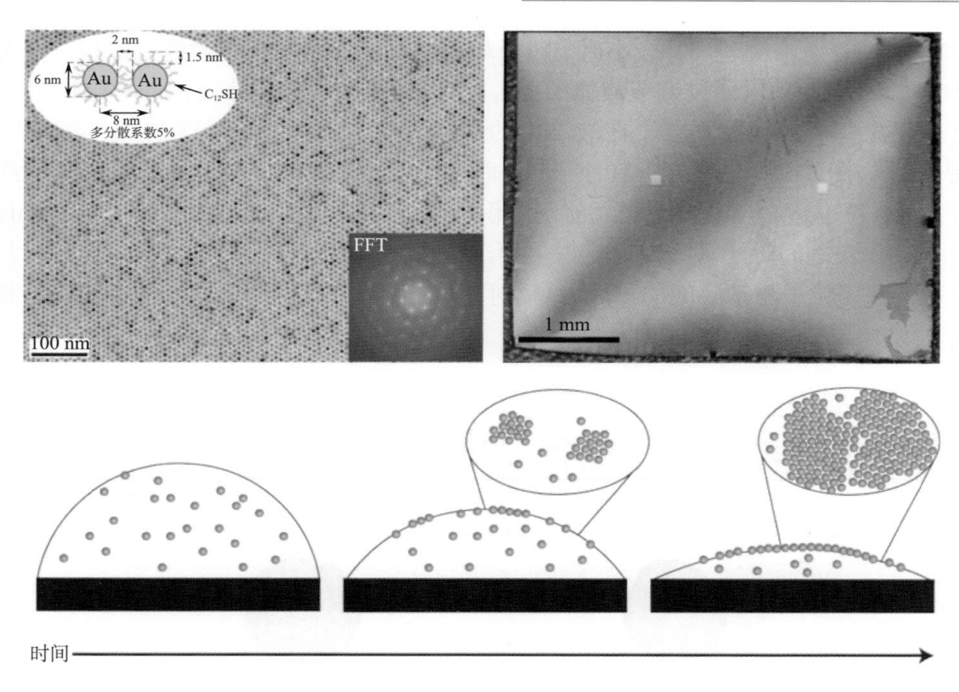

图 3-35　金纳米粒子单层膜(上)和液滴蒸发过程中粒子组装过程示意图(下)

不仅粒子在液面形成的稳定结构可以改变粒子在液滴中的毛细流动方向，粒子与液面或者粒子与基底之间的作用力也可以显著改变粒子在液滴中的毛细流动方向[100,101]。如图 3-36 所示，当粒子尺寸较大时，粒子与液面间的作用力较大，液滴蒸发过程中液面移动改变粒子的运动方向，迫使粒子向液滴中心移动，抑制

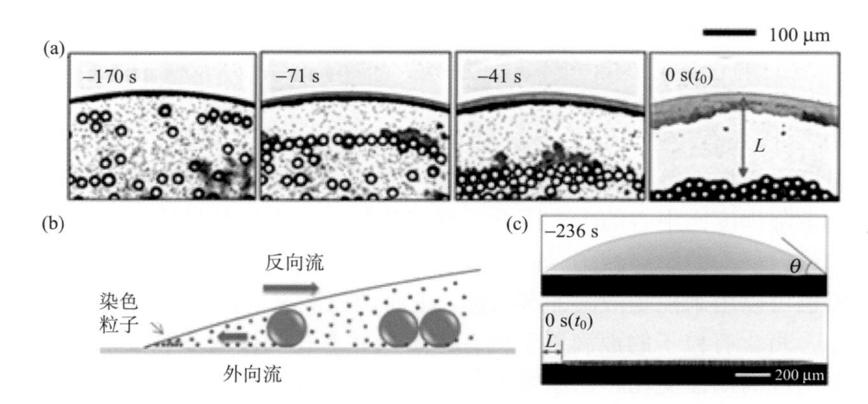

图 3-36　粒子与液面间毛细作用力抑制“咖啡环”效应

(a)俯视光学显微镜照片显示的液滴干燥过程中粒径为 2 μm 和 20 μm 的粒子的运动状况；(b)毛细作用力诱导逆流形成的示意图；(c)蒸发初始及结束时液滴侧面 X 射线显微镜照片

"咖啡环"；而当粒子尺寸较小时，粒子却可以在液滴的三相接触线处沉积，形成"咖啡环"。此外，通过调节液体的 pH，可以调控粒子与基底之间的静电作用力及范德瓦耳斯力，控制粒子在液滴中的运动方向，进而控制粒子的最终沉积形貌[102]。如图 3-37 所示，当 pH 小于 5.8 时，粒子与基底间的吸引力(DLVO 引力)占主导，粒子运动至液滴边缘之前已沉积至基底，粒子沉积形貌相对均匀；当 pH 在 5.8～8.9 之间时，马拉戈尼流占主导，粒子被携带至液滴中心沉积；当 pH 大于 8.9 时，粒子与基底间的排斥力(辐射流)占主导，粒子容易运动至液滴边缘形成"咖啡环"。

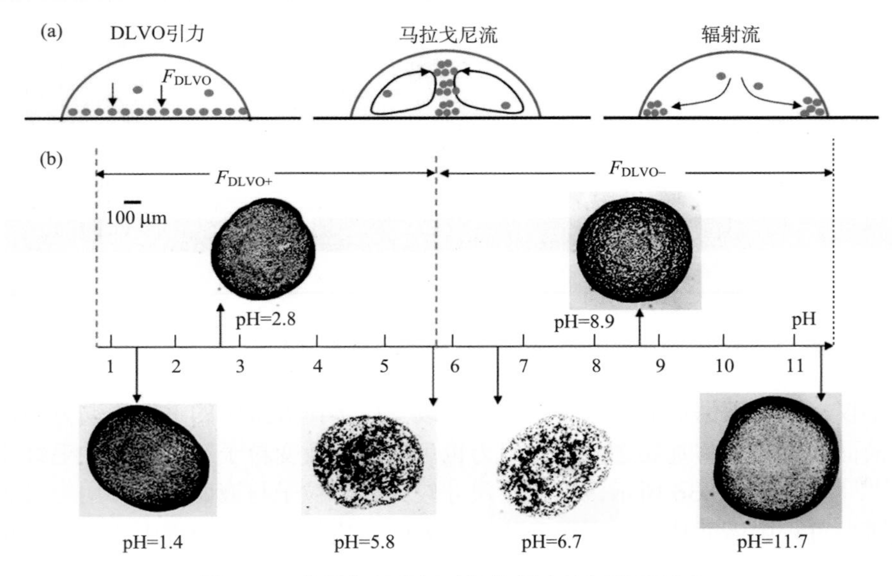

图 3-37　粒子与基底间毛细作用力控制粒子运动

(a) 三种毛细流动机理相互竞争决定沉积形貌；(b) 不同 pH 条件下形成的沉积形貌

除此之外，还有一些其他的方法也可以控制干燥过程中液滴内部的毛细流动。如降低温度、模板法等。降低基底的温度可使整个液滴的蒸发速率下降，但边缘蒸发速率下降程度比中心的大。因此，液滴边缘与中心的蒸发速率差变小了，导致粒子向边缘移动的趋势减弱。研究发现当温度为 17℃时，"咖啡环"现象消失[52]。多孔模板也可以用来控制液滴的蒸发流，进而调控液滴内部的毛细流动[103]。如图 3-38 所示，将含有粒子的液滴置于刻有微米尺寸多孔的模板下蒸发，液滴表面的蒸发速率出现周期性变化。在蒸发流的作用下，液滴中的粒子向微孔处移动而不是向液滴边缘移动。因此，在适当的粒子浓度下可形成均匀的沉积形貌。此外，还在液滴的中心插入一根毛细管并利用其表面的浸润性调控液滴内部的毛细流动，进而控制粒子的沉积形貌。

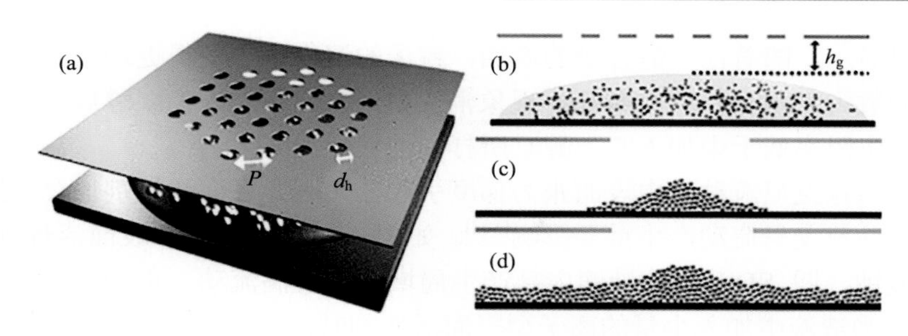

图 3-38　多孔模板调控粒子迁移示意图

2. 增大内向的马拉戈尼流动

研究发现蒸发过程中的液滴表面存在马拉戈尼流动[79]。这是由于干燥过程中液滴中心与液滴边缘的温度差或浓度差引起表面张力梯度，引发了液体从低表面张力处流向高表面张力处，即所谓的马拉戈尼流动。通常情况下，马拉戈尼流动是沿着液滴表面从液滴边缘向中心流动的，与蒸发引起的液滴内部外向毛细流动方向相反，因此增大马拉戈尼流动可以有效控制“咖啡环”效应。改变溶剂组成是常用的方法[104-106]，在液滴中加入高沸点、低表面张力的第二组分溶剂可以增大这一流动，如加入乙二醇(图 3-39)[53]。由于液滴边缘的蒸发速率大于液滴中心，而乙二醇挥发速率较慢，因此随着蒸发过程的进行，液滴边缘乙二醇浓度会逐渐高于液滴中心乙二醇浓度。乙二醇的浓度差进一步降低了液滴边缘的表面张力，使液滴边缘与中心产生了附加的表面张力差，增大了内向的马拉戈尼流动。

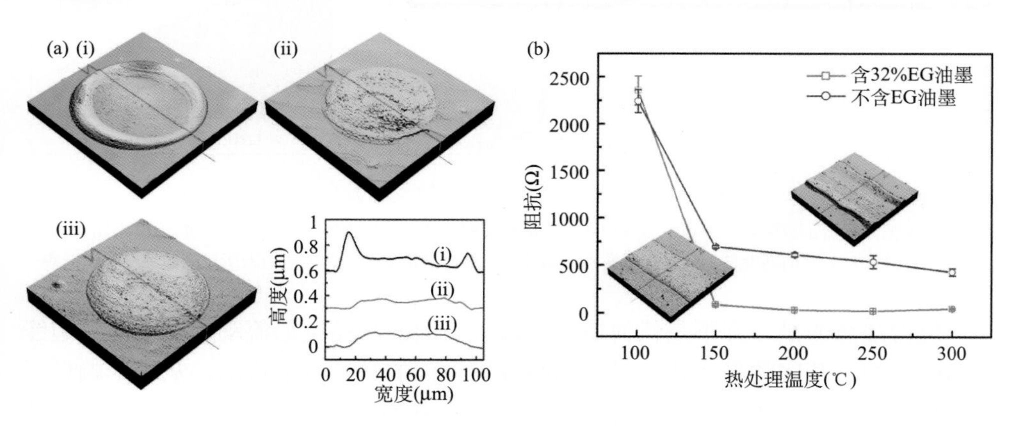

图 3-39　溶剂组成对沉积形貌的影响

(a)不同乙二醇含量的墨滴沉积后的三维共聚焦显微照片，其中乙二醇(EG)质量分数分别为：(i)0%，(ii)16%，(iii)32%；(b)打印导电线的电阻随处理温度的变化关系，所用油墨中乙二醇质量分数分别为 0 和 32%，其中插图为所打印导电线路的三维共聚焦显微照片

实验结果显示，随着乙二醇含量的增加，粒子的沉积形貌变得更均匀。当乙二醇的质量分数为32% 时，“咖啡环”现象消失。同时，当加入乙二醇后，所打印的银导线的电阻率低于未加入乙二醇时所打印的银导线。

由于马拉戈尼流动是由表面张力梯度引起的，因此表面活性剂也会对蒸发液滴内部的马拉戈尼流动产生重要影响[107]。如图3-40所示，加入表面活性剂(十二烷基磺酸钠，即 SDS)可使液滴内部产生局域性的漩涡流动，称为马拉戈尼漩涡流[50,108]。当液滴中加入少量的离子型表面活性剂时，外向的毛细流动将表面活性剂带至液滴边缘并在液-气界面形成一层单分子层膜。液滴边缘的表面张力降低，引发了由液滴边缘流向液滴中心的马拉戈尼回流。该回流与外向毛细流动共同作用，在液滴边缘形成马拉戈尼漩涡层，阻止了液滴中的粒子在边缘沉积。Still 等[50]利用离子型表面活性剂十二烷基硫酸钠调控液滴内部的毛细流动，得到相对均匀的粒子沉积膜。

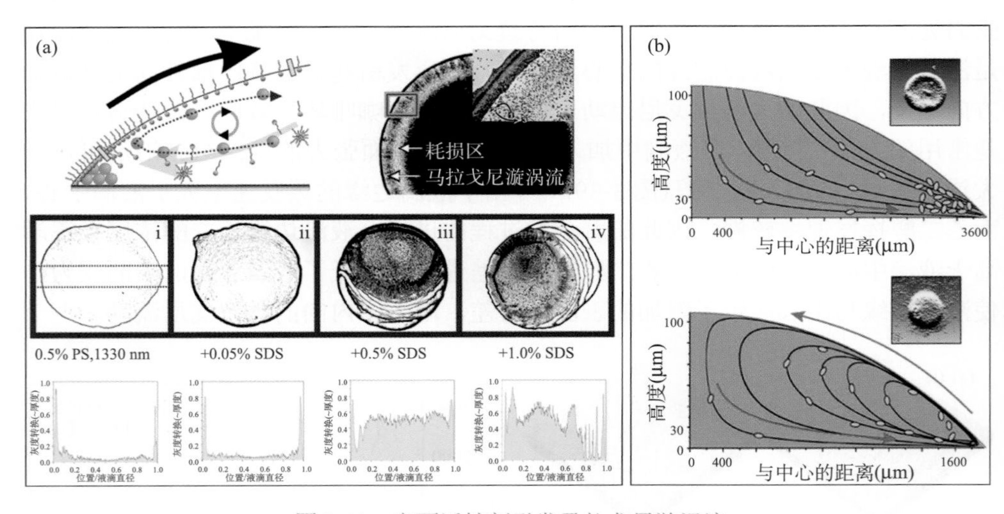

图 3-40 表面活性剂引发马拉戈尼漩涡流

(a)马拉戈尼漩涡流示意图。当液滴中加入少量十二烷基磺酸钠时，“咖啡环”现象得到改善。(b)未加入表面活性剂(上)和加入表面活性剂(下)时，蒸发液滴内部的毛细流动示意图；其中插图为所对应的细胞沉积形貌

值得注意的是，并不是任何情况下液滴表面的马拉戈尼流动都是从液滴边缘流向中心的。基底的导热性会显著影响液滴内部的马拉戈尼流动，从而影响粒子的沉积形貌[109]。当基底的导热系数与溶剂的导热系数比值大于2时，马拉戈尼流动由内向外，而当其比值小于1.45时，马拉戈尼流动由外向内。

3. 控制液滴三相接触线的移动

墨滴在蒸发过程中三相接触线固定在基底表面是形成“咖啡环”的另一必要

条件。通常情况下，基底一般不是理想的光滑表面，而是存在许多物理或化学缺陷。当液滴在基底表面挥发时，其三相接触线往往会因为这些缺陷的存在而固定在基底表面。虽然液滴蒸发初期三相接触线对基底的黏附力较小，但是随着蒸发过程的进行，墨滴中的粒子会逐渐移动至三相接触线处并沉积，进一步地将三相接触线固定在基底上。因此，施加一定的外界作用力使液滴蒸发过程中三相接触线随着液滴体积减小而不断回缩，可使粒子难以在液滴边缘沉积，达到抑制“咖啡环”的目的。

参与墨滴碰撞和沉积过程的承印基材也是影响喷墨打印沉积均匀性和分辨率的至关重要因素。本节将主要讨论承印基材浸润性对喷墨打印分辨率的影响。表面浸润性与表面能及表面的粗糙程度相关，可以通过表观接触角进行表征，通常有亲水性或疏水性[110]两大类。表面浸润性从超亲水变化到超疏水[111]，液滴三相接触线的运动从钉扎变为滑移[图 3-41(a)～(d)]，这导致纳米颗粒的沉积位置从

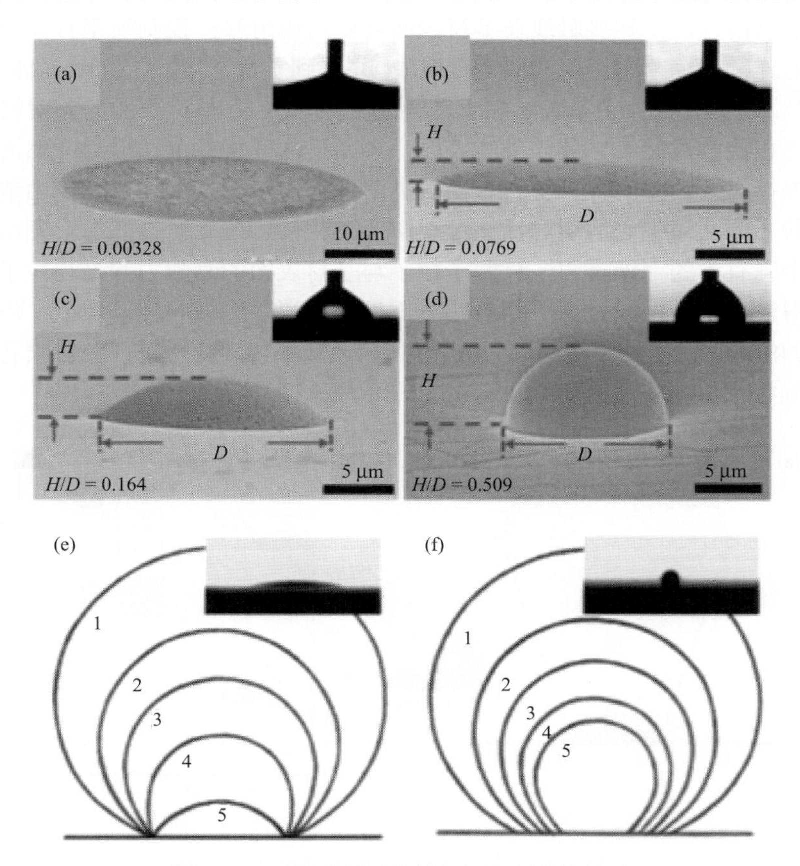

图 3-41　承印基材浸润性与沉积形貌的关系

液滴边缘逐渐转变为液滴中心。然而对于超疏水的承印基材，不同的动态浸润性会导致液滴干燥过程中呈现完全不同的挥发模式[112]。在高黏滞的超疏水表面，液滴的干燥过程遵循类似于平滑亲水基材表面的液滴挥发模式［图 3-41(e)］；而在低黏滞的超疏水表面，墨滴的三相接触线随着溶剂挥发过程的不断进行连续滑移后退，并且墨滴的后退接触角几乎保持不变［图 3-41(f)］。三相接触线运动(钉扎或滑移行为)的差异对墨滴的挥发寿命产生了明显的影响，这造成了不同的组装时间，最终导致形成不同的组装结构[113-115]。

基底形状和三相接触线的曲率会改变液滴边缘的蒸发速度。Deegan 等[47]早在 1997 年就发现，三相接触线的曲率会影响分散粒子的沉积。当三相接触线为外凸形时，三相接触线附近液体蒸发较快，“咖啡环”现象明显，而当三相接触线为内凹形时，三相接触线附近液体蒸发较慢，粒子浓度较小，“咖啡环”现象不明显。中国科学院化学研究所绿色印刷实验室将基底进行修饰，使之具有较大的后退接触角及低黏附性，三相接触线在基材表面可以自由滑移；控制喷墨打印液滴三相接触线的连续回缩，消除了“咖啡环”现象，并得到了紧密堆积的光子晶体半球(图 3-42)[111]。这是由于在具有较小后退接触角的基底上，基材表面的黏附性较高，墨滴的三相接触线始终定扎在基材表面，容易形成环状的沉积形貌；然而在具有较大后退接触角的基底上，基材表面的黏附性低，三相接触线可以自由地回缩，并推动粒子向液滴中心运动。在该过程中，三相接触线处弯液面的形变给粒子提供了一个强有力的毛细推力，克服了粒子与基材表面的黏附力并推动粒子向内运动。值得注意的是，滑移的三相接触线不仅可以消除“咖啡环”现象，还可以减小墨滴的沉积尺寸。利用滑移的三相接触线，他们用普通喷墨打印机(喷孔直径为 25 μm)制备了结构单元直径为 1.6 μm 的打印点阵列。

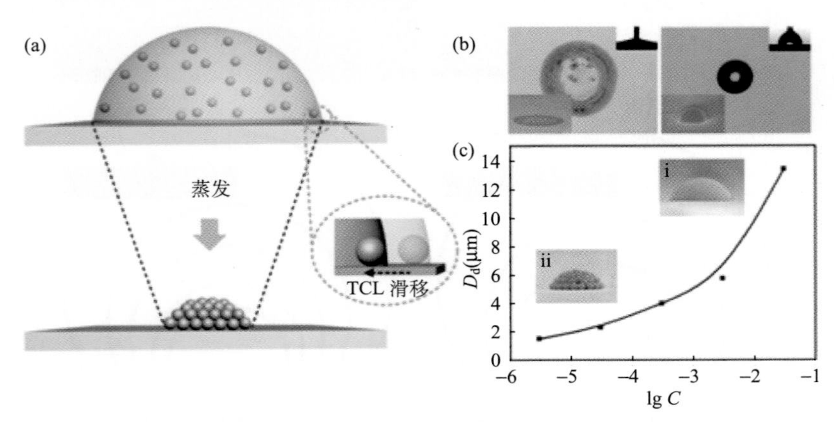

图 3-42 (a)三相接触线滑移消除“咖啡环”现象原理示意图；(b)在不同后退接触角基底上喷墨液滴沉积形貌的光学照片；(c)喷墨打印液滴沉积尺寸与油墨浓度的关系

此外，电浸润法可以有效地控制三相接触线在基材表面的行为，因此也可以用于抑制环状沉积。当在蒸发的液滴上施加交流电压时，一方面可以使液滴蒸发过程中三相接触线在基底上不固定，粒子随着三相接触线的回缩向液滴中心移动；而另一方面交流电压使液滴内部产生了由外向内的毛细流动，使液滴内部的粒子向中心移动。两方面共同作用可使“咖啡环”效应得到有效的控制，最终形成均匀的沉积膜(图 3-43)[116]。

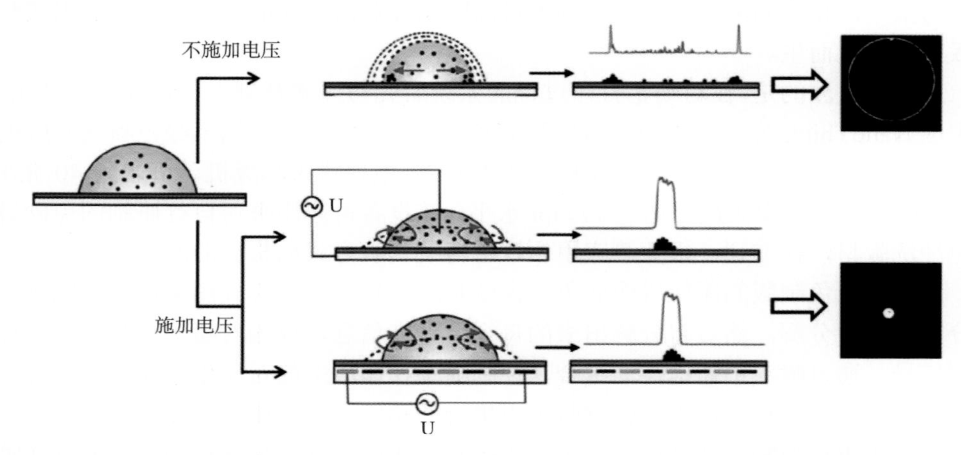

图 3-43　施加电压和不施加电压时液滴蒸发过程示意图。上：不施加电压时液滴蒸发过程中三相接触线固定；中和下：施加电压时液滴蒸发过程中三相接触线移动

3.6　绿色制版系统

作为一种制版工艺，喷墨制版在 20 世纪 70 年代开始出现，1978 年德国 Hoechst 公司在经过粗化和阳极氧化处理的铝基裸版上用喷墨设备打印成像，在对墨层加热 120℃后对印版的空白部分进行亲水化处理，形成印刷用印版。由于当时打印机分辨率较低，印版难以满足印刷的需求，喷墨制版并未在生产中得到应用。

从绿色纳米制版的图像成像原理可知，墨点是否能够精确地表现图文信息中的像素点，是影响绿色纳米制版效果的关键，每个呈现在印版上的墨点代表了相应像素点大小、位置等信息，并且每个墨点都与唯一的像素点一一对应，所以墨点喷射控制可分为墨点位置控制和墨点形态控制两部分。

随着喷墨技术的发展，高精度喷墨逐渐成为可能，德鲁巴 2008 年印刷展会上，喷墨制版成为众人关注的焦点。丹麦 Glunz & Jensen 公司发布了新一代喷墨制版产品——PlateWriter 2000，这是一款专为中小型印刷厂设计的产品，其制版速度仅为 6 张/h。美国 Jetplate System 公司也推出了在 Epson Stylus Color 3000 喷墨打印机的基础上研制而成的 iSetter 系列产品，其版材定位精度为±0.05 mm，每小时制版 15 张，应用普通 PS 版，需经晒版显影后才能上机印刷。与此同时，国内的一些厂商也陆续推出了喷墨制版技术，但大多沿用 Epson 喷墨打印机成像，成像速度和重复精度与激光 CTP 存在较大差异。

近两年，随着纳米版材及油墨开发的逐渐成熟、纳米绿色制版技术在国内的大力推广，相应的配套制版设备成为目前印刷行业内关注的焦点，纳米喷墨式制版系统应运而生。

值得关注的是，在对喷墨打印过程的系统研究与探索基础上，自 2009 年开始，中国 NanoThink 公司立足纳米油墨和纳米版材技术，开始了纳米绿色喷墨制版的研发工作，到目前为止，该公司推出的 NT220 系列喷墨制版机已可达到 40 张/h 的制版速度，成像质量已达到 175 lpi 水平，该设备可应用公司自行研制的免砂目免冲洗版材，在书刊、报业等应用领域给传统制版方式以极大的冲击。

纳米绿色制版的图像成像简单来说就是通过软件将点阵式图文信息按照规定分辨率进行分解，然后将分解出来的每个像素点信息转换为对喷头控制的特定控制信号，通过喷头不断地运动组合，控制喷头在印版上的对应坐标喷出代表每个像素点信息的墨点，最终包含这些墨点集合的印版成为印刷的母版。

喷头墨点控制，就是用一套电路来控制喷头的喷嘴，使其按照一定的规律喷点。喷头就像多管火箭炮一样，一个喷头包含多个按照一定规律排列的喷嘴，喷嘴喷射一个墨点就好像火箭炮发射一发炮弹，所以，在英文里面喷点一次叫“fire”，在中文印刷术语里喷嘴喷射一次叫“点火”。

使用喷头喷出图像，必须合理地选择喷嘴点火，那选择哪些喷嘴点火呢？这是上位机软件根据待喷印的图像生成的点阵数据来决定的。点阵数据是由“0”和“1”组成的数据文件，可以看成是喷头的“弹药库”，“0”是空心弹，“1”是实心弹。打印控制系统主要完成三个工作：数据传输(弹药运输)、数据加载(填充弹药)、在指定位置“点火”。

纳米绿色喷墨制版系统的核心技术就是高精度宽幅面喷墨打印技术，目前在宽幅面喷墨打印领域占主导地位的是以日本精工爱普生公司为首的国际产业巨头，包括罗兰、武藤等知名企业，它们控制了喷墨打印的关键技术、产品制造和销售。通常，宽幅面喷墨打印机的精度和速度，主要取决于打印头的制造工艺和集成水平。目前，宽幅面喷墨打印的发展趋势是向更高精度和更快速度发展，同时，兼顾更宽幅面的应用。因此，各厂商都在不断推出高质量、高速度的产品，从几年前 360 dpi 的简单室外喷绘应用到今天爱普生公司推出的 2880 dpi 的高级照片级应用，喷头的集成度也从单色几十个喷嘴发展到今天的几百个喷嘴。

NanoThink 公司在高速、高精度宽幅制版领域做了大量的探索工作，NT100

纳米绿色制版技术的制版油墨采用了环保的水性体系，制版设备采用双打印头集成联动技术，通过软件补偿及单向打印模式等创新设计，并采用高精度的伺服驱动元件及检测元件，完成多打印头高精度拼接工作，提高了多色套准精度及重复定位精度，此设备的打印速度为 30～35 张/h，套印及重复定位精准到±1 μm。版材表面的纳微米尺度效应也使制版精度达到了 175 线。

目前的纳米绿色制版技术又有了新的突破，主要是应用了更加绿色环保的基底，以及大大提高了制版速度。在 NT1002 的基础上(图 3-44)，NanoThink 公司在 2011 年正式推出 NT200 系列喷墨计算机直接制版系统。它是 NanoThink 公司自行研制的第一款真正意义上的喷墨制版系统大幅面制版平台，该平台具备了完善的上版、下版功能，对开版制版速度 15 张/h，可实现 150 线质量输出。

图 3-44　第二代纳米绿色制版技术的耗材 NT1002

对制版设备，在保持较高分辨率及套印精度的同时，应大力提高输出速度。通过打印模块集成技术及软件补偿等创新技术使制版设备的速度达到 60～100 张版/h，可以达到目前 CTP 的制版速度，满足报业的制版需求，进一步打开了市场。2011 年 11 月 14 日，NT200 型纳米绿色制版设备成功亮相第四届中国国际全印展(图 3-45)，并得到国内外各相关企业和经销商的高度重视。

图 3-45　纳米制版设备亮相第四届中国国际全印展

未来，纳米绿色制版技术将朝着个性化、多元化、立体化、器件化的方向发展。

所谓“个性化”，即在当前纳米绿色制版技术的基础上利用数据的网络传输，按照用户需求，进一步实现远程个性制版和从 1 册到 100 万册的按需印刷。

所谓“多元化”，就是追求基底材质和制版技术的多样化，实现从普通印刷到特殊有价证券及纸币等不同特性材料的纳米材料绿色制版印刷，实现在胶版纸、铜版纸、塑料、布匹、陶瓷、木材、铝箔、钢铁及石材等不同材质物体表面的纳米材料绿色制版印刷，更要实现在不同形状物体(如规则的包装箱及不规则的酒瓶等)表面的纳米材料绿色制版印刷。

所谓“立体化”，就是不但要注重一维的点线，也要注重二维的平面，以后更要注重三维的立体构型。例如，纳米材料绿色制版技术完全可以和现在比较热门的 3D 打印制版技术充分结合，从而带来一种全新的生产方式。小至几十纳米的文字，大至飞行的飞机，甚至生物活性器官，都可以利用这种生产方式实现制作。

所谓“器件化”，就是将纳米材料绿色制版技术的概念从原来的纸质产品拓展到电子产品、网络等。例如，利用纳米材料绿色制版技术将纳米银浆打印在不同的材质上可以印刷各种天线、手机触摸屏、无线射频识别(RFID)电路等。

3.7 小　　结

作为对传统印刷技术的革新，纳米材料绿色制版技术迅速引起大家的关注。基于喷墨打印技术的纳米材料绿色制版技术是纳米材料科学、表面/界面科学、流体动力学等诸多学科交叉的新兴领域。在纳米材料绿色制版技术的发展与完善历程中，纳米材料科学的发展起到了至关重要的作用。纳米材料科学的发展为我们带来了大量结构与功能新奇的新材料。如何运用这些新材料是印刷行业发展面临的重大机遇。将纳米材料制成各种各样的油墨，采用传统的印刷技术生产全新的产品为印刷行业的再发展指明了新的方向。可以说，纳米材料科学的发展激活了印刷新发展。

面对不断涌现的纳米新材料，如何将其与印刷技术完美结合，是印刷技术能否实现再发展的关键。基于喷墨打印的纳米材料绿色制版技术，围绕制版过程中纳米材料与表面/界面科学问题进行系统的探索与研究，解决了大量关键科学技术问题，如墨滴聚并、墨滴分配、图案与形貌控制等。这些问题的解决推动了绿色制版技术的发展与完善。

事物的发展总是螺旋上升的过程，一个问题的解决总会引出另外的问题。只有不断解决一个又一个科学问题，我们才能不断推动事物的前进与发展。纳米材料绿色制版技术的发展也是如此。得益于全世界科学家们的共同努力，我们对喷墨打印过程的很多科学问题有了深入的了解。但是也要看到，目前的研究只是涉及比较简单的体系，如纯溶剂或简单的两相体系。对于更为复杂的三相或多相体系，由于它们并不是简单地遵循“1+1=2”这一规律，因此需要科研人员以更大的智慧与毅力去研究解决。

参考文献

[1] Wijshoff H T. Phys Rep, 2010, 491: 77-177.
[2] Bhat P P, Appathurai S, Harris M T, et al. Nature Phys, 2010, 6: 625-631.
[3] Lange F F, Clarke D R. J Am Ceram Soc, 1982, 65: 502-506.
[4] Rodel J, Glaeser A M. J Am Ceram Soc, 1990, 73: 592-601.
[5] Srolovitz D J, Safran S A. J Appl Phys, 1986, 60: 247-254.
[6] Chen P H, Chen W C, Ding P P, et al. Int J Heat Fluid, 1998, 19: 382-390.
[7] Sen A K, Darabi J. J Micromech Microeng, 2007, 17: 1420-1427.
[8] Singh A K, Mishra P K, Pandey D, et al. Appl Phys Lett, 2008, 92: 132910.
[9] Taylor G. P Roy Soc A-Math Phy, 1964, 280, 383-397.
[10] Zeleny J. Proc Camb Philos Soc, 1916, 18: 71-83.
[11] Wilson C T R, Taylor G I. Proc Camb Philos Soc, 1925, 22: 728-730.
[12] Cloupeau M, Prunetfoch B. J Aerosol Sci, 1994, 25: 1021-1036.
[13] Park J U, Hardy M, Kang S J, et al. Nat Mater, 2007, 6: 782-789.
[14] Galliker P, Schneider J, Eghlidi H, et al. Nat Commun, 2012, 3: 890.
[15] Ferraro P, Coppola S, Grilli S, et al. Nat Nanotechnol, 2010, 5: 429-435.
[16] Onses M S, Sutanto E, Ferreira P M, et al. Small, 2015, 11: 4237-4266.
[17] Min S Y, Kim T S, Kim B J, et al. Nat Commun, 2013, 4: 1773.
[18] Jayasinghe S N, Qureshi A N, Eagles P A M. Small, 2006, 2: 216-219.
[19] Park J U, Lee J H, Paik U, et al. Nano Lett, 2008, 8: 4210-4216.
[20] Sadie J A, Subramanian V. Adv Funct Mater, 2014, 24: 6834-6842.
[21] An B W, Kim K, Lee H, et al. Adv Mater, 2015, 27: 4322-4328.
[22] An B W, Kim K, Kim M, et al. Small, 2015, 11: 2263-2268.
[23] Chen J L, Leblanc V, Kang S H, et al. Adv Funct Mater, 2007, 17: 2722-2727.
[24] Verkouteren R M, Verkouteren J R. Langmuir, 2011, 27: 9644-9653.
[25] Mikolajek M, Friederich A, Kohler C, et al. Adv Eng Mater, 2015, 17: 1294-1301.
[26] Diaz E, Ramon E, Carrabina J. Langmuir, 2013, 29: 12608-12614.
[27] Liu M J, He M, Song Y L, et al. ACS Appl Mater Interfaces, 2014, 6: 13344-13348.
[28] Choi I H, Kim H, Lee S, et al. Biomicrofluidics, 2015, 9: 064102.
[29] Dong Z C, Ma J, Jiang L. ACS Nano, 2013, 7: 10371-10379.
[30] Wu L, Jiang L, Song Y L, et al. Small, 2015, 11: 4837-4843.
[31] Ristenpart W D, McCalla P M, Roy R V, et al. Phys Rev Lett, 2006, 97: 064501.
[32] Madejski J. Int J Heat Mass Trans, 1976, 19: 1009-1013.
[33] Aarts D, Lekkerkerker H N W, Guo H, et al. Phys Rev Lett, 2005, 95: 164503.

[34] Narhe R D, Beysens D A, Pomeau Y. Europhys Lett, 2008, 81: 46002.
[35] Andrieu C, Beysens D A, Nikolayev V S, et al. J Fluid Mech, 2002, 453: 427-438.
[36] Narhe R, Beysens D, Nikolayev V S. Langmuir, 2004, 20: 1213-1221.
[37] Beysens D A, Narhe R D. J Phys Chem B, 2006, 110: 22133-22135.
[38] Riegler H, Lazar P. Langmuir, 2008, 24: 6395-6398.
[39] Karpitschka S, Riegler H. Langmuir, 2010, 26: 11823-11829.
[40] Borcia R, Bestehorn M. Eur Phys J E, 2011, 34: 81.
[41] Karpitschka S, Riegler H. Phys Rev Lett, 2012, 109: 066103.
[42] Sele C W, von Werne T, Friend R H, et al. Adv Mater, 2005, 17: 997-1001.
[43] Hoth C N, Choulis S A, Schilinsky P, et al. Adv Mater, 2007, 19: 3973-3978.
[44] Rogers J A, Bao Z. J Polym Sci Pol Chem, 2002, 40: 3327-3334.
[45] Lee H H, Chou K S, Huang K C, Nanotechnology, 2005, 16: 2436-2441.
[46] Denkov N D, Velev O D, Kralchevsky P A, et al. Nature, 1993, 361: 26.
[47] Deegan R D, Bakajin O, Dupont T F, et al. Nature, 1997, 389: 827-829.
[48] Pawar A B, Caggioni M, Ergun R, et al. Soft Matter, 2011, 7: 7710-7716.
[49] Yang X, Chhasatia V H, Shah J, et al. Soft Matter, 2012, 8: 9205-9213.
[50] Still T, Yunker P J, Yodh A G. Langmuir, 2012, 28: 4984-4988.
[51] Kim D, Jeong S, Park B K, et al. Appl Phys Lett, 2006, 89: 264101.
[52] Soltman D, Subramanian V. Langmuir, 2008, 24: 2224-2231.
[53] Park J, Moon J. Langmuir, 2006, 22: 3506-3513.
[54] Dou R, Wang T, Guo Y, et al. J Am Ceram Soc, 2011, 94: 3787-3792.
[55] Oh Y, Yoon H G, Lee S N, et al. J Electrochem Soc, 2012, 159: B35-B39.
[56] Nishimoto S, Kubo A, Nohara K, et al. Appl Surf Sci, 2009, 255: 6221-6225.
[57] Tian D L, Song Y L, Jiang L. Chem Soc Rev, 2013, 42: 5184-5209.
[58] Calvert P. Chem Mater, 2001, 13: 3299-3305.
[59] Perelaer J, de Gans B J, Schubert U S. Adv Mater, 2006, 18: 2101-2105.
[60] Wu J T, Hsu S L C, Tsai M H, et al. J Phys Chem C, 2011, 115: 10940-10945.
[61] Ridley B A, Nivi B, Jacobson J M. Science, 1999, 286: 746-749.
[62] Sirringhaus H, Kawase T, Friend R H, et al. Science, 2000, 290: 2123-2126.
[63] Cui L Y, Song Y L, Jiang L. J Mater Chem, 2009, 19: 5499-5502.
[64] Schirmer N C, Strohle S, Tiwari M K, et al. Adv Funct Mater, 2011, 21: 388-395.
[65] Deegan R D, Bakajin O, Dupont T F, et al. Phys Rev E, 2000, 62: 756-765.
[66] Zhang Z L, Zhang X Y, Song Y L, et al. Adv Mater, 2013, 25: 6714-6718.
[67] van den Berg A M J, de Laat A W M, Smith P J, et al. J Mater Chem, 2007, 17: 677-683.
[68] Zhang L, Liu H T, Liu Y Q, et al. Adv Mater, 2012, 24: 436-440.
[69] Park J, Moon J, Shin H, et al. J Colloid Interface Sci, 2006, 298: 713-719.
[70] Sun K, Wei T S, Ahn B Y, et al. Adv Mater, 2013, 25: 4539-4543.
[71] Gosalia D N, Diamond S L. Proc Natl Acad Sci USA, 2003, 100: 8721-8726.
[72] Calvert P. Science, 2007, 318: 208-209.

[73] MacBeath G, Schreiber S L. Science, 2000, 289: 1760-1763.
[74] Fukuda K, Sekine T, Kumaki D, et al. ACS Appl Mater Interfaces, 2013, 5: 3916-3920.
[75] Onses M S, Song C, Williamson L, et al. Nat Nanotechnol, 2013, 8: 667-675.
[76] Lee K H, Kim S M, Jeong H, et al. Soft Matter, 2012, 8: 465-471.
[77] Adachi E, Dimitrov A S, Nagayama K. Langmuir, 1995, 11: 1057-1060.
[78] Shmuylovich L, Shen A Q, Stone H A. Langmuir, 2002, 18: 3441-3445.
[79] Hu H, Larson R G. J Phys Chem B, 2006, 110: 7090-7094.
[80] Shen X Y, Ho C M, Wong T S. J Phys Chem B, 2010, 114: 5269-5274.
[81] Tekin E, Holder E, Kozodaev D, et al. Adv Funct Mater, 2007, 17: 277-284.
[82] Konvalina G, Leshansky A, Haick H. Adv Funct Mater, 2015, 25: 2411-2419.
[83] Jeong S, Song H C, Lee W W, et al. Langmuir, 2011, 27: 3144-3149.
[84] Ding T, Zhao Q B, Smoukov S K, et al. Adv Opt Mater, 2014, 2: 1098-1104.
[85] Leeds J D, Fourkas J T, Wang Y H. Small, 2013, 9: 241-247.
[86] Kordas K, Mustonen T, Toth G, et al. Small, 2006, 2: 1021-1025.
[87] Wang J X, Song Y L, Jiang L, et al. Accounts Chem Res, 2011, 44: 405-415.
[88] Anto B T, Sivaramakrishnan S, Chua L L, et al. Adv Funct Mater, 2010, 20: 296-303.
[89] Butovsky E, Perelshtein I, Nissan I, et al. Adv Funct Mater, 2013, 23: 5794-5799.
[90] Anyfantakis M, Baigl D. Angew Chem Int Edit, 2014, 53: 14077-14081.
[91] Varanakkottu S N, Anyfantakis M, Morel M, et al. Nano Lett, 2016, 16: 644-650.
[92] Hiraoka M, Hasegawa T, Yamada T, et al. Adv Mater, 2007, 19: 3248-3251.
[93] Janoschka T, Teichler A, Haupler B, et al. Adv Energy Mater, 2013, 3: 1025-1028.
[94] Abulikemu M, Da'as E H, Haverinen H, et al. Angew Chem Int Edit, 2014, 53(2): 420-423.
[95] Wang L B, Jiang L, Song Y L, et al. J Mater Chem, 2012, 22: 21405-21411.
[96] Cui L Y, Zhang J H, Zhang X M, et al. ACS Appl Mater Interfaces, 2012, 4: 2775-2780.
[97] Yunker P J, Still T, Lohr M A, et al. Nature, 2011, 476: 308-311.
[98] Hodges C S, Ding Y L, Biggs S. J Colloid Interface Sci, 2010, 352: 99-106.
[99] Bigioni T P, Lin X M, Nguyen T T, et al. Nat Mater, 2006, 5: 265-270.
[100] Weon B M, Je J H. Phys Rev E, 2010, 82: 015305.
[101] Jung J Y, Kim Y W, Yoo J Y. Anal Chem, 2009, 81: 8256-8259.
[102] Bhardwaj R, Fang X H, Somasundaran P, et al. Langmuir, 2010, 26: 7833-7842.
[103] Harris D J, Hu H, Conrad J C, et al. Phys Rev Lett, 2007, 98: 148301.
[104] Denneulin A, Bras J, Carcone F, et al. Carbon, 2011, 49: 2603-2614.
[105] Tekin E, de Gans B J, Schubert U S. J Mater Chem, 2004, 14: 2627-2632.
[106] de Gans B J, Schubert U S. Langmuir, 2004, 20: 7789-7793.
[107] Hu H, Larson R G. Langmuir, 2005, 21: 3972-3980.
[108] Sempels W, de Dier R, Mizuno H, et al. Nat Commun, 2013, 4: 1757.
[109] Ristenpart W D, Kim P G, Domingues C, et al. Phys Rev Lett, 2007, 99: 234502.
[110] Yao X, Song Y L, Jiang L. Adv Mater, 2011, 23: 719-734.
[111] Kuang M X, Jiang L, Song Y L, et al. Adv Opt Mater, 2014, 2: 34-38.

[112] Kulinich S A, Farzaneh M. Appl Surf Sci, 2009, 255: 4056-4060.
[113] Dicuangco M, Dash S, Weibel J A, et al. Appl Phys Lett, 2014, 104: 201604.
[114] Rastogi V, Melle S, Calderon O G, et al. Adv Mater, 2008, 20: 4263-4268.
[115] Rastogi V, Garcia A A, Marquez M, et al. Macromol Rapid Commun, 2010, 31: 190-195.
[116] Eral H B, Augustine D M, Duits M H G, et al. Soft Matter, 2011, 7: 4954-4958.

第4章

纳米材料绿色油墨

油墨是连接设备与印刷品的纽带。油墨的着色度、稳定性、喷射性能等对连续生产及印刷品质均会产生极大的影响[1]。

印刷油墨是由颜料、连接料、填料、助剂等组分均匀分散混合而成的浆状胶体。油墨的种类很多，物理性质各异，颜料赋予印刷品丰富多彩的色调；连接料作为颜料的载体和黏合剂，使颜料固着在承印物表面上；填料使油墨具有印刷过程中所需要的印刷适性；助剂能够改善油墨本身的性能。目前油墨主要向绿色化和高功能化方向发展。

纳米材料是新兴的高科技产品，近年来得到了快速发展，已经开始向各个领域渗透，并成功获得了很多高性能及特殊性能的应用材料，这在材料发展史上是一个新的里程碑。基于纳米材料的多种特性，将它运用到油墨体系中会对油墨产业产生巨大的推动作用。作为印刷领域中的重要物质，油墨中加入纳米粒子会使油墨具有特殊的功能和性能。

有些物质在纳米级时，粒径不同则颜色也不同，或不同物质有不同颜色，例如，TiO_2、SiO_2的纳米粒子是白色的，Cr_2O_3是绿色的，Fe_2O_3是褐色的。以这些纳米粒子作为油墨的颜料，使油墨不再依赖于有机颜料，而是由适当体积的纳米粒子来呈现不同的颜色，这在颜料上给油墨制造业带来一个巨大的变革。1994 年，美国 XMX 公司申请并获得了一项制备用于生产印刷油墨的、颗粒均匀的纳米粒子专利。该专利技术提出了一种全新概念的油墨颜色配比与生产技术。其不再采用传统的颜料配色而是选择适当体积的纳米粒子来得到各种不同的颜色。目前，XMX 公司正准备设计制造一套商业化的生产系统，来配制生产各种色彩的油墨。此外，应用纳米技术生产的油墨还具有更好的表面平滑效果、更强的吸附能力和更高的表面强度。这些都是由纳米材料所具有的特性决定的。

在产品的制造过程中加入 3%～5%比例的纳米颜料，即能改善油墨遮盖率、饱和度、耐旋光性、耐水性等性能。若将铜、镍等材料制成 0.1～1 μm 的超微颗粒，它们可以代替钯与银等金属导电，因此将纳米技术与防伪技术结合，将会开辟出防伪油墨的广阔天地。

在纳米油墨中，纳米粒子是最重要的组成部分。它可以是有机的、无机的，可以是金属的、非金属的或者它们的氧化物，人们可以根据用途加入相应的纳米材料。

如今，纳米技术已广泛应用于材料加工的各个领域。材料的物理化学性能取决于其组成和结构，而纳米技术正是在原子和分子的层面上改变材料的组成和结构，从而优化材料的性能。纳米技术的快速发展给日新月异的印刷和包装技术注入了新的活力。面对油墨制造技术相对落后的现状，纳米技术既是一个挑战，更是一个机遇。通过纳米技术，我们可以开发出纳米油墨系统。进入纳米技术领域后，把微米级的各种不同类型的添加剂制成纳米级的产品，就会使传统的油墨产品更新换代；同时纳米技术产业将通过纳米颜料和添加剂的制作应用到整个包装印刷产业中。

纳米油墨和普通油墨虽然都用于产品的印刷，但是前者主要侧重于特种功能方面的应用，后者则用于单色或彩色印刷物的印刷。本章从纳米材料的特性出发，探讨纳米技术在油墨颜料和添加剂中的运用。

4.1 纳米油墨的组成

纳米油墨是将纳米粒子添加到油墨中，或者将制造油墨的原材料制成纳米级大小的粒子，再经混合分散研磨而成。

与普通油墨相似，纳米油墨主要由连接料、颜料、填料、助剂等组分构成。连接料是纳米油墨的流体部分，能使颜料在分散设备上轧细、分散均匀，在承印物上附着牢固，而且使油墨具有必要的光泽、干燥性能和印刷转移性能。颜料在纳米油墨中为油墨提供颜色和各种耐久性，对油墨的流变性能也有较大的影响。助剂是纳米油墨制造及印刷使用中，为改善油墨本身性能而附加的一些材料。纳米油墨的助剂种类较多，主要有偶联剂、中和剂、溶剂、增稠剂、防沉降剂、防霉剂、润湿剂、分散剂及消泡剂等。

纳米技术与印刷油墨结合，创造出了粒径小、细度高的油墨。而油墨的颗粒越细，颜料颗粒与连接料接触面就越大，印刷的性能也就越好、越稳定，其网点也越显得清晰饱满。纳米油墨的色彩较为饱和、艳丽，此外，纳米油墨具有耐水、耐磨、穿透性佳等优点，因此不仅保留了传统油墨的优点，还结合了纳米技术的优势。

普通纳米粒子表面活性大，表面能高，在油墨体系中很容易发生团聚现象，一旦粒子间出现了团聚现象，用一般方法很难将它们再分散开。因此，纳米油墨用的纳米粒子要求都具有很好的分散性与窄的尺寸分布，这也是纳米油墨稳定与否的技术关键。

4.2　纳米油墨的特点

1）颜料分散性提高和油墨印刷适性增强

普通油墨制备过程中通常需要加入表面活性剂来改善油墨的润湿性，由于纳米粒子具有很好的表面湿润性，它们吸附于油墨中的颜料颗粒表面，能大大改善颜料的亲油性和可润湿性，并能保证整个油墨分散系的稳定。所以添加有纳米粒子的纳米油墨，其印刷适性得以提高。采用新技术可以将油墨中的颜料制成纳米级，这样，由于它们的高度微细而具有很好的流动与润滑性，可以达到更好的分散悬浮性和稳定性。纳米颜料用量少，光泽好，树脂粒径细腻，成膜连续，均匀光滑，膜层薄，印刷图像清晰。

2）油墨细度高

油墨的细度是衡量油墨质量的一个重要指标。高细度油墨着色力强、光泽度好、高光部分完整且整个印品清晰饱满；低细度油墨则会引起很多印刷故障，如在平版印刷中会引起毁版、堆墨、糊版等，溶剂型油墨就会引起毁版、油墨沉降等问题。一般来说，印刷网线越高，对油墨的细度要求就越高。由于纳米油墨中的固体颗粒是由纳米级微粒构成，其流动性和润湿性较普通油墨大大增加，各种粒子能够均匀分散悬浮，带来极高的油墨细度，在极大程度上避免了普通油墨的固有缺陷。

3）节省印版

在印刷过程中，印版会与油墨直接接触，通常印版是由强度不高的多层金属板构成。如果印刷油墨的颗粒粗大，在印刷滚筒的作用下，摩擦系数会很大。在此种条件下，印刷过程极易造成印版的磨损和破坏。高细度的纳米油墨能够提高印版的耐印力，颗粒微小且均匀的纳米油墨能够减少版材磨损的发生。

4）油墨特性多样化

在油墨中添加的纳米粒子可以是金属粒子及其氧化物粒子，也可以是非金属粒子；既可以是有机粒子，也可以是无机粒子。油墨中所添粒子不同，制成油墨的特性也就不同。例如，金属纳米粒子对光波的吸收不同于一般材料，它可以将各种波长的光线全部吸收而使自身呈现黑色，同时对光还有散射作用，因此添加了金属纳米粒子的油墨就具有较高的色纯度和色密度。添加具有导电性的粒子可以屏蔽静电，制成抗静电油墨。添加具有较好流动性的粒子，可以提高油墨层的耐磨性。

5）油墨着色力提高

油墨着色力是指某种颗粒与其他颜料混合后对混合颜料颜色的影响能力。它主要受颜料本身的性质和颜料颗粒大小的影响。当颜料颗粒进入纳米级别时，颜料对光线的吸收就会发生相应的变化，从而促使纳米颜料油墨比普通油墨的着色力提高很多。

6）油墨遮盖力提高

油墨遮盖力是指颜料遮盖底色的能力。油墨是否具有遮盖能力，取决于颜料折射率与连接料折射率之比。它受颜料分散度和颜料与连接料折射率差值的影响。当颜料粒径达到纳米级别后，由于小尺寸效应，颜料对光的折射有特殊影响，从而导致纳米颜料油墨比普通油墨有更高的遮盖能力。

在颜料纳米化的实际验证上，纳米颜料外观颜色远比次微米的颜料更为深黑，其主要原因是颜料的粒子大，光线透过时会被打散，次光线散射出来的多，少部分光能透过去。纳米颜料粒子粒径小，光散射弱，光谱吸收面积变小，光的反射率小于 1%，因此颜色就明显较次微米颜料深。

7）油墨耐光性和抗老化性能提高

普通油墨一般选用有机颜料。有机颜料的生色团（即物质受光照而显示颜色）是具有共轭结构的官能团，在氧化环境或紫外光照射下容易被氧化而失去颜色。因此，这类有机颜料虽然色彩鲜艳、着色力强，但抗老化性能差。若油墨中加入适量的纳米二氧化钛粒子，则可以吸收部分吸收、反射和散射紫外线，而不影响可见光透过，从而阻止生色团被破坏，提高颜料的抗老化性。

8）油墨再现色域增大

纳米粒子一方面由于存在显著的量子尺寸效应和表面效应，其吸收光谱发生红移或蓝移；另一方面有些纳米粒子自身具有发光基团，可以自己发光。由于以上两个因素，纳米颜料油墨的再现色域增大，因此使用纳米油墨的印品层次会更加丰富，阶调会更加鲜明，表现图像细节的能力也大大增强（图 4-1）。

在紫外光（UV）固化油墨中，材料的纳米化可能导致更快的固化速度，同时由于填料细微均匀分散，墨膜的收缩起皱现象被消除。在玻璃陶瓷的印墨中，若无机原料为纳米级的细度，将会节省大量的原料并印出更精美的高质量图像。从纳米化产品的范围来看，油墨涂料在整体产值上所占的比例相当大，且各产品间有一定的关联性，因此纳米油墨将在纳米化产品中占据非常重要的地位。而纳米化

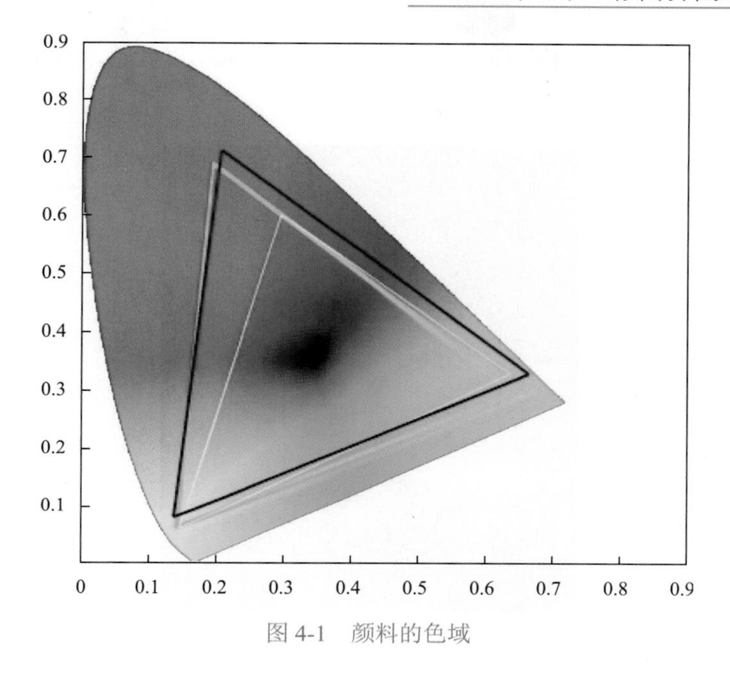

图 4-1　颜料的色域

产品的重点在于处理粉体，其过程如研磨、制造、加工到成品，皆能显示出产品的特性。

4.3　填料型纳米油墨

从原理上来说，纳米材料都可以用于油墨中，从而赋予油墨特殊的功能或提高油墨的某方面性能。本节将主要介绍纳米油墨中常用的、用于改善油墨本身性能的几种纳米材料。对于这类油墨，纳米材料主要是作为填充料加入油墨中，改善油墨本身的特性，如流变性、耐候性、白度等。因此，我们在此将这类油墨称为填料型纳米油墨。

4.3.1　纳米 TiO_2 在油墨中的应用

纳米 TiO_2 除了具有常规 TiO_2 的理化特性外，由于其粒径远小于可见光波长的一半，因此是透明的，几乎没有遮盖力，且吸收和屏蔽紫外线的能力非常高。其化学稳定性和热稳定性好，无毒，无迁移性。以纳米 TiO_2 为填充剂，将其与树脂共同制成的油墨，其墨膜能显示赏心悦目的珠光和逼真的陶瓷质感，具有云母珠光颜料所具有的光学特性，如珠光效应、随角异色效应、色彩转移效应和附加色彩效应等。

纳米 TiO_2 的颜色随粒径的大小而改变，粒径越小，颜色越深。为此，可选择体积适当且粒径均匀的纳米 TiO_2 制备各种颜色的油墨，以代替常规的有机颜料配色工艺(图 4-2)。

图 4-2 纳米 TiO_2

随角异色效应就是从不同角度观察墨膜，可以看到不同颜色的墨层，该效应又叫视角闪色效应。将纳米 TiO_2、Al 粉等与油墨混合，可制备具有随角异色效应的油墨。透射光在 Al 粒子表面反射纳米 TiO_2 粒子表面反射的光，自然光的连续反射产生不同的视觉效果。将这种油墨印刷到金属、塑料等基材的表面，由于随角异色效应会产生丰富的颜色变化，显得现代、气派，极富装饰效果，在商标、印刷油墨、高档汽车涂料、特种建筑涂料等行业具有很大的应用市场。

喷绘作品耐候性因有机染料对紫外线抵抗能力低而受到影响。粒径在纳米级的 TiO_2 是有效的紫外线遮盖剂，其化学稳定性较高，因此受到了广泛的关注。稀土掺杂能提高纳米 TiO_2 对紫外线的吸收能力，同时保持纳米材料独特的透明特性，所以能够在保证有机颜料色强的同时增强油墨的抗老化性能。王龙等采用浸渍法制备了 Ce^{4+} 掺杂纳米 TiO_2 的纳米粉体，结果显示，该纳米材料可有效吸收紫外线，并具有半透明性质。

4.3.2 纳米 SiO_2 在油墨中的应用

纳米 SiO_2 为无定形白色粉末，是一种无毒、无味、无污染的无机非金属材料。纳米 SiO_2 可提供防结块、乳化、流化性、消光性、支持性、悬浮、增稠、触变性等功能，且具有导电性，对静电具有很好的屏蔽作用，防止电信号受到外部静电的干扰。纳米 SiO_2 在喷墨和特种油墨(如微胶囊油墨)中都有应用，主要做体系的隔离剂(图 4-3)。

图 4-3　纳米 SiO_2

粒径分布在 100 nm 以下的无定形纳米 SiO_2 水性油墨对紫外线具有 90%以上的屏蔽率，在食品安全和油墨抗老化性方面具有很好的应用价值。Varghese 所在的研究组[2]以高纯 SiO_2 粉体作为介电填充剂，经 12～24 h 球磨后得到粒径为 100～1000 nm 的 SiO_2 粉体。以无水二甲苯-乙醇混和溶剂分散 SiO_2 粉体，鱼油作为分散剂，聚乙烯醇缩丁醛作为黏结剂，制备了 SiO_2 油墨(图 4-4)。以这种油墨印刷后得到的图案不需经过高温处理，室温条件下即可固化。所打印的图案具有多孔结构，表面粗糙度约为 370 nm，1 MHz 条件下的相对介电常数为 3.2，介电损耗只有 0.02，当测试微波的频率为 8.2～18 GHz 时，用这种油墨打印得到的涂层的介电常数约为 2.3，介电损耗降至 0.003～0.006。

图 4-4　SiO_2 油墨在双向拉伸聚酯膜表面打印的字母“N”图案(a)及其微观结构(b)

4.3.3　纳米 $CaCO_3$ 在油墨中的应用

填充料是一种着色力很低的白色颜料，用作彩色颜料的调色添加物。在油墨制造过程中，填料可以调整油墨的固液比例，冲淡油墨颜色，还可以取代一些高成本颜料来降低油墨成本。油墨工业中长期采用的传统填料为微米级 $CaCO_3$、氢氧化铝、硫酸钡、铝钡白及高岭土等。随着合成树脂连接料在油墨工业中的推广应用，这些传统的油墨填料已逐渐被纳米 $CaCO_3$ 替代。

纳米级 $CaCO_3$ 是 20 世纪 80 年代发展起来的一种新型超细固体材料，指的是特征维度尺寸在 1～100 nm 的 $CaCO_3$ 颗粒(图 4-5)。纳米级 $CaCO_3$ 是一种新型高档功能性填充材料。由于粒子的超细化，其晶体结构和表面电子结构发生变化，产生了普通 $CaCO_3$ 所不具备的一些性质。它在磁性、催化性、光热阻和熔点等方面与常规材料相比显示出优越性能。用于塑料、橡胶和纸张中，具有补强作用。粒径小于 20 nm 的 $CaCO_3$ 产品，补强作用可与白炭黑相比。用于油墨制造中，可使油墨具备良好的光泽性、透明性、稳定性和快干等特性。

图 4-5　纳米 $CaCO_3$

纳米 $CaCO_3$ 根据其颗粒大小分为透明纳米 $CaCO_3$ 和半透明纳米 $CaCO_3$，其性质见表 4-1。粒径为 80～100 nm 的纳米 $CaCO_3$ 用于普通油墨，粒径为 15～30 nm 的纳米 $CaCO_3$ 用于高档油墨。

用于油墨中的纳米 $CaCO_3$ 最早是氢氧化钙与 $CaCO_3$ 沉淀并经表面改性制取的，所制纳米 $CaCO_3$ 具有良好透明性和光泽性。将该纳米 $CaCO_3$ 添入油墨中，能够使所制油墨具有合适的流动性、光泽性、透明度、良好的印刷适性，且不带灰色。

在油墨制备中，纳米级 $CaCO_3$ 在不同油墨中的添加量不同，一般胶印油墨用量 17%，凹印塑料油墨为 6%，凹印纸张油墨为 12%，网印硬塑板油墨为 6.5%～7%。

表 4-1　透明纳米 $CaCO_3$ 与半透明 $CaCO_3$ 性能

类别	透明纳米 $CaCO_3$	半透明 $CaCO_3$
平均粒径(nm)	20～50	60～80
吸油值(gDop/100 g $CaCO_3$)	40±2	36±2
$CaCO_3$ 含量(%)	＞95	＞95
盐酸不溶物(%)	＜0.1	＜0.1
酸碱度(pH)	7.5～8.5	7.5～8.5
水分(%)	＜0.1	＜0.1
光泽度	优良	优良
透明度	透明	半透明
流动度	优	优
处理剂	树脂酸	树脂酸
形貌	立方	立方

4.4　功能性纳米油墨

油墨中添加纳米材料后会体现出纳米材料的特殊性能，由此产生了各种功能性纳米油墨，对我们的生产与生活已经或即将产生重要的影响。我们将这类油墨称为功能性纳米油墨。

4.4.1　纳米磁性油墨

纳米磁性油墨是在油墨连接料中加入磁性纳米粒子制备的具有特殊的磁响应特性的油墨。用这种油墨印刷的图文必须借助专用检测器才可检出磁信号，因而这类油墨广泛应用于防伪领域，如用纳米磁性防伪油墨印制的密码等信息图，可用解码器读出。

众所周知，Fe_3O_4 具有磁性。因此，一般纳米磁性油墨主要是 Fe_3O_4 纳米粒子，配合其他功能性纳米粒子配制而成。Papirer 等[3]以铁颜料为基材，采用湿化学方法使铁颜料表面形成一层针状 α-FeOOH，经脱水、还原及钝化等反应过程，最终得到了以铁颜料为核，以 1.3 nm 厚的 γ-Fe_2O_3 和 Fe_3O_4 混合物为壳层的磁性纳米材料[3]。并以所制备的磁性氧化铁纳米材料作为颜料，以氧化铝、聚脲等作为助剂配制了纳米磁性油墨(表 4-2)[4]。

表 4-2 纳米磁性油墨组成

组成	质量分数(%)
磁性颜料	25.6
氧化铝	1.8
聚脲	3.6
连接剂	1.2
三异氰酸酯	1.3
分散剂	1.3
润滑剂	0.06
溶剂	65.14

4.4.2 纳米光学油墨

纳米光学油墨在外界的刺激下会发生颜色变化。目前已经研制出了光致变色、温致变色和压致变色油墨。这些油墨经过光照、消毒过程或压力接触，油墨层的颜色都会发生相应的变化。如果将纳米光学油墨印刷的标签贴于检测细菌、病毒的仪器上，就可以通过标签颜色的变化，判断出医用器具和设备消毒处理得是否干净，是否还有细菌滋生。

纳米光学油墨在食品安全检测上的应用十分广泛。食品包装的阻隔性是决定食品质量和食品是否安全的重要因素。对于袋装食品，一旦有氧气进入包装袋或外界因素使包装袋发生破损，食品保质期就会被缩短。

气调保鲜包装是通过在食品包装袋中充入二氧化碳和氮气来降低氧气的浓度或排除氧气，以延长食品货架期的一种包装方法(图 4-6)。思克莱德大学的 Andrew Mills 及其研究团队开发了一种可用于检测食品包装袋中氧气含量的智能油墨，该

图 4-6 气调保鲜包装

油墨中含有对光有特殊感应的纳米颗粒。在紫外光的作用下，油墨中的纳米颗粒与氧气接触就会发生颜色变化，食用者由此可以判断食品是否过期。同时该纳米光学油墨还可以作为指示剂来跟踪包装袋中原始气体成分的变化情况。

光学可变防伪油墨是在油墨中加入微小的纳米多层镀膜。这层镀膜是一种干涉薄膜，来自光源的一束光波入射到透明薄膜内部或薄膜上表面，则产生部分光波折射，折射的光线进入薄膜，在其下表面又产生反射和折射。由于这些反射光和透射光都来自同一光波，能够满足相干涉的条件，即可产生干涉现象，如图 4-7 所示。

图 4-7　光学可变防伪油墨的相干图像

使用这种油墨印出的图文从不同的视角观察时呈现不同颜色，但复印就会失真，因此该油墨也称为视觉变色防伪油墨。

发光颜料可作为一种添加剂，可以均匀分布在油墨、涂料、塑料、橡胶、纸、胶片、印花浆、陶瓷釉料、玻璃、化纤、皮革等透明介质中，实现介质的自发光功能，并可显示出该材料所具有的明亮色彩。其突出特点是对波长为 450 nm 以下的短波可见光具有很强的吸收能力，在吸收储存多种光波(日光、荧光、紫外光、灯光等)后，能够在暗处发光 12～24 h，其发光强度和维持时间是传统荧光材料的 30 倍以上，且材料本身无毒、无害、不含任何放射性元素，其稳定性和耐候性优良，并可无限次循环使用。选择 Fe_2O_3、V_2O_5、WO_3 做无机组分，会得到具有超导、光致变色、电致变色等性能的材料。用加有这种微粒的油墨印出的印刷品不需外来光源的照射，靠自身发光就能被人眼识别。这种油墨如果用于户外大型广告喷绘或夜间阅读的图文印刷品，就不再需要外来光源，不但可以节省能源，还大大方便了使用者(图 4-8)。

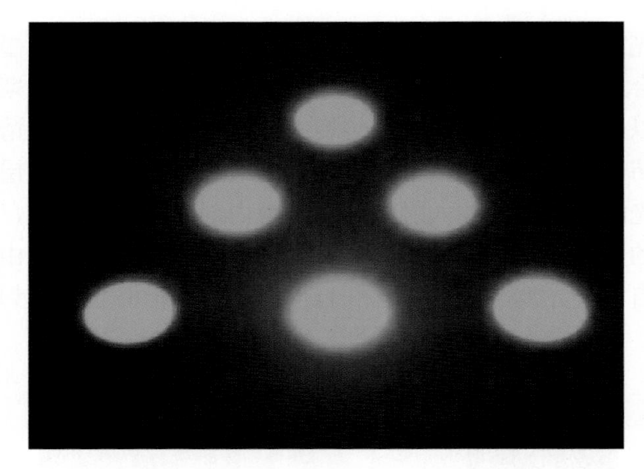

图 4-8 纳米发光油墨

此外，针对荧光防伪油墨耐光性差、防伪机理已被破译而失去防伪功能的现状，科学家们提出了一类红外油墨，即利用纳米粒子对红外线的不同响应而制备了不同的油墨，这种油墨是隐形防伪油墨的一种。隐形防伪油墨的核心成分是颜料(或染料)，这种颜料必须有强的红外光吸收特性和色牢固度。隐形红外油墨可分为三种：

第一种是红外吸收油墨，该油墨利用了材料对红外光的吸收性能。当进行检测时，油墨中的颜料(或染料)不吸收可见光或有微弱吸收而对红外光有充分的吸收。由这种油墨制作的印刷品可用合适的光学字符阅读器进行信息读取。广州大学研究成功了近红外线吸收的纳米防伪油墨，其小试样品的性能在可靠性、安全性、稳定性及耐老化性等方面都达到令人满意的程度。目前该产品已被应用于外包装、票证防伪以及红外传感器等高新技术领域。

第二种是红外荧光油墨(图 4-9)。该油墨利用了材料的荧光性。油墨中的颜料可被红外光激发，发出更长波长的红外荧光，从而被检测出来。北京大学防伪研究小组目前已成功开发出红外防伪发光材料、红外防伪油墨，特别是红外防伪

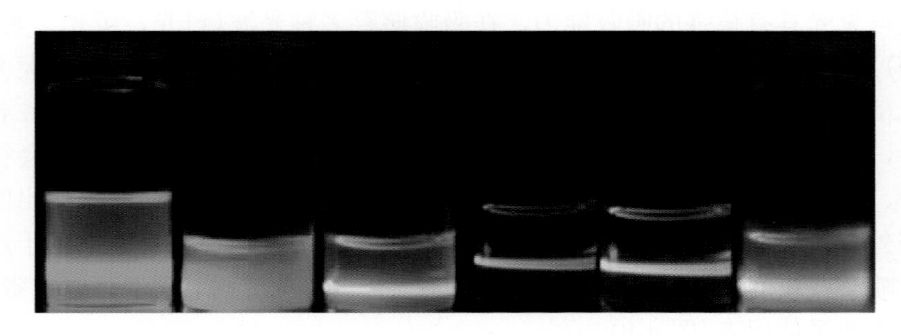

图 4-9 纳米红外荧光油墨

激光鉴别器的开发成功，有力地支持了红外防伪技术的高速发展。红外防伪发光材料属于无机稀土发光材料，其在红外照射下，发出刺眼的、鲜艳的绿、红两种颜色的可见光，该红外材料的主要工作波段在 780～1200 nm。该类发光材料优点为：正常日光下，具有极白的外观，极易细化颗粒，是制作防伪产品的特种原料。

还有一种可转换纳米材料能应用于红外防伪油墨，这种可转换材料能够吸收红外光并将其转换为可见光。它包括激活剂、敏化剂和基质，在制备过程中掺杂不同的稀土元素，采用不同的制备方法得到的产物激发波长不同，进而达到防伪目的。例如，采用纳米二氧化锆(ZrO_2)作为基质材料掺杂稀土元素后制备出可用于防伪标识的印刷油墨。采用该油墨印制的图案在可见光照射下显示一种颜色，在红外光照下则显示出另一种颜色，从而达到防伪的目的。

有人在研究利用紫外、红外、X 射线等无法检测到的荧光化合物、光电转换物质、特种化学物质、动物或植物的 DNA、单克隆抗体及特异性抗原等物质，做成新型的防伪印油或印泥，使其更难仿制。用这种印油的印文，外观与普通印文无异，但用相应的方法检测时则显示特殊的效果。例如，用紫外线激发防伪印油加盖的印文，其在紫外线照射下显示鲜艳的荧光(图 4-10)；对核密码防伪油墨，可以通过特定仪器进行定量检测，含定量核加密物质的为真，否则为假。现在许多银行的汇票和有价证券都使用了这种油墨，它属于进行专业鉴定的高级防伪油墨。

图 4-10　紫外防伪油墨效果

量子点的发现和制备技术的进步为纳米材料在油墨中的应用打开了另一扇窗口。量子点是准零维(quasi-zero-dimensional)纳米材料，由少量的原子构成。简单来说，量子点三个维度的尺寸都在100 nm以下，外观恰似一极小的点状物，其内部电子在各个方向上的运动都受到限制，所以量子限域效应(quantum confinement effect)特别显著。正是由于量子限域效应，量子点的电子和空穴被量子限域，连续的能带结构变成具有分子特性的分立能级结构。量子点受到光激发后可以发射荧光，量子点的这种性质已经广泛地被应用于生物分子标记与研究(图4-11)[5]。利用量子点的这种自发荧光特性，在油墨中加入量子点可以制备具有荧光效应的油墨。这种油墨具有防伪功能，不仅可以防止伪造，还具有防涂改功能，可用于印刷防伪产品或特殊工艺品。

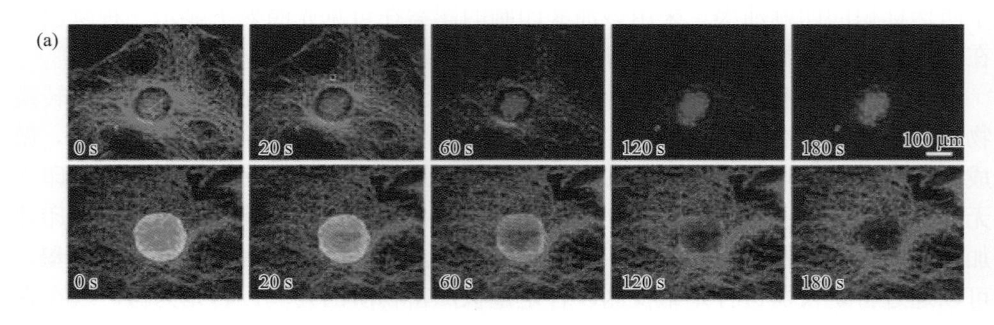

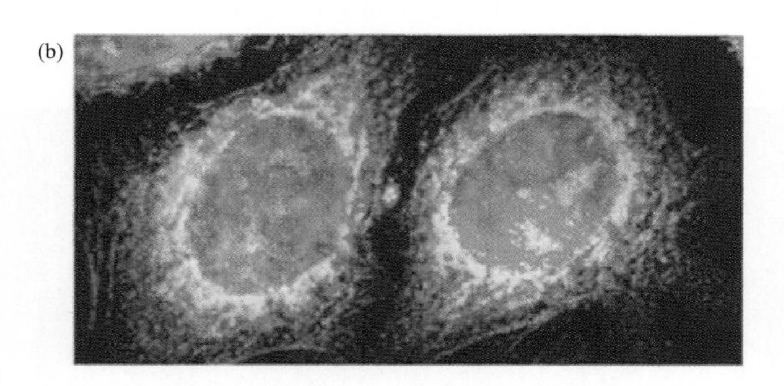

图4-11 量子点形成(a)与荧光标记(b)

4.4.3 纳米导电油墨

1. 纳米金属油墨

制备纳米金属油墨的主要材料是金、银、铜、钯、铂、镍等任一种纯金属微粒及其氧化物或合金。其中，银因具有最高的电导率(6.3×10^7 s/m)和热导率[450 W/(m・K)]，而且化学稳定性好、不易被氧化，即使其表面因制备过程或环境因素而部分氧化，生成的氧化物也可导电，因此纳米银油墨成为最受关注的纳米金属油墨[6]。纳米金、纳米镍等因为价格过于昂贵，在印刷电子领域应用很少。

纳米金属油墨在电子领域的线路印刷和安装技术两个方面已经初露锋芒，展现出了诱人的魅力和无可比拟的优越性(图 4-12)。

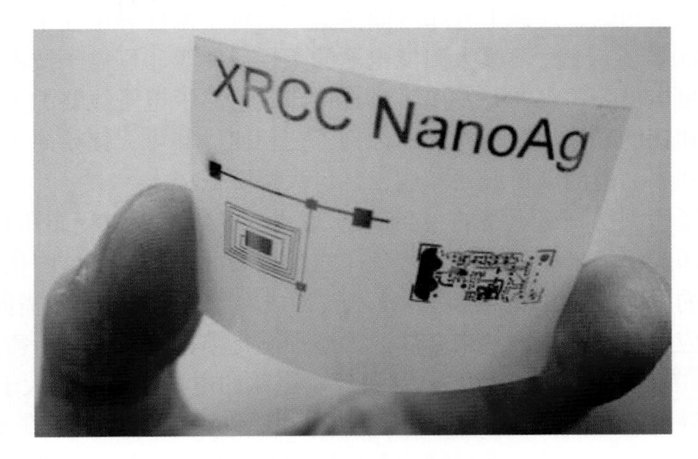

图 4-12　导电油墨印刷电路

通常金属纳米粒子表面有一层包覆剂，该包覆剂是一种稳定剂，不仅可以控制纳米粒子的尺寸，而且可以防止粒子团聚与沉降，从而使得纳米金属粒子呈现单分散性并能稳定存储。当温度升至 200～250℃时，包覆剂可以从粒子表面剥离下来，并和树脂等一起被分解气化，这时裸露的金属纳米粒子熔融成致密的金属导电膜。在细网版上用这种油墨印刷，可以获得线宽数十微米，甚至数微米的导电图案。如果只刮印一次的话，烧结墨膜厚度可达 5 μm，其体积电阻为 $3\times10^{-6}\ \Omega\cdot cm$。

金属纳米粒子的金属性决定了印刷图形的导电性。研究表明，金和银的化学性质稳定，银的价格和性能较金更令人满意。纳米银具有较低的烧结温度，能够快速沉积在成本低廉且玻璃化温度较低的塑料、挠性板上。由于纳米银的氧化物也具有导电性，因此不用担心纳米银的氧化问题。用纳米银喷印而成的导线具有较高的分辨率、较好的导电性、更密集的结构和更光亮的表面。

用金、银纳米油墨在刚性固体表面进行喷墨印刷时，由于这种基材没有纸那样的受墨层，因此有必要采取适当的措施，防止在印刷的线条外侧出现油墨溢出的洇墨现象。

在普通导电油墨中，如将 Ag 制成纳米级而代替微米级 Ag，可节省 50%的 Ag 粉，这种导电油墨可直接印在陶瓷和金属上，墨层均匀光滑，性能很好。若将 Cu、Ni 等材料制成 0.1～1 μm 的超微颗粒，其可代替钯与银等贵重金属导电。

目前高导电性油墨中，银浆导电油墨仍然是主流，被用于丝网印刷，但其印刷过程中会有溶剂挥发，对环境造成污染。为了解决银浆导电油墨溶剂挥发问题，利用纳米银乳液开发出了环保水性导电油墨。该油墨不含有毒溶剂，不含有害离子，银含量高，可以通过喷墨印刷方式用于制作导电线路，通过打印机使用这种油墨可以在喷墨相纸、玻璃上打印线圈图案。这种全水性导电油墨有望在无线射频识别(RFID)标签天线、薄膜太阳能电池的柔性线路等印刷电子技术领域得到应用。韩国三星电机公司宣布开发出了可直接印刷电路板电子线路的工业用喷墨装置的打印头和铜纳米油墨。与此前的蚀刻工艺相比，其可大幅精简工序，同时较此前使用金和银油墨的电子线路印刷工艺可大幅降低成本。

采用喷墨印制法制造电路的主要工艺是:先对绝缘基板进行布图和表面处理，然后通过打印头将纳米金属油墨直接喷印在基板表面上，再烧结固化成型，便形成金属布线的电路板。虽然纳米粉体技术较为成熟，但从新技术所需的材料性质、制造工艺及应用条件来看，纳米金属油墨还须满足喷墨成型工艺所需的物理、化学性能要求[7-9]，即：①导电性高。油墨所制电路的电导率至少应大于 10^7 S/m，接近蚀刻铜导线的电导率。②粒径小。为了不堵塞喷头，一般要求在 50 nm 以下。③与基板匹配性好。油墨与基材间须有良好的界面附着力与相容性，以免脱落。④黏度低。为了保证油墨快速通过喷头并喷涂于基材固化成型，最佳黏度为 5～15 m Pa • s。⑤金属含量高。一般含量在 40%以上才能确保金属导线的高导电性。⑥烧结温度低。为使其能印制在熔化温度(T_g)较低的柔性有机板上，一般烧结温度在 100～300℃。

纳米材料的制备方法有很多，分类方法也多种多样，如可按反应前驱体、反应条件、反应机理和实施状态等进行分类。按反应机理分主要可以分为两大类：物理方法和化学方法。物理方法主要是用机械研磨、辐射等物理手段来使银单质等块体细化为纳米颗粒。化学方法是被广泛用于制备纳米材料的方法，主要有光还原法、化学还原法、晶种法、模板法、多元醇法、微乳液法、电化学法、水热/溶剂热法、生物还原法等。

a. 纳米金油墨

金纳米颗粒可被用于制备导电油墨。金的电离势高，难以失去外层电子成正离子，也不易接受电子成阴离子，因此其化学性质非常稳定，与其他元素的亲和力微弱。金具有很强的抗腐蚀性，在空气中甚至在高温下也不与氧气反应(但在特定条件下纯氧除外)。金的这些性质在有机薄膜二极管、光学器件、生物检测等领域中广泛应用。Wu 所在的研究组[10]将对羟基苯硫酚和四氯代氢金合三水化物溶于甲醇中，在乙酸环境中以硼氢化钠为还原剂，制备了 1～4 nm 大小的金纳米颗粒(图 4-13)。烧结后，薄膜二极管内载流子的迁移率 μ 为 0.09～0.15 $cm^2/(V \cdot s)$，电流开关比约为 10^{-7}，电压阈值–6 V。这些结果与采用真空蒸镀制备的有机薄膜二极管性能相近。

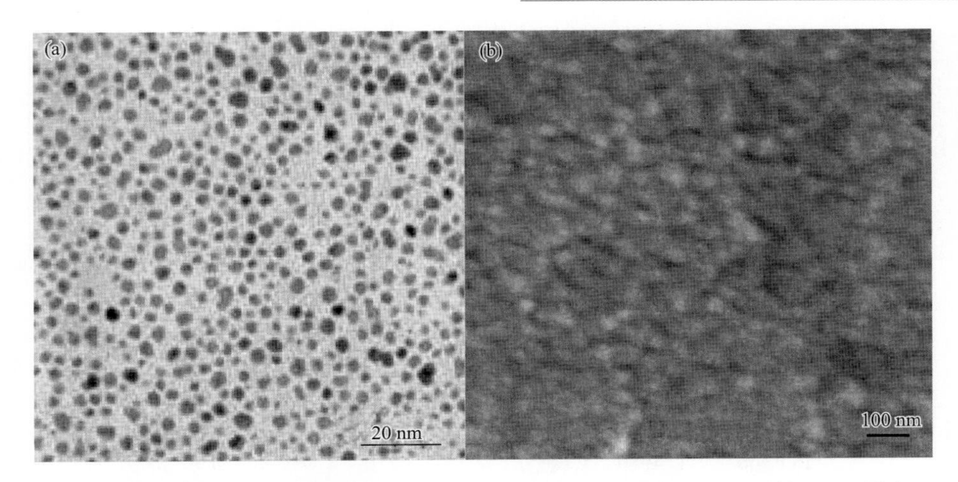

图 4-13　金纳米颗粒热处理前 TEM 照片(a)和 200 ℃退火 30 min 后的 SEM 照片

尽管采用硫醇稳定的金纳米颗粒配制的油墨可以打印得到高质量的有机薄膜二极管，但是正丁基硫醇的非环境友好性决定了其难以商业化应用。这限制了金纳米油墨的应用范围。同时，环境友好的水相金溶胶质量分数超过 0.1%时，即使存在稳定剂也难以避免金纳米颗粒的聚集沉淀。因此，制备高浓度、高稳定性的水性金溶胶具有十分重要的意义。江龙院士带领的研究团队开发了一种金纳米油墨[11]。金纳米颗粒被两层重叠的吸附层保护起来避免团聚。他们将 $HAuCl_4$ 水溶液在剧烈搅拌下加入聚乙烯吡咯烷酮(PVP)的水溶液中，然后以 $NaBH_4$ 为还原剂反应 6 h，然后分离洗去多余的 PVP 和无机盐，经冷冻干燥得到了 PVP 包裹的粒径为 2～3 nm 的金纳米颗粒。进一步，他们将所制备的金纳米颗粒重新分散到水中，并向该水溶液中加入丙烯酸树脂和无水乙醇并超声分散，就得到了稳定的金纳米油墨。这种金纳米油墨黏度低，与商品化的导电油墨相近，可用于商业化打印机打印，并且打印图案经 500 ℃烧蚀可除去有机化合物，经烧结后得到的金属微图案的电导率达到 8.0×106 S/m，与块体金相近(图 4-14)。

b. 纳米银油墨

前面已经讲到，纳米银油墨是现在最主要的导电油墨。对纳米银来说，化学还原法的优势明显，反应时间短、产量大。一般是在分散剂溶液中将含银化合物还原成纳米银单质，设备操作简单，成本低。反应中，分散剂可降低粒子的表面活性，防止其团聚，从而控制纳米粒子粒径[12]。常用的含银化合物为可溶性银盐，如硝酸银，也可用银的配合物，如$[Ag(NH_3)_2]^+$(银氨络离子)[13]，使用银的配合物作为氧化剂时，溶液中银离子的浓度较低，反应可常温进行，利于减小晶粒的大小。常用的还原剂为硼氢化钠、水合肼、葡萄糖、抗坏血酸、次亚磷酸钠等。常用的分散剂有 PVP、PVA(聚乙烯醇)、明胶等。该法制备出的是纳米银胶体，

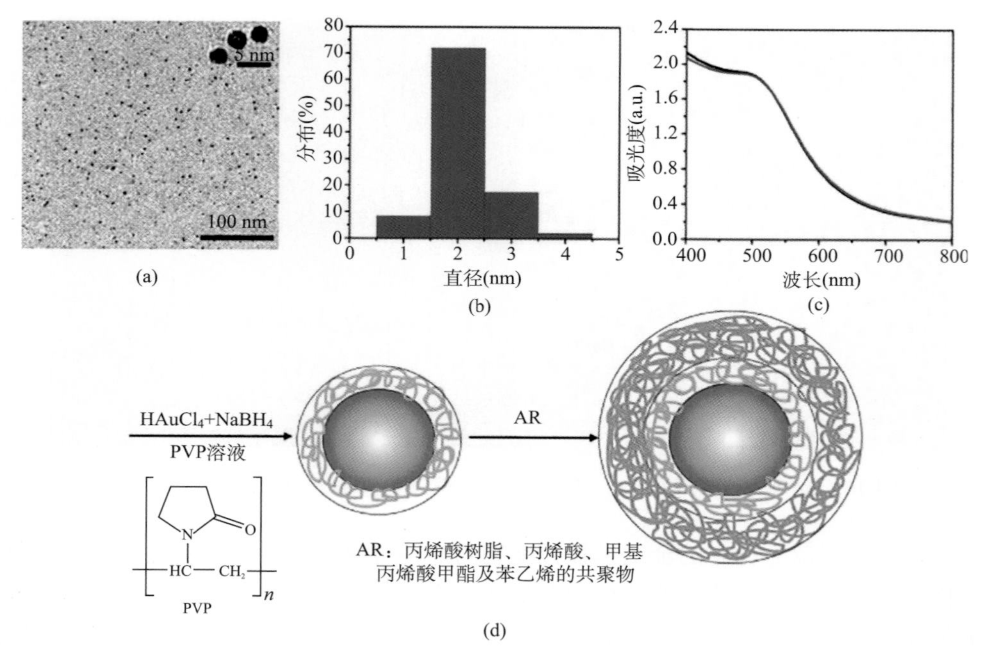

图 4-14 (a)金纳米颗粒 TEM 照片；(b)金纳米颗粒的粒径分布；(c)金纳米颗粒制备后 1 天(黑色线)与 12 个月(红色线)的紫外-可见吸收光谱；(d)金纳米颗粒制备过程示意图

最好通过离心、洗涤、干燥等后续工艺除去包覆的分散稳定剂，分离出干燥的银纳米粉体。此分离工艺步骤复杂，费时长，同时可能导致纳米银粒子的继续生长，从而限制了纳米银的工业化生产。

Wang 等[14]用葡萄糖作为还原剂，PVP 作为分散剂，在碱性条件下还原硝酸银。实验表明，碱性条件有利于提高反应速率，当 PVP 与 $AgNO_3$ 的质量比大于 1.5∶1 时，将得到稳定分散的银胶体。王小叶等[15]用硼氢化钠做还原剂，月桂酸做分散剂，还原银氨络合物溶液，制备了平均粒径为 17 nm 的纳米银胶体，调节胶体的 pH 至 4～6 分离得到纳米银颗粒。郭瑞萍等[16]以乙二醇为还原剂和溶剂，氯化铜为控制剂，PVP 为分散剂，在微波作用下加热还原硝酸银制备银纳米线，反应时间缩短至 2 min。该实验表明，乙二醇在加热条件下脱水生成还原性较强的乙二醛，在反应中起到实际还原作用。而氯化铜则可控制对晶核的氧化刻蚀速率，从而控制纳米银粒子的生长。乙二醇也可用丙三醇、一缩二乙二醇等代替，多元醇具有沸点高、对极性物质溶解能力强、挥发性小等特点，在体系中还起到溶剂的作用。此方法通过 PVP 在不同晶面上的选择性吸附和晶种的作用，可控制合成球状纳米粒子、纳米线/棒、纳米三角、纳米锥体等多种形貌的颗粒。

王尚平等[17]用 PVP 做表面活性剂，乙二醇做溶剂和还原剂，硝酸银做银源，用溶剂热法在常压 190 ℃条件下反应 72 h 制备了具有较高纯度和结晶度的纳米银线。刘艳娥等[18]则以 PVP 为分散剂，葡萄糖为还原剂，用水热法合成了粒径在 20 nm 附近，分散均匀的球形纳米银粒子，反应的最佳温度为 140 ℃。该实验表明，反应在碱性条件下进行，可中和生成物中的 H^+，在不带来杂质的前提下提高反应速率。Lu 等[19]以硝酸银为银源，PVP 为分散剂，DMF 为还原剂，乙醇为溶剂，调整反应时间、PVP 与 DMF 比例等因素，制备了三角形与六角形的纳米银颗粒。

实际生产中一般将干燥的纳米银粉分散到溶剂中，添加增黏剂、流平剂等助剂，分散均匀得到导电油墨，油墨中的含银量虽可灵活控制，但纳米银的稳定性却难以保证，工艺操作较为复杂。杨振国和郇艳龙[20]将银盐和有机保护剂溶解于溶剂中，并用碱性络合剂调节 pH 为 9～10，逐渐升温至 30～100 ℃，至反应体系为透明溶液；将比反应体系降至室温，加入还原剂并持续搅拌 20～30 min，即得到粒径小于 10 nm 的银颗粒；再将溶剂和纳米银混合制成导电油墨，其中纳米银的质量分数为 5%～20%，将此导电油墨涂在聚酰亚胺薄膜上，在 200 ℃烧结 30 min，可得电阻率为 8.1 μΩ • cm。唐宝玲等[21]以水合肼为还原剂，PVP 为表面分散剂，还原硝酸银溶液得到纳米银颗粒。然后以制得的银微粒为填料，以聚氨酯/丙烯酸树脂为连接料，乙酸乙酯和乙醇为溶剂，加入适量的油酸分散剂，搅拌混合分散配制导电油墨。以此油墨丝网印刷制成电路，电阻率达到 10^{-4}Ω • m，且对电路基板的附着力和耐摩擦性能良好，达到了电子印刷的标准。胡永栓等[22]分别以乙二醇和 *N*, *N*-二甲基甲酰胺为还原剂，还原硝酸银溶液得到纳米银棒和纳米银球形颗粒。用纳米银棒和纳米银球形颗粒混合银粉、双酚 A 环氧树脂/酚醛树脂、丁酮等其他助剂配制导电油墨，在 150 ℃固化 20 min，该油墨印刷的导电图形具有很致密的表面结构和丰富的三维导电网络，其体积电阻率达 10^{-6} Ω • cm。

Kim D 等[23]用多元醇还原硝酸银得到分散均匀的纳米银颗粒(平均粒径 20 nm)，进一步制备了纳米银导电油墨，通过喷墨打印技术印制的线路具有高导电性。Liu 等[24]将二甲亚砜(DMSO)既作为溶剂又作为还原剂制得纳米银粉，并以此制备了银浆，其综合性能优良，黏度和表面张力分别为 4.5 MPa • s 和 41 mN/m，体积电阻率到达 1.5×10^{-5} Ω • cm。Song 等[25]在甲苯体系中用硼氢化钠做还原剂，制得粒径 2～5 nm 的纳米银颗粒；以乙二醇为还原剂，用纳米 Pd 粒子为晶种制备了银纳米线(平均直径 75 nm，长度 10 μm)；并以此两种不同形貌的纳米银为填料，以聚苯胺(aniline)为连接料制得导电油墨，其电导率可达 2.3×10^5 S/cm。吴海平等[26]以银纳米线(直径 35 nm，长度 1.5 μm)作为填料制备了银浆，发现纳米银线的填充量在 56 %(质量分数)时，银浆的体积电阻率最低为 1.2×10^{-4} Ω • cm，抗剪切强度达到 17.6 MPa。杨小健[27]以乙二醇和苯胺为还原剂，PVP 为保护剂，用液相还原方法制备了不同形貌的银纳米粒子。然后用不同形貌的银纳米粒子制备了导电银浆，研究形貌对导电油墨电性能、热性能和力学性能的影响，探索了不同形貌填料在导电油墨中形成导电网络的机理。结果发现，以棒状和球形的混合银纳米粒子为填料制备的导电银浆在 160 ℃固化 20 min 后，具有优良的导电性能，体积电阻率为 $2.5\times10^{-5}\,\Omega\cdot\mathrm{cm}$，并且具有很好的力学性能和热稳定性能。

日本的 Tanaka[28]用化学还原法从银的盐溶液、铟的盐溶液中还原出纳米银和纳米铟粒子，并从溶液中将纳米银和铟分离出来，然后将分离出来的纳米金属分散在溶剂中制成导电油墨，油墨中固含量是 35%。德国乔治希姆大学 Jillek 等[29]也获得了纳米铜和纳米银导电油墨的制备方法：以硝酸银溶液和氯化铜溶液容易通过可控的还原法制备出想要的纳米银、纳米铜颗粒大小，制备的纳米金属通过清洗和干燥除去杂质。美国 NanoMas 公司研制了 NTS05IJ40 型纳米银油墨，填料纳米银粒径小于 10 nm，烧结温度仅 70～150 ℃，其应用更加广泛，不仅可以印制于聚酰亚胺上，而且能够印制于 T_g 较低的塑料、挠性板和纸上。目前在国内，由三莱科技开发的水性导电油墨可以在聚酯(PET)上制作 PCB 线路，该油墨的稳定性好、附着力强、电阻率低。

Kosmala 所在的课题组[30]以硝酸银作为银源，琥珀磺酸二辛钠作为表面活性剂和封端剂，在 N_2H_4OH 和氢氧化钠环境中反应制备得到了粒径 10～300 nm 的纳米银颗粒(图 4-15)。用所制备的纳米银颗粒配制的油墨黏度约为 2 mPa·s，表面能约为 30 mN/m，这使得所制备的油墨能很好地润湿各种基底，具有很好的可打印性。

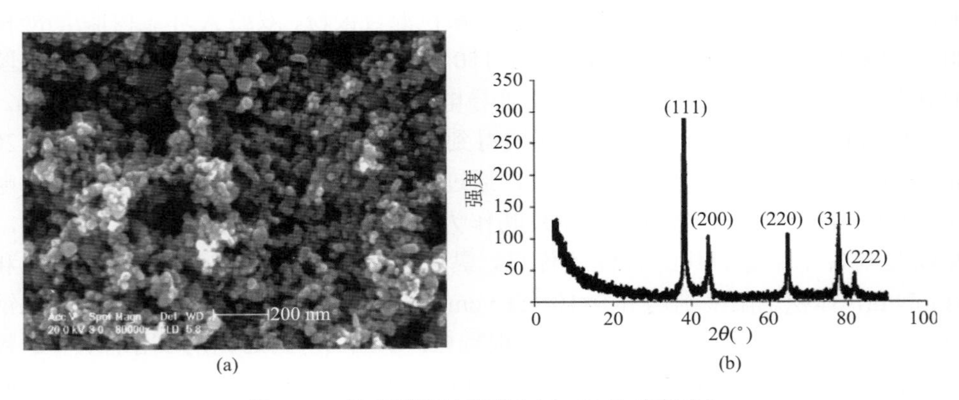

图 4-15 纳米银颗粒形貌(a)与 XRD 表征(b)

纳米技术与印刷油墨结合，创造出了粒子小、细度高的油墨。油墨的颗粒越细，颜料颗粒与连接料接触面就越大，印刷的性能也就越好、越稳定，其网点也越显得清晰饱满。纳米油墨的色彩较为饱和、艳丽，此外，纳米油墨具有耐水、耐磨、穿透性佳等优点，从而提高油墨的着色力，改善印刷的品质。纳米粒子尺寸的均匀性对油墨的细度产生重要的影响。目前已经有许多方法用于制备金属纳米颗粒，如声化学还原、辐射降解还原、溶剂抽提还原等。这些合成方法简单、成本低、可用于大规模制备。但是采用这些方法制备的金属纳米颗粒存在粒径不均一，尺寸分布较宽的问题。此外，采用这些方法在低保护剂/前驱体质量比的情况下难以得到单分散的纳米银颗粒。由于颗粒尺寸分布不均匀，采用这些纳米颗粒制备的油墨在喷墨打印过程中会出现较大纳米颗粒或团簇堵塞喷头的问题。这些都影响了银纳米颗粒在导电油墨中的应用。解决这一问题的关键是制备尺寸分布窄的纳米银颗粒，提高银纳米粒子在油墨中的分散稳定性，降低纳米粒子的团聚。Silvert 所在的研究组[31]通过提高保护剂/前驱体的质量比制备了单分散的银纳米颗粒。但是高质量比的保护剂/前驱体反应体系不仅提高了制备成本，还会影响由这种油墨打印的电路的导电性。因此，在低质量比的保护剂/前驱体反应体系下大规模制备单分散、高固含量的银纳米颗粒仍然是纳米银导电油墨应用面临的一个挑战。中国科学院化学研究所绿色印刷实验室[32]采用直接、单相反应法，以 $AgNO_3$ 作为银源，以聚乙烯吡咯烷酮(PVP)为分散稳定剂，以己二酰肼和葡萄糖为还原剂反应制备了粒径分布窄的单分散银纳米颗粒(图 4-16)。将制备的银纳米粒子分散在乙二醇、乙醇和水的混合溶剂中，分散均匀即得到可喷墨打印的银纳米导电油墨。

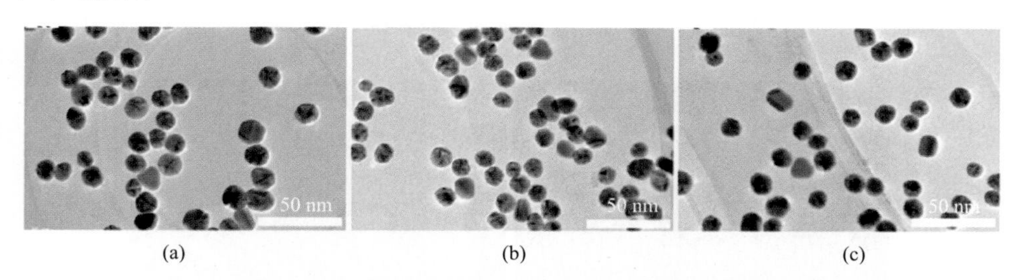

图 4-16　以不同 PVP/$AgNO_3$ 质量比制备的银纳米颗粒 TEM 照片

(a) 3∶1；(b) 2∶1；(c) 1∶1

金属纳米粒子制备过程中都要加入高分子分散剂来稳定纳米粒子，这些吸附在表面的高分子会影响打印电子电路的导电性，因此必须在打印后通过高温烧蚀掉。打印后，金属纳米粒子间弱相互作用使得打印得到的电子电路黏结性低，宜被破坏；金属纳米粒子的高比表面积和强的界面效应会在纳米粒子间产生较大的界面电阻，也会影响打印电路的导电性。为了解决以上问题，采用金属纳米导电油墨打印电路后一般要进行高温烧结。通过高温烧结过程来消除界面电阻，提高图案的黏结强度和电路的导电性。尽管高温烧结可以提高打印电路的黏结性和导电性，但是无法消除因金属纳米颗粒不均匀沉积产生的空隙与孔洞。这是因为通常使用的导电油墨是以球形纳米粒子配制而成，在打印过程中难免出现“咖啡环”现象，从而导致纳米粒子在基底沉积不均匀，产生较大的空隙与孔洞。采用非球形或各向异性纳米粒子制备的油墨，可以有效抑制“咖啡环”效应，提高纳米粒子沉积的均匀性，降低空隙率，提高打印电路的性能。

中国科学院化学研究所绿色印刷实验室[33]以 $AgNO_3$ 为银源，PVP 作为表面活性剂和成核剂，DMF 为溶剂和还原剂，在搅拌条件下反应一段时间后，再以高温水热反应制备了三角形的纳米银片(图 4-17)。通过改变反应条件实现对纳米银片形貌的控制，得到了三角形、五边形和六边形的纳米银片(图 4-18)。采用边长为 80 nm

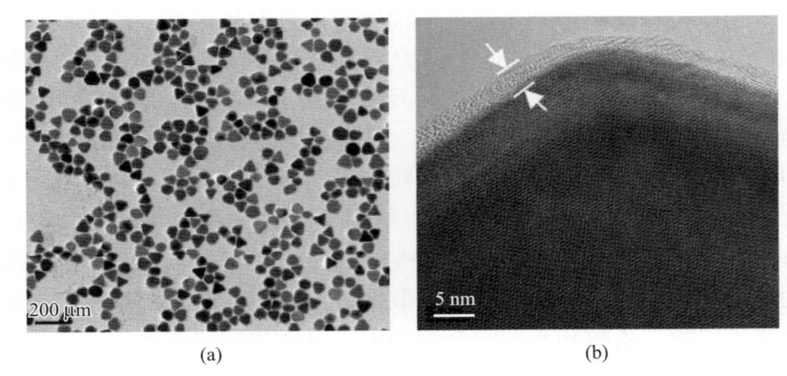

图 4-17 纳米三角银片的 TEM 照片(a)和 HRTEM 照片(b)

箭头标示纳米片的厚度

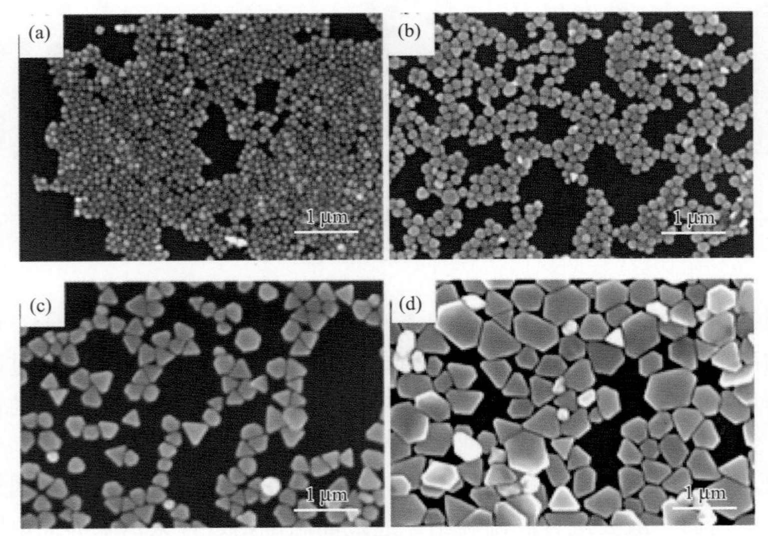

图 4-18 $AgNO_3$ 浓度对纳米三角银形貌的影响

(a) 0.01 mol/L；(b) 0.02 mol/L；(c) 0.1 mol/L；(d) 0.2 mol/L

的三角银片配制的银含量为 5%的油墨，打印处理后的电阻率为 $7.6\times10^{-6}\ \Omega\cdot cm$，约为块体银的 5 倍。由于材料的熔点随粒径减小而降低，而纳米片的厚度很小（小于纳米片的边长），大大降低了纳米银片的熔点，因此所制备的三角形纳米银片在 200 ℃即可烧结固化，远远低于块体银的烧结温度，这有助于扩大打印基底的范围，降低加工成本。

c. 纳米铜油墨

由于金和银都是贵金属，以金或银纳米颗粒配制的导电油墨虽然具有很好的打印性及广泛的应用，但是油墨的成本较高，不利于商业化拓展。铜的成本低、导电性好（仅比银的导电性低 6%）并为镜面外观，也广泛应用于电子元器件。基于成本与商业化推广的考虑，铜纳米粒子可以用于代替贵金属银和金制备的纳米粒子用于喷墨打印导电图案。铜导电油墨是以超细铜粉和树脂为主体，添加其他助剂等而制成的油墨，其填料铜粉是制备油墨的关键成分。Park 等[34,35]制备了纳米铜导电油墨，铜粒子粒径在 40～50 nm 之间，该纳米铜导电油墨印刷的导电线路通过如下条件烧结：在无氧环境下，325 ℃下烧结 60 min。测得其电阻率为 $1.72\times10^{-7}\ \Omega\cdot m$，比纯铜电阻率大一个数量级。该导电油墨制备方法如下：通过化学还原法从硫酸铜溶液还原出铜粒子，再用离心法分离出铜粒子，分离出来的铜用甲醇清洗四次以除去杂质，然后将制得的纳米铜粒子清洗后与二乙二醇单乙醚、乙二醇溶液混合，再用球磨机研磨，研磨后的混合液通过孔径为 5 μm 的过滤器过滤即制得纳米铜导电油墨，其中固体含量的质量分数不超过 20%。Yang 等[36]以油酸做保护剂，通过葡萄糖、抗坏血酸两步还原，制得平均粒径为 30 nm 的单分散、抗氧化性好的铜粉。Hu 等[37]采用水热合成法，用还原剂次亚磷酸钠还原出热稳定性好的纳米铜粉。张念椿等[38]以硼氢化钾为还原剂、硫酸铜为氧化剂，并添加氨水为络合剂，采用还原法成功地制备出直径为 30～50 nm 的铜粒子，且无其他的氧化物存在。中国科学研究院宁波材料技术与工程研究所发明了一种纳米铜导电油墨的制备方法，可用于印制电子技术（专利号：201010221315.0）。具体制备方法如下：将铜盐和保护剂溶解于溶剂中，升温搅拌，加入少量碱性溶液调节 pH 为 7～10，滴入还原剂，持续搅拌反应 30～60 min 后，冷却至室温，得到纳米铜分散液；对纳米铜分散液进行离心、洗涤，在室温下真空干燥，得到粒径 20～70 nm 的铜颗粒；将纳米铜颗粒分散到有机溶剂中，超声处理，得到纳米铜导电油墨，导电油墨中含铜 10%～50%（质量分数）。该发明未对纳米铜粉进行包覆处理，放置过程中其氧化问题应加以考虑，另外未对导电油墨的性能参数、印刷工艺、烧结工艺和应用点进行研究。

然而，铜纳米粒子因其高表面能很容易在空气中发生氧化，从而失去导电性。关于纳米铜防氧化处理，李丽萍等[39]采用碳弧法制备碳包覆纳米铜粒子，碳包覆纳米铜粒子比纯铜粉末表现出更好的抗氧化性能。为了提高纳米铜粉的抗氧化能力，李哲男等[40]以水合肼为还原剂、PVP（聚乙稀吡咯烷酮）和硅烷偶联剂（KH-550）为分散剂，采用二月桂酸二丁基锡对纳米铜粒子表面进行活化处理，然后采用置换反应法制备得到了银包覆铜的纳米粉末结构，包覆后的铜纳米颗粒在700 ℃以下没有任何氧化现象[40]。研制镀银铜粉也是解决铜氧化的一个方法。方芳[41]利用铜与银氨溶液反应，在铜粉表面镀上银，将所得镀银铜粉与透明网印油墨混合，通过调整镀银铜粉用量，油墨电阻率可低达 10^{-3}～10^{-4} Ω·cm。程原等[42]在微米级铜粉上镀银，以此镀银铜粉作为导电填料，考察所制成涂层的导电性。当镀银铜粉中银的质量分数为 45.05%，油墨中填料质量分数为 75%时，所得油墨导电性能更好[42]。朱晓云和杨勇[43]通过对不同镀银铜粉的处理方法进行比较，得出把片状铜粉化学镀银后，再进行球磨所得片状粉末导电性好。曹晓国和吴伯麟[44]先以抗坏血酸还原铜氨溶液制得铜粉，再以铜粉还原银氨溶液制备镀银铜粉，实验得到在温度 80 ℃下反应 20 min 时，所得镀银铜粉导电性最佳。

铜纳米粒子要想代替银纳米粒子或金纳米粒子应用于导电电路中，必须解决铜纳米粒子在温和条件下自发氧化的问题。常见的做法就是在铜纳米粒子表面构筑一层抗氧化层。这层抗氧化层可以是配体[45]、聚合物[46]、二氧化硅[47, 48]，但是这些抗氧化层都是非金属的，其导电性很差，这些都会影响打印图案的导电性。

为了解决纳米铜的氧化问题，Magdassi 所在的研究组[49]制备了以铜为核，以银为壳层的核壳结构。他们以硝酸铜为铜源，在聚丙烯酸钠存在情况下，以水合肼为还原剂，通过还原反应制备了平均粒径为 32 nm 的铜纳米粒子。将制备的铜纳米粒子分散在经过三次蒸馏的水中，然后逐滴加入乙醛，搅拌 5 min 后，再加入硝酸银，反应一段时间后分离干燥就得到了平均粒径为 34 nm 的 $Cu_{核}Ag_{壳}$纳米颗粒。以这种 $Cu_{核}Ag_{壳}$纳米粒子为填料，向纳米粒子分散液中逐滴滴加硝酸溶液调节整个溶液的 pH 为 2.9，然后离心分离。离心得到的沉淀再分散并用 2-氨基-2-甲基-1-丙醇调节溶液的 pH 为 9。这种沉淀—离心—再分散过程重复三次，最后用经三次蒸馏的去离子水配制成质量分数为25%的分散液并加入表面活性剂提高纳米颗粒的分散性和油墨的稳定性。所制备的油墨黏度为 1.9 cP①，表面张力为 23.9 mN/m。采用这种油墨打印的图案在氮气保护下 300 ℃烧结得到的导电图案的电阻率为 11 μΩ·cm，是块体铜电阻率的 7 倍（图 4-19）。

2. 纳米碳材料油墨

a. 纳米石墨油墨

碳元素具有多样的杂化轨道（sp、sp^2、sp^3 杂化），再加上 sp^2 的异向性导致碳晶体的各向异性和排列的各向异性，因此以碳元素为唯一构成元素的材料就具有

① 1cP=10^{-3}Pa·s。

图 4-19　$Cu_{核}Ag_{壳}$纳米颗粒含量为 25%的油墨打印图案与微观表面形貌

各式各样的性质，并且新碳素相和新型碳材料还不断被人类发现和人工制得。由于纳米石墨具有表面效应、小尺寸效应、量子效应和宏观量子隧道效应，纳米石墨与常规块状石墨相比具有更优异的物理化学及表界面性质(图 4-20)。人们将石墨制成超细纳米颗粒，并对其应用研究产生了浓厚的兴趣。

图 4-20　纳米石墨材料

纳米级炭黑具有导电性，对静电具有很好的屏蔽作用，能够防止电信号受到外部静电的干扰。将它加入油墨中就可以制成导电油墨，应用于大容量集成电路、现代接触式面板开关的电路层印刷中。

此外，在普通和彩色激光打印机中也开始应用纳米材料来制造碳粉，纳米碳粉大大提高了打印机的输出质量。目前在彩色喷墨打印中，由于油墨的问题，常常发生喷嘴堵塞，如果开发出纳米材料的喷墨油墨，一切问题都可以迎刃而解。伴随环保呼声的日益高涨，开发纳米UV油墨也是未来的一个发展力向。

b. 碳纳米管油墨

碳纳米管(carbon nano tube，CNT)作为一维纳米材料，质量轻，六边形结构连接完美，具有许多异常的力学、电学和化学性能。近些年随着碳纳米管及纳米材料研究的深入，其广阔的应用前景也不断地展现出来。碳纳米管作为一种新型的纳米材料在印刷电子领域也有较大的潜在利用价值，可以作为油墨的导电材料应用于印刷电子领域。

碳纳米管是一种新型的碳结构,它是由碳原子形成的石墨烯片层卷成的无缝、中空的管体，根据石墨烯片的层数一般可分为单壁碳纳米管和多壁碳纳米管(图4-21)。1991年日本NEC公司的电镜专家饭岛(Iijima)在制备C_{60}的阴极沉积物中首次意外发现了多层碳纳米管[50]。1993年，Iijima和IBM公司的Bethune又分别用Co和Fe混合在石墨电极中，各自独立地合成了单层碳纳米管[51]，从此开辟了研究和应用碳纳米管的新领域。碳纳米管是继石墨、金刚石、富勒烯之后发现的又一种单质形态的碳，它的发现和成功合成具有广泛而深远的意义。碳纳米管的电子能带结构特殊、量子效应明显，具有超导性能；发射阈值低、发射电流密度大、稳定性高，场发射性能优异，这些特点使其正逐步地应用于微电子与半导体组件、纳米电极与能源转换组件(如燃料电池与一般电池)、场发射显示器(FED)、传感器等电子器件与电气设备中。

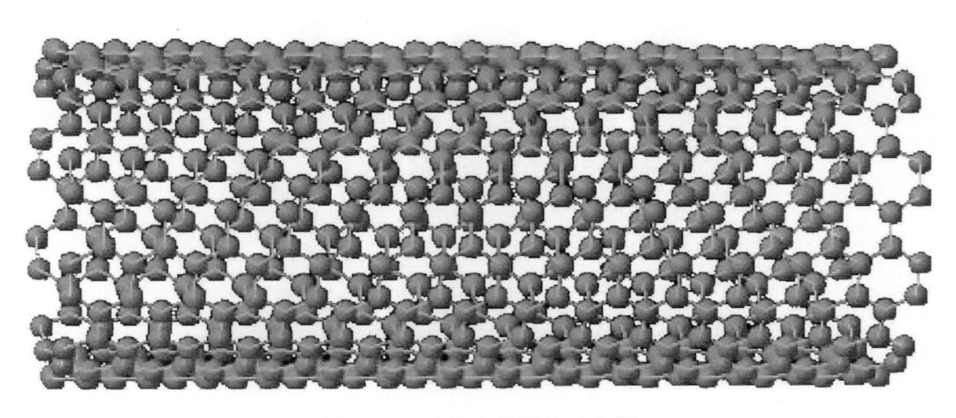

图4-21 碳纳米管结构示意图

以碳纳米管为导电填料，辅以其他分散剂、稳定剂配成导电油墨是近些年的研究热点之一。碳纳米管油墨的制备首先要实现高纯度碳纳米管的批量制备。碳纳米管的制备方法有石墨电弧法、激光蒸发法、模板法、催化裂解法、凝聚相电解生成法、水热法、化学气相沉积法等[52-55]。其中，化学气相沉积法(chemical vapor deposition，CVD)的基本原理为含碳气体流经催化剂表面时分解，沉积生成碳纳米管。这种方法因反应温度较低、参数易控而被广泛应用。以单壁碳纳米管为例，为了制备离散分布的、高质量的碳纳米管，需要对其生长条件进行优化选择，同时希望能找出具有选择性的催化剂，从而确定碳纳米管的直径和螺旋性，根据单壁碳纳米管的螺旋性，可以把单壁碳纳米管分成半导体管和金属管。一般我们从碳源及反应气氛、催化剂、基底、加热方式等四方面选择适宜的条件。碳源可分为气态碳源和液态碳源，常见的有 CO、CH_4、CH_3CH_2OH 等，液态碳源可以通过载气鼓泡带入体系，所用的载气一般是氩气和氢气，也有只用氢气的。通常选择氢气作为载气，在乙醇中加入少量的水(质量分数在 5%左右)来进行生长，在此比例下乙醇与水形成共沸物，其组成不会发生大的变化，水可明显提高单壁碳纳米管的产率，但同时水对碳纳米管也有一定的刻蚀作用。催化剂有金属单质催化剂(如 Ag、Pd、Au、Cu、Rh、Mg、Mn、Cr、Sn 和 Al 等)，半导体催化剂(如 Si 和 Ge)，碳化物催化剂(如 SiC、Fe_3C)，氧化物催化剂(如 SiO_2、Al_2O_3、TiO_2)等。为了获得具有特定螺旋结构的纳米管，实现其控制生长，急需开发新的催化剂。此外，基底的选择对于单壁碳纳米管的的生长有决定性的作用。所选择的基底与催化剂或者单壁碳纳米管之间的作用力既不能太大，也不能太小。如果基底与催化剂之间的作用力太大，催化剂不容易分散，且容易形成合金，不能形成有效的催化剂纳米粒子，不利于碳纳米管生长，如果作用力太小，则催化剂容易聚集。最后，单壁碳纳米管生长过程中，有传统加热法和快速加热法两种，但由于快速加热法能得到更多的碳纳米管，且所得碳纳米管能沿气流方向排列，所以通常采用快速加热法。

碳纳米管在制备过程中不可避免地混有各种形式的碳杂质，如无定形碳、石墨卷曲体、石墨多面体、金属催化剂等。为了更好地进行碳纳米管的性质测定和应用，碳纳米管的纯化是十分必要的。以往的提纯方法如离心、过滤、电泳、色谱等物理方法得到的纯度不高，而化学方法在使用一些氧化剂时也部分地将单层纳米碳管氧化掉。Bandow 等[56]利用基于过滤的方法获得纯度高于 90%的单壁碳纳米管，优点是对单壁碳纳米管不产生破坏，问题是要求所纯化的样品中单壁碳纳米管的含量较高。Shelimov 等[57]利用结合超声的过滤方法可获得纯度高于 90%的单壁碳纳米管，但长时间的超声对碳纳米管会产生较大的切割作用。Shi 等[58]利用空气气相氧化法获得纯度高于 90%的单壁碳纳米管。但一个可能存在的问题是容易对单壁碳纳米管产生较大的氧化作用。Nagasawa 等[59]研究表明，采用氧气气相氧化法比采用硝酸的液相氧化法更容易对单壁碳纳米管产生破坏。Zimmerman 等[60]研究了利用包括 Cl_2、H_2O、HCl 的气相纯化方法，但该法步骤较为繁杂。液相氧化法纯化单壁碳纳米管近年来有一些报道[61,62]。Zhang 等[63]研究了以浓硫酸和浓硝酸为 3∶1(体积比)混合氧化纯化单壁碳纳米管，但导致单壁碳纳米管的严重破坏。杨志伟等[64]运用综合纯化法，将液相氧化、超声和过滤等相结合对单壁碳纳米管进行纯化，效果良好。

当前，薄膜晶体管已经受到广泛的关注并得到深入的研究，获得了较好的开关电流比。然而薄膜晶体管的空气稳定性差、电子迁移率低、寿命短等问题仍然有待继续研究解决。单壁碳纳米管具有优异的化学稳定性、高的迁移率，其应用于有机薄膜晶体管中可以大大提高晶体管的电子特性，是制备薄膜晶体管的理想材料之一。以往制备碳纳米管薄膜晶体管一般采用溶液相沉积法。这种方法的不足之处在于无法得到高质量的器件。采用喷墨打印技术解决溶液相沉积法制备碳纳米管薄膜晶体管过程中存在的问题。但喷墨打印能否得到高质量的薄膜晶体管，关键在于碳纳米管油墨的制备与分散稳定性。Beecher 所在的研究组[65]将长度为 1 μm，直径为 1 nm 的单壁碳纳米管分散在 *N*-甲基吡咯烷酮中，配制成浓度为 0.1～0.2 mg/mL 的悬浮液，经超声分散 1 h，然后在 30000 r/min 条件下超速离心，得到分散良好的碳纳米管油墨(图 4-22)。

图 4-22 (a)采用高压 CO 转换法(HiPCO)合成的碳纳米管分散在 *N*-甲基吡咯烷酮中的光学照片；(b)利用喷墨打印系统制备的图案的光学照片；(c)碳纳米管薄膜晶体管器件示意图

此外，Cui 带领的研究组[66]提出了一种制备单壁碳纳米管油墨的方法。他们首先将一定量的 CoMoCat 76 单壁碳纳米管分散在二甲基甲酰胺中超声分散，然后将有机自由基引发剂加入单壁碳纳米管分散液中并超声。反应一段时间后，将单壁碳纳米管分散液过滤，依次用二甲基甲酰胺、丙酮清洗，得到的粉末再分散在不同浓度的表面活性剂溶液中，即得到可喷墨打印的水溶性单壁碳纳米管油墨(图 4-23)。

图 4-23　制备的单壁碳纳米管油墨的光学照片

(a)空白对照；(b)CNT 油墨

尽管已经有不少关于碳纳米管油墨制备的研究报道，但是很多研究都是采用化学修饰的方法，即在极性有机溶剂中利用化学反应将特定物质以化学键的方式接到碳纳米管的管壁上。采用这一方法虽然可以提高碳纳米管的分散稳定性，但是不可避免地破坏了管壁结构，从而降低制备的器件的性能。Ajayan 带领的研究组[67]以聚乙烯吡咯烷酮(PVP)和表面活性剂十二烷基苯磺酸钠(SDBS)对单壁碳纳米管表面进行非键合修饰，利用 PVP 和 SDBS 的协同作用提高碳纳米管在水中的分散稳定性，同时保持单壁碳纳米管的管壁不被破坏，从而保证了器件的性能稳定。同时在低功率超声波作用下得到了分散稳定的单壁碳纳米管油墨(图 4-24)。采用这一方法可以避免在制备油墨过程中单壁碳纳米管的破坏，得到长度较大的单壁碳纳米管，并且获得高浓度的分散体系。由于这一方法完全以水或乙醇为溶剂，因此也避免了采用极性有机溶剂如二甲基甲酰胺、*N*-甲基吡咯烷酮等导致的毒性、可燃性及反应活性等问题。同时，由于采用这一方法得到的油墨中单壁碳纳米管长度较大，在特定的距离范围内，碳纳米管间的接触减少，降低了器件的阻抗。

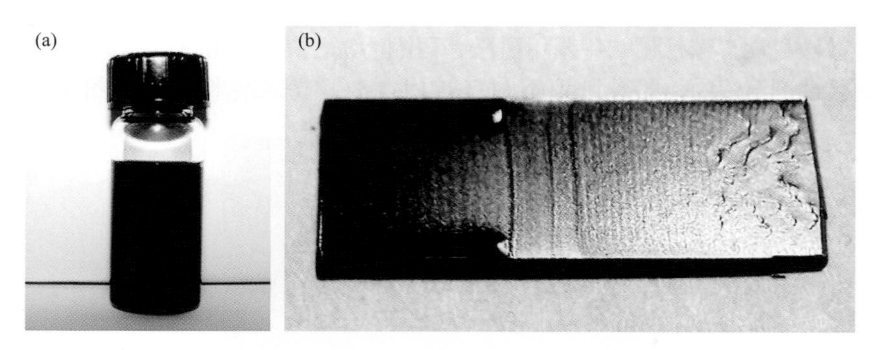

图 4-24 水性碳纳米管油墨(a)及油墨沉积到硅片表面后的形貌(b)

c. 石墨烯油墨

石墨烯(graphene)是一种由碳原子构成的单层片状结构的新材料，是一种由碳原子以 sp^2 杂化轨道组成六角形呈蜂巢晶格的平面薄膜，是只有一个碳原子厚度的二维材料(图 4-25)。石墨烯一直被认为是假设性的结构，无法单独稳定存在，直至 2004 年，英国曼彻斯特大学物理学家安德烈·海姆和康斯坦丁·诺沃肖洛夫，成功地在实验中从石墨中分离出石墨烯，才证实它可以单独存在，两人也因“有关二维石墨烯材料的开创性实验”，共同获得 2010 年诺贝尔物理学奖。

石墨烯也是目前世界上电阻率最小的材料。因为它的电阻率极低，电子迁移的速度极快，因此被期待可用来发展出更薄、导电速度更快的新一代电子元件或晶体管。由于石墨烯实质上是一种透明、良好的导体，在印刷电子领域具有巨大的潜在价值。

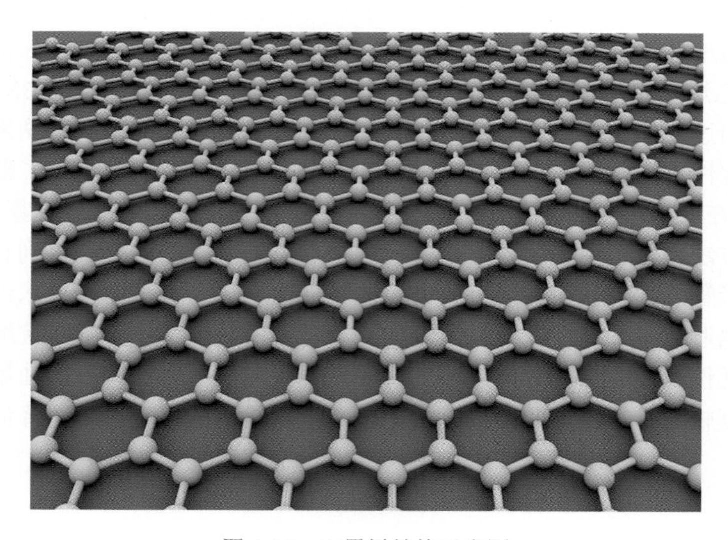

图 4-25 石墨烯结构示意图

石墨烯油墨是以石墨烯为主要成分，辅以其他分散剂、稳定剂等配制而成。因此，石墨烯油墨的应用必须解决两个关键问题：一是高质量石墨烯的批量制备；二是石墨烯在油墨中的分散稳定性。

目前关于石墨烯的制备方法主要为氧化还原法。该方法主要采用强酸(如浓硫酸和发烟硝酸等)将本体石墨进行氧化处理，通过热力学膨胀或者强力超声进行剥离，利用化学还原法或其他方法将氧化石墨烯(graphene oxide，GO)还原为石墨烯。根据氧化剂的不同，常用的方法主要有 Brodie 法、Staudenmaier 法和 Hummers 法[68]。Brodie 法由 Brodie 于 1860 年提出，该法是在发烟硝酸环境中，以 $KClO_3$ 为氧化剂，对本体石墨进行氧化。此后，Staudenmaier 提出另一种氧化方法，Aksay 小组对该方法进行了改进。主要实验过程为: 在混酸(浓 H_2SO_4+浓 HNO_3)中，以 $KClO_3$ 为氧化剂，对本体石墨进行氧化处理，最后以稀 HCl 和 H_2O 洗涤。

对本体石墨进行氧化处理多采用 Hummers 法。一般步骤如下：将石墨粉和无水 $NaNO_3$ 加入置于冰浴内的浓 H_2SO_4 中，以 $KMnO_4$ 为氧化剂进行氧化处理，用 30% H_2O_2 还原剩余的氧化剂，最后过滤、洗涤、真空脱水得到 GO。在此基础之上，研究者对 Hummers 法不断改进，以便制备具有特殊性能的石墨烯产物[69-72]。为了进一步强化其氧化强度，Wang 等[73]利用 $K_2S_2O_8$ 和 P_2O_5 对本体石墨进行预氧化处理后，再进行 Hummers 法氧化。Zhang 等[74]系统研究了氧化剂用量与氧化时间对所得石墨烯产物的影响，发现随着氧化剂用量与反应时间的增加，所得产物的平均粒径变小，并呈现高斯分布。本体石墨经过氧化-剥离过程形成 GO 后，利用化学还原或者其他方法还原 GO 可得到石墨烯产物。目前文献报道中主要使用的是化学还原法，即在 80～100 ℃和快速搅拌条件下，加入化学还原剂反应 24 h，最终得到石墨烯产物。主要的还原剂有肼类[75]、酚类[76]等。但是低温水合肼还原法制备的石墨烯产物在拉曼谱图上保留有较强的晶格缺陷。为进一步减少产物晶格缺陷和含氧基团，Wang 等[77]对水合肼还原法进行改进，采用溶剂热还原方法，以 DMF 为溶剂，以水合肼为还原剂，在 180 ℃条件下反应 12 h，制备所得石墨烯产物的拉曼谱图显示其 D/G 值远远小于液相还原产物。该方法还有效降低了产物的电阻系数，使其导电性能接近本体石墨。化学还原法研究较早，但此方法耗时过长，而且有机还原剂的毒性使得该方法难以用于大产量的制备。另一类方法需要的热处理条件更为苛刻(高温 1050 ℃，高真空或者惰性气体保护)。为了解决上述问题，Murugan 等[78]建立了一种快速、低温、简便的微波溶剂热法来制备石墨烯纳米片层。与传统化学还原法长达 12～24 h 的反应时间相比，微波溶剂热法只需 5～15 min，大大缩短了反应时间。通过对产物的 XRD、FTIR 和 XPS 数据分析证实微波水热法能有效地将氧化石墨烯还原得到石墨烯。Wu 等[79]采用氢电弧放电方法解离氧化石墨，去除含氧基团，愈合结构缺陷，进而提高了石墨烯的质量，产物电导率达 2×10^3 S / cm。最近，Zhu 等[80]利用还原性糖(如葡萄糖、果糖)还原氧化石墨制备得到石墨烯，该方法为大规模制备石墨烯提供了一种绿色而简便的制备方法。Cote 等[81]利用在 N_2 气氛下氙灯的快速闪光光热还原法，在无其他化学还原剂存在条件下，直接将石墨氧化物还原制得石墨烯。随后，Matsumoto 等[82]在紫外灯的激发作用下，直接将石墨氧化物还原制得石墨烯。石墨烯的制备逐步向绿色、环保方向发展。

石墨烯制备方法取得的长足进步为石墨烯油墨的应用奠定了很好的基础。前面已经提到由纳米碳材料的另一种形态碳纳米管制成的导电油墨的应用。由碳纳米管制备的导电油墨在储能电池与电容器电极方面有着光明的研究与应用前景。然而，由于碳纳米管的大规模制备能力不足，具有潜在的毒性以及难以溶解在有机溶剂和水中，其应用受到了很大的限制。相比较而言，石墨烯更有优势。Wei 所在的课题组[83]采用胶体悬浮液制备化学修饰的石墨烯油墨。他们首先以天然石墨粉末制备氧化石墨烯，然后将制备的氧化石墨烯分散在超纯水中并透析以除去分散液中的盐和酸；经过离心、空气中干燥后得到纯化的氧化石墨烯粉体；最后将纯化的氧化石墨烯分散在水中，经超声剥离即得到了氧化石墨烯纳米片。将制备的氧化石墨烯再次分散在超纯水中并超声分散，然后将离子型聚合物分散剂如聚(4-苯乙烯磺酸钠)加入分散液中并超声分散，在 80 ℃用水合肼还原，将过滤洗涤得到的粉末再分散到水中即得到石墨烯油墨(图 4-26)。向这种油墨中加入 TiO_2 纳米颗粒和 $LiClO_4$ 可以用于打印电池和超级电容器。他们的制备过程虽然步骤多，但是可以进行大量制备，适用性广，制备的石墨烯油墨可以进行喷墨打印。

图 4-26 聚(4-苯乙烯磺酸钠)修饰的石墨烯油墨

油墨中还含有 0.2 mol/L 的 TiO_2 纳米颗粒和 1 mol/L $LiClO_4$

尽管石墨烯集导电性、化学与环境稳定性、机械柔性于一身，以石墨烯为核心的油墨在能源、传感、电子等领域具有广泛的应用前景。然而，石墨烯油墨在实际应用中也面临一系列的技术难题，如保持器件的高导电性、快速打印固化、免打印后处理以及与各种基底材料的适应性。针对这些问题，Secor 所在的研究组[84]采用喷墨打印与强脉冲光退火相结合的技术实现了高导电性石墨烯图案在多种基底上的快速打印制备。他们首先以石墨为原料，混合乙基纤维素，采用液相剥离法在高剪切条件下制备了石墨烯质量分数为 25%～65%的石墨烯/乙基纤维素粉末。接下来，他们将制备的石墨烯/乙基纤维素粉末直接分散在环己酮/松油醇的混合溶剂中(体积比为 85∶15)并超声分散得到了可喷墨打印的石墨烯油墨(图 4-27)。采用这一方法，他们可以快速制备大量石墨烯，并实现打印过程中的快速固化。

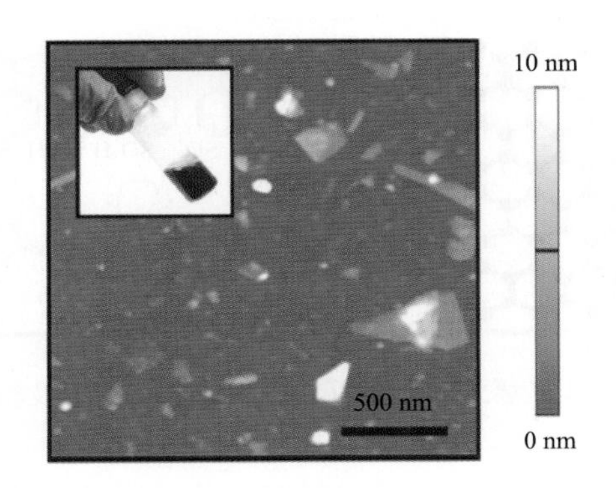

图 4-27　石墨烯油墨(插入图)与以喷墨打印和强脉冲光退火技术相结合制备的石墨烯的表面形貌(原子力显微镜照片)

石墨烯导电油墨的一个重要应用就是制备透明导电电极。透明导电电极是各种柔性光电器件的关键组成部分。目前常用的氧化铟锡(ITO)成本较高，金属纳米线制成的电极表面粗糙度大，碳纳米管导电电极则受限于纳米管间阻抗，而导电聚合物则存在高温稳定性及耐紫外线性能差等问题。因此，从下一代电极要求质量轻、导电性好、稳定性好、柔性、透明等方面综合考虑，石墨烯具有无可比拟的优势。目前制备透明石墨烯薄膜主要采用金属(如镍、铜等)催化结合化学气相沉积(CVD)法。但是这一方法是在高温下进行，而且要经过多步转移工艺才能在目标基底上制备出所需要的透明石墨烯膜。并且转移过程中常常要用到聚甲基丙烯酸甲酯或聚二甲基硅氧烷，这些聚合物在后续的处理过程中难以完全移除，对石墨烯薄膜有一定的破坏。因此，如何制备高质量的石墨烯膜对石墨烯的应用至关重要。为了解决这一难题， Liu 所在课题组[85]提出了一种溶液法大面积制备石墨烯薄膜的方法。他们将由剥离法制备的石墨烯片(EG)与聚(3,4-乙撑二氧噻吩)(PEDOT)-聚苯乙烯磺酸(PSS)分散在 *N,N*-二甲基甲酰胺(DMF)中。聚(3,4-乙撑二氧噻吩)-聚苯乙烯磺酸复合物(PH1000)具有很好的电子特性，与石墨烯的溶液相溶性也很好，因此有助于石墨烯在 DMF 中稳定分散，形成分散均匀、稳定的 EG/PH1000 复合油墨(图 4-28)。

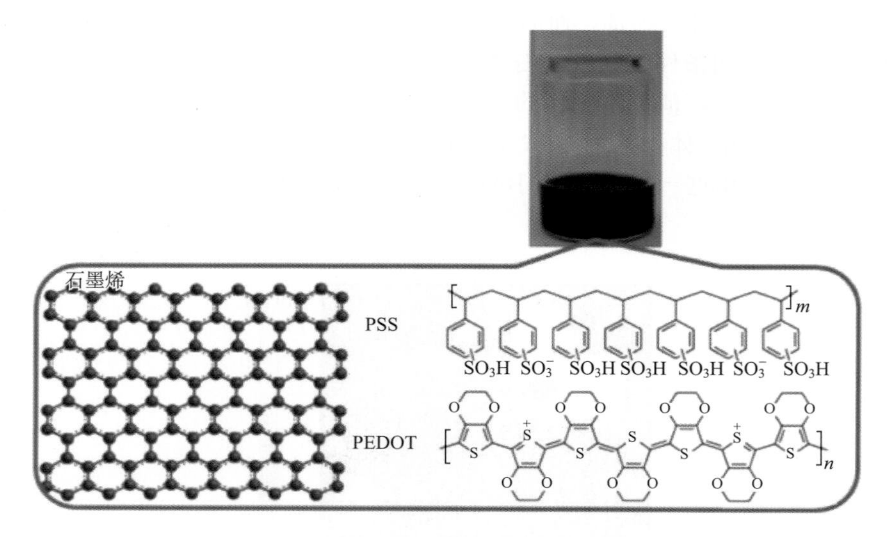

图 4-28 石墨烯/聚(3,4-乙烯二氧噻吩)-聚苯乙烯磺酸油墨以及相应组分的分子结构

在石墨烯油墨制备方法上，尽管已经有一些采用液相法制备石墨烯油墨的报道，但是这些制备方法都是基于剥离石墨烯。制备过程中需要将未成功剥离的纳米石墨片分离。通常情况下这些未剥离的纳米石墨片很难完全分离出来。也就是说，采用液相剥离石墨制备石墨烯的过程得到的是含有少量纳米石墨片的石墨烯。这种不纯的石墨烯会影响导电器件的性能。与此类似，采用膨胀石墨制备的石墨烯的质量取决于所使用的膨胀剂及表面活性物质。正如前面提到的，石墨烯油墨制备过程中关键的一点是石墨烯在油墨中的分散稳定性。Arapov 所在的研究组[86]借鉴纳米银油墨、金属氧化物油墨等的制备方法，采用凝胶法制备了分散稳定的、可进行丝网印刷的石墨烯油墨。他们将制备好的石墨烯分散液与双丙二醇单甲醚混合均匀，然后在一定温度与压力条件下蒸发，直至没有馏出物。余下的均匀的浆糊状产物即为可进行丝网印刷的石墨烯油墨(图 4-29)。

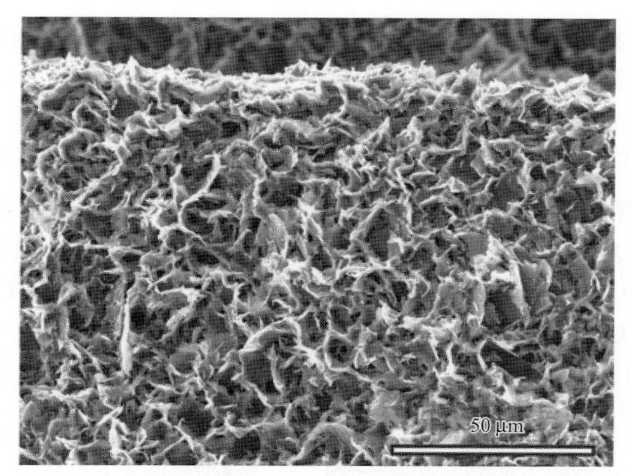

图 4-29 干燥后的石墨烯凝胶的 SEM 照片

4.4.4 其他功能性油墨

由高介电常数材料制成的油墨在动态随机访问存储电容、光伏器件、多层陶瓷电路、微随动系统、高效脉冲功率电容、电解质开关二极管及固态制冷设备等方面的应用越来越广泛。目前商品化的介电油墨印刷后都需要进行高温烧结(>120 ℃)，这限制了介电油墨在柔性基底上的应用。因此，研发能在室温条件下自固化，不需高温烧结的介电油墨对发展新型太阳能电池和射频识别器件具有非常重要的意义。

Al_2O_3 具有优异的介电特性[87]、高的热稳定性和电阻率以及成本低、来源广等优点。Hwang 等[88]以粒径约 200 nm 的 Al_2O_3 粉和低介电损耗的氰酸酯树脂(1 MHz 时介电损耗约为 0.005)为主要成分，以 *N*,*N*-二甲基甲酰胺为溶剂，配制得到了 Al_2O_3 含量为 8%的混合液，经行星球磨机研磨 24 h，过滤后得到 Al_2O_3-氰酸酯树脂油墨(图 4-30)。采用喷墨打印技术制备的复合介电膜的相对介电常数随着膜内

图 4-30 Al_2O_3-氰酸酯树脂复合膜断面场发射扫描电镜照片(FE-SEM)照片

(a)过滤树脂前；(b)过滤树脂后

微孔被树脂填充程度的增加而增大，复合膜中连续相是紧密堆积的 Al_2O_3 粉末网络。这种复合膜的 Q 值(介电损耗的倒数)大于 390，与商品化的低温共熔陶瓷片相当，可以用作封装基板。

Nair 等[89]用行星球磨机研磨 Al_2O_3 粉体/水复合体系 24 h，得到微米尺度的 Al_2O_3 浆料。干燥后，以二甲苯-乙醇混合溶剂作为溶剂，以鱼油为分散剂，以聚乙烯醇缩丁醛为黏合剂，再经球磨工艺得到了可用于丝网印刷的低温自愈合 Al_2O_3 介电油墨(图 4-31)。该油墨在双向拉伸的聚酯薄膜(BoPET)表面打印得到的 Al_2O_3 膜在 5 GHz 和 15 GHz 条件下的介电常数分别为 3.29 和 3.26，介电损耗低至 0.001。该油墨因其优异的低介电损耗特性可应用于印刷微电子电路与射频识别(RFID)中。

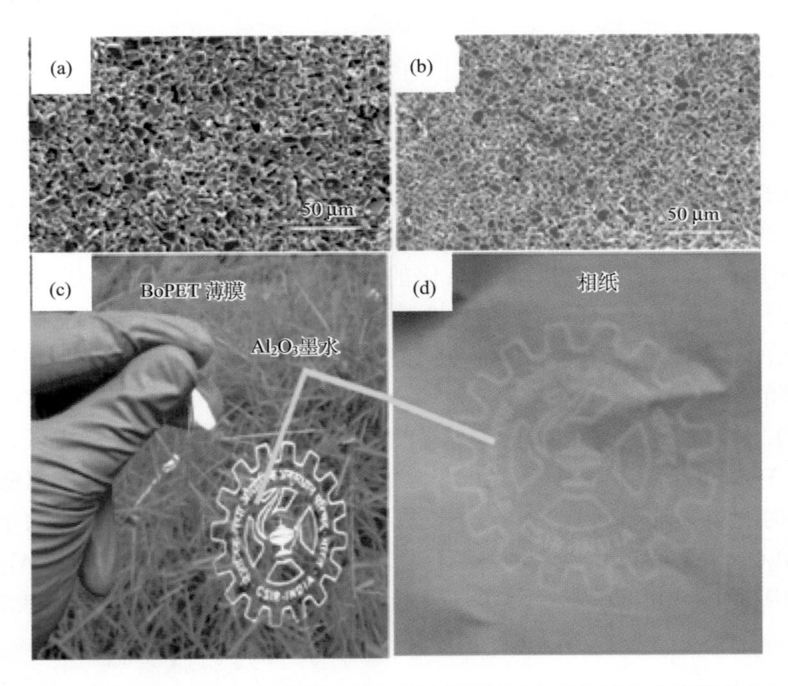

图 4-31 Al_2O_3 油墨打印在 BoPET 薄膜上的扫描电镜照片(a)和相应的光学照片(c)，以及打印在相纸上的扫描电镜照片(b)和光学照片(d)

4.5 小 结

在制造行业里，有人把纳米材料称为“工业味精”，因为把纳米颗粒撒入许多传统材料中，可改进材料原有功能或获得一系列的新功能。这种改进并不见得昂贵，但却使产品更具市场竞争力。一种新技术的出现代表一个新的机遇，面对油墨制造技术相对落后的现状，纳米技术既是一个挑战更是一个机遇。通过纳米技术，我们可以开发出纳米油墨系统。进入纳米技术领域后，把微米级的各种不同类型的添加剂制成纳米级的产品，就会使传统的油墨产品更新换代；同时纳米技术产业将通过纳米颜料和添加剂的制作应用到整个包装印刷产业中。

纳米油墨相对于传统油墨具有更好的品质，能呈现更好的印刷效果。目前纳米油墨的应用还比较少，离广泛应用于油墨制造和印刷工业中还有一段距离，主要原因是其研制的技术还不是十分成熟，一些关键技术还有待突破和改进，并且纳米油墨开发投入较大，制造成本太高。尽管纳米油墨在其开发过程中有很多困阻，但是我们相信，随着科技的进步及原材料成本的下降，纳米油墨必将以其不可替代的优点成为未来油墨行业的主流。

其中，纳米金属油墨因在电子电路、储能及光电功能器件中的广泛应用而备受关注。据统计，在目前已规模生产的喷墨纳米金属油墨产品中，粒径大多在 20 nm 以下，烧结温度在 130～200 ℃，电阻率为 2.3～4 μΩ • cm，将其配合超级打印机，可制得线宽/间距仅为 3～5 μm 的导线，较普通丝网印制导线线宽减小近 90%。其中，平均粒径达到 10 nm 以下的油墨只有四种：美国 ANP 公司的 DGH 55LT-25C 型纳米银油墨、日本 ULVAC 公司的 L-Ag1TeH 型纳米银油墨（3～7 nm）、美国 NanoMas 公司的 NTS05IJ40 型纳米银油墨（2～10 nm）和韩国 InkTec 公司的 TEC-IJ-030 纳米银油墨（5～15 nm）。烧结温度在 100 ℃左右的仅有三种，分别为 NanoMas 公司的 NTS05IJ40 型纳米银油墨、美国 Cabot 公司的 CCI-300 纳米银超导电油墨和德国 Bayer（拜耳）公司的 BayInk 纳米银油墨。

未来纳米金属油墨需要克服一些缺陷并且朝以下的趋向发展才会有更大的前景：

（1）降低成本。需要研发其他金属的纳米级导电油墨或纳米合金油墨，如 Cu-Ag 纳米合金油墨薄膜，其中铜的体积电阻率只增大了 12.5%，成本却仅为银的 1/100，具有较大的发展前景。

（2）进一步减小纳米颗粒尺寸。减小尺寸可以提高布线精度并可进一步降低烧结温度以适应多种挠性板的使用要求。当粒径减小至 2 nm 左右时，烧结温度便可降至 100 ℃以下。

（3）进一步提高导电性。纯银的电导率虽比纯铜高，但纳米银导线的电导率仅为蚀刻铜线的一半。理论上讲，可能有三个原因：一是导线内残留了绝缘性表面包覆剂与杂质；二是导线表面被部分氧化，其氧化物虽可导电但导电性降低；三是烧结温度不同引起电导率下降，如烧结温度在 240 ℃时，电导率为 2.22×10^7 S/m，而 230 ℃时则为 2.04×10^7 S/m。减少表面包覆剂的残余量从而降低烧结过程中空洞缺陷，开发易蒸发、分散效果好高的新型包覆剂，优化烧结工艺等方法都可以改善导线的结构完整性和导电性。

(4) 与基板相容性要提高。须进一步增强油墨对基板的附着力，防止烧结过程中收缩应力导致的薄膜开裂。

(5) 扩大印制匹配性。未来印制电子将融合多种印制方式，尤其是快速灵活、成本更低的新型卷对卷工艺以及采用各种基板如聚酰亚胺薄膜、聚酯薄膜、玻璃、陶瓷等。因此，纳米金属油墨需满足与其他印制工艺的匹配性，以高容量、高产率地印制出各类电子产品。

(6) 提高环境相容性。使用纳米银制线时，若 PCB 暴露于高湿高温环境下，会导致 Ag^+向阴极迁移扩展形成枝晶，缩小布线宽度/间距，易引起短路或断路等故障。

参 考 文 献

[1] Zhang J F, Li X F, Shi X H, et al. Prog Nat Sci, 2012, 22: 71-78.
[2] Jobin V, Kuzhichalil P S, Mailadil T S. RSC Adv, 2014, 4: 47701-47707.
[3] Papirer E, Walter E, Vidal A, et al. J Colloid Interface Sci, 1997, 187: 529-538.
[4] Papirer E, Walter E, Vidal A, et al. J Colloid Interface Sci, 1997, 193: 291-299.
[5] Medintz I L, Uyeda H T, Mattoussi H, et al. Nat Mater, 2005, 4: 435-446.
[6] Kim D, Moon J. Electrochem Solid-State Lett, 2005, 8: J30-J33.
[7] Lee K J, Lee Y I, Shim I K, et al. J Colloid Interface Sci, 2006, 304: 92-100.
[8] Jang D, Kim D, Lee B, et al. Adv Funct Mater, 2008, 18: 2862-2868.
[9] Allen M L, Aronniemi M, Mattila T, et al. Nanotechnology, 2008, 19: 175201.
[10] Wu Y L, Li Y N, Ong B S, et al. Adv Mater, 2005, 17: 184-187.
[11] Cui W J, Lu W S, Zhang Y K, et al. Colloids Surf A Physicochem Eng Asp, 2010, 358: 35-41.
[12] 张万忠，乔学亮，陈建国. 稀有金属材料与工程, 2008, 37: 2059-2064.
[13] 廖立，熊继，谢克难. 稀有金属材料与工程, 2004, 33: 558-560.
[14] Wang H S, Qiao X L, Chen J G. Colloids Surf A—Physicochem Eng Asp, 2005, 256: 111-115.
[15] 王小叶，刘建国，曹宇，等. 贵金属, 2001, 32: 14-19.
[16] 郭瑞萍，郑敏，章海霞. 太原理工大学学报, 2013, 44: 76-80.
[17] 王尚平，徐华平，钟声亮，等. 材料导报：纳米与新材料专辑, 2009, 23: 159-163.
[18] 刘艳娥，尹荔松，范海陆，等. 材料导报, 2010, 24: 132-134.
[19] Lu Q, Lee K J, Lee K B, et al. J Colloid Interface Sci, 2010, 342: 8-17.
[20] 杨振国，邰艳龙. 一种纳米银导电油墨的制备方法：中国, 101870832 A. 2010-05-06: 2-3.
[21] 唐宝玲，陈广学，陈奇峰，等. 中国印刷与包装研究, 2010, S1: 358-361.
[22] 胡永栓，杨小健，何为. 电子元件与材料, 2012, 31: 40-43.
[23] Kim D, Jeong S, Moon J. Mol Cryst Liq Cryst, 2006, 459: 45-55.
[24] Liu Z G, Su Y, Varahramyan K. Thin Solid Films, 2005, 478: 275-279.
[25] Song J H, Lee B I, Lim C M, et al. Gyeongju: Nanotechnology Materials and Devices Conference, 2006.

[26] 吴海平, 吴希俊, 刘金芳, 等. 复合材料学报, 2006, 23: 24-28.
[27] 杨小健. 印制电子用无机导电油墨的制备性能研究. 成都: 电子科技大学, 2012.
[28] Tanaka Y. Method and apparatus for printing conductive ink: USA, 20060086269, 2006-04-27: 1-3.
[29] Jillek W, Lesyuk E R, Schmit E. Ink-jet printing of functional structures for electronic devices. Shanghai: Committee of Electronics Plating of the Shanghai Institute of Electronics, 2007: 1-4.
[30] Kosmala A, Wright R, Zhang Q, et al. Mater Chem Phys, 2011, 129: 1075-1080.
[31] Silvert P Y, Urbina R H, Duvauchelle N, et al. J Mater Chem, 1996, 6: 573-561.
[32] Zhang Z L, Zhang X Y, Song Y L, et al. Nanotechnology, 2011, 22: 425601-425608.
[33] 辛志青. 喷墨打印和聚合物去浸润实现银纳米粒子图案化研究. 北京: 中国科学院大学, 2013. 5: 46.
[34] Park B K, Jeong S, Kim D, et al. J Colloid Interface Sci, 2007, 311: 417-424.
[35] Park B K, Kim D, Jeong S, et al. Thin Solid Films, 2007, 515: 7706-7711.
[36] Yang J G, Zhou Y L, Okamoto T, et al. J Mater Sci, 2007, 42: 7638-7642.
[37] Hu W, Zhu L, Dong D, et al. J Mater Sci Mater E, 2007, 18: 817-821.
[38] 张念椿, 刘彬云, 王恒义. 研究与应用, 2010, 4: 429-430.
[39] 李丽萍, 张海燕, 林锦, 等. 中国有色金属学报, 2010, 20: 1767-1769.
[40] 李哲男, 黄昊, 张雪峰, 等. 材料科学与工艺, 2008, 16: 826-828.
[41] 方芳. 丝网印刷, 2004, 7: 20-21.
[42] 程原, 高保娇, 梁浩. 应用基础与工程科学学报, 2001, 9: 184-190.
[43] 朱晓云, 杨勇. 昆明理工大学学报, 2001, 26: 118-120.
[44] 曹晓国, 吴伯麟. 机械工程材料, 2005, 29: 31-33.
[45] Kanninen P, Johans C, Merta J, et al. J Colloid Interface Sci, 2008, 318: 88-95.
[46] Shpaisman N, Margel S. Chem Mater, 2006, 18: 396-402.
[47] Aslam M, Li S, Dravid V P. J Am Ceram Soc, 2007, 90: 950-956.
[48] Fu W, Yang H, Chang L, et al. Colloid Surf A Physicochem Eng Asp, 2005, 262: 71-75.
[49] Grouchko M, Kamyshny A, Magdassi S. J Mater Chem, 2009, 19: 3057-3062.
[50] Holical L S. Nature, 1991, 354: 56-58.
[51] Lijima S, Ichihashi T. Nature, 1993, 363: 603-605.
[52] Ebbesen T W. Carbon Nanotubes: Preparation and Properties. Boca Raton: CRC Press, 1997.
[53] Journet C, Maser W K, Bernier P, et al. Nature, 1997, 388: 756-758.
[54] Thess A, Lee R, Nikolaev P, et al. Science, 996, 273: 483-487.
[55] Cassell A M, Raymakers J A, Kong J, et al. J Phys Chem B, 1999, 103: 6484-6492.
[56] Bandow S, Rao A M, Williams K A, et al. J Phys Chem B, 1997, 101: 8839-8842.
[57] Shelimov K B, Osenaliev R O, Rinzler A G, et al. Chem Phys Lett, 1998, 282: 429-434.
[58] Shi Z J, Lian Y F, Liao F H, et al. Solid State Commun, 1999, 112: 35-37.
[59] Nagasawa S, Yudasaka M, Hirahara K, et al. Chem Phys Lett, 2000, 328: 374-380.
[60] Zimmerman J L, Bradley R K, Huffman C B, et al. Chem Mater, 2000, 12: 1361-1366.
[61] Xu Y Q, Peng H, Hauge R H, et al. Nano Lett, 2005, 5: 163-168.

[62] Dujardin E, Ebbesen T W, Krishnan A, et al. Adv Mater, 1998, 10: 611-613.
[63] Zhang Y, Shi Z, Gu Z, et al. Carbon, 2000, 38: 2055-2059.
[64] 杨志伟, 刘宝春, 袁婕. 广东化工, 2008, 35: 69-71.
[65] Beecher P, Servati P, Rozhin A, et al. J Appl Phys, 2007, 102: 043710.
[66] Zhao J W, Gao Y L, Cui Z, et al. J Mater Chem, 2012, 22: 2051-2056.
[67] Simmons T J, Hashim D, Vajtai R, et al. J Am Chem Soc, 2007, 129: 10088-10089.
[68] Hummers W S, Offeman R E. J Am Chem Soc, 1958, 80: 1339-1339.
[69] Srinivas G, Zhu Y W, Piner S N, et al. Carbon, 2010, 48: 630-635.
[70] Shan C S, Yang H F, Song J F, et al. Anal Chem, 2009, 81: 2378-2382.
[71] Zhou M, Zhai Y M, Dong S J. Anal Chem, 2009, 81: 5603-5613.
[72] Shen J F, Hu Y Z, Li C, et al. Langmuir, 2009, 25: 6122-6128.
[73] Wang Z J, Zhou X Z, Zhang J, et al. J Phys Chem C, 2009, 113: 14071-14075.
[74] Zhang L, Liang J J, Huang Y, et al. Carbon, 2009, 47: 3365-3380.
[75] Li D, Muller M B, Gilije S, et al. Nat Nanotechnol, 2008, 3: 101-105.
[76] Wang G X, Yang J, Park J, et al. J Phys Chem C, 2008, 112: 8192-8195.
[77] Wang H L, Robinson J T, Li X L, et al. J Am Chem Soc, 2009, 131: 9910-9911.
[78] Murugan A V, Muraliganth T, Manthiram A. Chem Mater, 2009, 21: 5004-5006.
[79] Wu Z S, Ren W C, Gao L B, et al. ACS Nano, 2009, 3: 411-417.
[80] Zhu C Z, Guo S J, Fang Y X, et al. ACS Nano, 2010, 4: 2429-2437.
[81] Cote L J, Cruz-Silva R, Huang J X. J Am Chem Soc, 2009, 131: 11027-11032.
[82] Matsumoto Y, Koinuma M, Kim S Y, et al. ACS Appl Mater Interfaces, 2010, 2: 3461-3466.
[83] Wei D, Andrew P, Yang H, et al. J Mater Chem, 2011, 21: 9762-9767.
[84] Secor E B, Ahn B Y, Gao T Z, et al. Adv Mater, 2015, 27: 6683-6688.
[85] Liu Z Y, Parvez K, Li R, et al. Adv Mater, 2015, 27: 669-675.
[86] Arapov K, Rubingh E, Abbel R, et al. Adv Funct Mater, 2016, 26: 586-593.
[87] Neil M A, Stuart J P. J Appl Phys, 1996, 80: 5895-5898.
[88] Hwang M, Kim J, Kim H, et al. J Appl Phys, 2010, 108: 102809.
[89] Nair I I J, Varma M R, Sebastian M T. J Mater Sci Mater Electron, 2016, 27: 9891-9899.

第5章

纳米印刷电子

5.1 印刷电子简介

印刷电子是印刷技术在电子制造领域的拓展应用，是将具有导电、介电或半导体电学特征的各种电子油墨，采用印刷方式实现其在不同承印基材表面的图形化，从而实现以增材方式制造电子电路及元器件产品的技术。印刷电子进入人们的视野也不过十几年时间，以至于很多人会将其与传统的印刷技术相混淆。传统的印刷技术只适用于可视图文印刷产品的制造，而印刷电子是一种应用于电子产品的较为简便的加工技术。

传统的电子产品的制备是一个极其复杂的技术领域，从单晶硅底材的加工到在单晶硅上制备晶体管与连线的薄膜沉积、光刻、化学气相沉积(CVD)、物理气相沉积(PVD)及电镀等工艺种类繁多[1]，制备电子产品的设备高达数千万元，如此高昂的成本是大多数制造公司无法负担的。但是，利用印刷电子制备电子产品的技术操作简单、成本低廉，使得电子产品的大规模生产成为可能。印刷电子产品的特点是大面积、柔性化与低成本，与硅微电子产品形成强烈的对比。印刷电子产品所需设备投资低，而且印刷电子器件可制作在任何衬底材料上。尽管现阶段印刷制作的电子器件性能不如硅基微电子器件，但成本上的优势和大面积与柔性化特点使印刷电子技术仍有硅基微电子器件所不能胜任的大量应用领域。图5-1比较了传统制备电子产品的方法与印刷电子制造工艺的流程。

随着人们对生活品质的无限追求，科技产品的日新月异，应用电子设备成为现代生活中重要的一部分，如手机、计算机、液晶电视等。现在人们对电子设备的要求主要集中在功能强大、产品安全、环保节能、舒适美观等方面，因此，电子产品的多功能化、环境友好、小型轻薄、低成本化是其发展的趋势。为了实现电子产品的高精度、高分辨率，用到的原材料必须进行纳米化。同时把近几年来研究较多的纳米材料应用技术与操作简单、成本低廉的印刷电子技术联系起来成为可能。纳米印刷电子技术也将作为绿色增材制造技术成为先进制造技术发展的重要方向。

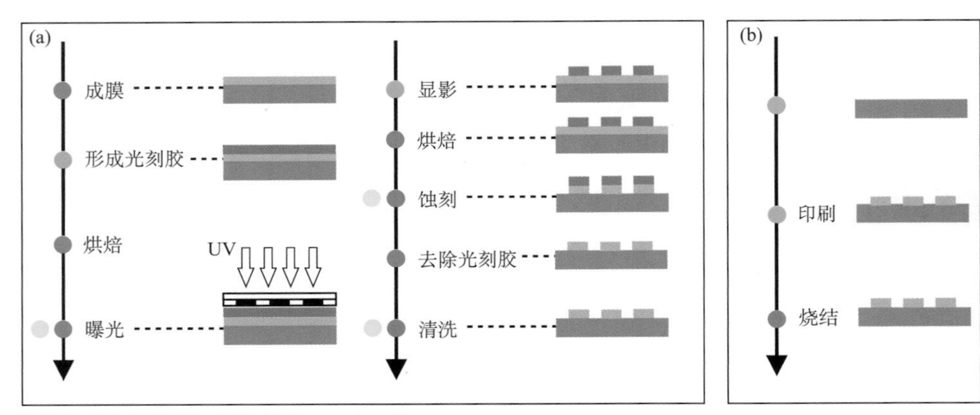

图 5-1 传统制备电子产品的方法(a)与印刷电子制造工艺(b)对比

印刷电子这一领域有着巨大的潜力，市场产值从 2008 年的 9.53 亿美元增长至 2015 年的 300.75 亿美元。在较短时间内印刷电子的最大机遇存在于显示领域的电子纸行业，而近期的主要应用是射频电子标签。印刷电子未来的发展也可以使得整个产业链的经济产量增长至 3000 亿美元。根据 NanoMarkets 的调查报告可知，用于印刷电子产品的原材料和基材投入从 2008 年的 10 亿多美元增长至 2015 年的 100 多亿美元[2]。图 5-2 是 IDTechEx 对印刷电子市场发展规模的预测。在印刷业日趋停滞不前的时候，印刷电子这一领域异军突起，让人们看到印刷业的未来发展方向。鉴于印刷电子是新兴产业，它具有多环节的供应链。印刷电子产品广阔的市场前景，吸引了大量财力与人力的加入。

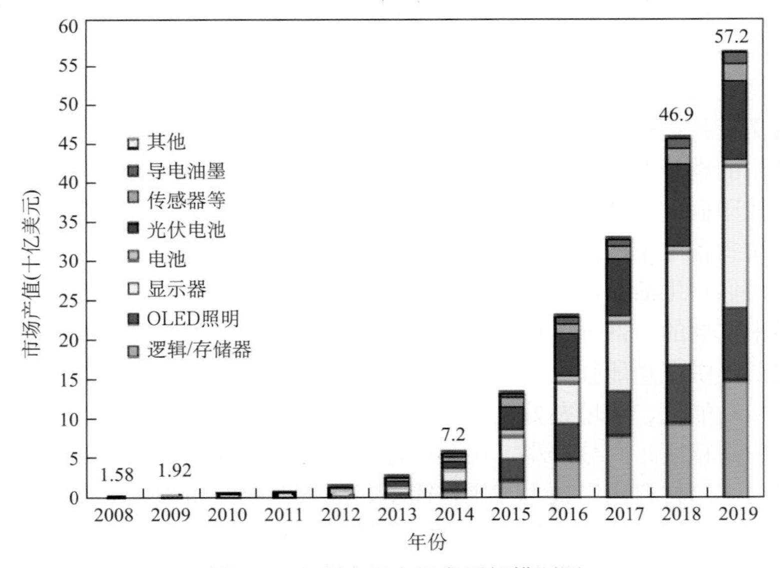

图 5-2 印刷电子市场发展规模预测

5.2　印刷电子制造工艺与制备技术

印刷技术在制造电子产品中以其快速、大面积、精确可控等优点，成为制备电子产品的一个极为重要的手段。印刷电子基于先进功能性纳米材料的研发，以及各种增材印刷、打印的方式直接在衬底上逐层叠加套印制造电子、光电、传感等器件。其中，印刷电子的核心制造工艺包括印刷电子技术的选择，以及印前、印后的处理工艺等。

5.2.1　印刷电子制造技术

印刷工艺有多种分类标准。以是否需要印板为标准，现有的印刷技术可分为有版印刷和无版印刷两大类。有版印刷根据印版类型的不同又可细分为凸版印刷、平板印刷、凹版印刷、丝网印刷(孔版印刷)四大类。无版印刷不通过印版可直接或间接地将待印图像转移到基材上，包括喷墨打印、静电印刷等技术。一方面，直接运用数字化文件作为图案载体的无版印刷更加符合印刷电子对高设计自由度及成本低廉的要求，占据了印刷电子工艺中主要的技术领域。另一方面，对于可数字化制作印板的新技术，传统有版印刷对印刷电子的工艺发展也起到了一定推动作用。不论何种印刷工艺，印刷电子制造技术的最终目的是满足电子印制品的优良电学性能，即最终印刷到基材的油墨要起到导体、半导体等的作用。除了油墨需要和基材及印刷方式匹配外，印刷电子的制造工艺和制造技术也在印刷过程中起到关键性的作用，因此本小节将结合印刷电子的需求对几种常用的印刷工艺的原理进行简单的介绍。

1. 喷墨打印

作为一种非接触的印刷方式，喷墨打印技术[3]在印刷电子领域的应用既存在机遇又面临着一些需要解决的问题：①电子器件制备和印刷图像不同，需要非常低的错误率，每一个点都不可忽视，否则会造成线路的断开，因此对每个点的精度要求非常高，这一点最有可能通过喷墨打印技术实现；②喷墨打印技术有望取代刻蚀加工技术生产电子器件，将喷墨打印技术用于制备线条间隙小于 50 μm、膜厚小于 1 μm 的薄膜，是目前大家关注的一个热点；③喷墨打印可在高纯度下完成油墨打印，其采用纳米液体工艺将油墨中的纳米功能材料喷印在基材上，并按需求控制形成薄膜的层结构；④通过非接触式喷墨打印技术还可实现三维图案的打印，将一定高度的打印点作为电路层间的连接纽带；⑤为了防止微型液滴的扩散，并且保证喷孔能长时间稳定地工作，不发生堵塞等故障，必须协调喷墨与打印喷头的工作状态；⑥大批量生产必须以分辨率达到要求和打印图案的均匀稳定为前提。

2. 丝网印刷

近几年丝网印刷在印刷电子领域的应用相当广泛[4]，和其他印刷技术相比，丝网印刷具有以下优点：①设备耗费成本低，设备操作和制版都比较简单方便；②对基材和油墨的适应性较强，不同基材或者不同的表面均可以印刷，油墨无论是亲油型还是亲水型，只要可从网孔中漏印下来，均可实现印刷；③油墨印刷至基材表面后，最终得到薄膜的膜厚较厚，可达到几十微米，远远厚于其他印刷方式，这可在一定程度上提升电子器件的电学性能。同时，在印刷电子的应用上，丝网印刷由于其自身固有的局限性也面临着不同程度的挑战：①和其他印刷方法比较，丝网印刷的印刷速度较慢，印刷分辨率较低，近几年在工艺和油墨制备方面均对其有所改善，使得印刷速度和图案分辨率都有所提高，但由于受到丝网印刷工作原理的限制，其距离工业化的规模生产还有一段距离；②由于丝网印刷油墨所需的黏度较大，需要添加大量的填料和助剂作为辅助才能满足黏度要求，但这些杂质的引入会大大降低印刷器件的电学性能，这往往需要通过增加印刷图案的厚度进行适当调节。

3. 凹版印刷

凹版印刷是把油墨涂满整个印版，然后利用刮刀将印版上非图案区空白部分的油墨刮掉，留在印版凹陷部位的图案区油墨在压力下转移至基材表面形成图案[5]。相比其他印刷方式，凹版印刷由于印版加工成本高，仅仅局限于大批量的印刷。但是这种印刷方式在印刷电子领域却有较多方面的优势：①印刷原理较简单，容易实现高速生产，特别适用于较低黏度的印刷油墨，对油墨的兼容性比喷墨印刷效果好，而且高速的凹版印刷有助于提高印刷质量；②凹版表面为镀铬材料，坚硬耐用，使用寿命长；③凹印图案可以通过调节各个部分的厚度实现丰富的阶调层次；④凹版印刷的油墨多为挥发性的，适用于印刷非吸收型的基材表面，这也和印刷电子应用相符。

由于凹版印刷比较适合于印刷电子的大规模生产，目前对凹版印刷在印刷电子方面的研究也日益增多，但是凹版印刷仍然面临着较大的挑战。首先，较高的前期设备投资成本是很多小型企业无法承受的，与数字化的无版印刷相比，凹版印刷的制版周期较长，会带来较多的不稳定因素，只有当产量足够大时才能带来一定的收益；其次，凹版印刷所用的印版为刚性也决定了它不是对所有的基材都适合，尤其不适合刚性、表面平整度较差的基材。

4. 凸版印刷

凸版印刷正好和凹版印刷相反，它是用图案部分凸出高于非图案部分的印版进行印刷的方式，沾有油墨的图案部分凸出，并在印刷过程中和基材表面直接接触，将油墨转移至基材表面，完成图案印刷[6]。

与其他印刷方式相比，凸版印刷的优点就在于印制的图案可以通过接触的方式和基材上需要印刷图案的区域高度吻合，这就避免了非接触式印刷时油墨在基材表面运动或者扩散的问题。凸版印刷也可以实现超高分辨率的印刷图案，所印图案的边缘比较齐整。目前有报道利用 PDMS 硅橡胶超高分辨率印版通过微接触印刷方式所达到的图案分辨率为 100 nm，甚至更高。然而，由于凸版印刷对油墨黏度的要求较高，要求达到 50000 cP 以上，而且印刷时所施加的压力也远远大于其他印刷方式，所以很大程度上不太适合印刷电子领域的应用。较为常见的、用于印刷电子领域的凸版印刷方式有柔性版印刷和实验室常用的微接触印刷。

1) 柔性版印刷

柔性版印刷是使用柔性印版进行印刷的方式。柔性印版一般是由橡皮凸版、感光树脂等弹性材料制成的印版。通常情况下是先将油墨通过供墨系统填充至具有条纹的网辊上面，再通过网辊上的着墨孔转移至柔性印版的凸出的图案区域，随后通过滚筒之间的相互接触印刷至基材表面形成图案。这种具有弹性的柔性印版代替了以往凸版印刷的刚性印版，弥补了凸版印刷对印刷压力和油墨黏度的要求，因此其在印刷电子领域的应用具有巨大的优势，主要表现在：①印刷油墨的黏度要求降低至 50～200 cP，并广泛适用于多种基材；②柔性版印刷得到的图案厚度较小，且表面边缘比较整齐，制作柔性版的难度和成本均大大降低。但是柔性印刷由于种种限制，在应用于印刷电子领域时也面临着巨大的挑战，主要表现在大批量生产印刷电子产品时，由于柔性印版的耐印力较差，需要频繁更换印版，这也大大限制了柔性印版在实验室条件下的研究。

2) 微接触印刷

微接触印刷作为另外一种凸版印刷方式，通常用常见的具有弹性的聚二甲基硅氧烷(PDMS)作为印版材料，在实验室条件下将 PDMS 低聚物和固化剂涂覆于具有精细结构的模板上加热固化即可简单制备。制得的 PDMS 印版具有较高的分辨率(可小于 100 nm)，广泛应用于实验室对于印刷电子的研究。微接触印刷的工作原理也很简单，即先在 PDMS 印版上涂覆一层油墨层，然后将其与目标基材接触，凸出的油墨层就会转移至基材表面。油墨的状态可以是固态也可以是液态，这大大降低了对油墨的要求。但是，将微接触印刷用于印刷电子也有一定的挑战，

PDMS 较大的弹性虽然能够保证印刷在粗糙表面的实现，但是也会导致印刷图案的变形，一般需要通过添加其他弹性材料来改善 PDMS 的弹性模量。另外，PDMS 在遇到部分溶剂时会发生一定程度的溶胀，从而发生变形，这也大大限制了微接触印刷在印刷电子上的应用。

5.2.2 印前/印后处理工艺

在印刷电子领域，印刷前后对印刷图案和基材表面的处理工艺同样占据重要地位。其中，“印前处理”不仅包含了传统印刷行业里的印前工艺，也包括了针对制造电子产品所必需的对承印材料进行预处理的措施。同时，为了使印刷用的导电油墨获得预想的电学性能，退火、烧结、封装等“印后处理”也十分有必要。

1. 印前处理

印前处理主要包括对印刷前图案的预处理和设计，以及对印刷基材表面的处理两类。

由于不同的印刷电子制品在印刷结构和最终实现功能上差别较大，所以对印刷前的图案需要依据不同的结构进行不同的设计。例如，发光器件和光伏元件的印刷属于整体覆盖，不需要较精细的图案设计，而对功能电路的图案设计则需要考虑元件的尺寸大小和整个电路的布局等因素。与传统手段通过光刻、化学腐蚀的方法制备电子电路不同的是，印刷电子主要从绿色环保、降低成本的角度出发，因此印刷图案的设计无法参考以前的经验。除此之外，还要考虑印刷工艺的选择及印版的制备方法等问题。

对于基材表面的不同处理方法主要是针对印刷油墨来说的，如果印刷油墨是水性溶剂，通过等离子体、紫外、电晕等方法直接使基材表面氧化，形成亲水表面的表面能处理变得非常有必要，这将会直接影响印刷电子制品的均匀分散性、分辨率以及油墨在基材上的附着力。实验室条件下更多地采用等离子体表面处理的方式，针对性地使用高纯度气体以获得特定的等离子体，并通过调节各种参数来达到最佳的处理效果，具有明显的优势。而等离子体处理条件较为苛刻，工业上更多地采用电晕处理的方法，通过在基材表面施加高压电场，将空气中的成分氧化成等离子体进行表面处理。表面能处理除了可以将基材表面亲水化外，还能产生净化表面、使表面能达到一致的效果。

如果所用的印刷油墨为溶剂型的，一般会对基材表面进行分子自组装处理。就是将一些长链状结构的疏水分子通过化学接枝的方法修饰在基材表面，从而降低基材的表面能，提高材料对油性溶剂的浸润效果。

除了对基材表面进行不同的表面能处理外，还有针对一些特殊基材所进行的涂层处理。例如，纸张材料由大量纤维组成，具有较强的渗透性，因而不利于电子油墨在其表面的印刷，需要通过涂层处理改善表面的印刷性能。对基材的涂层处理主要取决于基材的材料组成、表面状态、材料的收缩性等因素。

2. 印后处理

为了使印刷后的油墨图案获得较理想的电性能，需要对其进行后续的工艺处理，如常用的退火、烧结固化等手段。对印刷油墨的后续处理可以改变所形成薄膜图案的微结构，从而使图案的电性能发生巨大改变。同时由于印刷电子适用的纳米材料对环境比较敏感，后续的工艺处理变得异常严格。

常用的印后处理方式是烧结固化。一是通过加热的方式烧结。通过加热去除油墨中溶剂和各种挥发性的助剂，使纳米材料之间充分接触，更高的加热温度也会使纳米材料接触后进一步发生融合，成为一个整体，这些都有利于材料电性能的提高。实验室的加热通常是通过烘箱实现的，但是由于生产效率较低不适合工业应用，工业上主要采用热风烘干、红外烘干及微波烘干等已经大型工业化的加热设备进行印刷图案的后处理。二是利用紫外进行固化。在不加热的情况下通过紫外光源直接实现印刷油墨图案的固化，大大提高了工作效率。但是这种固化方法需要油墨中含有在紫外光下可以交联固化的聚合物成分，加入的量也需要严格控制，否则会对印刷图案的电性能造成影响。另外，此类油墨由于对紫外光比较敏感，所以需要避光保存。

退火在印刷电子领域主要应用在有机和聚合物材料上，主要用来消除材料的内应力，由于较少应用于纳米材料，在这里就不再赘述。

本节主要介绍了印刷电子领域相关的一些常用的制造工艺和印刷前后的工艺处理方法，并简单介绍了各种方法的特点和应用范围。印刷电子制造方法要根据油墨的各项参数、产品所要达到的性能指标等情况进行不同的选择。并且在印刷电子应用中，也可能会出现多种印刷方式联合使用的情况。另外，对于各种印刷方法的对比介绍，也利于从业者在进入印刷电子领域时有一个更为全面的考虑。

最后需要指出的是，在印刷电子应用方面也要充分考虑对印刷前、后处理工艺的选择，这也对印刷电子产品的性能有重要影响。印刷前需要考虑印刷电子产品的图案的预处理和结构的设计，以及印刷基材表面的预处理，这对印刷电子产品的性能以及油墨和基材的匹配都有一定的影响。印刷之后对印刷图案的后处理，如干燥、烧结等，可以改变印刷后图案的微观结构，充分提高材料的电性能，使印刷油墨快速干燥不发生变形，并且材料在基材上也适应性也会大大提高。在蚀刻覆铜箔板的传统工艺中，经过了铜箔与基材的层压、表面清洗、抗蚀剂涂布、曝光、显影、蚀刻和抗蚀剂剥离等复杂且高污染的程序。与之相比的各种印刷制造电子技术，只是在基材上印刷导电性油墨并干燥烧结，大幅度降低了加工制造成本。目前，印刷电子制造工艺与制备技术已经逐步开始应用于实际产品中，越来越多的产品工程师和普通大众开始认识“印刷电子”这个名词。

5.3 纳米印刷电子的应用

承上所述，纳米印刷电子是一种增材法电子制造技术，泛指基于具有导电、介电或半导体电学特征的各种纳米材料，采用喷墨打印、丝网印刷、凹版印刷和凸版印刷等打印印刷或新型纳米印刷工艺技术，通过层层印刷的方式完成纳米材料在不同基材表面微纳图案化甚至纳米精度阵列转移，进而实现印刷制造电子电路及元器件产品的技术。随着电子科技的不断进步与完善，对电子产品越来越强调人性化、移动化，轻、薄、短、小已成为发展趋势。通过纳米印刷制造的电子产品更省电、更便宜、更多样化，而且操作简单、容易携带，更符合人体工程学

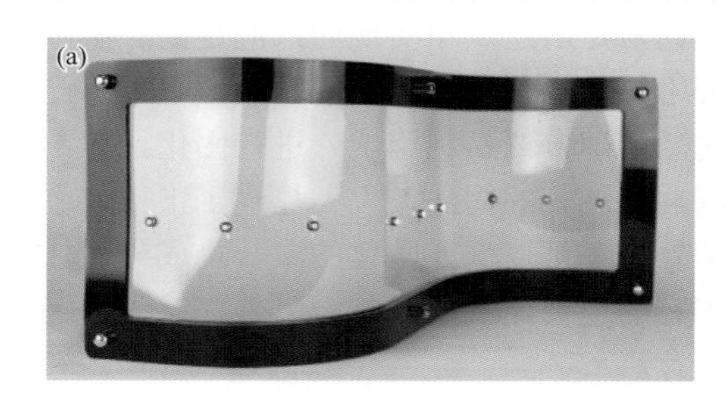

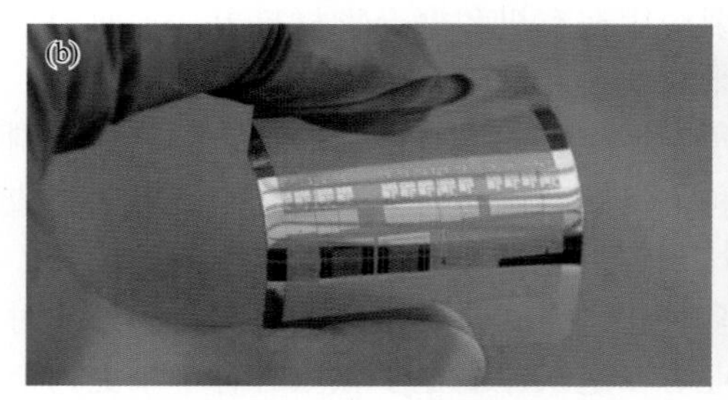

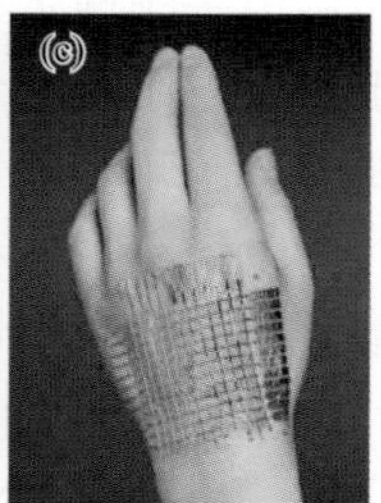

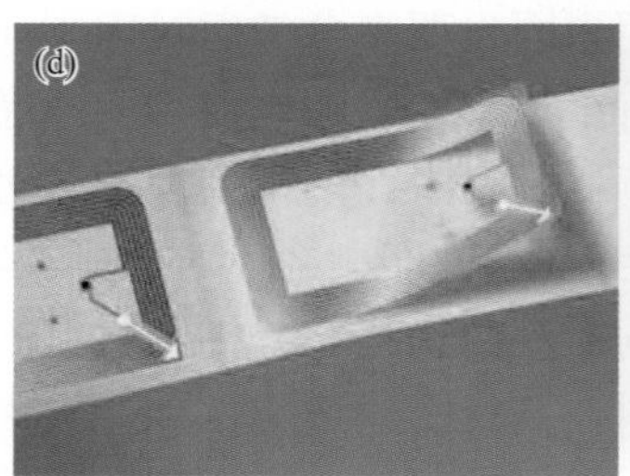

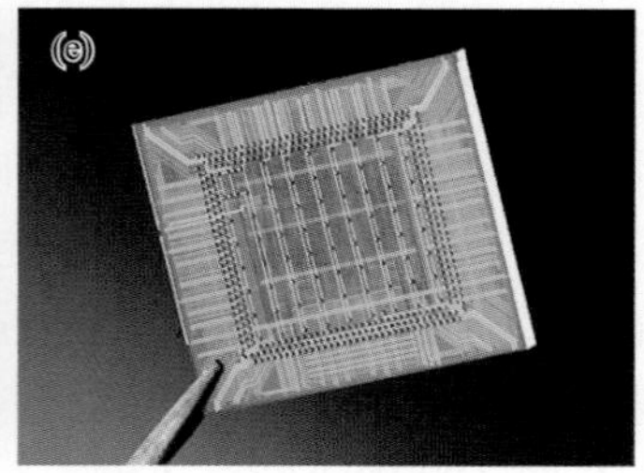

图 5-3 印刷柔性电子新应用

(a) 透明导电膜；(b) 柔性晶体管；(c) 可穿戴传感器；(d) RFID 天线；(e) 微纳电子电路

设计。印刷柔性电子由有机薄膜和各种无机、有机导电材料油墨直接印刷而成，采用高效、低成本制造工艺，所制备的柔性电子表现出良好的弯曲性和超薄属性，在信息、能源、医疗、国防等领域具有广泛应用前景，如无线射频识别(RFID)标签、柔性晶体管、透明导电膜、可穿戴传感器、微纳电子电路等(图 5-3)。印刷柔性电子除整合电子电路、电子组件、材料、平面显示、纳米技术等领域技术外，同时横跨半导体、封测、材料、化工、印刷电路板、显示面板等产业，可协助传统产业，如塑料、印刷、化工、金属材料等产业的转型，提升产业附加值[7]。

此外，柔性电子技术是一场全新的电子技术革命，引起全世界的广泛关注并得到了迅速发展。美国《科学》杂志将有机电子技术进展列为 2000 年世界十大科技成果之一，与人类基因组草图、克隆技术等重大发现并列。印刷柔性电子制造技术的蓬勃发展也必将掀起电子产业发展的新热潮。

5.3.1　RFID 天线

RFID 技术作为一项先进的自动识别和数据采集技术，被公认为 21 世纪十大重要技术之一，已经成功应用到生产制造、物流管理和公共安全等各个领域。国际权威科技市场调查机构 IDTechEx 报告显示，预计到 2018 年全球 RFID 市场产值将达到 269.7 亿美元(图 5-4)，其中，无源标签的比例为 40%，有源标签为 6%，询问机（包括手机）为 16%，网络、软件、服务等为 38%。

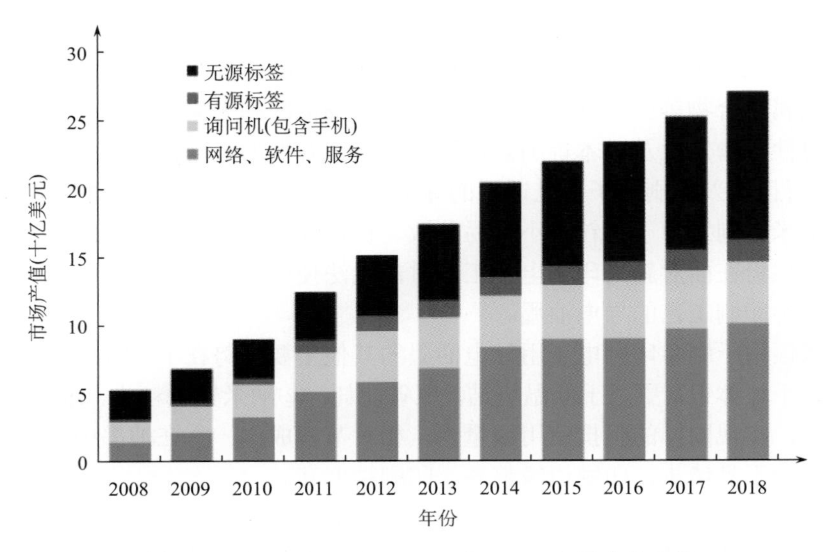

图 5-4　IDTechEx 2008～2018 年 RFID 市场容量分析

RFID 技术是由 RFID 标签、RFID 阅读器和数据采集系统构成(图 5-5)，用于控制、检测和跟踪物体，其中 RFID 标签由天线、芯片和层合基材组成。传统天线主要采用蚀刻制造技术，过程烦琐，排放大量三废污染物。政府与民众的环境保护意识日益增强，严厉的环保制度限制了三废的排放，极大地提高了蚀刻天线准入门槛。而以纳米导电油墨印刷 RFID 标签天线来代替蚀刻技术，具有高工效、低成本、节省材料及减少化学污染等诸多优点。

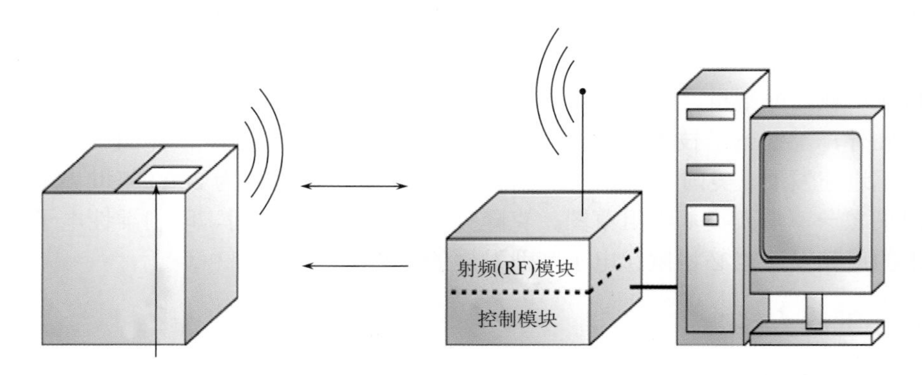

图 5-5 RFID 技术构成简要示意图

1. 印刷 RFID 油墨

印刷电子用导电油墨从工艺方面分类，除了传统的丝印导电油墨外，新兴的导电油墨包括针对喷墨印刷、柔印、凹印、压印及微接触印刷等的导电油墨。印刷电子用导电油墨从材料方面分析，核心的导电填料如导电高分子、纳米银、纳米铜及金属络合物等已相继出现；根据当前市场情况和未来发展趋势分析，综合考量导电性、稳定性及成本等因素，基于纳米银开发的导电油墨将一枝独秀，占据主流，而且新兴印刷电子工艺适用的导电油墨较传统丝印导电油墨黏度低很多，如此，纳米银则发挥了其粒径小、易分散、稳定性好的优点，而传统生产导电油墨用微米银粉在面对新兴印刷电子工艺时却无法使用，因此，基于纳米银可以开发适合各种印刷工艺的导电油墨。

纳米银用于制备印刷电子用导电油墨的其他主要优势在于：①纳米银粒径小，熔点远低于块体银，更适于低温烧结，节省能耗；②纳米银颗粒小，堆积密度高，电阻率低，实现同样的阻抗使用银量少，相对节省成本；③在油墨中均匀分散，印刷过程中不易堵头，印刷边缘整齐，印刷精度高。

另外，纳米硅油墨也有印刷 RFID 天线的成功案例。美国 Kovio 公司在 2008 年开发的基于纳米硅的油墨首先实现了商业化。由于纳米硅油墨需要较高的烘烤温度，该 RFID 天线是喷墨打印在不锈钢片衬底上的，虽然实现了柔性化，但是还没有实现塑料化。韩国顺天大学通过卷对卷凹版印刷碳纳米管与纳米银油墨的方法制备出基于塑料基底的 RFID 天线，印刷的半导体材料是碳纳米管油墨，导体材料是纳米银油墨，这两种材料的烘烤温度在 150℃以下，因此可以制备在塑料薄膜基底上。

目前数字喷墨印刷 RFID 天线需要解决诸多难题，首先是印刷速度问题，传统的喷墨印刷机双向移动速度慢，效率低，无法达到 RFID 标签的宏量需求，北京中科纳通电子技术有限公司正在开发快速卷到卷数字喷印技术，以解决生产效率问题；其次，在印刷厚度方面，需要综合考虑解决导电油墨纳米银固含量、像素密度和干燥速度问题，进一步增加厚度需要二次电镀或化学镀等；再次，在固化工艺方面，传统的高温炉烧结，能量利用率及效率较低，无法适应规模化快速生产；最后是喷头问题，喷头技术被美、日、欧印刷巨头垄断，中国不具备喷头核心技术，在喷头的选择和改制方面非常被动。

针对上述问题，国际上的解决方案如下：德国悬策尔丝网印刷设备有限公司推向市场的卷对卷数字印刷机，印刷速度可达到 75 m/min(600×600 dpi)，今年日本印刷设备展会上也出现了快速卷对卷数字印刷设备，数字喷墨印刷的速度接下来将大幅度改善；同时印刷精度近年来也出现了突破，日本出现了 SIJ Technoloygy 公司的超级喷墨(super inkjet)印刷和大阪市立工业研究所的超精细喷墨(ultra-fine inkjet)印刷技术，实现了液滴大小为 0.1～10 fL, 线宽线距为 0.5～50 μm 的可控精度。

2. 印刷工艺

目前印刷 RFID 天线工艺除了传统的丝印工艺和较为自动化的数字喷印技术外，还有轮转丝印、柔印和凹印工艺，业界认为随着 RFID 技术的蓬勃发展，当面对 RFID 标签的海量需求时，柔印和凹印技术也会被用于印刷 RFID 天线(图 5-6)，其较高的生产效率更能够降低其生产成本。

基于印刷天线制造的 RFID 标签完全可以达到蚀刻天线制备的标签的性能，但是在一些方面仍然存在差异，它们各有优弊。例如，印刷天线制造 RFID 标签 Q 值较低，响应频谱较宽，而蚀刻天线制造的 RFID 标签 Q 值高，但响应频谱窄。布局 RFID 技术的用户，如地铁公司或物流公司为了规避风险，往往选用多家的读写装置，在这种情况下，印刷 RFID 天线制造的标签兼容性较传统蚀刻天线标签好很多；另外，纸质、陶瓷材料、布料等更适合印刷天线，印刷技术对基材的兼容性更好。

5.3.2 柔性晶体管

1. 金属-氧化物-半导体场效应晶体管(MOSFET)的基本原理

场效应晶体管的工作原理用一句话说，就是“漏极-源极间流经沟道的 I_D，

栅极与沟道间的 pn 结(将 p 型半导体与 n 型半导体制作在同一块半导体基

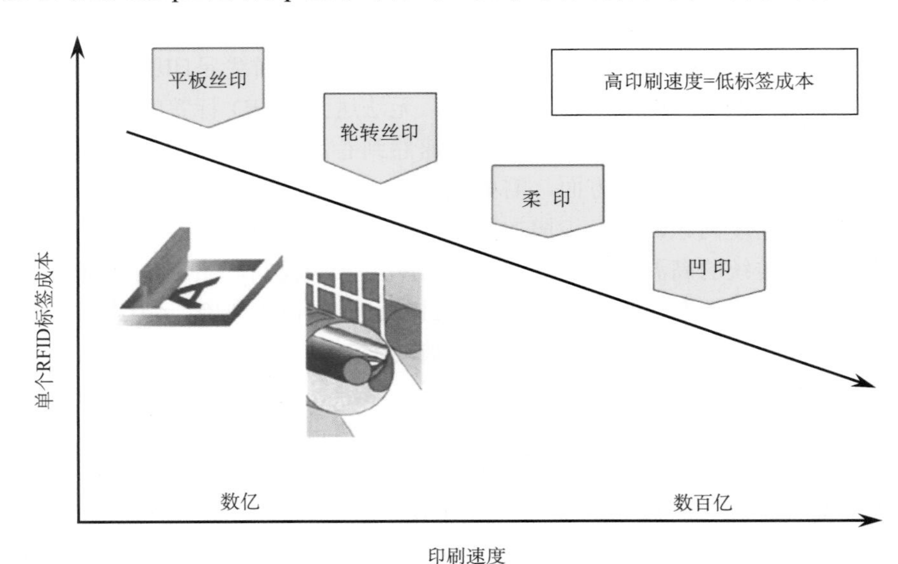

图 5-6　不同速度印刷工艺与单件 RFID 成本取向图

片上，在它们的交界面就形成空间电荷区，称为 pn 结)上形成的反偏栅极电压可控制 I_D”。更确切地说，I_D 流经通路的宽度，即沟道截面积，由 pn 结反偏产生的耗尽层扩展变化来控制。在 V_{GS}=0 的非饱和区域，过渡层的扩展不大，根据漏极-源极间所加电场 V_{DS}，源极区域的某些电子被漏极拉去，即从漏极向源极有电流 I_D 产生。从栅极向漏极扩展的过渡层将沟道的一部分堵塞，I_D 饱和，这意味着过渡层将沟道的一部分阻挡，电流并没被切断。

过渡层由于没有电子、空穴的自由移动，在理想状态下几乎具有绝缘特性，通常电流也难流动。但是此时漏极-源极间的电场，实际上是两个过渡层接触漏极与栅极下部附近，由于漂移电场拉去的高速电子通过过渡层。因漂移电场的强度几乎不变产生 I_D 的饱和现象。其次，V_{GS} 向负的方向变化，让 V_{GS}=V_{GS}(off)，此时过渡层大致成为覆盖全区域的状态。而且 V_{DS} 的电场大部分加到过渡层上，将电子拉向漂移方向的电场，只有靠近源极的很短部分，这更使电流不能流通(图 5-7)。

2. 印刷晶体管的制造技术

1) 电极的印刷构建技术

随着各种适合印刷的电极油墨如金油墨等被开发出来，许多传统的印刷方法已应用于构建晶体管电极，同时也开发出了许多新型的印刷方法。目前基于印刷技术构建晶体管源漏电极的方法，主要有凹版印刷、喷墨印刷、气流喷印和压印等。

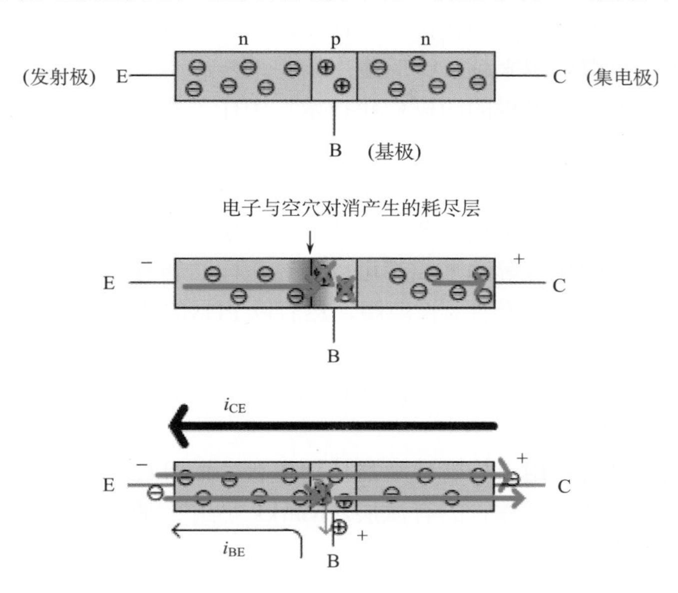

图 5-7　npn 型晶体管示意图

2010 年 Jung 等[8]在 *IEEE T Electron Dev* 上报道了采用卷对卷印刷方式在 PET 柔性衬底上实现全印刷薄膜晶体管和 RFID 电子器件。Zhao 等[9]用喷墨打印的方法在柔性衬底和硅衬底表面构建银电极阵列和简单的振荡电路。Haruya 等[10]用高速离心分离后的碳纳米管二甲基甲酰胺通过喷墨打印方法在二氧化硅衬底表面打印 100 次后得到碳纳米管薄膜电极，并构建出全印刷碳纳米管薄膜晶体管，器件表现出优越的电性能。另外，Aurore 等[11]将羧基功能化的碳纳米管和聚 3,4-乙撑二氧噻吩：聚苯乙烯磺酸盐(PEDOT：PSS)分散在水中，得到了分散性和稳定性良好的导电水基油墨，并用喷墨打印的方法得到了导电性和成膜性较好的碳纳米管混合电极。Cho 等[12]和 Vaillancourt 等[13]分别通过气流喷印方法在柔性衬底上制备了精度较高的金和银电极，并构建了顶栅有机和无机薄膜晶体管器件，并且器件表现出优越的电学性能。最近，还有文献报道[14]，通过转印的方法把石墨烯转移到柔性衬底表面，然后通过等离子体蚀刻得到特定形状的石墨烯电极。由于石墨烯具有高的电子迁移率，用石墨烯为电极构建的碳纳米管薄膜晶体管器件和并五苯有机薄膜晶体管器件表现出优越的电学性能。

2) *有源层的印刷构建技术*

有源层是载流子传输的通道，是影响薄膜晶体管性能参数的最重要的因素。

构建有源层的有机和无机半导体材料在性质上相差甚远，因此在器件构建中所采用的技术相对于其他部分的构建更加多样化，其中印刷法构建有源层作为一种新型的构建技术，正得到越来越广泛的应用。

转印技术在上文“电极的印刷构建技术”中作了介绍。通过转印技术把化学气相沉积石墨烯转移到柔性或刚性衬底上，可以得到非常平整、大面积的石墨烯薄膜，再在其表面沉积电极，构建石墨烯薄膜晶体管器件。

压印法也是一种常用来构建薄膜晶体管有源层的非常有效的方法。碳纳米管薄膜、硅纳米线、砷化镓等纳米线都可以通过压印法转移到其他衬底表面构建薄膜晶体管。例如，先得到碳纳米管薄膜，然后以 PDMS 为印章模板将其转移到其他衬底表面[15]；用同样的方法可以把以化学气相沉积法制备的碳纳米管、硅纳米线、砷化镓纳米线通过印章压印方法转移到其他衬底表面来构建薄膜晶体管器件和简单逻辑电路[16]。

喷墨印刷不仅可以用于构建薄膜晶体管电极，而且已广泛应用于构建有机半导体和无机半导体薄膜晶体管的有源层。Marks 小组[17]通过喷墨打印方法在玻璃及柔性衬底表面构建了高性能的氧化铟、氧化锌等金属氧化物薄膜晶体管。

3）介电层的印刷构建技术

介电层是构建薄膜晶体管的另一个重要部分。介电层性能的好坏直接影响着薄膜晶体管性能的好坏。介电层的构建工艺等对获得高性能的薄膜晶体管器件非常重要。

通过气流喷印技术打印离子胶介电油墨、卷对卷方法印刷 PMMA（聚甲基丙烯酸甲酯）/$BaTiO_3$ 杂化介电层，这些方法已在电极和有源层构建中详细阐述，这里就不再赘述。另外，还有用转移技术来构建介电层的方法，即先在硅衬底表面制备一层 1μm 左右厚度的 PDMS 薄膜，然后把 PDMS 薄膜作为介电层，通过转移技术把 PDMS 转移到其他衬底表面，再构建源漏电极和有源层。

上文已经介绍了印刷法制备晶体管电极、介电层和有源层的技术，由于晶体管的各个组成部分都可以通过印刷技术来构建，因此全印刷晶体管的构建完全可行。全印刷薄膜晶体管器件构建过程中主要采用的印刷方法包括喷墨打印（包括气流喷印）、卷对卷接触印刷、压印/转移技术等。目前全印刷薄膜晶体管结构主要有底栅和顶栅两种。全印刷顶栅结构的薄膜晶体管构建过程一般是先在衬底上打印源漏电极，再依次印刷有源层、介电层和顶电极。由于全印刷技术还处于初级阶段，技术不够成熟，构建出的晶体管器件的性能还有待进一步提高。

5.3.3　透明导电膜

1. 简介

透明导电膜是指在可见光范围内(λ=380～780 nm)有较高的透过率(90%以上)，导电性优良(电阻率一般低于 $10^{-3}\ \Omega \cdot cm$)的薄膜材料。

透明导电膜广泛应用于平板显示、触控面板、电磁屏蔽、光伏器件、汽车窗加热、变色玻璃等领域。据 Nanomarket 公司在 2010 年公布的预测数据，由于苹果触摸屏产品的巨大成功，以及未来薄膜太阳能电池、OLED 显示与照明的巨大潜在市场，仅平板显示、触摸屏、薄膜太阳能电池与有机发光照明等高端应用对透明导电膜的需求到 2017 年达到 5 亿 m^3。透明导电膜的市场产值在 2010 年已达到 24 亿美元，到 2017 年增加到 76 亿美元，年增长率为 45%。

2. 透明导电膜的特性

从物理学的角度来看，物质的透光性和导电性是一对矛盾体。为了使材料具有导电性，按照能带理论，要求其在费米球附近的能级分布密集，被电子占据的满价带能级和空导带能级之间不存在带隙，但在这种情况下，当有入射光进入时，材料很容易产生内光电效应，光子由于激发电子失去能量而衰减；而从透光性的角度上不希望产生内光电效应，这就要求其禁带宽度必须大于光子能量。因此透明就意味着材料的带隙宽度大(E_g>3 eV)而自由电子少，导电就意味着材料的自由电子多，就像金属，从而不透明。只有能同时满足这两种条件的材料才能使用在透明导电膜上，这就从理论和工艺上给人们提出了有趣的矛盾。

3. 透明导电膜的基材

目前应用最为广泛的透明导电膜是在玻璃、陶瓷等硬质基材上制备的，但这些基材质脆、不易变形，这限制了透明导电膜的应用。与硬质基材透明导电膜相比，在有机柔性基材上制备的透明导电膜不仅具有相同的光电特性，而且还具有许多独特优点，如可弯曲、质量轻、不易破碎、可以采用卷对卷工业化连续生产方式有利于提高效率、便于运输等。随着电子器件朝轻薄化方向发展，柔性透明导电膜有望成为硬质基材透明导电膜的更新换代产品，因此其研究备受关注。

制备柔性透明导电膜的首要问题是选择合适的柔性基材。对柔性基材的选择除了要求材料的透明性好($T \geqslant 90\%$)之外，还应考虑其与透明导电层之间的匹配性、附着性要好。另外，根据透明导电膜制备方法、工艺及使用的不同，柔性基材还要有一定的热稳定性和化学稳定性。可用作柔性基材的材料有聚对苯二甲酸乙二醇酯(poly-ethylene terephthalate，PET)、聚碳酸酯(polycarbonate，PC)、聚酰亚胺(polyimide，PI)等，其中最常用的柔性基材为PET薄膜。

为了有效地提高柔性透明导电膜的各项性能，一般在基材上制作导电层之前，需先对基材做预处理。预处理方法与导电层的制备方法及工艺有着密切关系。例如，目前针对制作柔性氧化物透明导电膜，对基材的预处理方法主要是在基材上沉积缓冲层，使其阻隔性提高，以利于导电层生长，从而降低导电薄膜的电阻率。常用的缓冲层有Al_2O_3、SiO_2、ZnO和聚酰亚胺等。

4. 透明导电膜分类

根据导电层材料的不同，目前应用的透明导电膜主要分为：金属系、氧化物膜系(或称半导体)、高分子膜系、复合膜系及其他透明导电膜等(表5-1)。

表5-1 各种透明导电薄膜性能指标比较

特性	银纳米线	有光调整层的ITO(触摸面板用)	ITO(通用)	导电聚合物PEDOT/PSS
表面电阻值(Ω/□)	150～250	270	270	820
全光线透射率(%)	90～91	90	86	90
色度	≤1.2	1.7	3.3	0.5
雾度(%)	0.9～1.3	0.8	0.8	1.5

氧化物透明导电膜由于其优良的光电特性，如较低的电阻率、高的可见光透过率等优点而作为透明电极广泛应用在平面显示、太阳能电池、触摸屏、可加热玻璃窗等领域。目前ITO薄膜实际应用最广，其靶材制备与成膜工艺较为成熟。其中，ITO膜是目前研究和应用最广泛的氧化物透明导电薄膜之一，它的电阻率介于10^{-4}～10^{-3} Ω·cm之间，可见光的透射率达85%以上。对In_2O_3和SnO_2的能带研究表明，符合化学计量比的In_2O_3和SnO_2均为宽禁带绝缘体。要想能导电且对可见光透明，则必须使其半导化，即掺杂半导化或组分缺陷半导化。ITO膜优异的性能，使其在目前透明导电薄膜中，尤其在平板显示器所用的导电薄膜中占绝对的地位。

但由于ITO薄膜中In_2O_3价格昂贵，成本较高；而且In有剧毒，在制备和应用中对人体有害；另外，Sn和In的原子量较大，成膜过程中容易渗入基材内部，毒化基材。同时，真空溅射沉积的制造成本高、材料浪费严重，ITO适于沉积在玻璃表面，沉积在柔性材料上的连续薄膜会因衬底材料弯曲而断裂。因此，开发替代ITO制备技术的新型透明导电膜制备技术是目前国际上非常活跃的领域。

5. 印刷法制备透明导电膜

在所有制备 ITO 透明导电膜的替代技术中，基于纳米金属的透明导电膜制备技术最为成熟。此技术所制备导电膜为金属系透明导电膜，多以金属栅网型为主，该技术又可分成蚀刻法、纤维编织法、印刷法及银盐法等。其中印刷法是近年推出的制备透明导电膜的新工艺，具有成本低、柔韧性好、表面电阻可调等优点。

Tvingstedt 和 Inganas[18]报道了利用简单易行的平版印刷方法，制备得到线宽在 20～40 μm、间距为 100～800 μm、厚度为 100 nm 的银线网格。该银线网格的透光率为 85%，面电阻仅为 0.5 Ω/cm^2。这一透明薄膜对波长大于 800 nm 的光有明显优于 ITO 的透光率。

Galagan 等利用丝网印刷的方法在聚萘二甲酸乙二醇酯(PEN)薄膜上制备了线宽为 160 μm、间距为 5 mm 的蜂窝栅网格，在此技术上利用旋涂的方法沉积一层高导电性的 PEOT∶PSS 薄膜，制备了高性能的透明导电电极。该电极的面电阻为 1 Ω/cm^2，平均透光率在 70%左右。利用其制备的大面积有机薄膜光伏器件的填充因子可达 0.53，效率达 1.9%，比利用 ITO/PEOT∶PSS 电极的电池提高了一倍[19]。

大日本印刷公司也于 2009 年 4 月报道，采用印刷法开发出了替代 ITO 膜的透明导电膜。其特点是：通过使用导电性银粒子形成微细网状图案，可防止薄膜弯曲时导电层发生破裂，并能以卷对卷方式进行连续生产。另外，该工艺可仅在薄膜上形成所需要的部分，这样便可省去蒸镀及蚀刻等多道工序。

德国 POLYIC 公司利用凹版印刷纳米银油墨的方法，制备出导电性与透光性均优良的透明导电膜产品，并且投入量产。一种新型大尺寸电子触摸屏由南京点面光电有限公司与德国 POLYIC 公司合作研发成功，于 2013 年 7 月通过鉴定。在德国巴符州江苏办事处的推动下，南京点面光电有限公司与德国 POLYIC 公司开展技术合作，探索将印刷电子技术应用到触摸屏领域并获得成功。采用新技术生产大尺寸触摸屏，生产效率能大幅提高，成本可降低 30%以上。这种新型触摸屏可广泛应用于平板电脑、手机、物联网等领域。

苏州纳格光电科技有限公司利用纳米压印与纳米银浆印刷相结合的方法，只需将粒径在 50 nm 以下的纳米银颗粒“印”在膜上，过程简单，节能环保，这种在生产时一次实现所有图案化电极的技术也是全球首创。

5.3.4　可穿戴传感器

随着智能终端的普及，可穿戴电子设备展现出巨大的市场前景。传感器作为可穿戴设备的核心部件，将对其未来功能发展产生重要影响。制备工艺方面，目前以光刻为代表的微加工技术，具有较高的加工成本，复杂的工艺，以及工艺对材料的巨大浪费等弊端，无法适应未来高性能柔性可穿戴器件的大规模、低成本、高效、清洁制造。最近几年发展的以印刷电子、3D 打印为代表的印刷制造技术，以其材料普适性、柔性基材适用性、便捷的可定制性、大规模连续生产的高效性，尤其是其增材制造工艺的清洁环保性，迅速得到了科学研究与工业生产的广泛关注。特别是随着印刷电子技术的迅速发展，打印印刷技术以其高效、环保的增材工艺，正在推动新兴印刷电子工业向功能化、器件化印刷制造的方向发展。以柔性电子器件为代表的新型印制电子器件，在先进制造方面展现出巨大的活力。

1. 可穿戴传感器可印制材料

目前，常用的传感器信号转换机制包括压阻、电容、压电、压光和摩擦电等，鉴于不同的转换机制，可用于印刷制备的材料有金属材料、半导体材料、有机材料和碳材料等。

金属材料一般为金、银、铜等导体材料，主要用于电极和导线。对于现代印刷工艺而言，导电材料多选用导电纳米油墨，包括纳米颗粒和纳米线等[19]。金属的纳米粒子除了具有良好的导电性外，还可以烧结成薄膜或导线。Park 等[20]发展了一种通过静电纺丝技术大规模生产银纳米颗粒覆盖的橡胶纤维的电路。在 100% 拉伸应变下，电导率达到 2200 S/cm。

为了制备高分辨率柔性的压力传感器阵列，每一个像素化的传感器单元必须尽可能小。相比于压阻或电容传感器，压电/压光传感器更适合小型化，因为压伏信号对尺寸的依赖性小。多种半导体材料被用于制备柔性力致发光传感器[21]（图 5-8）。这种矩阵利用了 ZnS：Mn 颗粒的压致发光性质。压致发光性质的核心是由压电效应引发的光子发射过程。压电 ZnS 的电子能带在压力下产生压伏效应，从而发生倾斜，这样可以促进 Mn^{2+}的激发效果，接下来的去激发过程促进了黄光形式的光发射。一种快速响应（响应时间小于 10 ms）的传感器就是由这种力致发光转换过程得到，通过自上而下的光刻工艺，其空间分辨率可达 100 μm。

鉴于传统晶体管完美的信号转换和放大性能，晶体管的使用为减少信号串扰提供了可能。因此，在可穿戴传感器和人工智能领域的很多研究都是围绕如何获得大规模柔性压敏晶体管展开的。典型的场效应晶体管是由源极、漏极、栅极、介电层和半导体层五部分构成。根据多数载流子的类型，可以分为 p 型（空穴）场效应晶体管和 n 型（电子）场效应晶体管。传统上用于场效应晶体管研究的 p 型聚合物材料主要是噻吩类聚合物，其中最为成功的例子便是聚（3-己基噻吩）（P3HT）体系。萘四酰亚二胺（NDI）和苝四酰亚二胺（PDI）显示了良好的 n 型场效应性能，是研究最为广泛的 n 型半导体材料，被广泛应用于小分子 n 型场效应晶体管中。通常晶体管参数有载流子迁移率、运行电压和开关电流比等。与无机半导体结构

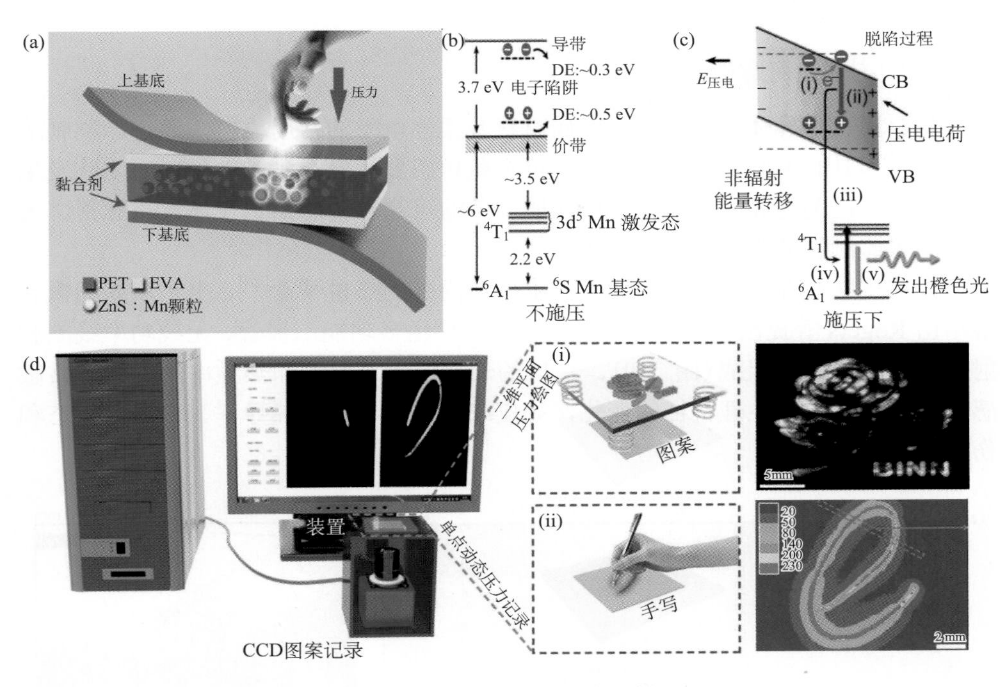

图 5-8　基于压光的压力扫描

(a) 器件的结构示意图; (b) ZnS：Mn 能带图; (c) 二维平面和单点模型的动态压力扫描; (d) 高分辨压力记录/绘图。(b) 和 (c) 提示了压光效应的作用机理

相比，有机场效应晶体管(OFET)具有柔性高和制备成本低的优点，但也有载流子迁移率低和操作电压大的缺点。例如，鲍哲楠等[21]设计并印制了一种具有更高噪声限度的逻辑电路。通过优化掺杂厚度或浓度，基于 n 型和 p 型碳纳米管晶体管的设计可用于调节阈值电压。

碳材料为新兴的明星材料，可穿戴传感器常用的碳材料有碳纳米管和石墨烯等。碳纳米管具有结晶度高、导电性好、比表面积大、微孔大小可通过合成工艺加以控制以及比表面利用率可达 100%的特点。石墨烯具有轻薄透明，导电、导热性好等特点。它们在传感技术、移动通信、信息技术和电动汽车等方面具有极其重要和广阔的应用前景。Chun 等[22]将多壁碳纳米管和银复合并通过印刷方式得到的导电聚合物传感器，在 140%的拉伸下，导电性(电导率)仍然高达 20 S/cm。Chae 等[23]制备了可以高度拉伸的透明场效应晶体管，其结合了石墨烯/单壁碳纳米管电极和具有褶皱的无机介电层单壁碳纳米管网格通道。由于存在褶皱的氧化铝介电层，在超过 1000 次 20%幅度的拉伸-舒张循环下，其没有漏极电流变化，显示出了很好的可持续性。

2. 印刷制造可穿戴传感器

将金属、半导体、有机材料和碳材料等柔性电子的常用材料，通过印刷制造方式整合为具有不同信号传感机制的可穿戴传感器，已得到国内外科研团队及生产厂商的广泛关注和深入研究。所印刷制备的可穿戴传感器也在体温、脉搏、关节运动等监测领域实现了广泛应用。

人体皮肤对温度的感知帮助人们维持体内外的热量平衡[24]。电子皮肤的概念最早由 Rogers 等提出，转印的可穿戴电子器件由多功能二极管、无线功率线圈和射频发生器等部件组成(图 5-9)。这样的表皮电子对温度和热导率的变化非常敏感，可以评价人体生理特征的变化，如皮肤含水量、组织热导率、血流量状态和伤口修复过程[25]。

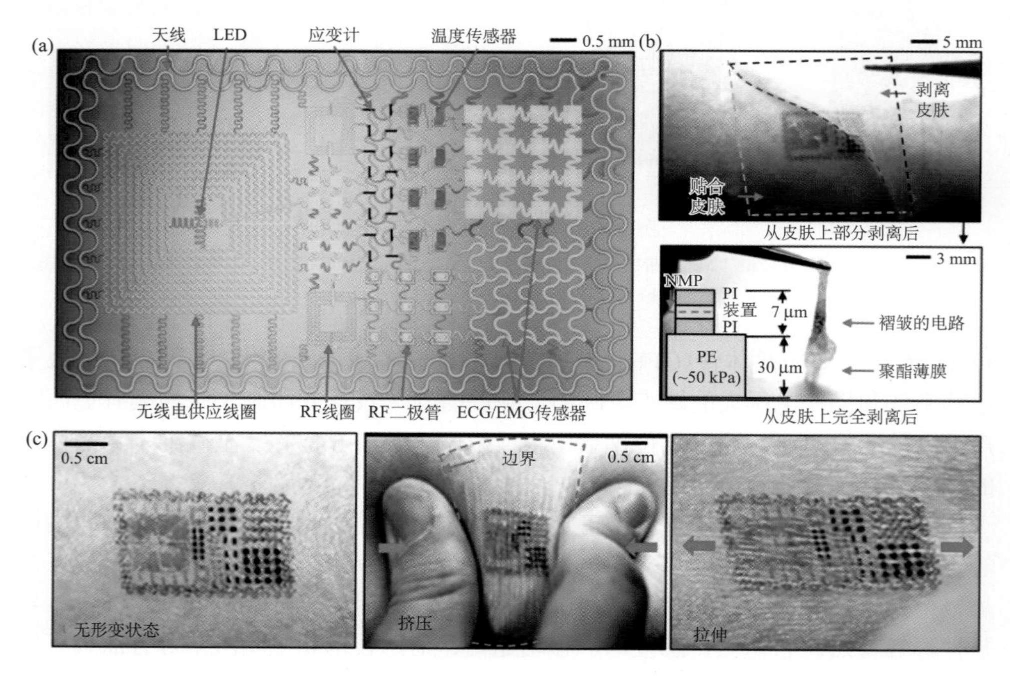

图 5-9 柔性电子传感器在温度监测上的应用

(a)可以贴合皮肤的柔性电子图像：以溶解的 PVA 薄膜作为黏合剂，依靠范德瓦耳斯力附着在皮肤上，其自身质量可以忽略不计；(b)器件部分和全部剥离于皮肤的照片；(c)黏附在皮肤上的电子皮肤系统：无形变(左)、卷曲(中)和拉伸状态(右)

在脉搏监测领域，可穿戴传感器具有以下应用优势：①在不影响人体运动状态的前提下长时间地采集人体日常心电数据，实时地传输至监护终端进行分析处理；②数据通过无线电波进行传输，免除了复杂的连线。可以黏附在皮肤表面的电学矩阵在非植入健康监测方面具有明显优势，而且超轻超薄，利于携带[26]。然而，人体具有很多非平整的表面和精细结构，使得完全贴附非常困难，这是实时监测的挑战。最近，鲍哲楠等[27]发展了一种基于微毛结构的柔性压力传感器(图 5-10)。这种传感器对信号的放大作用很强。通过传感器与不规则表皮的有效接触最大化，观察到了大约 12 倍的信噪比增强。另外，这种 PDMS 的微毛结构表面层提供了生物兼容性好的非植入皮肤共形附着[28]。最后，这种便携式的传感器可以无线传输信号，即使微弱的深层颈内静脉搏动也可以获取到。

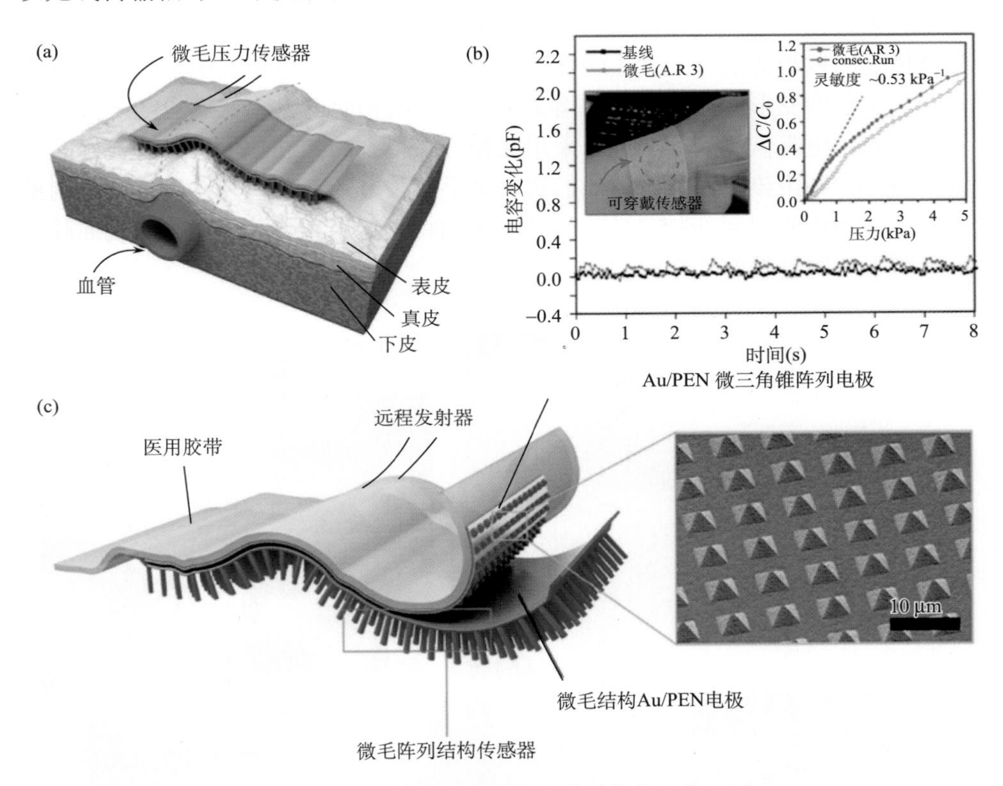

图 5-10　柔性电子传感器在脉搏监测上的应用

(a) 通过微毛传感器探测颈部脉搏；(b) 探测桡部脉搏；(c) 微毛结构传感器的横截面示意图。在聚乙烯萘塑料基底上，金字塔形状的 PDMS 介电层放置在两层金电极之间；压力传感器加到一层生物兼容性好的 PDMS 层上来提高与皮肤的共形接触

Kim 等[29]利用传统硅基半导体工艺，制备了多种弯曲排布的微/纳米带并进一步整合了拉伸、压力、湿度和温度传感器，其可应用在人体假肢上，并可进行神经的模拟传导。由于使用了微纳图案阵列，脆性的硅材料也能在拉伸形变下保持完整，并实现高性能的信号捕捉和传导。此外，本方法是对传统半导体工艺的升级利用和改造，很容易实现低成本的制备与器件融合，这为真正投入市场应用奠

定了基础。微纳图案与传统材料相融合产生了原材料不具有的高性能表现。但是，由于其仍基于减法工艺，对材料的利用还不够充分，功能整合过程过于复杂，器件没有进行微型化设计，整体还不够便捷。

人体的关节运动是完成人体活动的重要方面，人体通过相应的关节运动完成抓握、走路、蹲起等各种动作，这些运动同时也伴随着相应区域肌肉和皮肤等的形变，这给检测人体活动并将其转化为电信号输出提供了一个重要的方式[30]，就是利用对形变敏感的材料完成形变向电信号的转化。Yamada 等[31]以定向排列的碳纳米管为弹性导电体，当在垂直于碳纳米管排列的方向上发生形变时，碳纳米管集合体之间以剥离的方式发生缓慢的分离，并产生等效电阻，电阻的变化量随着剥离程度也即变形程度的增加而增大，当形变撤销时，剥离状态也随之恢复为未剥离状态，电阻恢复到初始值。采用此种方法得到的弹性导电体具有很好的电阻恢复特性，利用该弹性导电体他们实现了手指关节活动的识别，以五个识别单元完成手掌动作的识别(图 5-11)，另外，他们将其运用到膝关节能够实现屈膝、走路、蹲下、跳等腿部动作的识别。

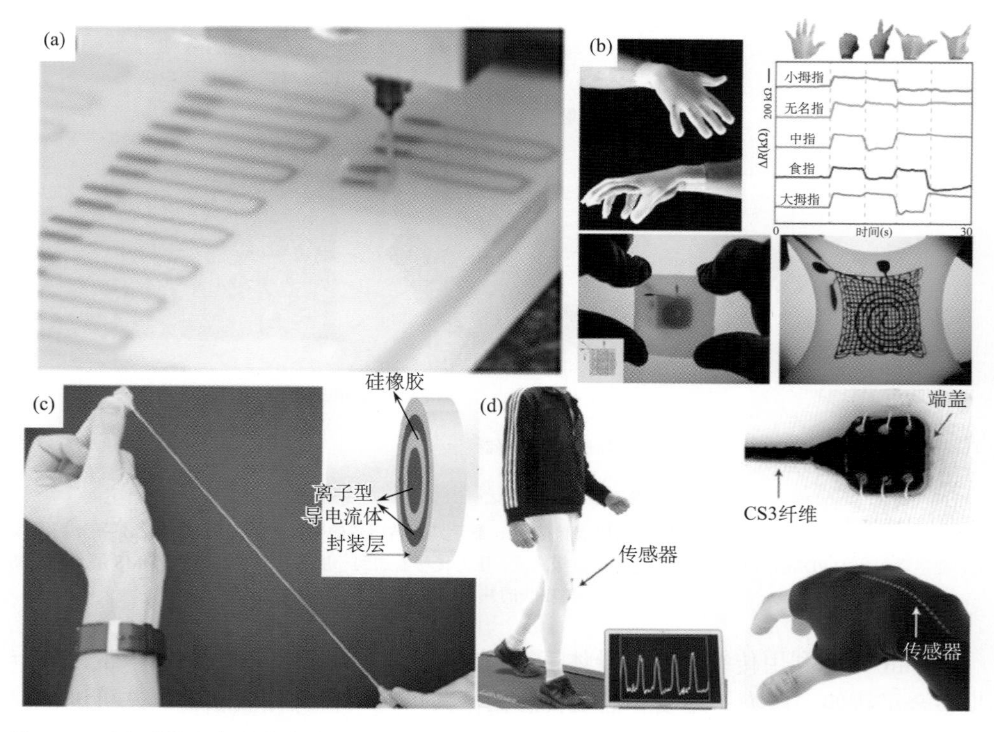

图 5-11 (a)以挤出直写的方式直接在弹性聚合物前聚体中构建传感电路；(b)识别手部运动的可传感手套；(c)利用电极、电阻、介电层等，等轴制备得到纤维状传感器；(d)纤维状传感器可方便地植入手套、衣物等日常衣物中，实现运动检测传感

Yao 和 Zhu[32]以银纳米线与硅橡胶 PDMS 复合的弹性导电体为柔性电极，以聚酯为介电层制备得到了基于电容的传感检测器件。该传感器发生弹性形变或者介电层受到挤压时，介电层厚度发生变化，从而影响传感器的电容，基于该原理他们实现了手指、膝部等的关节弯曲传感。Cho 等[33]将压敏电阻聚合物与晶体管相结合作为传感单元，将变形量转化为电流信号，实现了腕部动作幅度的检测。Lewis 课题组[34]利用挤出直写的方式在液体聚合物内部直接构建碳基电路，将图案化的传感单元嵌入手套中，实现了可穿戴传感手套的直接制备。另外，他们还利用共轴挤出的方式将电极、电容层等功能材料制备成共轴的纤维状传感器[35]，该传感器可以方便地被整合到手套、衣服等日常衣物中，实现了使用的便捷性。Zhou 等[36]利用检测摩擦静电电荷实现了手部关节运动的检测，他们将分别改性过的棉线缠绕在硅胶棒上，当有形变发生时，棉线相互摩擦产生电荷，则在外接电路中检测到电流，以此反映手部关节的弯曲形变。

虽然对传感器的研究已实现了多点开花，全面结果的局面，但是当前生命监测分析与传感器领域仍存在性能单一、分析操作复杂等问题[37]，所以研究重点发展多功能传感器，为开展生物医学基础研究、慢性病防治监控、运动监测与分析、环境实时检测等复杂体系检测与分析，提供最为便捷、多功能、通用型的可穿戴式传感器印刷新方法。

5.3.5　微纳电子电路

当前，纳米科技的优势为物质在纳米尺度下显示了不同的物理特性。微纳图案对器件的高性能实现至关重要，探索不同微纳结构与相关器件特性的关系具有广阔的实际应用和理论研究前景。其中，通过打印印刷方式实现高精度微纳图案显示了强大的适用能力，在电路、开关、传感等领域都有着杰出的研究工作[38,39]。

为了实现多种材料微纳结构集成在一个器件上，Park 等[40]运用喷墨打印与模板诱导相结合的技术，在同一基底上不同位置打印了多种有机材料墨滴。由于基底上沟槽结构间的毛细作用力，液滴取向铺展，干燥后形成了多种材料的交叉线结构，从而在一个器件上整合了多个有机电子器件并显示了它们各自的独特性质（图 5-12）。

为了提高纳米材料的使用效率且进一步制造纳米尺度器件，Flauraud 等[41]利用含有纳米棒的液体在坑状模板间收缩的现象，精确制备了纳米棒数目、取向和阵列可控的图案，并研究了纳米尺度下纳米棒之间的电学效应，为金属纳米颗粒表面等离子体研究提供了新的材料基础。从图 5-13 中可以看出，纳米棒的间距对最终电子能量损失图谱具有明显的调控作用，证明了微纳图案对高性能电子器件的应用具有重要影响。

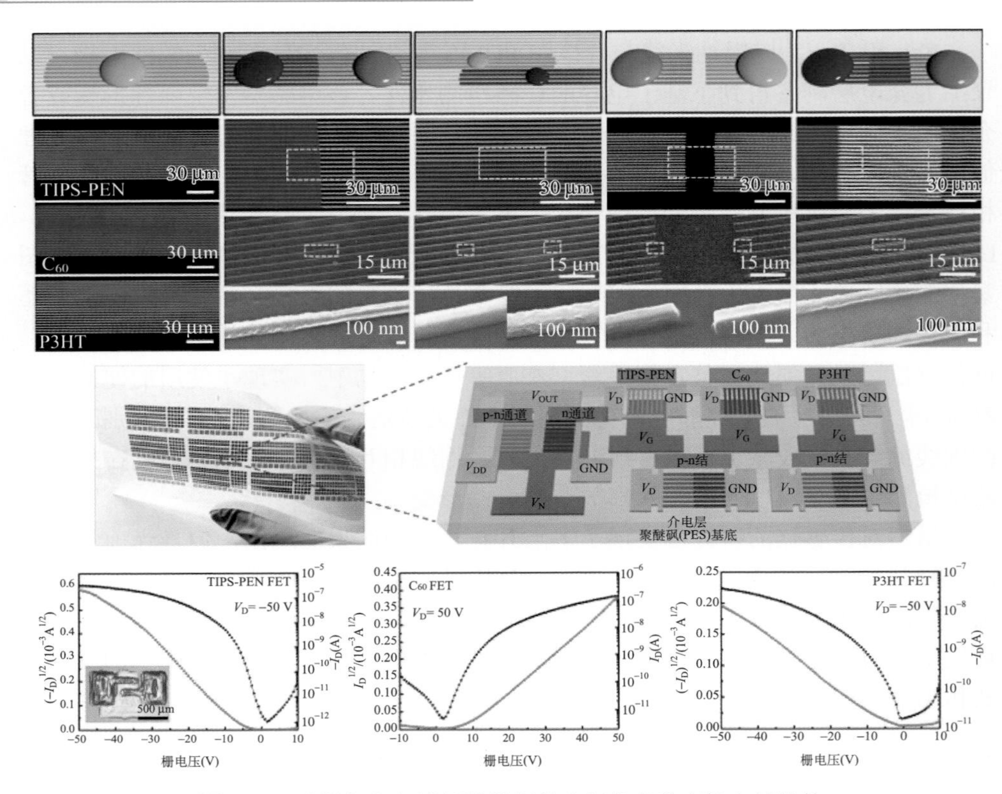

图 5-12 喷墨打印与模板诱导相结合制备多种有机电子器件

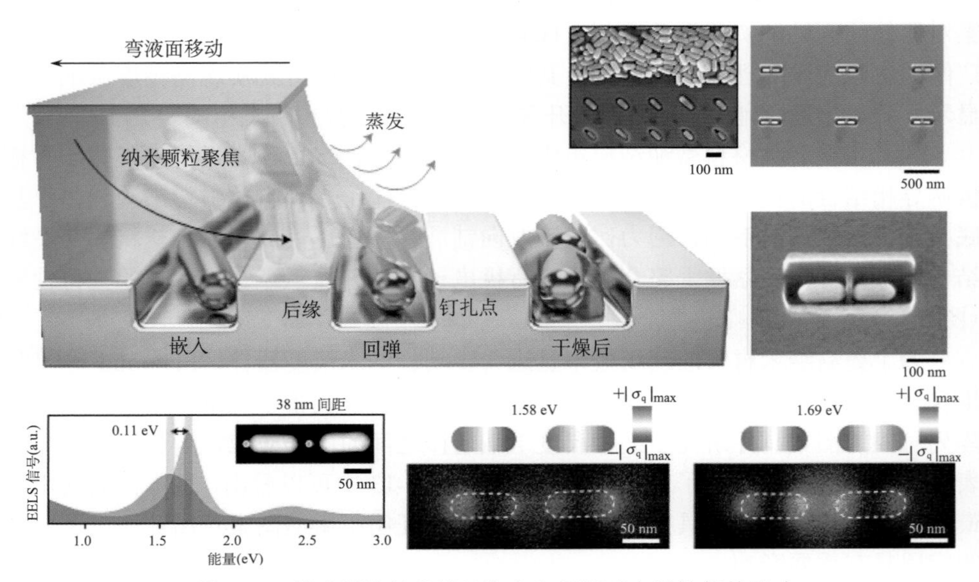

图 5-13 精确调控纳米棒的取向和间距对电子性能的影响

5.4　纳米印刷电子的发展

近年来，国内外科研院所、高校和企业对纳米印刷电子的关注重视源于其广阔的应用前景及持续发展的制造技术。纳米印刷电子技术以其产品柔性化、透明化和轻薄化的特点，已逐步替代传统硅基电子工业技术。此外，据 NanoMarkets 2010 年的预测，2020 年全球印刷电子的市场产值将达到 570 亿美元，全球范围内正积极开展着纳米印刷电子研究，从而推动电子产品向轻、柔、薄和透明化发展。

5.4.1　纳米印刷电子前沿研究

传统的金、银、铜等无机导体材料由于有较高的脆性，承受弯折的能力较差，在柔性电子电路方面的应用受到限制。为了提高无机金属材料的耐弯曲能力，Rogers 课题组[42-44]提出了预施加物理弯曲的方法，他们利用硅橡胶(PDMS)的可回弹能力，将所制备的电子电路固定在发生形变的 PDMS 表面，形变释放之后 PDMS 恢复到本来的形状，其表面所附着的电子电路相应地出现褶皱的效果，如图 5-14 所示。有褶皱结构存在的电子电路在形变发生时，褶皱结构可以抵消一部分形变，通过此方法制备的电子电路最大可以承受约 50%的拉伸形变以及约 20%的挤压形变，大大提高了无机材料电子电路的耐形变能力，因此所制备电子电路可以承受较大的弯曲变形而又有较小的电性能损失[44]。Wang 课题组[45]利用丝网印刷技术制备了贴肤性非常好的柔性传感器电子电路，他们通过印刷的方式在柔性基底表面构建了具有弯曲结构的电子电路，使电路能够与皮肤多角度全贴合而不会造成电路的电性能损失。

喷墨打印导电前驱体油墨是另一种新兴的微纳电子电路的制备方法，是指将导电材料以盐的前驱体形式加入油墨中配制成溶液，喷墨打印形成图案之后经过一定的化学处理过程，使前驱体分解或还原产生导电的金属单质。它避免了向油墨中添加纳米粒子，提高了油墨的稳定性并降低了喷头的阻塞概率。Wu 等[46]将硝酸银和 1-二甲氨基-2-丙醇(DP)同时加入油墨中制备得到了具有反应活性的复合油墨，其中硝酸银作为前驱体，DP 的羟基端作为还原性基团，而氨基端作为稳定基团，喷墨打印过程中，还原性基团将硝酸银还原，最后得到了电导率接近块体银的银导电图案。Walker 和 Lewis[47]利用土伦试剂的氧化还原过程配制成了不含银纳米粒子的反应型油墨，得到了高导电性的银纳米粒子图案，所依据的化学反应原理如图 5-15 所示。该油墨中银以银氨离子前驱体的形式存在，喷墨打印形成图案之后随着溶剂的蒸发，银氨离子在醛的作用下被还原分解出银单质。该方法不需要添加纳米粒子的稳定剂，所制备的银导电图案有较高的导电率，在柔性电子器件的制备方面有重要的意义。

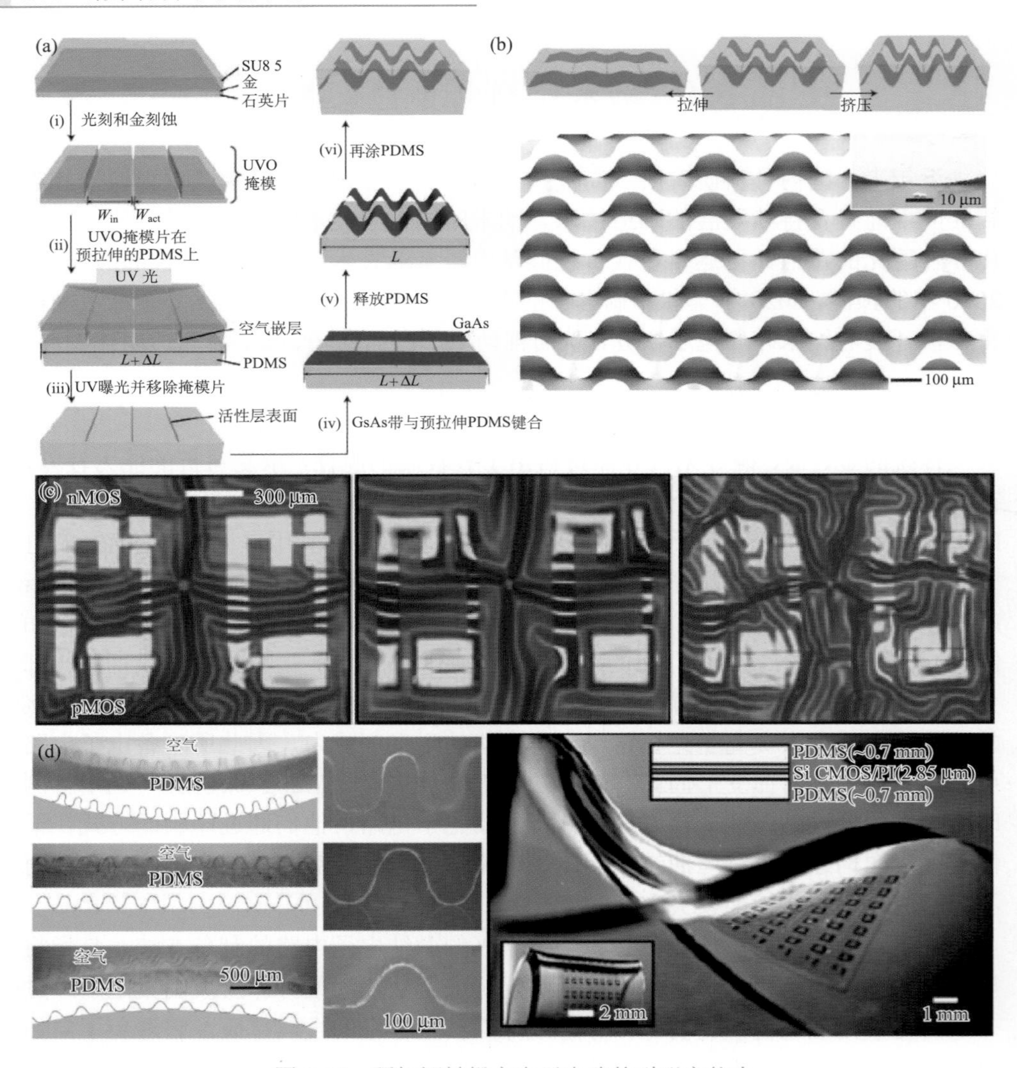

图 5-14 预加褶皱提高电子电路的耐形变能力

化学组成图案化的基底可以控制有机小分子的结晶过程，实现图案化单晶阵列的制备。Park 等[48]通过控制喷墨打印液滴在亲疏水图案化基底表面的铺展浸润，成功制备了有机单晶晶体管阵列。Hasegawa 等[49]发展了一种双喷头打印技术，在亲疏水图案化基底表面打印了单晶膜。利用这种浸润/非浸润的图案化表面，可将喷墨液滴限域在亲水区域并进行有效的融合。另外，通过设计亲水区的形状可以控制晶体的成核，实现单晶膜的制备。

此外，基底表面的物理结构同样可以用来诱导墨滴的浸润/去浸润行为，控制液滴的铺展[50]。Nogi 等[51]在疏水化处理的多孔聚酰亚胺薄膜基底上喷墨打印制备

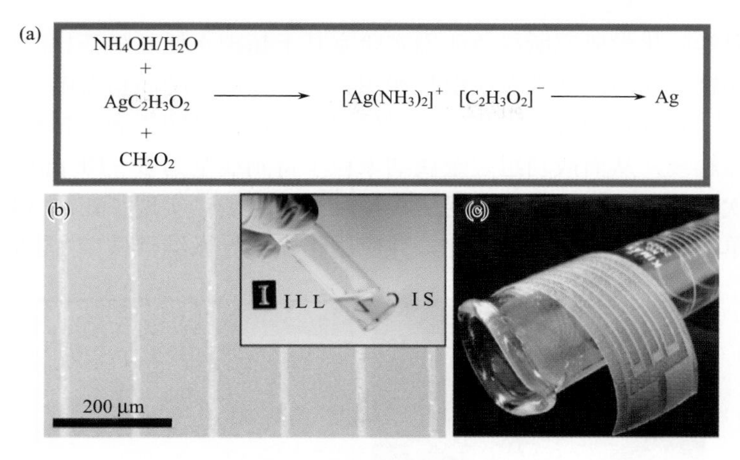

图 5-15　基于土伦试剂还原反应制备导电线路

(a) 反应型油墨生成银单质的反应原理；(b) 反应型油墨(插图)及银氨离子前驱体分解之后形成的导电线路；(c) 利用反应型油墨制备的柔性电极图案

了具有规整边缘的窄线条。将基底疏水化处理可以限制油墨扩散至孔内，而多孔结构避免了墨滴撞击基底时溅射的发生。Schubert 等[52]利用基底的物理限域作用，制备了宽度为 5～15 μm 的连续银导线。他们采用热压的方法在聚合物基底表面构建了数微米宽的凹槽。当含有银纳米粒子的墨滴喷射至基底表面时，由于毛细力的作用液滴自动向凹槽处铺展，并最终在凹槽底部沉积。List 等[53]采用类似的方法在聚合物基底表面构建了模板。当墨滴在模板上干燥时，由于液滴弯液面的毛细力作用，墨滴中的聚合物半导体纳米微球在模板的凹槽部分组装，得到了连续的窄线条。

功能纳米材料在打印印刷界面处的组装图案化可以实现在分子尺寸、微/纳米尺度及宏观范围内形成规则结构。多种多样的组装图案已经被界面作用下的颗粒间作用力和熵驱动过程所主导，同时不同的驱动作用力也促成了多样的微纳图案化结构[54]。此外，利用液滴界面处的毛细作用力和对流作用可以诱导产生大尺寸的一维、平面和三维图案化组装结构。

其中，纳米材料自组装印刷是一种有效制造新型电子产品的方法。宋延林课题组围绕纳米材料功能墨滴图案化及器件制备，进一步发展了纳米电子印刷新技术，实现对含有银纳米颗粒、银纳米线和石墨烯等系列纳米导电材料墨滴点、线、面、体的精确控制，突破传统印刷技术的极限，促进了可实现纳米尺度超高精度印刷新技术的诞生，并应用于微纳光电器件制备。然而，纳米印刷电子制造技术在实际印刷过程中，墨滴在不同基材上的可控图案化涉及众多国际科学难题，如液滴在固体表面干燥过程中的咖啡环效应、马拉戈尼效应与液滴融合过程中的瑞利不稳定性，都极大地影响了印刷电子的精度和适用性。

中国科学院化学研究所绿色印刷实验室基于超疏水低黏附基材的可控制备，利用打印印刷实现功能纳米颗粒组装和图案化，发展了超高精度电子电路印刷制备的方法[55]。首先，通过调控打印基材的浸润性，使打印墨滴在材料表面具有稳定的三相接触线，从而成功组装金属纳米粒子得到线宽为 5～10 μm 的透明导电图案。其次，通过控制纳米粒子沿三相接触线的组装，实现了在四寸硅片表面均匀排布的单纳米粒子组装与图案化，并应用于光波导微纳器件中(图 5-16)。

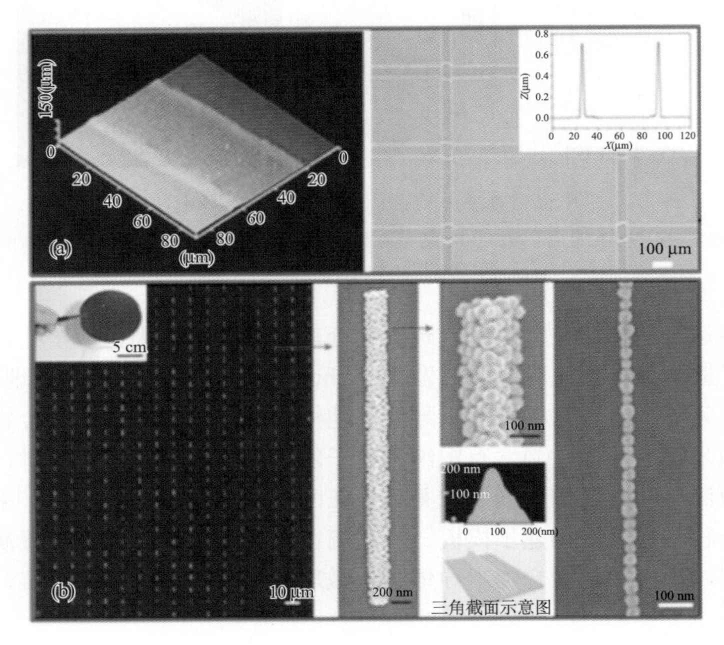

图 5-16 (a)通过液滴操控组装银纳米颗粒；(b)模板诱导实现连续的单纳米颗粒排列组装

针对高密度集成电路间的电磁干扰和发热等难题，该实验室设计了液滴的自发收缩成型思路[56]，使含有纳米颗粒的溶液自然形成热力学上具有最低表面能的状态，其对应的就是数学上所有节点间最短连接，从而实现了最优微纳线路的纳米印刷制造，发展了通过“印刷”方式大面积制备纳米尺度精细图案和功能器件的普适方法；由于其多交叉的连接构造，与传统平行线相比，减少了 65.9%的电磁干扰(图 5-17)。

近来，随着可穿戴传感器向微型化、智能化、网络化和多功能化的方向发展，同时测量多个参数的高集成传感器需要制造工艺和分析技术的创新。中国科学院化学研究所绿色印刷实验室[57]利用图案化硅柱阵列模板，直接在柔性 PDMS 基底上印制了周期与振幅可控的银纳米颗粒微/纳米曲线阵列，并进一步整合为对微小形变有稳定电阻变化响应的传感器芯片(图 5-18)。不同周期和振幅比的曲线阵列传感器对形变的电阻响应曲线有明显差异。一个或一组传感器贴附于被监测者的体表皮肤，进行数据采集与分析，实时监测人在不同环境和心理条件下，体表微形变的相关生理反应；其可用于表情识别、脉搏监测、心脏监护、远程操控等可穿戴传感领域。

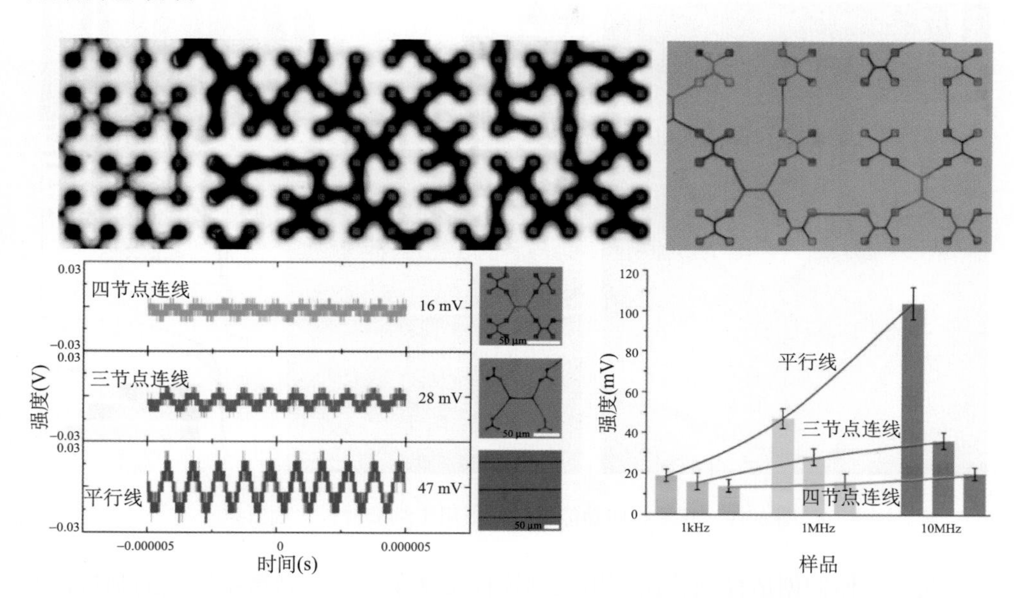

图 5-17　通过液滴自发收缩方式纳米印刷形成最短连接的微纳图案，用于抗电磁干扰的微纳电路串线

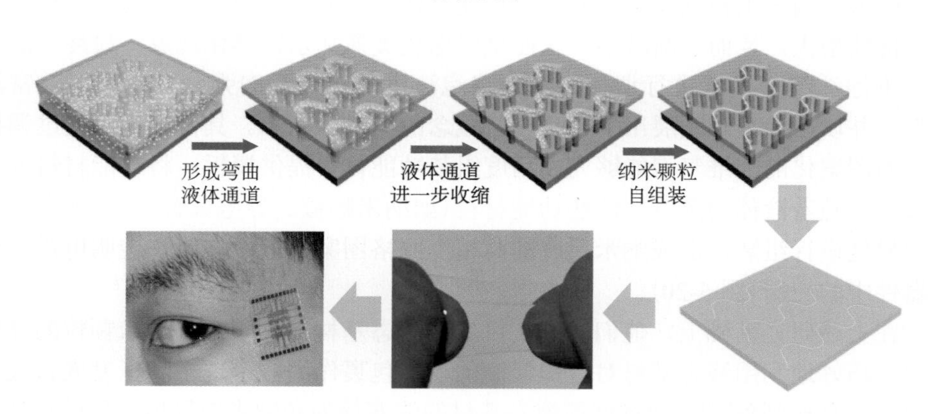

图 5-18　微米模板印刷制造具多信号分析的功能化传感器

为了摆脱纳米印刷对光刻微模板的依赖，他们进一步通过喷墨打印技术构筑微米尺度的电极图案作为“模板”，控制纳米材料的组装过程，成功制备了最高精度可达 30 nm 的图案，并实现了柔性电路的应用[58](图 5-19)。这种新型的图案

化技术非常简便地实现了功能纳米材料的微/纳米精确图案化组装，在组装过程中完全避免了传统的光刻工艺，这种“全增材制造”的方法通过“先打印，再印刷”的方式，能够用于大面积制备纳米材料组装的精细图案和功能器件。

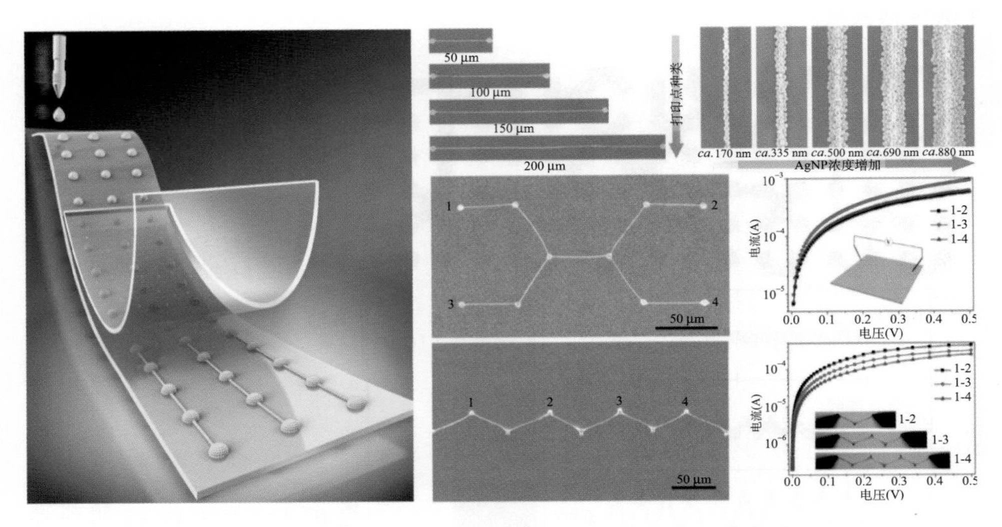

图 5-19 喷墨打印功能材料模板用于纳米材料二次组装

此外，他们创造性地首次利用气体模板实现了多种复杂微纳图案的制备，并应用在透明导电膜领域[59]。当固体表面具有微米结构时，气泡在生长过程中会与这些微米结构发生相互作用从而产生形变，使得气泡的曲率半径不再随体积的增大而持续增大，反而逐渐减小，从而呈现出反奥斯瓦尔德熟化现象。最终，能够对二维泡沫演变模式进行调控，从而将泡沫世界的“弱肉强食”变为“限富济贫”，并以此为基础发展出了一种全新概念的纳米印刷术。具体来说，通过调控形成的图案化的二维气泡能够为高精度组装功能材料提供模板：将功能材料放入溶液中，随着液体的蒸发，这些功能材料(如纳米颗粒、导电聚合物等)就会在气泡边界处进行组装，形成纳米尺度的高精度网格图案，进而实现在透明电极等光电器件中的应用(图 5-20)。

在上述研究基础上，他们通过在可聚合液态基材上打印含有纳米颗粒的导电油墨，巧妙地利用液态基材对打印墨滴的动态包裹作用，实现了高精度嵌入式导电银线的直接制备[60]。通过调控液态基材的流变行为和纳米银导电油墨的性质，实现了液态基材对墨滴的可控包裹，有效抑制了墨滴的扩散和“咖啡环”效应。基于此，利用喷孔孔径为 25 μm 的普通商用打印机制备了线宽 1～2 μm 的导电银线，其比通常的喷墨打印精度提高了约 20 倍。所制备的高精度电路直接嵌入基材内部，避免了后续的封装步骤。电学测试表明由这种方法制备的嵌入式微型电缆具有优异的导电性能。他们进一步利用这种“液膜嵌入式打印”方式，并通过逐层叠加的方式直接进行打印，实现了多层电路的制备，达到了 60 μm 透明薄膜内嵌入三层电路的集成度(图 5-21)。

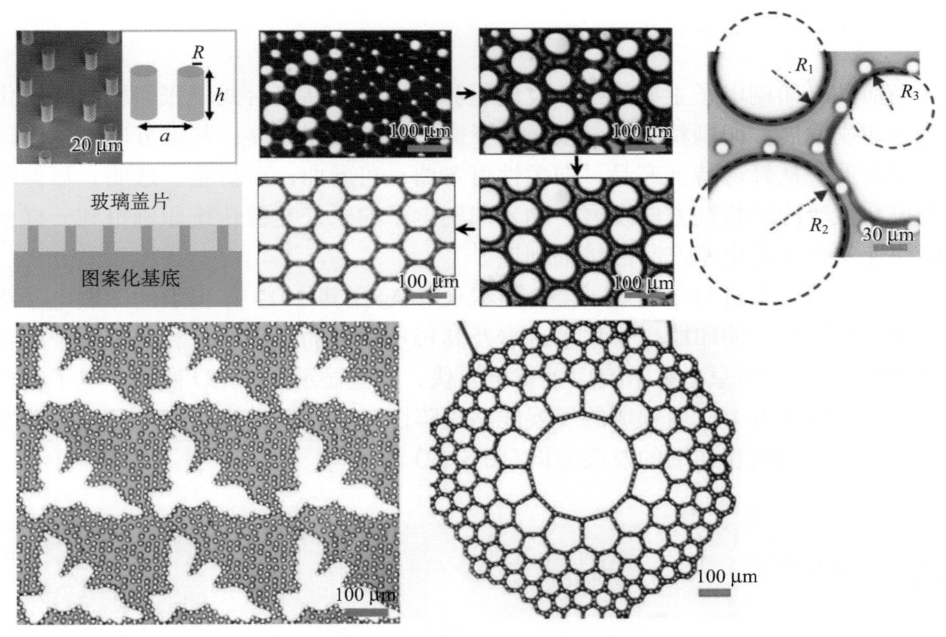

图 5-20　二维气泡可控演变用于气体模板印刷电子

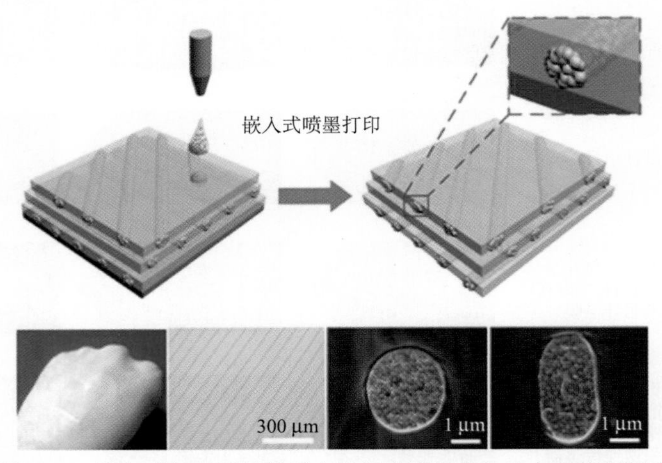

图 5-21　嵌入式打印柔性多层电路示意图及嵌入式电路截面照片

利用微米级阵列或喷墨打印模板进一步诱导含有银纳米颗粒、银纳米线和石墨烯等系列纳米导电材料的墨滴进行有序收缩，直接在不同基底上印制了多种规则微纳图案，突破了传统印刷电子的束缚和技术瓶颈，实现了多种电子产品的高效制备，为印刷制造微/纳米器件奠定理论和技术基础，在产业应用方面提供了绿色印刷制造的全产业链技术解决方案。

5.4.2 纳米印刷电子产业发展趋势及路线图

当前纳米印刷电子主要的四个发展趋势分别为：从平台式单张印刷向模块化卷到卷印刷发展；印刷精度从微米级向亚微米及纳米级发展；从部分印刷向全印刷方向发展；从轻薄特征产品，向柔性可弯曲、可卷曲、可折叠、透明、可伸缩以及可穿戴等应用特征方向发展。纳米印刷电子的未来是像传统印刷报刊一样全印刷快速实现多种电子产品的精细制造。

此外，国际有机与印刷电子协会组织(OE-A)在其 2013 年出版的印刷电子路线图中，基于现有的印刷电子技术进展及其每年举办的欧洲有机和印刷电子展览会(LOPE-C)会展信息，集中梳理了有机光伏、柔性显示、OLED 照明、电子组件及集成智能体系五个应用领域的发展线路矩阵图，对新兴纳米印刷电子技术的发展给予了更为明确和详细的发展方向(图 5-22)。

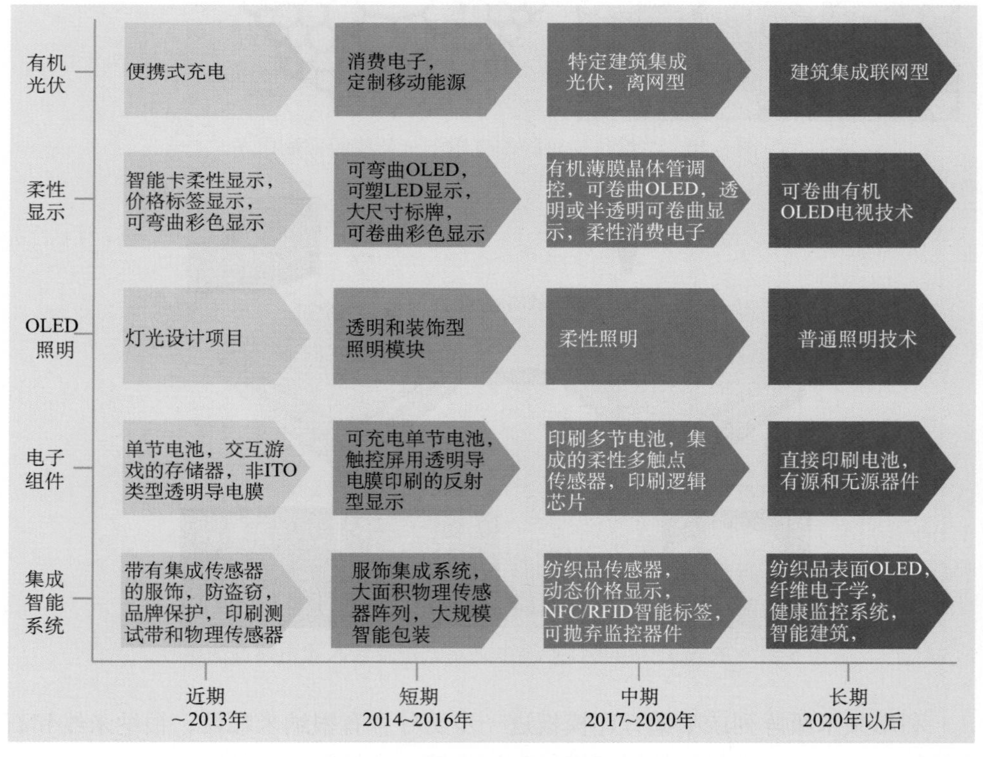

图 5-22 各种印刷电子产品发展线路图(IDTechEx)

5.5　小　　结

电子产品向微型化、轻薄型、舒适型发展的趋势，对电子产品的制造提出了更加严苛的要求。一方面，与传统印制板(PCB 板)相比，纳米印刷电子的基材本身就既含有线路又含有元件，其基材既可是传统硅片、玻璃片等硬基底，又可是柔性有机薄膜等可延展基底，它将表现出超薄特性或良好的弯曲性，这是传统 PCB 板所无法比拟的。此外，自身良好的可塑性将为电子产品节省更多空间，又可在外观上带来前所未有的设计突破。另一方面，由于纳米印刷电子用多种基材和各种油墨材料印刷而成，加工过程简单，印制电子用生产设备投资较小，因此，纳米印刷电子适合低成本的工业生产要求。同时，纳米印　　刷电子是一种“增材制造”技术，其生产废弃物极少，不需化学蚀刻和电镀工序，几乎没有废液、废气和废渣的排放，是一项真正意义上的绿色清洁生产工艺技术。

目前，智能产品市场日趋成熟，我们发现消费者对于有创造力的产品设计元素越来越看重。而可塑性极强的纳米印刷电子，无疑将在其中扮演极为重要的角色。正如微电子技术为大规模集成电路和计算机芯片技术提供技术平台一样，纳米印刷电子将为“黑科技”产品的研发提供崭新的技术平台。

参 考 文 献

[1] Zant P V. Microchip Fabrication. 5th ed. New York: McGraw-Hill, 2004.

[2] Printed Electronics Market Report. http://www. researchmoz. com. 2015.

[3] Kipphan H. Handbook of Print Media. Berlin: Springer, 2001.

[4] 郑德海. 现代网版印刷工艺. 北京: 化学工业出版社, 2004.

[5] 邓普君, 刘骏, 王国庆, 等. 凹印基础知识. 北京: 印刷工业出版社, 2008.

[6] 刘昕. 印刷工艺学. 北京: 印刷工业出版社, 2005.

[7] Wong W S, Salleo A. Flexible Electronics: Materials and Application. Springer, 2009.

[8] Jung M, Kim J, Noh J, et al. IEEE T Electron Dev, 2010, 57: 571-580.

[9] Zhao Y, Di C , Gao X, et al. Adv Mater, 2011, 23: 2448-2453.

[10] Haruya O, Taishi T, Kazuhiro Y, et al. Adv Mater, 2010, 22: 3981-3986.

[11] Aurore D, Julien B, Fiona C, et al. Carbon, 2011, 49: 2603-2614.

[12] Cho J H, Lee J, Xia Y, et al. Nat Mater, 2008, 7: 900-906.

[13] Vaillancourt J, Zhang H, Vasinajindakaw P, et al. Appl Phys Lett, 2008, 93: 243301-243303.

[14] Yu W J, Lee S Y, Chae S H, et al. Nano Lett, 2011, 11: 1344-1350.

[15] Ahn J H, Kim H S, Lee K J, et al. Science, 2006, 314: 1754-1757.

[16] Meitl M A, Zhou Y, Gaur A , et al. Nano Lett, 2004, 4: 1643-1647.

[17] Kim M G, Kanatzidis M G, Facchetti A, et al. Nat Mater, 2011, 10: 382-388.

[18] Tvingstedt K, Inganas O. Adv Mater, 2007, 19: 2893-2897.
[19] Galagan Y, Rubingh J E, Andriessen R, et al. Energy Mater Sol Cells, 2011, 95: 1339-1343.
[20] Park S, Pitner G, Giri G, et al. Adv Mater, 2015, 27: 2656-2662.
[21] Wang H L, Wei P, Li Y X, et al. Proc Natl Acad Sci, 2014, 111: 4776-4781.
[22] Chun K Y, Oh Y, Rho J, et al. Nat Nanotech, 2010, 5: 853-857.
[23] Chae S H, Yu W J, Bae J J, et al. Nat Mater, 2013, 12: 403-409.
[24] Hattori Y, Falgout L, Lee W, et al. Adv Healthcare Mater, 2014, 3: 1597-1607.
[25] Han I Y, Kim S J. Sens Actuators A, 2008, 141: 52-58.
[26] Schwartz G, Tee B C K, Mei J G, et al. Nat Commun, 2013, 4: 1859.
[27] Pang C F, Koo J H, Nguyen A. Adv Mater, 2015, 27: 634-640.
[28] Belanger M C, Marois Y J. Biomed Mater Res, 2001, 58: 467-477.
[29] Kim J, Lee M, Shim H J, et al. Nat Commun, 2014, 5, DOI: 10. 1038/ncomms6747.
[30] Xiao X, Yuan L, Zhong J, et al. Adv Mater, 2011, 23: 5440-5444.
[31] Yamada T, Hayamizu Y, Yamamoto Y, et al. Nat Nanotech, 2011, 6: 296-301.
[32] Yao S, Zhu Y. Nanoscale, 2014, 6: 2345-2352.
[33] Sun Q, Seung W, Kim B J, et al. Adv Mater, 2015, 27: 3411-3417.
[34] Muth J T, Vogt D M, Truby R L, et al. Adv Mater, 2014, 26: 6307-6312.
[35] Frutiger A, Muth J T, Vogt D M, et al. Adv Mater, 2015, 27: 2440-2446.
[36] Zhong J, Zhong Q, Hu Q, et al. Adv Func Mater, 2015, 25: 1798-1803.
[37] Austen K. Nature, 2015, 525: 22.
[38] Fiori G, Bonaccorso F, Iannaccone G, et al. Nat Nanotech, 2014, 9: 768-779.
[39] Anker J N, Hall W P, Lyandres O, et al. Nat Mater, 2008, 7: 442-453.
[40] Park K S, Baek J, Park Y, et al. Adv Mater, 2016, 28: 2874-2880.
[41] Flauraud V, Mastrangeli M, Bernasconi G D, et al. Nat Nanotech, 2017, 12: 73-80.
[42] Khang D Y, Jiang H, Huang Y, et al. Science, 2006, 311: 208-212.
[43] Kim D H, Ahn J H, Choi W M, et al. Science, 2008, 320: 507-511.
[44] Sun Y, Choi W M, Jiang H, et al. Nat Nanotech, 2006, 1: 201-207.
[45] Bandodkar A J, Nuñez - Flores R, Jia W, et al. Adv Mater, 2015, 27: 3060-3065.
[46] Wu J T, Hsu S L C, Tsai M H, et al. J Phys Chem C, 2011, 115: 10940-10945.
[47] Walker S B, Lewis J A. J Am Chem Soc, 2012, 134: 1419-1421.
[48] Kim Y H, Yoo B, Anthony J E, et al. Adv Mater, 2012, 24: 497-502.
[49] Minemawari H, Yamada T, Matsui H, et al. Nature, 2011, 475: 364-367.
[50] Chu K H, Xiao R, Wang E N, Nat Mater, 2010, 9: 413-417.
[51] Kim C, Nogi M, Suganuma K, et al. ACS Appl Mater Interfaces, 2012, 4: 2168-2173.
[52] Hendriks C E, Smith P J, Perelaer J, et al. Adv Func Mater, 2008, 18: 1031-1038.
[53] Fisslthaler E, Blümel A, Landfester K, et al. Soft Matter, 2008, 4: 2448-2453.
[54] Ma H, Hao J. Chem Soc Rev, 2011, 40: 5457-5471.
[55] Zhang Z, Zhang X, Xin Z, et al. Adv Mater, 2013, 25: 6714-6718.

[56] Su M, Huang Z, Huang Y, et al. Adv Mater, 2017, 29: 1605223.
[57] Su M, Li F, Chen S, et al. Adv Mater, 2016, 28: 1369-1374.
[58] Chen S, Su M, Zhang C, et al. Adv Mater, 2015, 27: 3928-3933.
[59] Huang Z, Su M, Yang Q, et al. Nat Commun, 2017, 8: 14110.
[60] Jiang J, Bao B, Li M, et al. Adv Mater, 2016, 28: 1420-1426.

第6章 纳米印刷光子

印刷光子是指利用各种印刷技术来制造光学器件和产品。目前，微纳光学材料和器件技术领域的研究日新月异，印刷技术与纳米材料技术、光学薄膜器件技术及集成光学器件技术等学科的交叉和融合极大地推动了纳米印刷光子技术研究的发展。

在集成光学器件技术领域，器件性能研究和相应的应用研究均得到了长足的进步。在材料研究方面，从传统的二氧化硅、玻璃基材料，逐渐发展到适用于溶液加工技术的半导体晶体材料和有机聚合物材料等新材料研究；随着纳米技术的进步，研究者在纳米光学材料的形貌、尺寸控制及量子点材料合成等方面开展了一系列研究工作，并将这些材料用于显示与成像、防伪、传感器和光伏器件的制备等技术领域。结合纳米材料可控生长技术、自组装技术及印刷技术等，研制了一系列具有独特光学、电学和力学特性的纳米薄膜器件，并将其应用于研制光学传感器、电路芯片等。

印刷光子概念除了在基础研究领域具有巨大的研究潜力外，在实际应用方面具有广阔的前景。例如，在智能包装方面，化妆品的包装可以指示消费者根据温度、湿度的差异使用不同的产品；在显示方面，纳米光子材料可以用于高性能显示器的开发；而在医学领域，印刷光子为低成本制造高灵敏医疗检测产品提供了可能性。虽然印刷光子是处于研究阶段的新兴领域，但印刷光子产品因其广阔的市场前景，不仅吸引了大批基础研究工作者，也吸引了大量财力与人力的加入，具有巨大的进步空间。

应用于印刷光子领域的印刷技术的种类有很多，根据器件不同层对薄膜图案化和围度的要求，已有的印刷工艺有丝网印刷、平版胶印、凹版印刷、柔性版印刷和喷墨印刷等，不同的印刷方式的印刷过程、印刷环境及对油墨的要求各不相同，因此选择合适的印刷工艺来降低功能性材料的制备成本是可以实现的。其中喷墨印刷技术作为一种非接触的增材制造方法，在过去几十年中引起人们的广泛关注，由于其能够在空间和功能上精确分配纳米材料，在实现光学材料的图案化及功能的整合方面体现了其独特的性质，除了挥发性载体或副产物外，所有沉积的材料都用于最终图案化的表面或器件中，不需要任何额外的蚀刻步骤，因此可以有效地使用材料，同时降低制造成本，成为可实现定制化生产的环保技术手段。因此本章将介绍使用印刷技术(以喷墨印刷技术为主)制备不同光子器件，如太阳能电池、显示、检测、防伪、光电探测与光波导等器件。

6.1　太阳能电池

太阳能电池又称为“太阳能芯片”或“光电池”，是一种利用太阳光直接发电的光电半导体薄片。它只要被满足一定照度条件的光照到，瞬间就可输出电压，并在有回路的情况下产生电流。太阳能电池在物理学上被称为太阳能光伏(photovoltaic，PV)，简称光伏。进入 21 世纪以后，随着世界经济的飞速发展，能源问题逐渐成为各国可持续发展的主要瓶颈，对可再生能源的有效利用成为亟待解决的问题。太阳能具有清洁、安全、取之不尽、用之不竭等优点，被认为是未来实现可持续发展的绿色新能源的关键，因而备受关注。随着全球能源需求逐年增加，太阳能的充分利用是解决目前人类面临的能源短缺和环境污染等问题的根本途径。太阳能电池因其可将太阳能直接转化为电能而成为近年来的研究热点，在欧美等西方发达国家和地区先后发起的大规模国家光伏发展计划和太阳能屋顶计划的刺激和推动下，过去二十年以硅基为代表的太阳能电池技术获得了长足发展。目前，市场上成熟的太阳能电池主要为基于硅基的太阳能电池(第一代太阳能电池)、无机化合物薄膜太阳能电池(第二代太阳能电池)、染料敏化太阳能电池。其中，多晶硅和非晶硅太阳能电池在民用太阳能电池市场上占主导地位。经过近六十年的发展，无机单晶硅太阳能电池的光电转换效率(PCE)已经由最初的 6%，提高到目前的商业化最高效率，接近 30%。然而由于无机半导体太阳能电池对材料纯度的要求极为苛刻，且价格昂贵，因此其大规模商业化应用受到很大限制。

在此背景下，第三代薄膜太阳能电池以其独特的优异性能引起人们的广泛关注，它很可能成为未来人类使用的主要可再生能源方式之一。近年来，以染料敏化太阳能电池、有机太阳能电池和杂化钙钛矿太阳能电池为代表的第三代薄膜太阳能电池，以成本低廉、原料丰富等优势受到业界关注，发展迅速，其光电转换效率最高已经超过 20%，第三代薄膜太阳能电池的理论概念及其制备工艺是当今太阳电池研究领域最亟待解决的问题，随着研究的深入将会对整个太阳电池领域的发展做出里程碑式的贡献。

第三代薄膜太阳能电池的制备工艺主要涵盖覆膜技术和印刷技术两大部分。在前沿领域的科学研究中，因其主要研究对象为小面积的理论基础，覆膜技术为主要制备工艺。覆膜技术主要包括滴涂、旋涂和刮涂三大类。覆膜技术的成膜方式简易、灵活，成为基础研究中的主要制备工艺。但是由覆膜技术导致的成膜面积小、材料利用率低和不可图案化等问题，限制了第三代薄膜太阳能电池由实验室理论成果到大面积电池组件研究的转化和发展。由此可实现室温制造、大规模生产且适用于柔性加工的印刷技术在降低太阳能电池制备成本领域受到了广泛的应用[1]。

目前，印刷技术主要被广泛应用于薄膜太阳能电池中的功能层和电极的制备。在薄膜太阳能电池的制备过程中，器件的顶部电极往往采用真空蒸镀、旋涂的方式成膜，这种制备方法成本高、工艺复杂、易造成原料浪费并且很难实现大面积商业化生产。研究工作者针对这一问题，提出了采用印刷技术制备电极的方法，并且印刷技术已被认为是可以与旋涂法相竞争的制造方法[2,3]。

科学家在 1987 年第一次尝试采用喷墨印刷技术进行硅太阳能电池的电极制备，这一尝试加速了喷墨印刷太阳能电池的持续和生动发展。Krebs 课题组[4]展示了通过喷墨印刷的方法制备倒置聚合物基太阳能电池中 Ag 电极的可行性[图 6-1(a)]。同时对比了真空蒸镀电极、丝网印刷电极和喷墨印刷电极的性能，发现喷墨印刷电极制备的太阳能电池与真空蒸镀电极制备的太阳能电池具有相近的光伏电池效率，而丝网印刷电极制备的太阳能电池性能较差，由此表明喷墨印刷可以作为电极制备的有效方法。郑子剑课题组[5]开发了一种可以使金属电极高速和低温印刷制备的新型共聚物油墨体系[图 6-1(b)]。能实现此性质的关键因素是新开发的一类含有可以自交联和表面接枝 UV 反应性配体的双功能共聚物。该聚合物还含有可以使金属发生化学镀的侧链，从而可以在聚合物的辅助下实现室温沉积金属制备电极。

印刷技术除了可以用于制备金属电极，还可以用于制备 PEDOT：PSS(PEDOT：PSS 是一种高分子聚合物的水溶液，导电率很高，根据不同的配方，可以得到导电率不同的水溶液)顶部透明导电薄膜。Kippelen 课题组[6]以 PDMS 为转印模板，通过氧气等离子体对功能层和 PDMS 基底进行不同程度的处理，调控二者的表面能，实现了在疏水功能层上转印制备 PEDOT：PSS 顶部透明电极，该方法制备的电池器件效率为 3.8%。进一步发展，周印华教授带领的研究团队[7]采用更为常见的塑料保鲜膜作为 PEDOT：PSS 薄膜的转印模板，研究发现塑料保鲜膜相比 PDMS，其表面能的修饰改变更容易，转印后制备的 PEDOT：PSS 顶部更平整、均匀，器件的光电转换效率可进一步提高超过 4%。

Guo 课题组[8]通过预制备 PDMS 软材料模板，实现金属纳米线的图案化生长，再通过调节薄膜界面的表面能，实现了在 PEDOT：PSS 薄膜上转印制备金属纳米线复合电极(图 6-2)。研究发现，金属纳米线能够实现纳米级图案可控化嵌入 PEDOT：PSS 薄膜。这种顶部透明电极的制备可以避免器件的真空蒸镀工艺，其

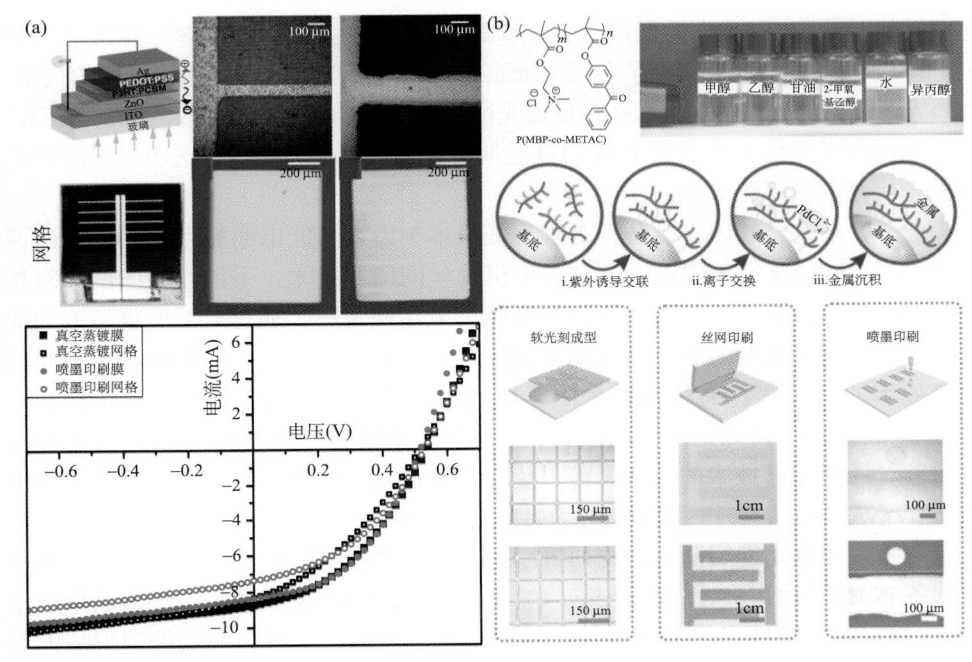

图 6-1　印刷制备太阳能电池的金属电极

(a) 喷墨印刷太阳能电池的金属电极研究；(b) 共聚物辅助下室温印刷制备金属电极

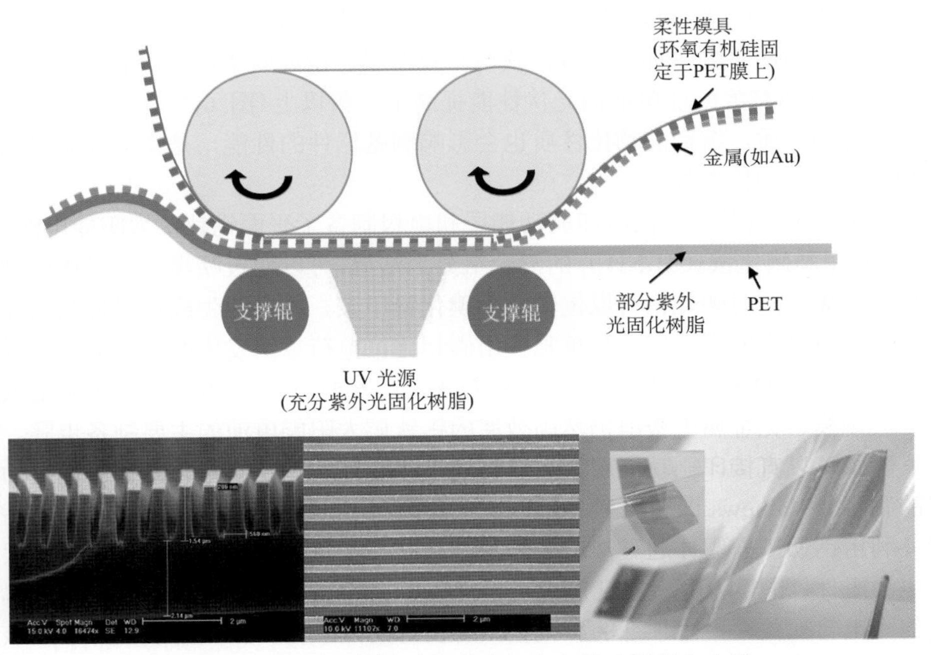

图 6-2　转移印刷制备太阳能电池的金属/有机复合电极

光电转换效率为2%。在此基础上，该课题组又通过对PET(聚对苯二甲酸乙二醇酯)基材表面进行处理，实现了金属纳米线在PET/PEDOT：PSS薄膜上转印的技术。由该方法制备的柔性透明电极在保证透光性的基础上，其方块电阻仅为22 Ω/□，该光电特性远远优于商业化PET/ITO透明导电薄膜。基于此转印透明电极制备的有机光伏器件效率为2.2%。

此外，功能层的印刷制备也是实现低成本制造太阳能电池的手段。Grätzel课题组[9]在染料敏化太阳能电池的制备中引入丝网印刷技术，采用丝网印刷二氧化钛(TiO_2)前驱体溶液，制备高质量的介孔二氧化钛薄膜。通过对前驱体溶液的成分、退火结晶温度及薄膜光学性质的调控，实现了染料敏化太阳能电池10%光电转换效率的突破[10]。有机薄膜太阳能电池相比染料敏化太阳能电池起步较晚，Jabbour课题组[11]研究采用丝网印刷制备本体异质结有机光电转换功能层。研究发现通过对丝网印刷技术的改变，可以优化功能层与电极的界面从而实现基于导电聚合物/富勒烯衍生物体系的4.3%的光电转换效率。

在喷墨印刷功能层基础理论研究中，Choulis课题组[12]研究了喷墨印刷技术用于制备P3HT：PCBM([6,6]-phenyl-C_{61}-butyric acid methyl ester，一种富勒烯衍生物)体异质结太阳能电池的可行性，并研究了溶剂的组分对电池功能层形貌的影响。该研究发现油墨的黏度和表面张力二者的平衡，是制备平整无空洞薄膜的关键要素。传统旋涂制备方法采用的氯苯溶剂，其黏度过低导致喷墨印刷的单个墨滴容易形成明显的“咖啡环”效应。通过在氯苯溶剂体系中引入四氯化萘，可以有效改善墨滴的“咖啡环”效应，获得平整薄膜。由此喷墨印刷制备的P3HT：PCBM体异质结太阳能电池的光伏性能提高了二倍以上(图6-3)。这表明除了功能层本身的性质，溶剂的物化性质也会影响制备器件的性能，是实现高质量光敏层制备的关键调控参数。

Yang课题组[13]通过同时印刷功能层和电极制备了平面钙钛矿太阳能电池。以碳(C)和甲基碘化铵(CH_3NH_3I)的混合组分为油墨，可以通过喷墨印刷精确控制碳电极的形貌，同时碘化铅可原位转化为碘化铅甲胺，并迅速生成可以抑制功能层之间的电荷复合的阻挡层，与单独使用碳相比，电荷重组发生的概率显著降低，从而实现高达11.60%的光电转换效率(PCE)[图6-4(a)]。该方法提供了制造低成本、大规模、无金属电极但仍然高效率的钙钛矿太阳能电池的主要制备步骤。

除了可以直接印刷功能层，还可以通过印刷辅助功能层生长的物质进行功能层的制备。Mathews课题组和Mhaisalkar课题组[14]通过丝网印刷技术制备器件骨架并利用钙钛矿前驱体通过渗透生长的方式制备了70 cm^2面积的杂化钙钛矿太阳能电池组件[图6-4(b)]。研究发现对顶部碳电极印刷方式的调控可以实现10%以上的光电转换效率，因顶部的碳电极具有良好的阻水性，在无封装条件下，该组件在2000 h后仅有5%的效率衰减。这种成功的印刷制备电池技术，同时实现

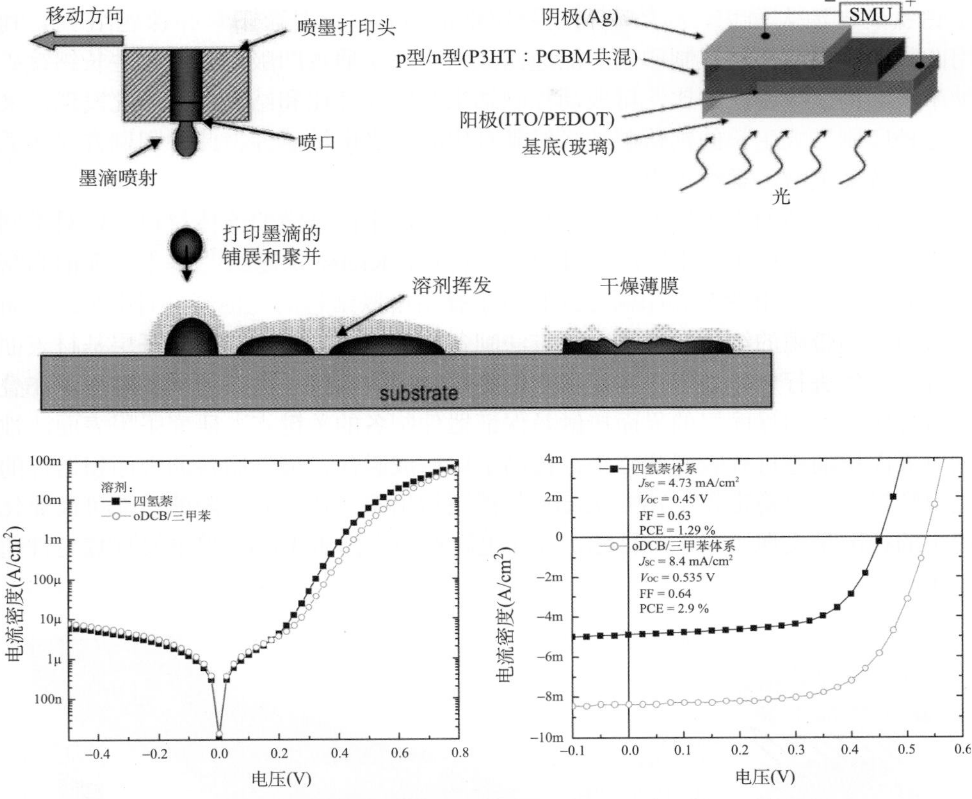

图 6-3　喷墨印刷体异质结有机太阳能电池的光敏层研究

J_{sc}. 短路电流；V_{oc}. 开路电压；FF. 填充因子；oDCB. 邻二氯苯

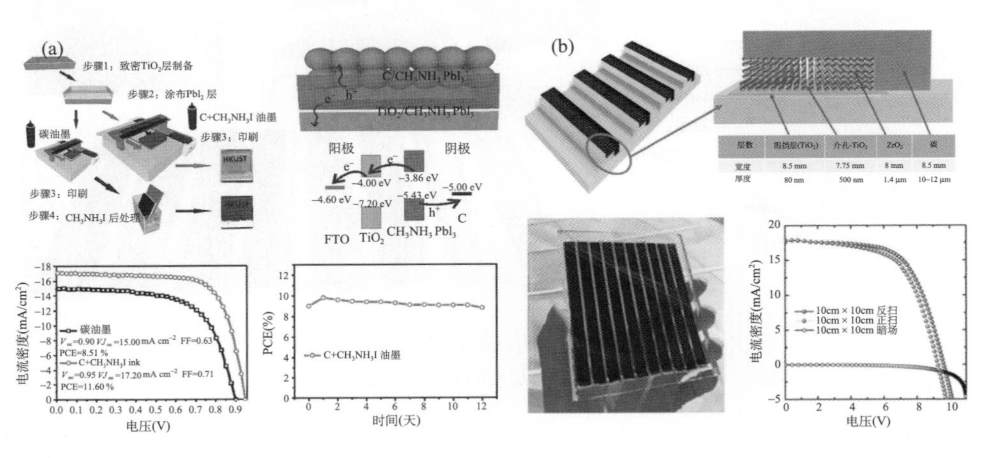

图 6-4　印刷制备钙钛矿太阳能电池

(a) 同时喷墨印刷钙钛矿电池的光敏层和电极研究；(b) 印刷辅助物质制备钙钛矿电池的功能层；FTO. 氟掺杂锡氧化物

了钙钛矿电池大面积、高效率和高稳定性的目标。此外，阳军亮课题组[15]，利用凹版印刷技术通过控制印刷的涂速比成功实现了通过凹版印刷原位生长钙钛矿纳米线结构。改变涂速比，可成功控制纳米线的长径比和结晶性。研究发现，采用这种印刷方式生长的钙钛矿纳米线具有优异的光电敏感性，此种印刷方式还适用于制备高灵敏、柔性光电探测器。

太阳能电池的光电转换功能层种类有很多，不同带隙的给体材料可以对不同光谱范围内的光产生光电响应，针对这一特点，Krebs 课题组[16]基于之前的高精度印刷工艺，采用卷对卷印刷方式制备了叠层串联结构的电池器件(图 6-5)。研究采用不同带隙的给体材料结合的方法制备叠层电池器件，通过对每层基材表面的等离子体进行电晕处理，实现了全部叠层结构狭缝挤出涂布的制备过程。在叠层过程中，中间界面层的界面接触是保证器件制备的关键点，研究采用表面活性剂对界面层油墨进行表面能修饰，提高了印刷成膜性，最终制备的大面积器件的光电转换效率可稳定在 1.76%。Krebs 教授还指出第三代薄膜太阳能电池可商业化应用的标准是实现“双十”目标，即光电转换效率突破 10%条件下器件稳定性超过 10 年[17]。

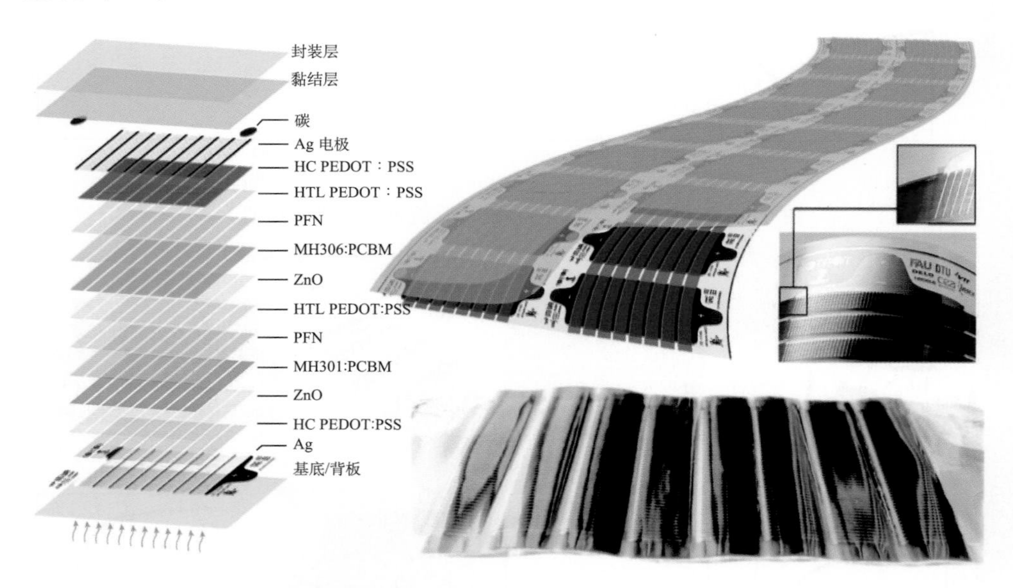

图 6-5 多光电转换层太阳能电池的印刷制备

HC. 空穴选择层；HTL. 空穴传输层

降低太阳能电池器件的制造环境依赖性也可使制造成本降低。于是，Jung 课题组[18]首次通过全喷墨印刷、全空气制造环境制备了具有玻璃/PEDOT：PSS/PCDTBT：$PC_{70}BM$/ZnO/Ag 器件结构的有机太阳能电池，其组成部分全部以喷墨的方式在空气中印刷、退火而成[图 6-6(a)]。这种全喷墨印刷的太阳能电池的平均光电转换效率在 2%左右，而其他部分制备方法不变，使用真空蒸镀的方法制备此种太阳能电池的电极得到的器件的光电转换效率可以达到 5%左右，表明全印刷的太阳能电池的研究还有很大的进步空间。而 Krebs 课题组[19]采用金属银网格-导电聚合物复合透明电极替代 PET/ITO 透明电极，通过大面积卷对卷印刷制备了全印刷有机光伏电池组件[图 6-6(b)]，研究发现在卷对卷印刷过程中，每层的印刷精度和线宽设计是电池组件成功制备的关键，优化后其光电转换效率最高为 1.7%。

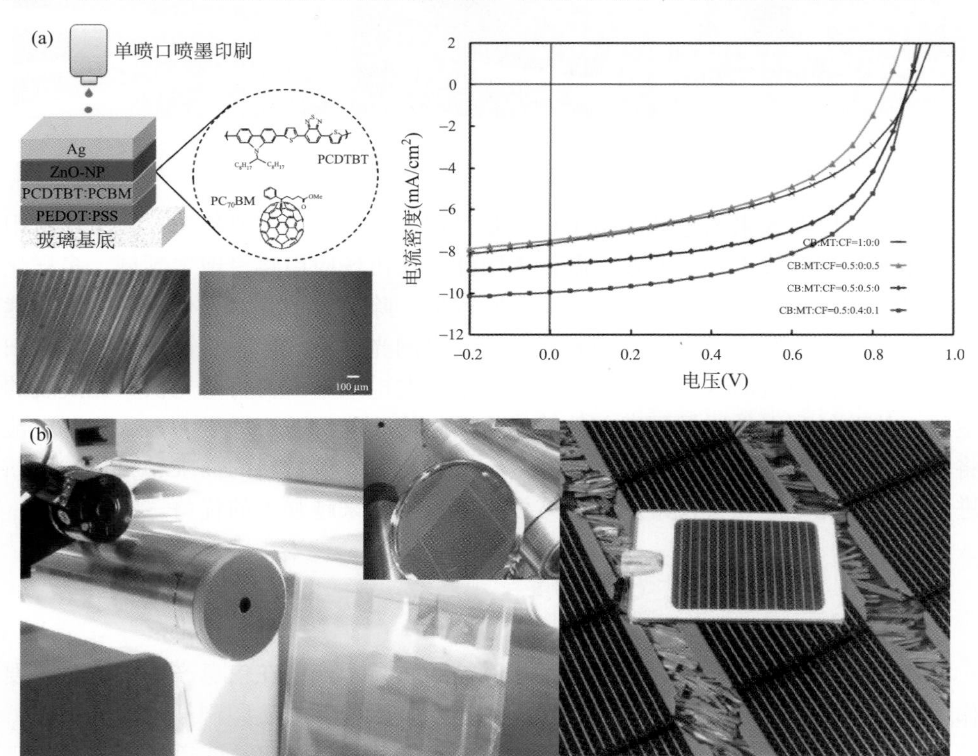

图 6-6 全喷墨印刷(a)和全卷对卷印刷(b)太阳能电池研究

CB. 氯苯；MT. 均三甲苯；CF. 氯仿

之后，Krebs 课题组[20]进一步扩大了全印刷制备太阳能电池的面积，建造了聚合物太阳能电池园(图 6-7)，并且对该园的性能、实用性、安装速度和能量回收期进行了分析研究。未来太阳能电池行业发展的趋势如下：①光伏制造向自动化、智能化、柔性化方向发展：随着产品技术和制造工艺的持续进步，光伏制造将更趋近于半导体的精密制造，产品集成化程度更高。未来，高效性和可靠性不是衡量光伏产品的唯一指标，智能化、轻量、与建筑结合的要求会使产品更多样化，适用于多种应用和安装条件，实现能源互联网。而光伏制造的自动化、智能

图 6-7 聚合物太阳能电池园

化、柔性化以及未来的全球虚拟工厂都是目前产业升级的主要趋势。②市场应用不断拓展，降低成本仍是产业主题：太阳能光伏市场应用将呈现宽领域、多样化的趋势，适应各种需求的光伏产品将不断问世，除了大型并网光伏电站外，与建筑相结合的光伏发电系统、小型光伏系统、离网光伏系统等也将快速兴起。太阳能电池及光伏系统的成本持续下降并逼近常规发电成本，仍将是光伏产业发展的主题，从硅料到组件以及配套部件等均将面临快速降价的市场压力，太阳能电池将不断向高效率、低成本方向发展。基于人类对新能源材料的需求和科技的不断进步，太阳能电池在替代常规能源方面将显示出越来越强大的优势。

6.2 显示技术

在当今工业生产、社会生活和军事领域中，显示产业在信息产业中起着重要作用。从电视到计算机，从手表到玩具，显示技术代替纸质印刷技术成为知识、信息传播的主要途径，已有 100 多年的历史。尤其是近年来，随着通信技术的迅速发展以及人们对显示设备的色彩追求和对显示实用性的追求，对显示技术和显示器件提出了越来越高的要求，迫使显示设备向多功能和数字化方向发展。具体来说，现代显示器件正向高密度、高分辨率、节能化、高亮度、彩色化、大屏幕的方向发展。本节将着重介绍印刷制备液晶显示(liquid crystal display，LCD)、发光二极管(light-emitting diode，LED)和新开发的显示技术。

6.2.1 液晶显示

早在 19 世纪末，奥地利植物学家就发现了液晶，即液态的晶体，也就是说一种物质同时具备了液体的流动性和类似晶体的某种排列特性。在电场的作用下，液晶分子的排列会产生变化，从而影响到它的光学性质，这种现象叫做电光效应。美国发明家 Fergason 对于液晶显示的研究促成了 1972 年首台液晶电视的诞生，这极大地推动了其后几十年来全彩显示的发展。液晶显示具有电压低、功耗小、环保性能好、易彩色化、画面不闪烁、不刺激眼睛等优点。此外，利用液晶的光阀特性可以实现投影大屏幕显示。因而，液晶显示在平板显示技术中具有明显的竞争优势，液晶显示几乎覆盖所有显示应用领域。

液晶显示器件中的活性物质液晶分子本身不发光，液晶显示是利用液晶分子调制外部光照进而实现显示的技术，器件中作为活性成分的液晶分子，其取向对与其相接触的面非常敏感，此性质在制造液晶显示装置以及其他与液晶相关的装置时至关重要。在开发新的液晶材料方面，Seki 课题组[21]报道了一种从自由表面端图案化诱导液晶取向的分子控制液晶成像的印刷方法。图 6-8 展示了在喷墨印刷了诱导分子后的液晶膜的偏振光学显微镜图像，当将正交偏振器旋转 45° 时印刷的图像消失，证明了此方法的可行性，这为调控液晶的取向提供了新方法。

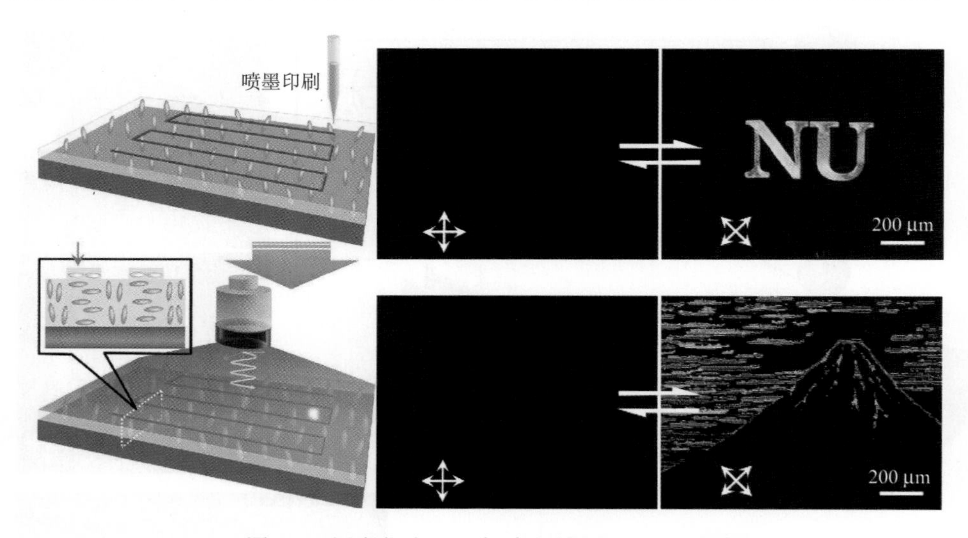

图 6-8 图案化液晶取向诱导分子控制液晶成像

通过液晶分子偏转的光线可以显示不同的灰阶，但是不能提供红、绿、蓝(red, green, blue, RGB)三原色，而彩色滤光片由 RGB 三种过滤片组成，通过三者混合调节各个颜色与亮度可最终调节显示的色彩。因此，滤色器决定了平板显示器的图像色彩质量，是液晶显示的一类重要组成部分。Koo 课题组[22]采用喷墨印刷技术制造了蓝光滤色器，采用此方法制备的滤色器成本效益高，且具有高效的滤色性能，其中蓝色像素单元在色度图中的配色值范围为 x=0.139±0.04，y=0.152±0.04，亮度 Y=21.4，且对 450～500 nm 波长的可见光的透射率接近 100%，这为制造全印刷液晶显示提供了可能性。

由于 LCD 是被动光源，不是主动发光型显示器，因此，显示视角小、对比度和量度不稳定等是其不足之处。薄膜晶体管(thin film transistor，TFT)的成功研制，解决了困扰 LCD 的几大难题，促进了有源矩阵 TFT-LCD 的研发，使 LCD 的优势得以实现。在全彩色 TFT-LCD 面板中，提供电源的背板组件必须具有长久保持其初始性能的耐用性，与传统的真空蒸镀或旋转涂膜铸造技术相比，通过喷墨印刷的方法在大面积图案化分配有机半导体分子被认为是制造显示器背板设备的一种有效方式。Lee 课题组和 Im 课题组[23]联合在柔性基材表面印刷制备了具有大面积均匀性和操作稳定性的高迁移率聚合物晶体管阵列，从而实现了柔性全彩色显示面板的制备(图 6-9)。喷墨印刷聚合物半导体晶体管表现出较高的分子排序有序度，从而实现了高达 1 $cm^2/(V \cdot s)$的空穴迁移率值、较小的亚阈值斜率(约每十年 0.5 V)以及性能均匀持久性，并适于作为 4.8 英寸 QVGA 彩色反光 PDLCD 面板的背板。

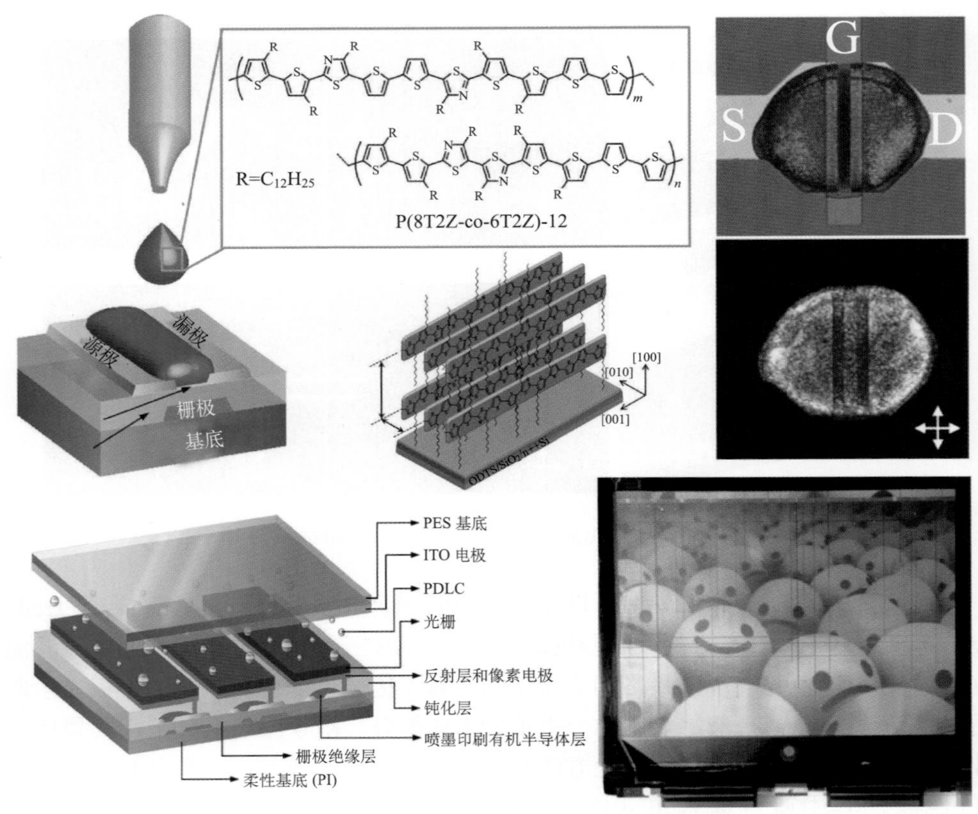

图 6-9 喷墨印刷全彩色有源矩阵液晶显示器的背板组件

PES. 聚醚砜；PDLC. 聚合物分散液晶；PI. 聚酰亚胺

在液晶发展前期，也就是 20 世纪 70 年代，液晶行业一直在黑暗中摸索，表现为显示面积比较小，技术低端，用于电子手表等小尺寸屏幕上，但其最大特点就是轻、薄。随着液晶像素的增大，驱动也由被动驱动发展成主动驱动，伴随着个人电脑的兴起，液晶被应用于笔记本电脑屏幕显示，开始进入第一个飞跃发展时期，在六七年内就已经占领了笔记本电脑屏幕。之后液晶显示屏的颜色、像素、视角、尺寸等问题逐渐得以解决，液晶开始应用于监视器屏幕中。在 2006 年前后，随着对液晶材料、驱动进行深入的研究，液晶显示响应时间的问题得以解决，液晶开始进入电视市场中，从此液晶显示的发展一日千里。直到 2014 年，平面显示面板的市场产值已经高达 1250 亿美元。

目前液晶显示大部分工作在可见光波段，实现与视觉相关的应用。但只要液晶具有双折射的特性，就可能实现对其他波段的调制。实际上，液晶的透光波段覆盖了可见光、红外，乃至太赫兹、微波的整个波段。液晶不仅能够实现对非相干光的控制，也能实现对相干光的控制。因此液晶将有着更广泛的应用。目前在红外、近红外领域，光纤光学已经形成了庞大的市场，液晶器件也可能存在着一席之地。另外，太赫兹在通信、反恐、生物成像等领域发挥出巨大潜力，然而对应工作波段的光学器件却极为欠缺，因此液晶的光学、光子学应用或相关器件，有可能是未来光电产业的一个新的蓝海。

6.2.2　发光二极管

发光二极管，是半导体二极管的一种，可以把电能转化成光能。发光二极管与普通二极管一样是由一个 pn 结组成，也具有单向导电性；当给发光二极管加上正向电压后，从 p 区注入 n 区的空穴和由 n 区注入 p 区的电子，在 pn 结附近数微米内分别与 n 区的电子和 p 区的空穴复合，产生自发辐射的荧光。不同的半导体材料中电子和空穴所处的能量状态不同。发光的颜色与电子和空穴复合时释放出的能量多少相关，释放出的能量越多，则发出的光的波长越短。

发光二极管如今已出现在我们生活的各个角落，成为现代生活不可或缺的一部分，如各种消费类电子产品、家用电器、玩具、仪器等的状态指示灯；各种道路交通指示灯；机场、车站等地的大型平板显示器以及随处可见的巨型广告牌等等。近年来随着技术的不断进步，特别是蓝光发光二极管的出现，白光发光二极管随即变得可行，随之不同种类及功能多样的发光二极管照明灯具被相继开发出来，使得白光发光二极管在照明领域的前景变得无限广阔。现今发光二极管的发展重点是在提高发光效率、降低驱动电压、优化光色纯度、增强器件稳定性和寿命的前提下研发成熟的柔性显示器，扩大显示尺寸以及降低成本等方面。本小节将着重讨论使用印刷的方法制备发光二极管。

随着合成技术的发展，科学家们通过合成和改性制备了多种可用于溶液法制备二极管的功能纳米颗粒，如量子点。量子点是一种半导体纳米晶体，在空间三个维度的尺寸通常小于 20 nm，量子点内部的电子输运受到限制，电子平均自由程很短，电子的局域性和相干性增强，内部量子限域效应十分明显[24]。由于电子和空穴被量子限域，连续的能带结构变成具有分子特性的分立能级结构，使得量子点具有独特的光学性质。受到光或电的激发后，量子点便会发光，量子点产生光的颜色由它的组成材料和形状、大小决定。对不同尺寸的量子点，电子和空穴被量子限域的程度不一样，分子特性的分立能级结构也因量子点的尺寸不同而不同，这一特性使其能够改变发光的颜色。以 CdSe/ZnS 量子点为例，当发光核的尺寸从 2.5 nm 增加到 6.3 nm 时，对应发射峰的波长会从 480 nm 改变到 640 nm，光谱颜色也会由蓝色逐渐变为深红色。目前，锌、镉、硒和硫等的量子点材料已经进入应用阶段。

自 1994 年加州大学伯克利分校的 Colvin[25]在实验室发现了 CdSe 量子点的电致发光(EL)现象以来，量子点发光二极管(quantum dot light emitting diode, QD-LED)越来越受到人们的关注。量子点由于具备发光效率高、发光峰窄、发光峰位随尺寸可调、稳定性好，并且与全溶液的低温工艺相兼容等优势，近年来作为发光材料在新一代用于照明、显示、光学医疗、通信、传感及安全监控等领域的发光器件中具有巨大的应用潜力。量子点的优点简单归纳如下：①发光的频谱覆盖范围宽，从可见光波段延伸至红外波段；②光学性能比有机材料稳定；③发光的半峰全宽可小于 20 nm；④量子效率可达到 90%；⑤与传输层有机材料混合后可以制作 QD-LED。目前，量子点在显示技术领域的实现方式大体可分为电致发光和光致发光两大类，主要包括以下三个方面的应用：①基于光致发光特性的量子点背光源；②基于光致发光特性的量子点分色滤光器；③基于电致发光特性的量子点发光二极管显示。以上三个方面的应用在显示性能上各具优点，特别是 QD-LED，可以被直接做成显示器件，用于极薄、极轻的显示屏，其性能将超越有机发光二极管(organic light-emitting diode, OLED)显示屏。

具有超高分辨率、超小像素点的可形变全彩发光二极管对可穿戴电子设备的研究极其重要。转印技术作为一种研究常用的印刷技术，是利用有图案的模板制成类似“油墨印章”，然后用“印章”通过分子间作用力(范德瓦耳斯力)“吸取”合适的量子点，无需溶剂即可将其印压在薄膜基片上，基片上所含像素点的密度由模板的密度所决定。转印技术解决了喷墨印刷技术中可能出现的有机溶剂污染显示器的问题，用这种方法制造的显示器密度和量子一致性更高，显示器画面更明亮，显示器能效也更高。Kim 课题组[26]通过转印技术制备了百纳米线宽的量子点图案，并将其用于柔性显示器件的制备。进一步，Choi 等[27]报道了用改进版的凹版转移印刷技术制作超薄、可穿戴胶体量子点阵列的工作，红-绿-蓝像素单元的分辨率达到 2460 ppi(每英寸的像素)，且此技术可将尖锐的边角结构也一同复制到转印基底上[图 6-10(a)]。这项技术很容易放大规模，并适用于低压驱动，电致发光效率达到 14000 cd/m^2(7 V)，在目前报道的可穿戴设备中是最高的。器件性能在弯曲、褶皱、扭曲等条件下都很稳定。这项技术为制备高分辨率全彩的可穿戴显示屏开创了路径。

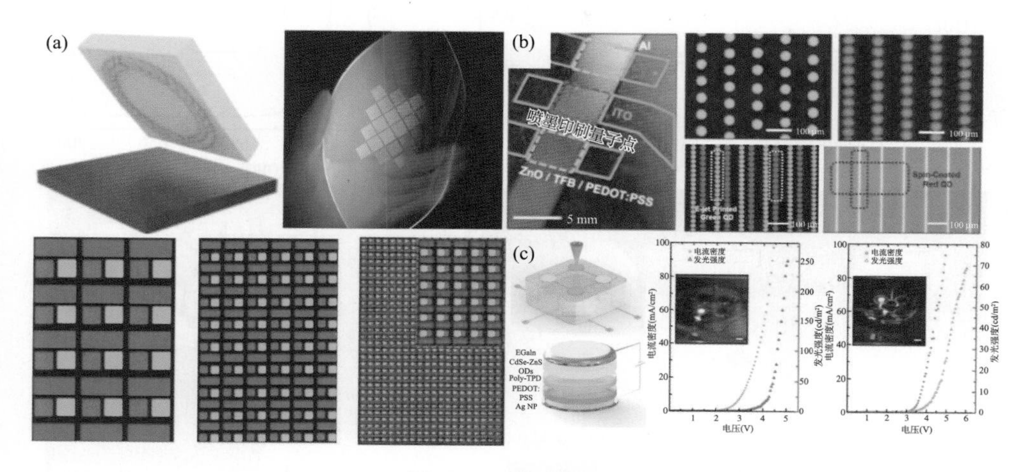

图 6-10　量子点显示

(a) 高分辨率凹版转移印刷制造的可穿戴红-绿-蓝量子点发光二极管阵列；(b) 喷墨印刷平面量子点发光二极管器件；(c) 喷墨印刷三维量子点发光二极管器件

量子点-有机复合发光二极管，由于其可调节的与尺寸相关的发射波长、窄发射光谱和低散射损耗而被广泛关注。Rogers 课题组[28]将电流体力学喷墨印刷技术扩展到 QD-LED 的制造中，使用内径为 1 μm 的喷嘴印刷时可以得到线宽为 400 nm 的图案，图 6-10(b)展示了喷墨印刷的均匀堆叠和图案化的 QD-LED 阵列照片，绿色和红色 QD-LED 的最大亮度和外部量子效率分别为 36000 cd/m^2、2.5%，11250 cd/m^2、2.6%。McAlpine 课题组[29]通过采用 CdSe/ZnS 核-壳量子点作为发射层，进一步开发了全三维印刷和集成的 QD-LED，如图 6-10(c)所示：绿色 QD-LED 在驱动电压为 5 V 时实现了 250 cd/m^2 的最大亮度，而橙红色 QD-LED 在 8 V 时达到了 70 cd/m^2 的最大亮度。

近年来钙钛矿太阳能电池也得到了飞速发展，Ma 课题组和 Gao 课题组[30]改进了金属卤化物钙钛矿纳米片结构的制备方法[图 6-11(a)]，整个过程在室温条件下进行并且制备过程不需要使用胺卤盐或使用额外的有机溶剂，如油酸和 1-十八碳烯，从而避免了残留的溶剂对电荷传输的副作用。由此法制备的钙钛矿纳米盘结构的光致发光峰在 529 nm，并且具有窄的光谱带(半峰全宽约 20 nm)和高达 85%的量子产率。以这些钙钛矿纳米盘作为发光体，可以制备出高效率的绿色 LED，其在驱动电压为 12 V 时表现出最大的电致发光强度(10590 cd/m^2)。

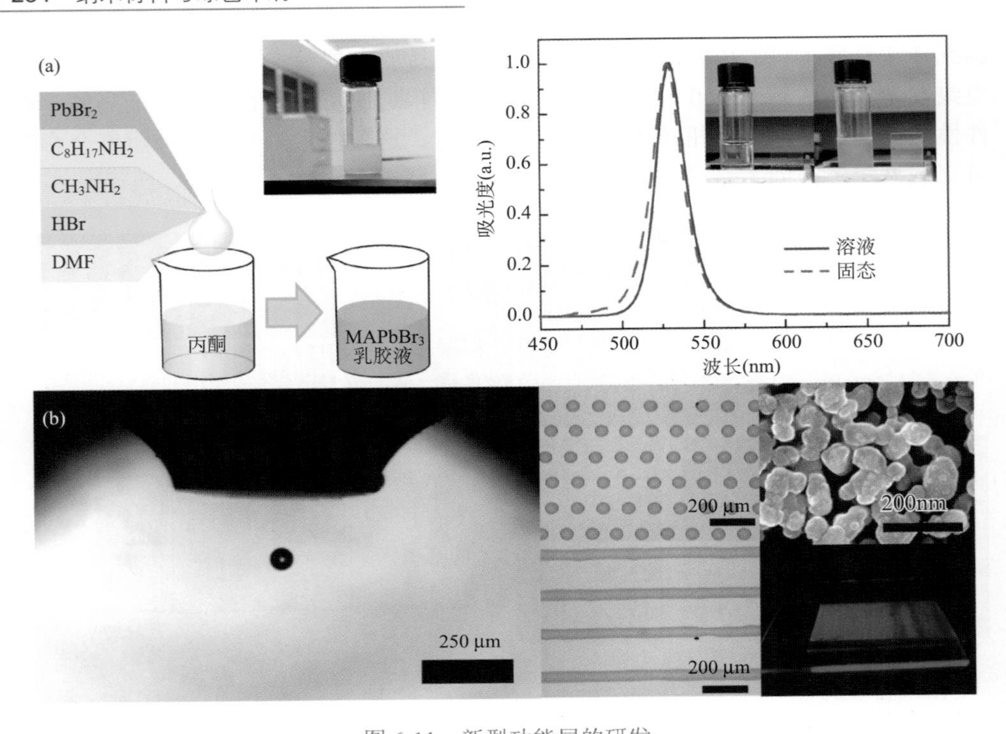

图 6-11 新型功能层的研发

(a) 高性能电致发光金属卤化物钙钛矿纳米片的制备和性能表征；(b) 喷墨印刷制备无机发光功能层

在开发新材料的同时，优化合成方法也是一种以高成本效益制备器件的方法。林君课题组[31]利用 Pechini 型溶胶-凝胶法开发了可用于构建无机 YVO_4(钒酸钇)：Eu^{3+}(铕离子)薄膜的前驱体油墨体系。该体系由金属盐前驱体、柠檬酸和聚乙二醇的混合溶液组成，可直接用作油墨喷墨印刷于涂覆 ITO 的玻璃基板上[图 6-11(b)]。将其在空气中以 600 ℃的温度煅烧后，即可在基板上形成微米级的 YVO_4：Eu^{3+}图案。光致发光(PL)和阴极发光光谱均用于表征所得样品的性能，在紫外光或电子束的激发下，可以观察到来自 Eu^{3+}的 $^5D_0$-$^7F_2$ 跃迁的红色发射峰占主导。这些结果表明，Pechini 型溶胶-凝胶法制备的前驱体油墨具有良好的可印刷性，在溶液法制备无机 LED 领域具有相当的潜力。

有机发光二极管是以有机材料为活性发光层的器件，具有特殊的“面”光源优势，可在柔性衬底上沉积，同时溶液加工性强，使其成本更为低廉，因此其具有广阔的应用前景。20 世纪 60 年代，通过对单晶蒽施加偏电压，人们第一次观察到有机电致发光现象[32,33]。1982 年，加拿大施乐研究中心的 Vincett 等[34]以半透明的金作为阳极，通过真空蒸镀制备了 600 nm 厚的非晶蒽薄膜器件，在 30 V 直流驱动下得到较亮的电致发光。但该薄膜质量不好，电子注入效率低，存在易击穿等缺点。这些早期的 OLED 研究，受到单晶生长困难、器件寿命短暂或者极高驱动电压等不良因素困扰，没有得到进一步发展及应用，但这些工作为后续发展奠定了坚实的理论基础。

国际上对 OLED 器件的大规模研发始于 20 世纪 80 年代末。1987 年美国柯达公司的邓青云博士等发明构筑了一个包含空穴传输层 TPD 和电子传输层 Alq3［tris(8-hyroxyquinolinato) aluminum(III)］的“三明治”型有机双层薄膜电致发光器件，标志着有机电致发光技术进入了孕育实用化时代[35,36]。由于器件中同时含有空穴注入/传输层和电子注入/传输层，大大降低了驱动电压，提高了载流子的复合效率，使有机电致发光的外量子效率提高到 1%，功率效率达到 1.5 lm/W，在小于 10 V 的电压下亮度达到 1000 cd/m^2。

目前，无论是 OLED 电视屏还是手机屏，主要采用的都是真空蒸镀的工艺，该工艺所用设备昂贵，材料消耗量很大，大尺寸 OLED 良品率难以提高，印刷显示技术作为一种具有生产快速、低成本等优势的工艺技术受到业内广泛关注，它的出现将有望破解大尺寸 OLED 瓶颈。通常，OLED 由各种功能层、电极以及为了增强器件的性能而引入的缓冲层等其他层组成。针对功能层的印刷研究，主要是通过合成和改性制备适用于溶液法印刷制造 OLED 的有机分子[37-39]。Yasuda 课题组[40]开发了一类新型发射延迟荧光的 π 共轭分子体系(图 6-12)。该体系分子基于二苯甲酮设计，其主要特征在于骨架由交替电子给体和受体单元组成。为了控制发光颜色并使 π 共轭聚合物具有小的单重态-三线态分裂能，设计中将给电子的咔唑或吖啶单元连接到了受电子的二苯甲酮单元上。由此设计制备的 π 共轭聚合物具有明显的延迟荧光现象，发射绿光和黄光。使用这种聚合物作为发射层并通过溶液法制备的延迟荧光 OLED，其外量子效率可高达 9.3%±0.9%，远高于常规荧光 OLED 的理论外部量子效率极限(<5%)。

除了功能层的印刷研究，OLED 电极的印刷制备也是实现印刷显示的重要组成部分[41-43]。虽然 OLED 器件的有机功能层可通过湿法制备，但在大部分情况下电极仍然需要通过高温真空蒸镀来制备，难以通过全湿法制备 OLED 结构，这是由于采用湿法制备的电极层的溶剂或电极材料的分散剂容易渗透到已制备的功能层中，导致器件功能降低或完全失效。针对此问题，王坚课题组[44]在功能层和印刷的电极之间引入了一种环氧树脂缓冲层，这成功地阻止了电极前驱体溶液中的溶剂(分散剂)渗透到功能层中，从而保持了器件的性能和稳定性。图 6-13(a)展示了由喷墨印刷制备的缓冲层及导电纳米颗粒组成的高分辨率电极阵列以及全湿法制备的全彩色高分子发光二极管显示器，电极的线边缘没有任何缺陷并且对功能层产生极小的应力。

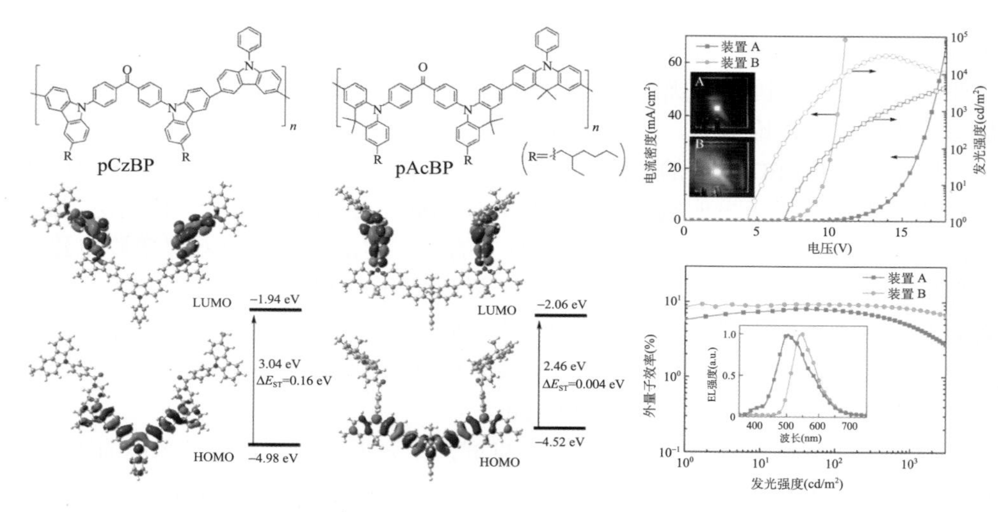

图 6-12 新型延迟荧光π共轭聚合物的制备和性能表征

LUMO. 最低未占据分子轨道；HOMO. 最高占据分子轨道

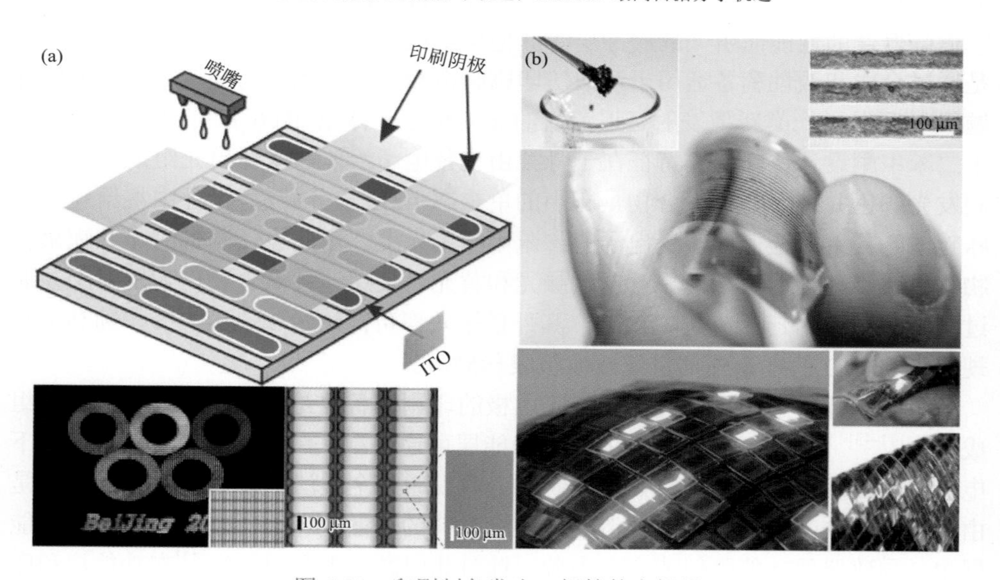

图 6-13 印刷制备发光二极管的电极层

(a)喷墨印刷全彩色高分子发光二极管的电极；(b)印刷制备柔性基、可拉伸的有源矩阵有机发光二极管显示器

由于 OLED 是全固态的薄膜器件，且采用有机材料或无定形材料制备，因而在柔性器件方面具有天然的优势，同时也成为可穿戴智能设备领域中重要的技术。随着可穿戴智能设备的兴起，OLED 柔性器件的制备技术也得到了蓬勃的发展。大部分的柔性 OLED 产品都还处在初级的可弯曲屏幕阶段，而这一阶段的研发也主要围绕着柔性基板、柔性 TFT 背板、柔性 OLED 发光层与薄膜封装这几个关键

技术点来进行。Someya 课题组[45]开发了一种可印刷的弹性导体[图 6-13(b)]，其使用咪唑鎓离子型离子液体作为添加剂，用气流粉碎的方法将单壁碳纳米管(SWNTs)均匀分散在高弹性氟化共聚物橡胶中。该方法可以在不缩短纳米管长度的前提下将直径非常小的 SWNTs 束均匀地分散在橡胶基质中，并且 SWNTs 的引入会导致橡胶复合凝胶变得黏稠，因此该材料可直接用于印刷精细的图案。此外，印刷得到的弹性导体不需要额外的涂层和机械加工工艺，可以拉伸 118%，并且具有非常高的导电性，电导率为 102 S/cm，这是当时报道的可拉伸、可印刷导体的最高值。印刷制备的弹性导体可作为电气集成电路中的可拉伸导线和触点，将这种印刷弹性导体与有机晶体管和 OLED 相集成，可以实现真正的弹性有源矩阵 OLED 显示屏。对 16×16 的晶体管背板驱动显示器，有源矩阵的有效尺寸为 10 cm ×10 cm，显示屏可以拉伸 30%～50%，弯曲后并没有任何机械或电气损坏。此外，即使折叠 180°或揉搓，它仍然能保持其性能，表现出优良的耐用性。

采用印刷工艺制备显示器件的研究工作已经进行了多年，主要经历了从 OLED 到今天的可溶性小分子电致发光材料和量子点电致发光材料的发展阶段。该技术完全省去真空蒸镀这一环节，转而采用工艺简单、节省设备投资和材料的印刷方式来制备有机电致发光器件，这一直是科研工作者追求的目标。如果要真正实现有机电致发光显示器件的全印刷制备，就要解决有机电致发光显示器件全生产过程的印刷工艺。受技术限制，现阶段并不能实现全器件的印刷制作。

从发光材料和机理而言，下一代显示技术的争夺点聚焦在 OLED 和量子点发光二极管上。OLED 产品成本比较高，一直走中高端路线，最普通的 OLED 产品刚刚推出时的价位就是液晶高端产品的两三倍，并且存在量产技术不够成熟、大尺寸开发技术有限等暂时性缺点，部分厂商暂停对其研发。量子点发光二极管则分为两种：一种是主动发光的，叫电致发光，也就是 QD-LED；另外一种是被动发光的，叫光致发光，也就是 QD-LCD。对比传统的液晶电视，光致发光量子点技术是在 LCD 的基础上加入新型纳米晶体半导体量子点材料，这进一步提升了背光源的发光效率，令屏幕显示峰值亮度得到明显提升，但本质上其仍然属于采用液晶技术的显示技术。实际上，目前彩电市场上的量子点电视应用的都是量子点光致发光技术，其实质是将量子点材料加入液晶面板的背光源或彩膜中，丰富显示器的色彩，但仍然是液晶器件。只有量子点电致发光二极管技术才可以称为真正意义上的“量子点显示技术”。

6.2.3　结构色显示

随着技术的发展和新型材料的不断发现，以及这些新技术和新材料在显示技术方面的应用，近年来不断出现了各种新型显示技术。在文字和图像印刷领域通常使用RGB或CMYK(C为cyan，青色；M为magenta，品红色；Y为yellow，黄色；K为key plate，定位套版色)颜料的彩色印刷技术，但颜料会随着时间的延长发生褪色从而影响印刷品的寿命。为了实现彩色图像的长期存储，来自材料的结构而不是化学性质的结构色(structural colour)逐渐引起研究人员的关注。结构色，又称物理色(physical colour)，是一种由光的波长引发的光泽。生物界中昆虫体壁上有极薄的蜡层、刻点、沟缝或鳞片等细微结构，其使光波发生折射、漫反射、衍射或干涉而产生各种颜色，即为结构色，如甲虫体壁表面的金属光泽和闪光等都是典型的结构色。由于结构色具有不褪色、环保和具虹彩效应等优点，在显示、装饰、防伪等领域具有广阔的应用前景。对自然界中生物的结构色形成机理及其应用进行研究，可以促进仿生结构色加工和微/纳米光学技术的发展。

光子晶体(photonic crystal)是众所周知的结构呈色实例之一，纳米尺度的胶体颗粒可以组装成有序的晶体，产生具有周期结构的组装体。单种颜色的结构色易于制备，重要的是对不同长度尺度的有序结构进行控制以呈现多级色彩的构建。Vogel 课题组[46]通过共沉积的方法在组装第一级聚苯乙烯乳胶颗粒时引入二氧化硅乳胶颗粒的溶胶-凝胶前驱体(原硅酸四乙酯)，以产生高度有序的无裂纹的多级反蛋白石结构。由这种方法制备的多级结构具有精确控制的晶体取向，且可在微米尺寸对多级图案进行控制。通过在纳米和微米尺度上同时控制结构有序度和取向，该方法能够制造具有不同长度尺度的光学结构从而得到多级结构色。如图6-14所示，从垂直于和非垂直于结构的角度观测该多级结构，可以观察到不同的颜色：垂直于结构显红色，而非垂直于结构显紫色。

另外，薄层干涉也是最近新开发的一种成像原理。层与层之间的光学干涉作用是最简单的一种结构色产生的形式。人们最为熟悉的由薄层干涉产生颜色的例子是肥皂泡所拥有的虹彩色。肥皂泡是一层液体膜，光线入射到肥皂泡的表面时，将会在内、外两个界面分别发生反射，不同表面反射的光线相互之间会发生干涉，从而产生虹彩色(图 6-15)。虹彩色这个名称强调多重色彩(与彩虹和薄皂泡中看到的一样)，且颜色会随观察角度的变化而发生变化。

Vinogradov 课题组[47]通过喷墨印刷无色但具有高折射率的纳米 TiO_2 油墨得到干涉结构色(图6-16)，这种结构色的显色是由在不同折射率的两个界面，TiO_2-空气界面和 TiO_2-基底界面处的反射光波的干涉引起的，并且这种干涉与层厚度相关。通过控制多层印刷的参数可以实现层厚的操控，从而实现干涉颜色的调控。同时，还可以在全息纸和与全息纸具有相似折射率的保护漆层之间引入高折射率的 TiO_2 层[48]，进一步用于全息成像领域。

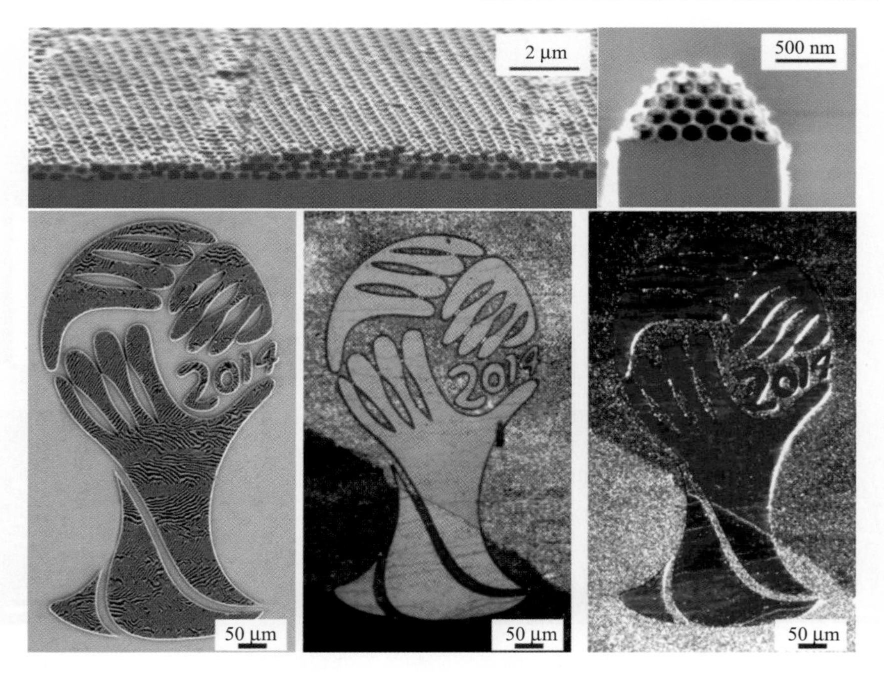

图 6-14　多级结构色制备

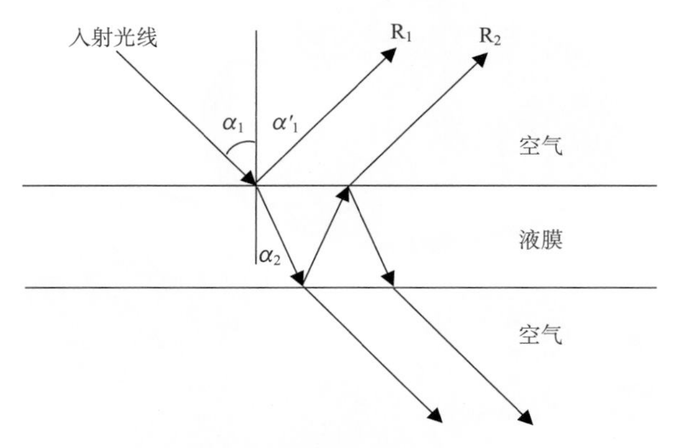

图 6-15　肥皂泡表面反射产生的干涉

α_1. 入射角；α'_1. 反射角；α_2. 折射角；R_1. 反射光 1；R_2. 反射光 2

除了显示技术不断进步之外，裸眼 3D、虚拟现实(VR)和增强现实(AR)等技术成为业界关注的新焦点(图 6-17)。如今，屏幕技术已经摆脱了平面的束缚，甚至出现了可以弯曲的曲面电视。曲面电视的出现颠覆了传统电视的外观设计，同时，曲面电视的弧度和眼球的弧度基本一致，观看时眼睛可以看到整个画面，而普通平面电视只有中间部分能看全，两边的画面是有损失的，不利于观看也不利

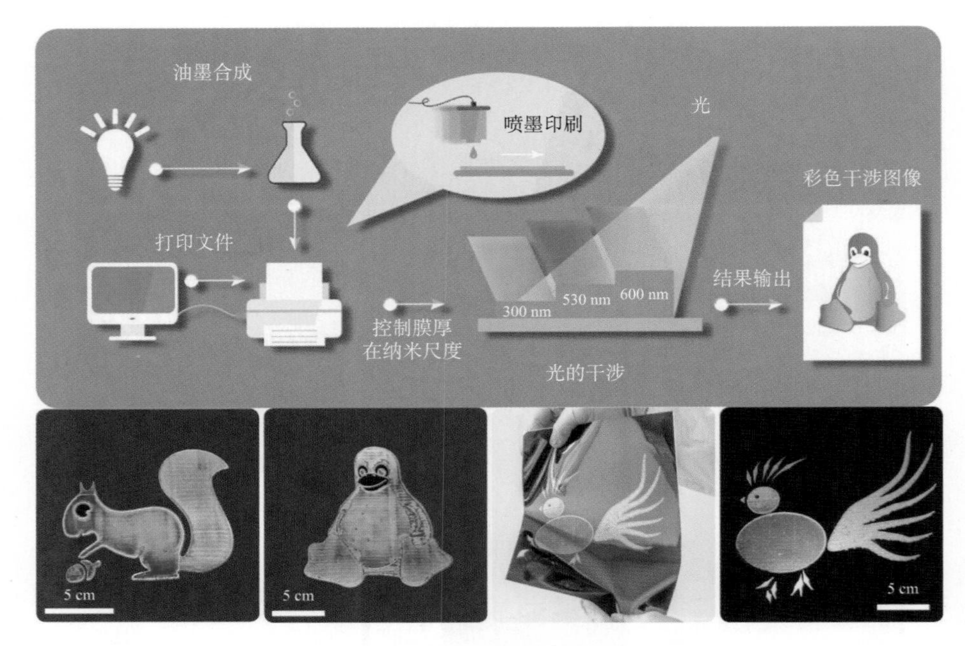

图 6-16 喷墨印刷制备干涉彩色图

图 6-17 下一代显示技术

于眼睛健康，这也让曲面电视成为未来显示行业的一大趋势。比较受关注的还有激光显示，即用彩色激光显示器代替显像管，其组成有激光器、光偏转器和屏显像管幕。目前市场上的激光显示产品大多采用的都是激光荧光粉技术。激光荧光粉技术是一种蓝色激光激发荧光粉产生白光的技术，解决了投影灯泡寿命问题，但是它也是一种类似 LED 的技术。激光电视一直形成不了产业，是由于激光荧光粉技术存在散斑现象，这是目前克服不了的。全色激光投影技术是激光投影真正的目标，通过使用窄谱红、绿、蓝三基色激光来合成白光，才能在真正意义上实现激光“全色”显示。

6.3　传感与检测

当今社会的发展，是信息化社会的发展。在信息时代，人们的社会活动将主要依靠对信息资源的开发及获取、传输与处理。而传感器是获取自然领域中信息的主要途径与手段，是现代科学的中枢神经系统。它是指那些对被测对象的某一确定的信息具有感受(或响应)与检出功能，并使之按照一定规律转换成与之对应的可输出信号的元器件或装置的总称。如果把计算机比喻为处理和识别信息的“大脑”，把通信系统比喻为传递信息的“神经系统”，那么传感器就是感知和获取信息的“感觉器官”。高灵敏的物质检测、传感与分析在疾病诊断、环境监测和食品安全等方面都具有重要的意义。各种功能材料的快速、精确沉积使得印刷成为制造分析传感器的有效方法之一，通过印刷可以将各种功能材料排列成阵列、线、膜、微流体结构，甚至更复杂的图案。下面将列举几个通过印刷的方法制备检测器的例子。

中国科学院化学研究所绿色印刷实验室[49]通过在疏水基材表面以金纳米颗粒分散液为油墨通过喷墨印刷的方法制备了金纳米颗粒的堆积体阵列。在溶剂完全挥发后，金纳米颗粒在每个像素点呈现出均匀分布和紧密堆积状态，且金纳米颗粒的堆积体展现亲水性质，与疏水的基底组合则得到了具有亲疏水差异的拉曼散射传感器。当含有罗丹明 6G(R6G)的溶液与沉积于疏水表面的亲水金纳米颗粒堆积体相接触时，溶液中的罗丹明 6G 则完全被富集到亲水的金纳米颗粒堆积体表面，受益于金纳米颗粒的表面增强拉曼散射性质，传感器可以将对罗丹明 6G 的检测限降低至 5 ppb (1 ppb=10^{-9})，同时所得结果具有优异的重现性(相对标准偏差 RSD 小于 4%，图 6-18)。

金属有机骨架材料(metal-organic framework, MOF)由于具有高比表面积和易于调节的孔径尺寸，可以发生有效富集使分析物浓度高于外部气氛，因而引起了人们的广泛关注。Terfort 课题组[50]通过开发新的 MOF 前驱体油墨体系来实现 MOF 的图案化。在印刷 MOF 前驱体之后，通过进一步干燥和溶剂辅助后处理步骤即可实现 MOF 的图案化制备。该 MOF 框架内包含可以耦合小分子的高密度

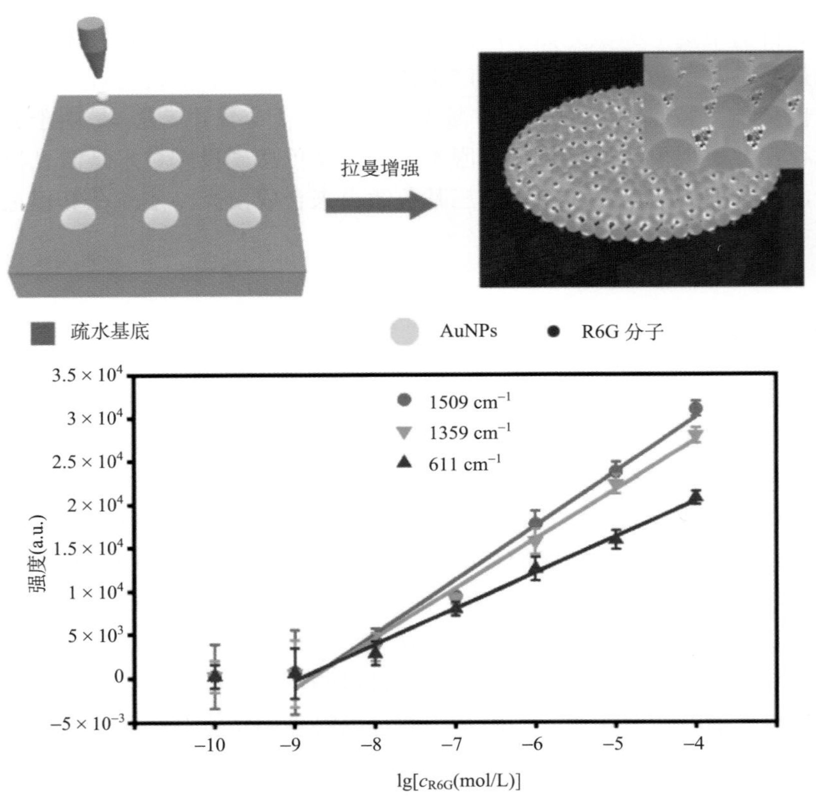

图 6-18　疏水表面喷墨印刷表面增强拉曼散射传感器图

路易斯酸性铜(II)位点，能够有效捕获有害气体。如图 6-19 所示，初始状态下 MOF 呈绿松石色，当分别暴露于氨气、氯化氢和硫化氢蒸气环境下时，其颜色迅速地变为深蓝色、黄色和棕色，表明了其可用于多种不同气体的检测。

发光材料也常被用于制备传感器，其中碳纳米点(CD)常被制成荧光油墨并应用于光响应传感器的制造。中国科学院长春光学精密机械与物理研究所的申德振课题组[51]通过在未处理的碳纳米点(CD-Rs)表面部分修饰烷基官能团，制备具有组装性能的碳纳米点(CD-Ps)，其可在甲苯溶剂中发生自组装，制备可智能响应的 CD 组装体(supra-CDs)[图 6-20(a)]。上述 CD 组装体可以被水分解，因此具有水诱导的荧光增强行为，且与市售的有机染料相比具有优异的稳定性，可用于检测痕量水的存在。Chen 课题组[52]还提出了通过基于静电纺丝底物的诱导释放反应(release-induced response，RIR)来实现超快速隐藏图案显现[图 6-20(b)]，最后使用喷墨印刷来验证 RIR 工艺的可行性，通过图案化成像油墨，基底上通过静电纺丝制备的聚氨酯纤维发生交联，从而导致荧光素释放并进行隐藏图案的显现成像，此工艺可用于特定情况下隐藏图案的显色。

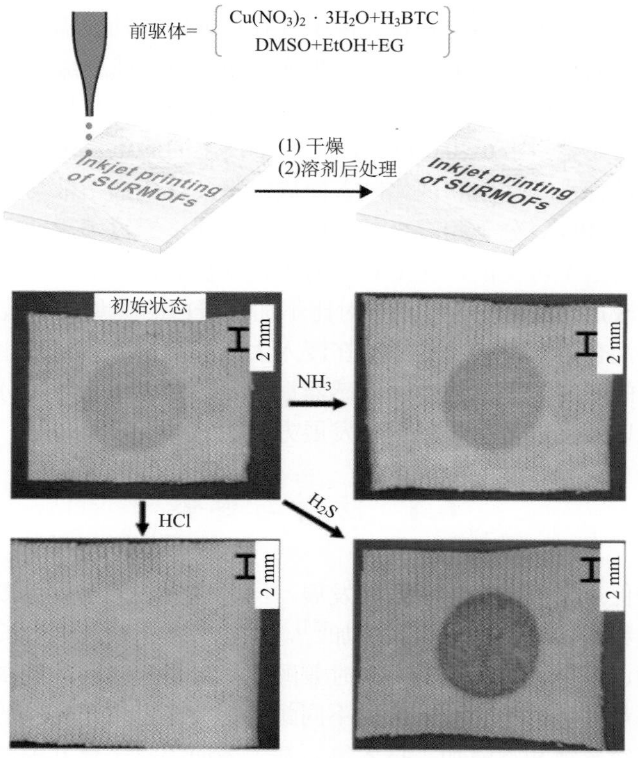

图 6-19　印刷 MOF 图案并用于气体检测

EG. 乙二醇；H_3BTC. 均苯三甲酸

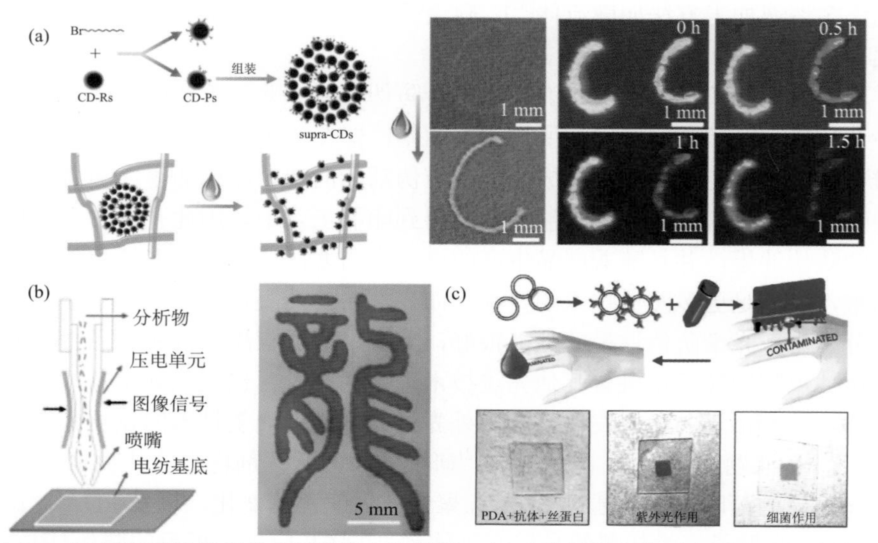

图 6-20　(a)基于碳纳米棒的水诱导发光检测器；(b)底物诱导释放反应图案显色传感器；(c)印刷制备生物(大肠杆菌)检测器

而对于生物传感器的印刷制备，由于其存在或发挥功能需要特定的环境，因此需要载体分子的存在，以保持其功能性质。Omenetto 课题组[53]提出了使用丝蛋白作为生物功能油墨的载体，其起支撑和与环境相兼容的作用，用于可以检测大肠杆菌的颜色传感器[图 6-20(c)]。此工作中使用的丝蛋白是对家蚕的丝纤维进行脱胶，随后进行水基萃取和纯化制备而成。将此丝蛋白溶液与羊免疫球蛋白 G 抗体和聚二乙炔(PDA)分子相混合制备成功能油墨，通过喷墨印刷得到的图案在溶剂完全挥发后是不可见的，在 UV 照射下显现出紫色，而 UV 照射过的样品置于大肠杆菌溶液后，图案变为红色；对比不加丝蛋白的羊免疫球蛋白 G 抗体和聚二乙炔分子的混合溶液，制备的样品在浸入大肠杆菌溶液后便发生破损，由此可见，载体分子的研究对于发展生物传感器很重要，提供适合生物分子发挥其功能的支撑载体是以后生物传感器的重要发展方向。

6.4 防伪与安全

技术进步促进了复杂加工手段的发展，同时也使造假手段更多样化，因此开发新型防伪材料和系统的需求大大增加[54]。对防伪体系设计的一般共识是清晰可读、设计合理、安全、难以模仿，同时兼顾成本效益。目前用于制备防伪图案的功能材料主要是具有某种刺激响应的不同颜色、荧光及电子性质的物质，制备方法有光刻、真空蒸镀和溶液加工技术等。基于表面等离子体共振的金属材料纳米阵列[55,56]由自上而下的光刻法制造，制备方法复杂、耗时且不利于大规模生产，因此许多溶液加工方法如微流体[57]、旋涂[58]、压印[59]等技术被开发用于制备防伪图案。

其中防伪油墨已经逐渐成为现代社会防伪领域中非常重要的一部分，在生活中各个角落都有广泛的应用。所谓防伪油墨，即在油墨中加入具有特殊性能的防伪材料并经过一定工艺加工而成的具备防伪功能的特种印刷油墨。随着社会经济的快速发展，越来越多的防伪油墨被应用到印刷工艺中，因此开发出了各种不同类型的防伪油墨，并且随着产品生产的进一步需要，还会有更多的防伪油墨被研制出来，以满足更多防伪技术的要求。而光学防伪油墨是防伪油墨中极其重要的一部分。由于光学防伪油墨的性能很好，其可以广泛应用于各种产品中。光学变色防伪油墨印刷技术在融合其他先进技术理论的同时，也极大地丰富了自身的防伪效果。随着市场的深入发展，国内外先进光学防伪油墨技术的发展必将更上一层楼。Park 课题组和 Kim 课题组[60-62]研究了表面活性剂稳定的共轭聚合物 PDA 前驱体油墨的可印刷性，通过 PDA 在聚合前后颜色的变化，以及 PDA 对温度的响应变化，开发了一类新型的光学变色体系，并将其应用于纸币的防伪(图 6-21)。其主要原理如下：在单体状态下，乙二炔(DA)单体不吸收可见光，图案是不可见的；紫外线照射引起 DA 单体的聚合，导致图像图案由不可见变为蓝色(PDA 的颜色)；加热时，由于 PDA 发生相变，图案立即由蓝色不可逆地变为红色。而向 PDA 中引入芳香侧链，则可实现蓝色与红色的可逆转换。

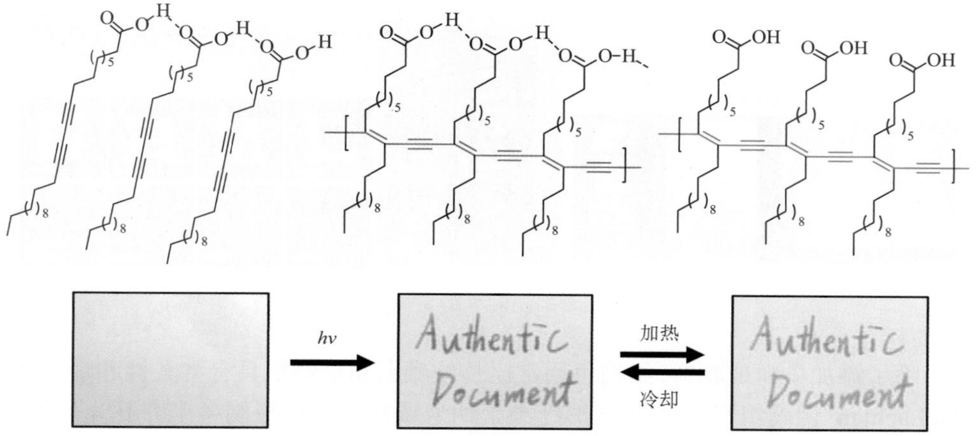

图 6-21 喷墨印刷具有温度和光响应的隐藏色彩防伪图案

光致发光也是一种常用于防伪的手段，标记区域可以在特殊光照下显现，这使其成为另外一种具有吸引力的防伪手段之一，其中荧光分子主要应用于光致发光防伪体系。Chauvin 课题组[63]以镧系元素化合物作为喷墨印刷的油墨，制备了可发生从可见到不可见转变的全色发光图像[图 6-22(a)]，除非在 UV 照射下，喷墨印刷图案的全彩图案是不可见的。这种光致发光体系具有显色与隐藏的可重复性，作为防伪功能涂料是非常有吸引力的。使用该光致发光体系标记的文件可以通过 UV 灯的照射显现来轻松认证，如果没有适当的发光油墨，并且没有色彩再现软件，被标记的文件就不能被假冒。Zheng 课题组和 Gooding 课题组[64]展示了一种低制造成本、非破坏性、难以复制的防伪技术手段，即利用多功能荧光素-嵌入式银@二氧化硅($Ag@SiO_2$)核-壳纳米颗粒作为图形和光谱编码的信息载体[图 6-22(b)]。这种核-壳构型对于防伪应用是特别有用的，因为它提供了可以无限选择的金属作为“核”以及多种多样性能可控的“壳”结构，“壳”结构中可以嵌入用于编码的探针分子，如荧光或拉曼活性分子。这种核-壳纳米颗粒具有的独特的表面等离子体共振性质、荧光发射性质和拉曼散射性质使其成为安全标签的理想信息载体。例如，该工作中使用的 $Ag@SiO_2$ 核-壳纳米颗粒，在明场、暗场和荧光显微镜下具有不同的颜色，其隐藏信息可通过 ImageJ 软件进行解码。

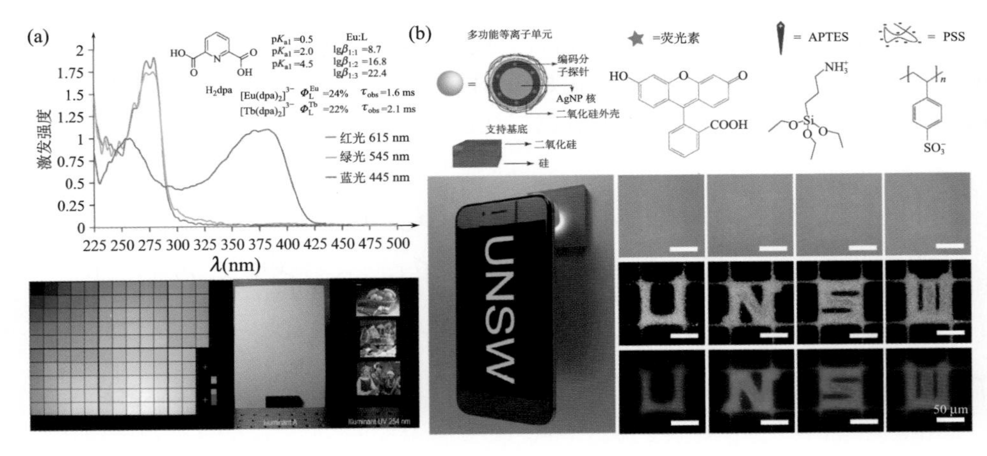

图 6-22 喷墨印刷光致显色防伪图案

除了添加染料或颜料，结构色通常比传统颜料和染料更具有持久性和耐用性。MacLachlan 课题组[65]使用非球形纤维素纳米颗粒作为模板制备了介孔光子酚醛树脂的手性液晶向列结构，接着通过喷墨印刷进一步图案化树脂以产生隐藏的光学图像(图 6-23)。在喷墨印刷特定油墨(如氯化氢或甲醛)后，树脂中羟甲基的密度发生变化导致其溶胀度发生变化，最终进一步使图像显现。溶胀引起的图像显现和干燥时图案的消失是完全可逆的，这使得该方法具有永久防伪的潜力。

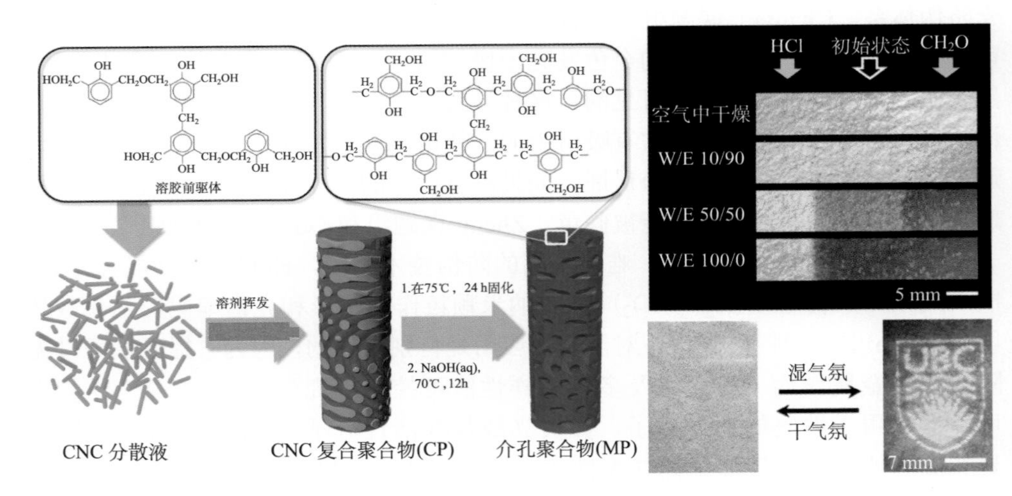

图 6-23 喷墨印刷溶剂、湿度响应显色图案

CNC. 纤维素纳米晶；W/E 中 W 指水，E 指乙醇

光学防伪油墨具有极好的变色效果，而且是目前比较先进的防伪技术，随着市场经济的发展，它的作用也会变得越来越重要。但是，由于其制作工艺的不完

善，还有许多要改进的地方。每一种技术都需要不断地改进完善才能跟得上时代的潮流，光学防伪油墨也不例外。

6.5　光电检测器

光检测是大多数光电子系统的基础，通过吸收光产生电荷来将光信号转换成电信号的光电检测器是许多应用设备，如遥感、夜视、医学成像、食品检测和安全系统等的核心。通常商用光电检测器以无机半导体材料为主，主要用于检测紫外光、可见光和近红外光谱[66]。上述半导体材料虽然显示出优异的光敏性，但其制造成本高、需要高温处理且不适用于柔性基检测器的制备，湿法处理被认为是解决上述问题的方案之一，由此产生了基于纳米结构，如量子点[67]、二维材料[68]、纳米线[69]和混合体系[70]的光电检测器。

Heiss 课题组[71]研究了分散于氯苯溶剂的 HgTe 纳米颗粒油墨的可印刷性，发现由此法制备的器件的工作波长可达 3 μm[图 6-24(a)]，且随着 HgTe 纳米颗粒层数的增加，光电检测器的灵敏度增加。Östling 课题组[72]通过乙基纤维素和高黏度松油醇溶剂交换来制备稳定的二维 MoS_2 纳米片[图 6-24(b)]并将其用于喷墨印刷的油墨从而进一步制备器件，此方法制备的 MoS_2 油墨具有适当的稳定性、黏度和浓度，且不会堵塞喷嘴。印刷于银电极上的 MoS_2 层具有非常强的光致发光性能，且在所有测试的照明条件下对每个开与关动作均具有快速、可逆的响应。

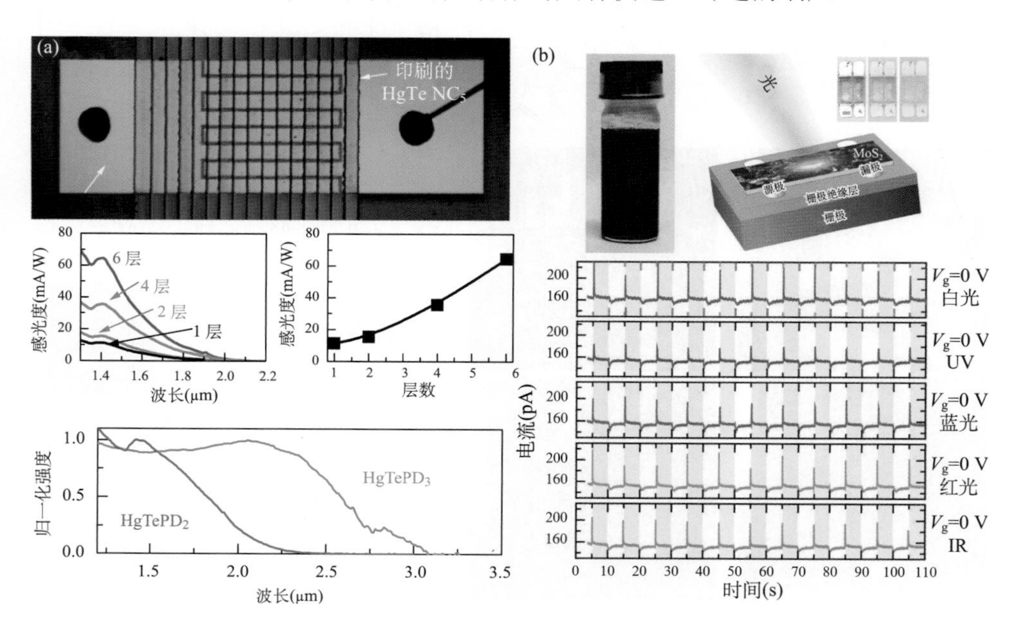

图 6-24　喷墨印刷基于纳米颗粒(a)和二维纳米材料(b)的光电检测器

Loh 课题组[73]使用溶胶–凝胶法制备了石墨烯-TiO_2 复合油墨，并通过喷墨印刷的方法制备了石墨烯-TiO_2 光电检测器。在–5 V 的外压下，检测器在 UV 区域的检测灵敏度约为 2.3×10^{12} Jones，在可见光区域约为 9.4×10^{11} Jones，此数值远高于其他混合系统，与商用的铟镓砷光电检测器相当。Caironi 课题组和 Natali 课题组[74]则实现了全喷墨印刷的有机光电检测器的制备(图 6-25)。该装置具有垂直拓扑结构，功能层夹在两个导电电极之间。外量子效率(EQE)在宽约 600 nm 的波长范围内均超过 60%，在 525 nm 处具有 83%的峰值。

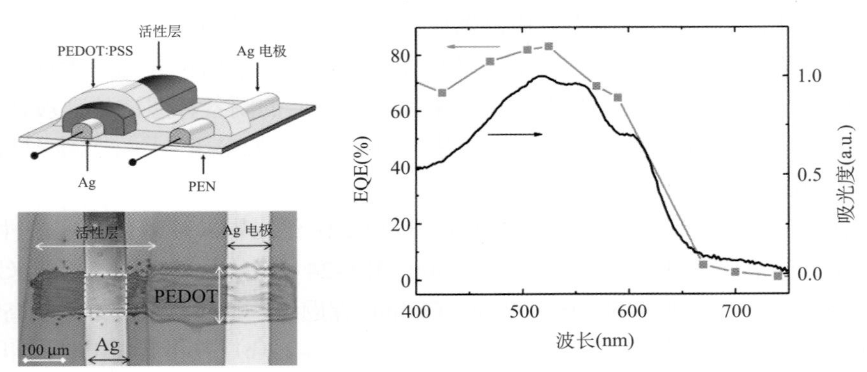

图 6-25 全喷墨印刷制备有机光电检测器研究

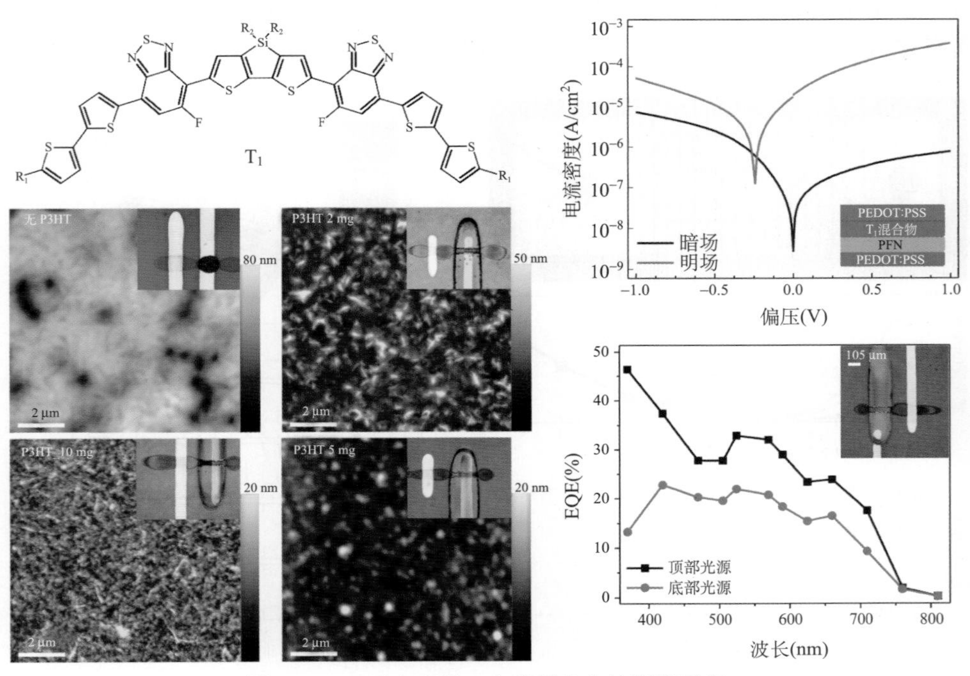

图 6-26 三元全有机、全印刷光电检测器研究

为了进一步降低制造成本，Pace 课题组和 Caironi 课题组[75]利用最近合成的窄带隙高性能小分子 T_1（图 6-26），并通过引入半导体聚合物获得三元共混物（T_1：P3HT：$PC_{70}BM$）来实现可重复印刷制备光电检测器（图 6-26）。基于小分子的光敏混合物体系是一个相当新颖的体系，可大大减少可印刷性差和器件性能低的问题。通过该体系，该课题组构建了一个全有机和全印刷的光电二极管器件，得益于半透明电极，该检测器可实现双面信号检测，且光谱响应区域得以延伸到 750 nm。总而言之，光电检测平台正在以惊人的速度发展，对于各种应用领域具有巨大的前景。

6.6　光波导系统

信息时代下，人们对数据传输性能的要求越来越高。在长距离有线通信领域，光纤通信技术能够满足高性能的需求。随着通信技术的飞速发展，短距离信息传输对通信器件体积、成本和集成化的要求越来越高。而传统的电互连和电子器件具有高损耗、低带宽、存在固有电磁干扰等缺点，这限制了数据传输性能的进一步提升。光波导作为光信号信道，较电信信道具有低损耗、高带宽、抗电磁干扰、低能耗、低串扰、小物理尺寸等优点。光互连因此成为解决高速电信号互连瓶颈的一个有效方法，早已成为人们关注和研究的焦点。传统的光波导材料采用铌酸锂（$LiNbO_3$）或硅基半导体等无机材料作为光传输介质，而有机聚合物光波导因具有易于溶液法加工、方便集成的优势逐渐成为研究的热点。本节将重点介绍印刷制备有机光波导器件。

姚建年课题组和赵永生课题组[76]通过喷墨印刷制造了光损耗低至 0.2 dB/mm 的一维、微环光波导结构（图 6-27）。一维光波导结构通过喷墨印刷二甲基甲酰胺（DMF）溶剂来选择性地溶解聚苯乙烯（PS）膜制备而成，其形貌可以通过调节 PS 膜的厚度和 DMF 墨滴的体积来控制。将光波导分子加入 PS 膜内或 DMF 溶剂中，可以制备出 Q 因子高于 4×10^5 的微环谐振器。一维光波导和微环光波导结构可以通过任意方式集成到不同的光子电路中，以实现不同的功能。通过将微环谐振器与一维光波导切向耦合，由激发微环产生的共振模式可以被一维光波导结构收集并被引导到终端。此外，还可以通过喷墨印刷距离约 500 nm 的两个共轭微环来获得耦合谐振器，激发一个微环可以使光通过谐振器耦合传播至另一个微环。

直写技术可在空间上控制喷嘴运动的同时控制喷嘴的连续挤出，是另一种湿法制备自支撑光波导结构的方式。Omenetto 课题组[77]利用直写技术印刷蚕丝蛋白实现光波导。实验中使用蚕吐出的高浓度蚕丝蛋白作为油墨，喷墨印刷出基本均匀、光滑、无缺陷的呈笔直、波浪结构的线条，可以导通 He：Ne 激光光源射出 633 nm 的光，如图 6-28（a）所示。以此种方式获得的蚕丝蛋白光波导为制备生物兼容、生物可降解、生物功能化的光学材料提供了方法。

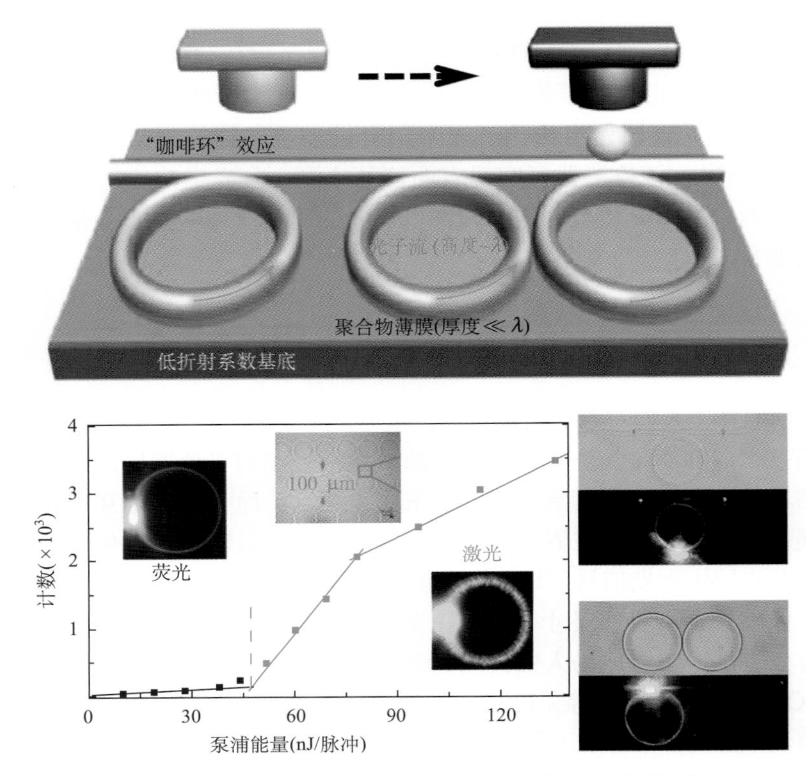

图 6-27　利用"咖啡环"效应喷墨印刷微环光波导结构

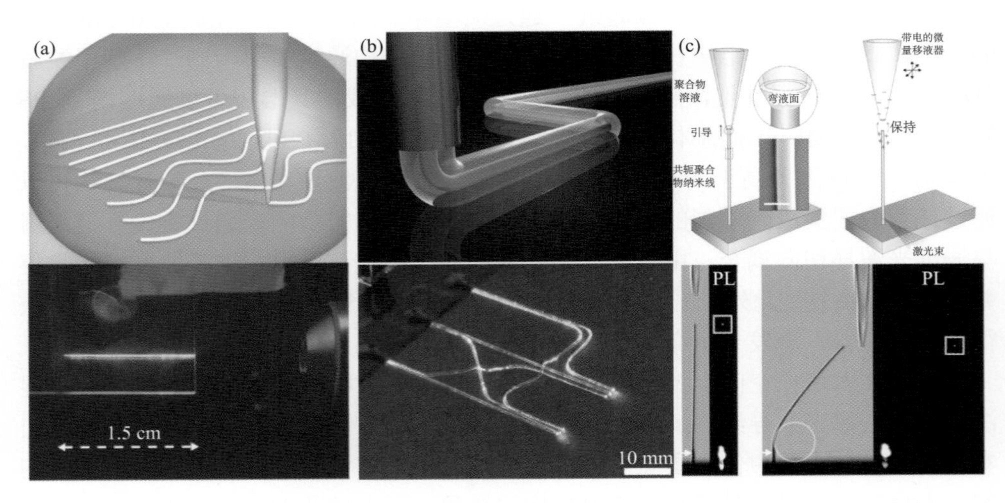

图 6-28　直写技术制备可生物降解(a)、核-壳结构(b)和自支撑(c)的光波导结构

Lewis 课题组[78]也通过直写技术制备了光波导核-壳结构[图 6-28(b)]。实验使用了以光固化液体为核，牺牲液体为壳的油墨，因为用于光传导的光固化材料黏度低，模量小，不适用于采用直写技术印刷，因而将其包覆在利于印刷的牺牲液体里。实验中使用在可见和近红外光范围内光损失小、固化不易破裂的有机无机杂化材料 OrmoClear，牺牲液体选用具有浓度、温度依赖性的黏弹性聚环氧乙烷-聚环氧丙烷-聚环氧乙烷(PEO-PPO-PEO)三嵌段共聚物。将内核外壳的油墨同时直写出来，对核进行固化，然后通过降温将壳液化去除，得到只有核材料的光波导结构。通过该方法获得的光波导结构呈圆柱状，且在整个可见光范围中光损失少。这种方法为制备高带宽的下一代光系统和光传感阵列的光波导网络提供了思路。Je 课题组[79]通过直写技术制备了完全空气包围的自支撑 MEH-PPV 纳米线的垂直或弯曲结构,完全避免了纳米线结构与基板相互耦合发生的光传播损耗[图 6-28(c)]，在很大程度上提高了光传播效率。

尽管如此，研究人员仍需面对来自光学聚合物新材料的设计合成、光波导器件的微/纳尺度加工和光学器件的大规模集成等方面的技术挑战。今后的研究方向主要集中在以下几方面：进一步优化印刷过程以降低聚合物材料的光损耗，提高其热稳定性和光学性能；进一步提高光波导器件的加工精度和尺寸稳定性，减小集成光学器件的极限尺寸；进一步提高光波导器件的性能，开发新型的光波导器件，拓展新的应用领域。

6.7　光子晶体器件

光子晶体(photonic crystal)是指由不同折光指数的材料在空间周期性排列构筑的具有光子带隙的结构材料[80,81]，其概念是 1987 年由美国贝尔通信研究所的 Yablonovitch 在研究抑制自发辐射、美国普林斯顿大学的 John 在讨论光子局域时各自分别独立地提出的概念。在固体物理研究中发现，晶体中周期性排列的原子所产生的周期性电势场对电子有一种特殊的约束作用。同样，介电常数呈周期性分布的介质中，电磁波(这里指光波)的某些频率也是被禁止的，通常称这些被禁止的频率区间为“光子禁带”(photonic band gap)。具有光子禁带的周期性介电结构就是光子晶体，或叫做光子禁带材料(photonic band gap material)。换句话，由于禁带的作用，某些波长的光不能在光子晶体中传播，而是全部被反射回去。光子晶体的概念是与半导体相比较而提出的，可视为半导体在光学领域对应的物理概念，因此，光子晶体又被称为光半导体。介电常数(或折射率)不同的材料在空间周期性排列就组成了光子晶体，在光子晶体中传播的光波的色散曲线呈带状分布，当这种空间有序排列的周期与光的波长相比处于同一量级而折射率的反差较大时，带与带之间有可能会出现类似于半导体禁带的“光子禁带”，能量落在“光子禁带”中的电磁波被禁止传播。随后的十几年中，围绕着光子禁带及光子晶体带边效应，许多新奇的物理现象和应用被发现。从此光子晶体作为一种新的科学领域开始迅猛发展。1999 年，《科学》杂志将光子晶体的研究成果列入了当年的十大科技成就之一。

光子晶体具有光子禁带、光子局域、“慢光子”效应、荧光增强等多种独特的光学性能，在新型光学器件制备、图形防伪技术以及传感器等领域具有广阔的应用前景。中国科学院绿色印刷实验室在光子晶体传感器制备领域做了一系列工作[82-94]。例如，利用湿度响应的聚丙烯酰胺制备了光子晶体，通过水凝胶在不同湿度下的体积变化实现了光子禁带在全可见光谱内的可逆调控，其可用作湿度计[95]。利用亲油的酚醛及碳材料制备的光子晶体，光子禁带位置随着油的折光指数变化而呈现不同的颜色，可以方便地检测石油品质及监控石油泄漏[96,97]。利用电化学聚合法制备了反蛋白石结构的聚吡咯光子晶体，由于聚吡咯具有电响应的特性，通过施加不同的氧化还原电位，可以实现聚吡咯光子晶体在氧化态和中性态之间的可逆转变。在这两种状态中，聚吡咯光子晶体的光子禁带、导电性和浸润性均可以发生可逆的转变，这种多功能智能响应的光子晶体可以拓宽光子晶体在生物传感、光电材料及微流体等领域中的应用[98]。

随着现代工业科学技术的不断发展，物体表面的激光加工或精细图案化正在引起人们越来越多的关注，而且许多现代科学技术领域发展和突破的机遇大部分都来源于新型微观结构的成功构建或现有结构的小型化。图案化光子晶体因其独特微结构进一步获得了其他特异的功能，极大地拓展了其在色彩显示、生物传感与检测以及组织工程等领域的应用范围。中国科学院绿色印刷实验室[99]针对普通聚合物光子晶体存在的制备过程需要分离，膜强度低的缺陷，对形成胶体晶体的组装单元——单分散乳胶粒表面功能团及核-壳结构进行设计，通过乳液聚合制备得到具有硬而疏水的聚苯乙烯(PS)核及软而亲水的聚甲基丙烯酸甲酯/聚丙烯酸[P(MMA-AA)]壳的聚合物乳胶粒(图 6-29)，将这些具有特殊核-壳结构的乳胶粒组装制备聚合物光子晶体，成膜简便，膜的机械强度得到显著改善，满足了应用要求。

此种核-壳结构的胶乳颗粒悬浮液的黏度约为 1 mPa · s，适用于作为喷墨印刷的油墨，并可通过喷墨印刷[100]制备宏观光子晶体[图 6-30(a)]。以具有合适浸润性的表面作为承印基材并在油墨中引入高沸点溶剂乙二醇(质量分数为 40%)，由于第二溶剂的引入，油墨的表面张力约为 57 mN/m，有利于墨滴的扩散，并可避免“咖啡环”沉积图案并获得有序的组装结构。所有这些因素均有助于制造均匀沉积、有序组装和表面覆盖较好的光子晶体像素点。以上述条件印刷的光子晶体点组成的图案显示出明亮的色彩。印刷光子晶体的禁带和颜色由胶乳颗粒的直径调节：红色、绿色和蓝色区域分别从直径为 280 nm、220 nm 和 180 nm 的颗粒喷墨印刷制备而成。

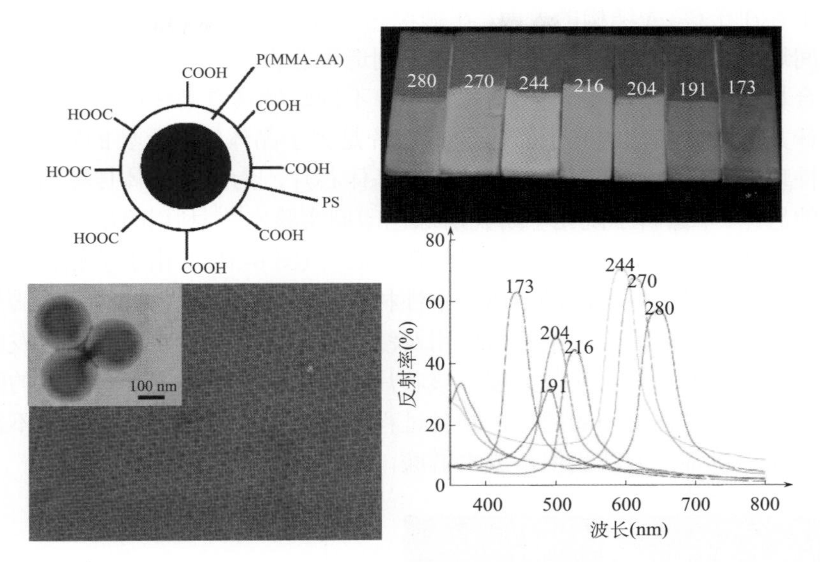

图 6-29　核-壳聚合物乳胶粒的制备和表征

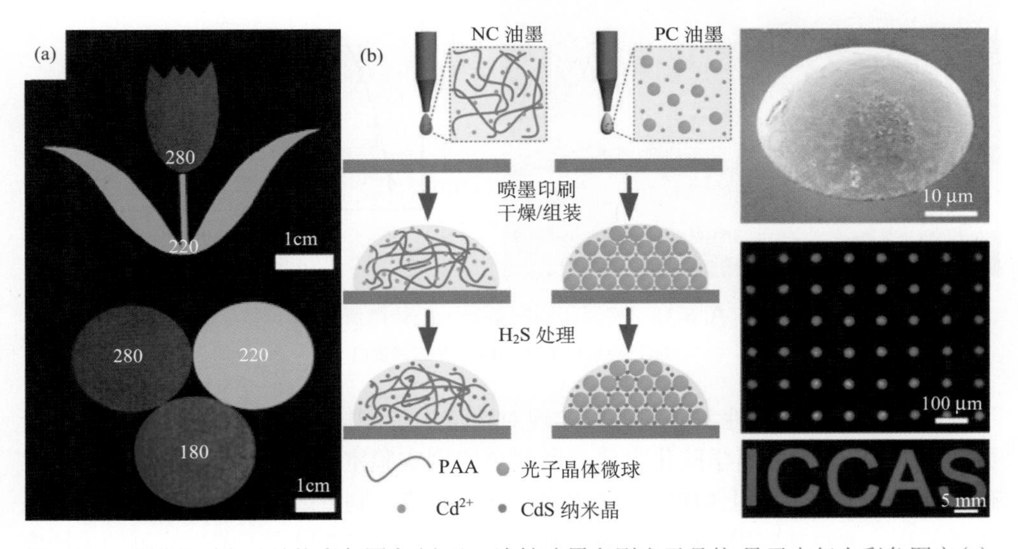

图 6-30　喷墨印刷光子晶体彩色图案(a)及一次性喷墨印刷光子晶体/量子点复合彩色图案(b)

除了将荧光物质掺入印刷油墨中直接印刷，还可以通过反应性喷墨印刷制备包含半导体量子点的光子晶体复合纳米材料[图 6-30(b)][101]。将二价镉离子溶于聚合物乳胶颗粒的分散液中作为印刷的油墨，以特定设计的图案喷墨印刷后，接着使用硫化氢气体处理，可以使硫化镉(CdS)量子点在乳胶颗粒组装过程中原位合成。由于聚合物纳米颗粒具有核-壳结构，壳的表面有游离的羧基，因而二价镉离子易于存在于核-壳结构的表面，在颗粒完全有序组装后，CdS 量子点在颗粒的间隔之间均匀分布。反应性喷墨印刷技术制造工艺直接且具有灵活性，该阵列在纳米复合材料的图案化、光电子器件制备等不同领域具有潜在应用。

设计具有特殊结构的光子晶体(PC)芯片是光子晶体领域重要的发展方向。结合浸润性理论设计具有浸润性差异的光子晶体芯片，为光子晶体传感器的发展提供了新的思路。中国科学院化学研究所绿色印刷实验室[102]利用喷墨印刷技术在疏水基底上直接构筑了亲水性的光子晶体微流芯片(图 6-31)。由于基底由疏水性材料构成，Y 形光子晶体微流通道由亲水性材料构成，因而当待检测溶液滴加在微流通道的一端时，溶液会因毛细力作用及浸润性差异沿着亲水性通道自发向前铺展，不会向通道外的疏水区域铺展。该芯片利用浸润性差异实现了液滴的限域流动，不需要构筑完整封闭的通道，制备过程无需光刻、封装等步骤，也不需要复杂的大型加工设备，方法简便，成本低廉，具有良好的实用前景。

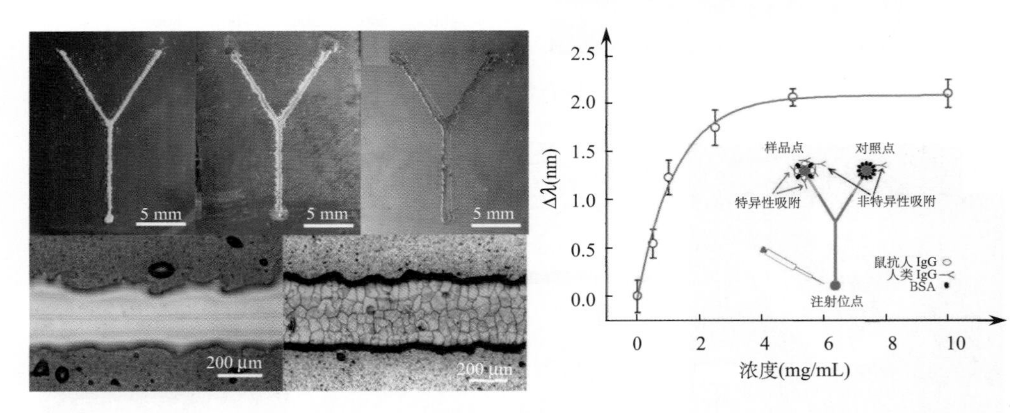

图 6-31 喷墨印刷制备光子晶体微流芯片

IgG. 免疫球蛋白；BSA. 牛血清蛋白

此外，利用浸润性差异还可以实现对溶液中待测样品的富集，以实现对检测灵敏度的提升。中国科学院化学研究所绿色印刷实验室[103]采用喷墨印刷的方法在疏水性的 PDMS 基底上构筑了亲水性的光子晶体点，制备成亲疏水图案化的光子晶体微芯片，并将其应用于荧光检测，其利用富集作用有效提升了荧光检测的灵敏度(图 6-32)。将待测溶液滴在光子晶体微芯片表面，随着水分的蒸发，液滴的体积不断缩小，液滴中的待检测物因浸润性差异逐渐富集到亲水性的光子晶体点上，提升了待检测区域(即亲水的光子晶体点上)的待检测物浓度，同时借助光子晶体荧光增强的特性，有效提升了待检测区域的荧光强度，从而提升了荧光检测的灵敏度，实现超低检测限(10^{-16} mol/L)且具有高 S/N 值(>10)和短富集时间(100 ms)。

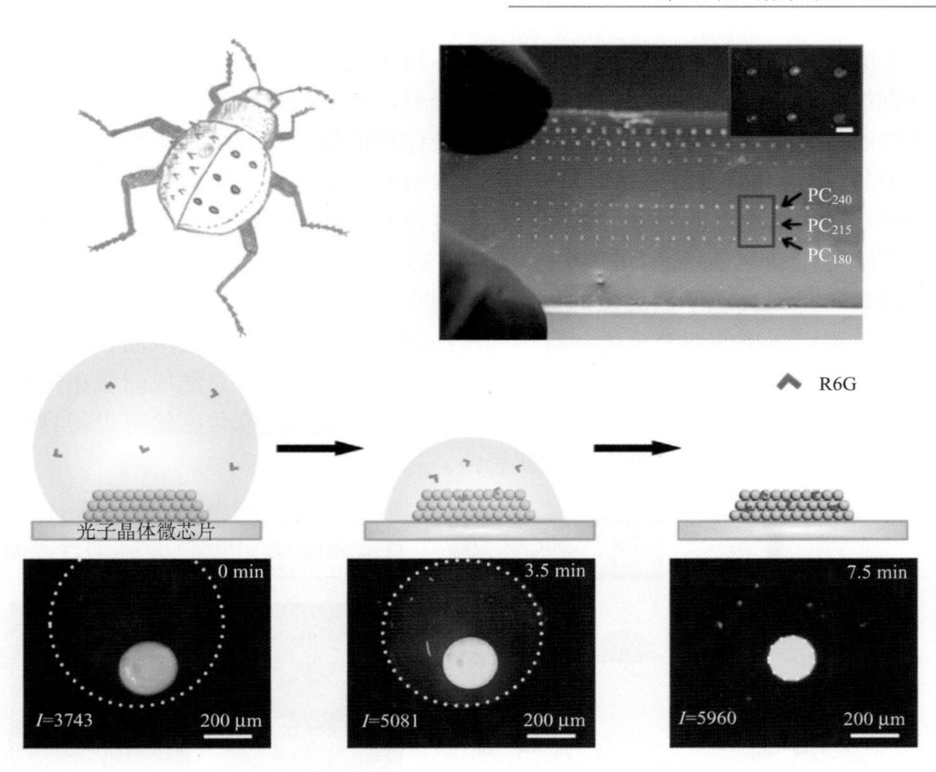

图 6-32　疏水表面喷墨印刷可痕量检测可卡因的光子晶体检测器

随着快速检测的需求不断增长，越来越需要对于具有快速响应性质的光子晶体检测器的开发与制备。中国科学院化学研究所绿色印刷实验室[104]通过降低光子晶体的尺寸来提高光子晶体检测器对湿度检测的响应速度，喷墨印刷的单个光子晶体的尺寸为 20～30 μm，远小于几百微米的通用光子晶体。装载于光子晶体像素点的响应分子为聚(*N*-异丙基丙烯酰胺)(PNIPAm)的紫外引发体系，当使用此油墨图案化印刷后，将图案置于紫外光下，会在导致溶剂挥发的同时发生 PNIPAm 的聚合，在颗粒完全有序组装后，PNIPAm 聚合物在颗粒的间隔之间均匀分布[图 6-33(a)]。当此光子晶体检测器暴露于水蒸气时，PNIPAm 聚合物链段吸附水导致其的润湿状态可逆地从 Wenzel 状态转换到 Cassie 状态，引起光子晶体纳米颗粒之间的距离快速变化，光子晶体的禁带发生变化从而导致检测器颜色发生变化，且响应速度显著提高。当光子晶体像素点交替暴露于水蒸气时，可逆、快速的溶胀过程导致快速响应时间为 1.2 s。

除了水蒸气之外，其他蒸气光子晶体传感器(如乙醇传感器)也可通过将功能材料结合到印刷油墨中进行喷墨印刷制备而得。当环境蒸气变化时，检测器的颜色会发生快速变化。顾忠泽课题组[105]利用一种核-壳结构的胶体纳米颗粒制备了响应乙醇气体的光子晶体色度传感器[图 6-33(b)]。这种特殊的胶体纳米颗粒，具有刚性的二氧化硅内核和柔性的聚合物外壳，在乙醇气体氛围中，这种胶体颗粒柔性的外壳会被乙醇分子溶胀，导致颗粒体积的增大。利用这种纳米颗粒制备的光子晶体传感器可以在乙醇气体中因溶胀引起光子晶体晶格参数改变，导致图案颜色红移，实现对乙醇气体的图案化色度检测。利用相同的色度变色原理，中国科学院化学研究所绿色印刷实验室[106]还制备出了亲疏水图案化的分子印迹光子晶体微芯片，实现了高灵敏的色度检测[图 6-33(c)]。同时，还系统地研究了影响富集检测体系的两个重要参数——滴加液体的体积和亲水区域面积对富集检测效果的影响，并将其与色度传感中响应的颜色进行对应，总结成一张扇形的比色卡，并首次提出通过选用具有不同尺寸的亲水区域的色度传感器可以得到不同的检测灵敏度和不同的检测范围的新思路。

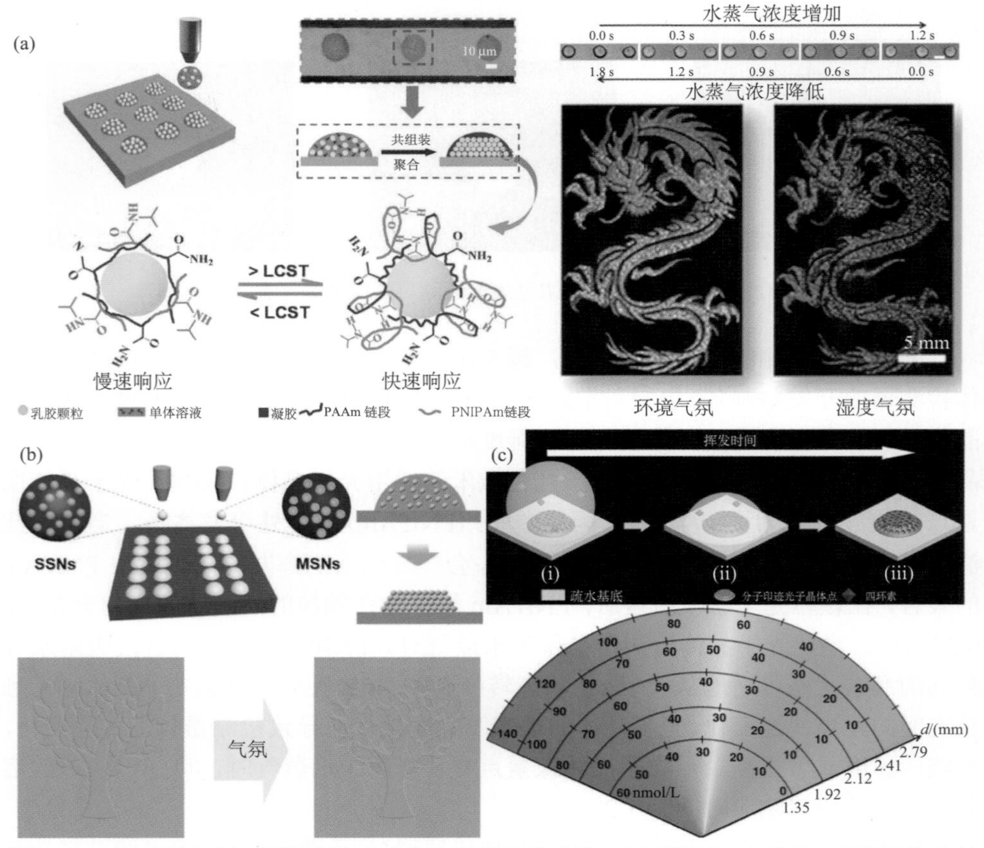

图 6-33 (a)喷墨印刷可逆湿度快速响应光子晶体传感器；(b)利用核-壳结构纳米颗粒构筑的乙醇蒸气响应的光子晶体色度传感器；(c)具有高检测灵敏度的光子晶体色度微传感器的制备

LCST. 临界温度；PAAm. 聚丙烯酰胺；SSNs. 二氧化硅纳米颗粒；MSNs. 介孔二氧化硅纳米颗粒

光子晶体常被用于增强特异性识别的荧光检测体系的荧光信号，而某些检测体系中底物对某一类待检测物会产生非特异性的荧光信号，影响了鉴定的准确度。中国科学院化学研究所绿色印刷实验室[107]提出了一个利用光子晶体荧光增强特性实现非特异性荧光检测体系中多底物识别的新思路。通过设计一种具有多种带隙光子晶体的芯片，选择性地增强同一个荧光检测体系中不同通道的荧光检测信号，实现了高效的多底物差别分析测试。这种光子晶体芯片只需要一种简单的检测分子(8-羟基喹啉)，就可以实现对 12 种不同金属阳离子的识别和分析(图 6-34)，简便的方法对基于荧光检测发展体系多底物分析具有重大意义。

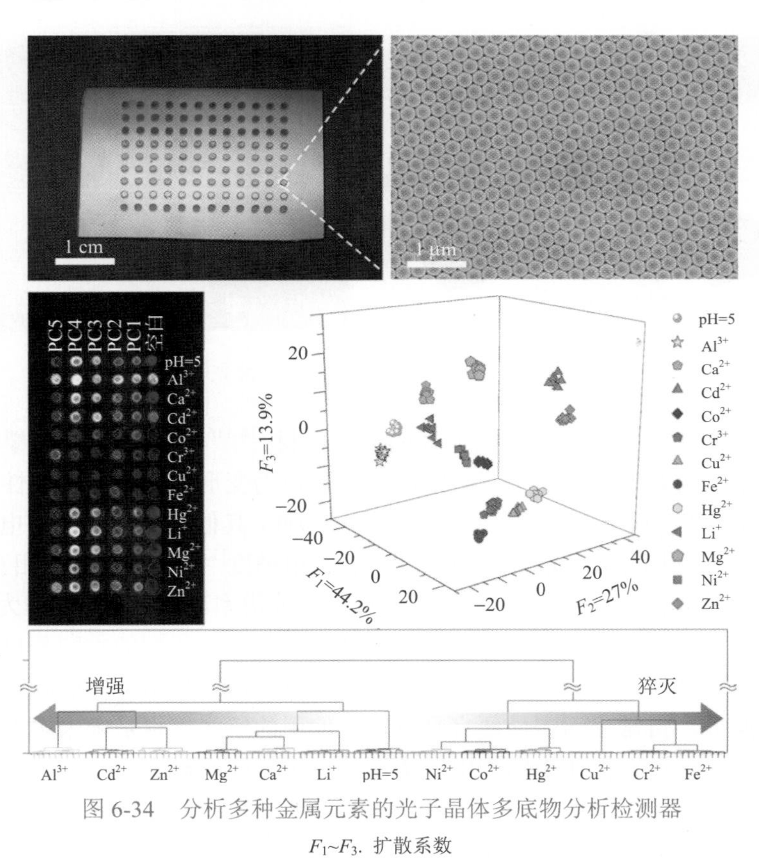

图 6-34　分析多种金属元素的光子晶体多底物分析检测器

F_1~F_3. 扩散系数

根据应用的需要，可以通过选择具有不同浸润性的承印基材来制造各种功能器件[108-112]。除了使用具有均匀浸润性的承印基材，在均匀的表面上引入异质浸润性得到的异质表面也是一种常用于器件制造的基材。中国科学院化学研究所绿色印刷实验室提出了一种简便的基于亲疏水图案制备三维结构的方法(图 6-35)[113]。通过在疏水基底引入可控的零维亲水图案，调控液滴的固-液-

气三相线，使液滴发生非对称去浸润，通过直接喷墨印刷就可以利用单个液滴制备形貌可控的三维精细结构。该方法操作简便，具有广泛的普适性，例如，光子晶体、纳米银、量子点及无机盐等均可通过此方法实现三维结构。利用这种方法，通过操纵零维亲水图案和油墨的性质，就可以实现对液体成型过程中三维方向的形貌和尺寸的精细控制。这一研究成果为快速简便制备形貌可控的精细三维结构提供了新的思路，对三维打印技术的发展具有重要意义和启示。

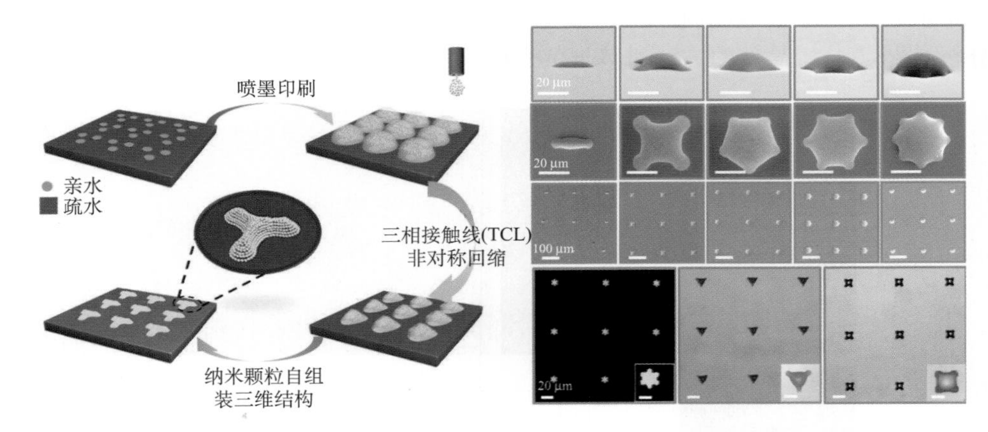

图 6-35　亲疏水图案化表面喷墨印刷三维光子晶体图案

除了固态承印基材，具有黏弹性的液体基材[114-116]也可以用作喷墨印刷的基底，油墨采用与黏弹性基材不互溶的液体，可作为变形的元素在黏弹性基底上制备微孔、微槽和微通道结构。除了基材表面浸润性，其他参数如表面带电性质[117]、温度[118,119]、基材的凸出或凹陷结构[120]、表面粗糙度[121-123]、颗粒间相互作用[124]和响应性[125]等也可显著影响印刷图案的形貌和分辨率。使用纯溶剂作为油墨，可以在选择性“挥发刻蚀”基材后制备浮雕结构[126]。用于印刷的承印基材趋向于使用柔性的或者是可拉伸的，因此具有低表面能和弹性的 PDMS[127]引起了人们的广泛关注。此外，日常生活中最便宜且最广泛使用的纸张，也是未来柔性基材的研究重点之一，最近正被作为印刷电子柔性基板进行广泛研究。

6.8 小　　结

本章揭示了纳米印刷光子技术的广泛和快速发展。印刷设备、油墨的多样化确保了各种各样的光学材料在空间上和功能上的整合，从而在扩展光学器件性能的同时实现其性能的优化，且降低了多功能器件的制造成本。到目前为止，通过印刷精确控制光学微、纳米结构的空间分布已成为可能，从而使将不同的材料进行整合以实现性能(如电致发光、光电子学、光伏效应、光致发光、光致变色和光波导)的整合也成为可能。但到目前为止，纳米印刷光子技术还未能在光学功能器件的制备方面大规模应用，其原因在于纳米光学材料的局限及高精度印刷设备还有诸多不完善之处。例如，目前实现高精度图案的印刷需使用特殊功能材料或对基材的化学物理结构进行预处理，一些特殊的高精度印刷设备的成本较高，使用不便，这在很大程度上限制了印刷技术在高精度图案及其功能器件制备领域的应用。因此，为了推动这一领域的发展，在以后的研究中急需在基础理论方面开发出更多的可能性、新颖性，以进一步对性能的优化产生推动作用。

在印刷制备光学器件领域，由于材料制备的差异性，油墨在材料上及流变学参数上的可控性限制会导致印刷的通用性降低。同时，对印刷过程中墨滴的聚并和叠加机理的不透彻理解也是限制高分辨率和多功能图案制备的另一个障碍。例如，以滑移的三相接触线可以制备出大高径比的纳米颗粒组装像素点，而如何在光滑疏水表面上通过滑移的三相接触线获得高分辨的线图案仍然是一个挑战。此外，对液滴的流动性的深刻理解，墨滴与前一沉积层的相互作用的理解和层与层之间的相互作用的理解，将有助于实现通过印刷在垂直方向上制造可控图案。对于本章中大部分由印刷制造的光学器件，其性能与由光刻或真空蒸镀法制备的器件的性能相比较低。针对以上存在的诸多问题，开发新型功能材料、优化基材物理化学结构的构筑以及发展更简便的高精度印刷设备显得尤为重要。随着科学技术的发展，特别是纳米材料和纳米技术的研究不断深入，印刷技术也展现出更为广阔的应用前景。相信随着相关物理、化学基础研究的不断深入和新技术、新材料的不断发展，印刷技术在高精度图案及其功能器件的制备领域将得到日益广泛的应用。

参考文献

[1] Thompson B C, Frechet J M J. Angew Chem Int Edit, 2008, 47: 58-77.
[2] Chochos C L, Singh R, Kim M, et al. Adv Funct Mater, 2016, 26: 1840-1868.
[3] Bandodkar A J, Nunez-Flores R, Jia W Z, et al. Adv Mater, 2015, 27: 3060-3065.
[4] Angmo D, Sweelssen J, Andriessen R, et al. Adv Energy Mater, 2013, 3: 1230-1237.
[5] Yu Y, Xiao X, Zhang Y K, et al. Adv Mater, 2016, 28: 4926-4934.
[6] Zhou Y H, Khan T M, Liu J C, et al. Org Electron, 2014, 15: 661-666.
[7] Yin L Y, Zhao Z X, Jiang F Y, et al. Org Electron, 2014, 15: 2593-2598.
[8] Kang M G, Park H J, Ahn S H, et al. Sol Energ Mat Sol C, 2010, 94: 1179-1184.
[9] Ito S, Chen P, Comte P, et al. Prog Photovoltaics, 2007, 15: 603-612.
[10] Ito S, Murakami T N, Comte P, et al. Thin Solid Films, 2008, 516: 4613-4619.
[11] Shaheen S E, Radspinner R, Peyghambarian N, et al. Appl Phys Lett, 2001, 79: 2996-2998.
[12] Hoth C N, Choulis S A, Schilinsky P, et al. Adv Mater, 2007, 19: 3973-3978.

[13] Wei Z, Chen H, Yan K, et al. Angew Chem Int Edit, 2014, 53: 13239-13243.
[14] Priyadarshi A, Haur L J, Murray P, et al. Energ Environ Sci, 2016, 9: 3687-3692.
[15] Hu Q, Wu H, Sun J, et al. Nanoscale, 2016, 8: 5350-5357.
[16] Andersen T R, Dam H F, Hosel M, et al. Energ Environ Sci, 2014, 7: 2925-2933.
[17] Sondergaard R, Hosel M, Angmo D, et al. Mater Today, 2012, 15: 36-49.
[18] Jung S, Sou A, Banger K, et al. Adv Energy Mater, 2014, 4: 1400432.
[19] Angmo D, Larsen-Olsen T T, Jorgensen M, et al. Adv Energy Mater, 2013, 3: 172-175.
[20] Krebs F C, Espinosa N, Hosel M, et al. Adv Mater, 2014, 26: 29-39.
[21] Fukuhara K, Nagano S, Hara M, et al. Nat Commun, 2014, 5: 3320.
[22] Koo H S, Pan P C, Kawai T, et al. Appl Phys Lett, 2006, 88: 111908.
[23] Lee J, Kim D H, Kim J Y, et al. Adv Mater, 2013, 25: 5886-5892.
[24] Kagan C R, Lifshitz E, Sargent E H, et al. Science, 2016, 353: aac5523.
[25] Colvin V L, Schlamp M C, Alivisatos A P. Nature, 1994, 370: 354-357.
[26] Kim T H, Cho K S, Lee E K, et al. Nat Photonics, 2011, 5: 176-182.
[27] Choi M K, Yang J, Kang K, et al. Nat Commun, 2015, 6: 7149.
[28] Kim B H, Onses M S, Lim J B, et al. Nano Lett, 2015, 15: 969-973.
[29] Kong Y L, Tamargo I A, Kim H, et al. Nano Lett, 2014, 14: 7017-7023.
[30] Ling Y C, Yuan Z, Tian Y, et al. Adv Mater, 2016, 28: 305-311.
[31] Cheng Z Y, Xing R B, Hou Z Y, et al. J Phys Chem C, 2010, 114: 9883-9888.
[32] Pope M, Magnante P, Kallmann H P. J Chem Phys, 1963, 38: 2042-2043.
[33] Visco R E, Chandross E A. J Am Chem Soc, 1964, 86: 5350-5351.
[34] Vincett P S, Barlow W A, Hann R A, et al. Thin Solid Films, 1982, 94: 171-183.
[35] Tang C W, Vanslyke S A. Appl Phys Lett, 1987, 51: 913-915.
[36] Tang C W, Vanslyke S A, Chen C H. J Appl Phys, 1989, 65: 3610-3616.
[37] Gather M C, Kohnen A, Falcou A, et al. Adv Funct Mater, 2007, 17: 191-200.
[38] Wong M Y, Zysman-Colman E. Adv Mater, 2017, 29: 1605444.
[39] Kuei C Y, Tsai W L, Tong B H, et al. Adv Mater, 2016, 28: 2795-2800.
[40] Lee S Y, Yasuda T, Komiyama H, et al. Adv Mater, 2016, 28: 4019-4024.
[41] Chen P C, Fu Y, Aminirad R, et al. Nano Lett, 2011, 11: 5301-5308.
[42] Khan Y, Pavinatto F J, Lin M C, et al. Adv Funct Mater, 2016, 26: 1004-1013.
[43] Ko H, Lee J, Kim Y, et al. Adv Mater, 2014, 26: 2335-2340.
[44] Zheng H, Zheng Y N, Liu N L, et al. Nat Commun, 2013, 4: 1971.
[45] Sekitani T, Nakajima H, Maeda H, et al. Nat Mater, 2009, 8: 494-499.
[46] Schaffner M, England G, Kolle M, et al. Small, 2015, 11: 4334-4340.
[47] Yakovlev A V, Milichko V A, Vinogradov V V, et al. ACS Nano, 2016, 10: 3078-3086.
[48] Yakovlev A V, Milichko V A, Vinogradov V V, et al. Adv Funct Mater, 2015, 25: 7375-7380.
[49] Yang Q, Deng M M, Li H Z, et al. Nanoscale, 2015, 7: 421-425.
[50] Zhuang J L, Ar D, Yu X J, et al. Adv Mater, 2013, 25: 4631-4635.
[51] Lou Q, Qu S N, Jing P T, et al. Adv Mater, 2015, 27: 1389-1394.

[52] Yang S, Wang C-F, Chen S. Angew Chem Int Edit, 2011, 50: 3706-3709.
[53] Tao H, Marelli B, Yang M M, et al. Adv Mater, 2015, 27: 4273-4279.
[54] Yoon B, Lee J, Park I S, et al. J Mater Chem C, 2013, 1: 2388-2403.
[55] Goh X M, Zheng Y, Tan S J, et al. Nat Commun, 2014, 5: 5361.
[56] Kumar K, Duan H G, Hegde R S, et al. Nat Nanotechnol, 2012, 7: 557-561.
[57] Han S k, Bae H J, Kim J, et al. Adv Mater, 2012, 24: 5924-5929.
[58] Bae H J, Bae S, Park C, et al. Adv Mater, 2015, 27: 2083-2089.
[59] Nie X K, Xu Y T, Song Z L, et al. Nanoscale, 2014, 6: 13097-13103.
[60] Yoon B, Ham D Y, Yarimaga O, et al. Adv Mater, 2011, 23: 5492-5497.
[61] Park D H, Jeong W, Seo M, et al. Adv Funct Mater, 2016, 26: 498-506.
[62] Lee J, Pyo M, Lee S H, et al. Nat Commun, 2014, 5: 3736.
[63] Andres J, Hersch R D, Moser J E, et al. Adv Funct Mater, 2014, 24: 5029-5036.
[64] Zheng Y, Jiang C, Ng S H, et al. Adv Mater, 2016, 28: 2330-2336.
[65] Khan M K, Bsoul A, Walus K, et al. Angew Chem Int Edit, 2015, 54: 4304-4308.
[66] Saran R, Curry R J. Nat Photonics, 2016, 10: 81-92.
[67] Sytnyk M, Glowacki E D, Yakunin S, et al. J Am Chem Soc, 2014, 136: 16522-16532.
[68] Finn D J, Lotya M, Cunningham G, et al. J Mater Chem C, 2014, 2: 925-932.
[69] Chen G, Liu Z, Liang B, et al. Adv Funct Mater, 2013, 23: 2681-2690.
[70] Wang X F, Song W F, Liu B, et al. Adv Funct Mater, 2013, 23: 1202-1209.
[71] Boeberl M, Kovalenko M V, Gamerith S, et al. Adv Mater, 2007, 19: 3574-3578.
[72] Li J, Naiini M M, Vaziri S, et al. Adv Funct Mater, 2014, 24: 6524-6531.
[73] Manga K K, Wang S, Jaiswal M, et al. Adv Mater, 2010, 22: 5265-5270.
[74] Azzellino G, Grimoldi A, Binda M, et al. Adv Mater, 2013, 25: 6829-6833.
[75] Pace G, Grimoldi A, Natali D, et al. Adv Mater, 2014, 26: 6773-6777.
[76] Zhang C, Zou C-L, Zhao Y, et al. Sci Adv, 2015, 1: e1500257.
[77] Parker S T, Domachuk P, Amsden J, et al. Adv Mater, 2009, 21: 2411-2415.
[78] Lorang D J, Tanaka D, Spadaccini C M, et al. Adv Mater, 2011, 23: 5055-5058.
[79] Pyo J, Kim J T, Yoo J, et al. Nanoscale, 2014, 6: 5620-5623.
[80] Yablonovitch E. Phys Rev Lett, 1987, 58: 2059-2062.
[81] John S. Phys Rev Lett, 1987, 58: 2486-2489.
[82] Wu L, Dong Z C, Li F Y, et al. Adv Opt Mater, 2016, 4: 1915-1932.
[83] Chen L F, Shi X D, Li M Z, et al. Sci Rep, 2015, 5: 12965.
[84] Kuang M X, Wang L B, Song Y L. Adv Mater, 2014, 26: 6950-6958.
[85] Shi X D, Sho L, Li M Z, et al. Acs Appl Mater Inter, 2014, 6: 6317-6321.
[86] Zhang Y Q, Gao L J, Wen L P, et al. Phys Chem Chem Phys, 2013, 15: 11943-11949.
[87] Yang Q, Li M Z, Liu J, et al. J Mater Chem A, 2013, 1: 541-547.
[88] Zhou J M, Wang J X, Huang Y, et al. NPG Asia Mater, 2012, 4: e21.
[89] Li H, Wang J X, Liu F, et al. J Colloid Interf Sci, 2011, 356: 63-68.
[90] Shen W Z, Li M Z, Xu L A, et al. Biosens Bioelectron, 2011, 26: 2165-2170.

[91] Li H, Wang J X, Pan Z L, et al. J Mater Chem, 2011, 21: 1730-1735.
[92] Li H, Wang J X, Lin H, et al. Adv Mater, 2010, 22: 1237-1241.
[93] Tian E T, Ma Y, Cui L Y, et al. Macromol Rapid Comm, 2009, 30: 1719-1724.
[94] Li M Z, He F, Liao Q, et al. Angew Chem Int Edit, 2008, 47: 7258-7262.
[95] Tian E T, Wang J X, Zheng Y M, et al. J Mater Chem, 2008, 18: 1116-1122.
[96] Li H L, Wang J X, Yang L M, et al. Adv Funct Mater, 2008, 18: 3258-3264.
[97] Li H L, Chang L X, Wang J X, et al. J Mater Chem, 2008, 18: 5098-5103.
[98] Xu L, Wang J X, Song Y L, et al. Chem Mater, 2008, 20: 3554-3556.
[99] Wang J X, Wen Y Q, Ge H L, et al. Macromol Chem Physic, 2006, 207: 596-604.
[100] Cui L Y, Li Y F, Wang J X, et al. J Mater Chem, 2009, 19: 5499-5502.
[101] Bao B, Li M, Li Y, et al. Small, 2015, 11: 1649-1654.
[102] Shen W Z, Li M Z, Ye C Q, et al. Lab Chip, 2012, 12: 3089-3095.
[103] Hou J, Zhang H, Yang Q, et al. Angew Chem Int Edit, 2014, 53: 5791-5795.
[104] Wang L B, Wang J X, Huang Y, et al. J Mater Chem, 2012, 22: 21405-21411.
[105] Bai L, Xie Z Y, Wang W, et al. ACS Nano, 2014, 8: 11094-11100.
[106] Hou J, Zhang H C, Yang Q, et al. Small, 2015, 11: 2738-2742.
[107] Huang Y, Li F Y, Qin M, et al. Angew Chem Int Edit, 2013, 52: 7296-7299.
[108] Russo A, Ahn B Y, Adams J J, et al. Adv Mater, 2011, 23: 3426-3430.
[109] Liu Z Y, Qi D P, Guo P Z, et al. Adv Mater, 2015, 27: 6230-6237.
[110] Zhang Z L, Zhang X Y, Xin Z Q, et al. Adv Mater, 2013, 25: 6714-6718.
[111] Kuang M X, Wu L, Li Y F, et al. Nanotechnology, 2016, 27: 184002.
[112] Huang Y, Zhou J M, Su B, et al. J Am Chem Soc, 2012, 134: 17053-17058.
[113] Wu L, Dong Z C, Kuang M X, et al. Adv Funct Mater, 2015, 25: 2237-2242.
[114] Bao B, Jiang J K, Li F Y, et al. Adv Funct Mater, 2015, 25: 3286-3294.
[115] Guo Y Z, Li L H, Li F Y, et al. Lab Chip, 2015, 15: 1759-1764.
[116] Jiang J K, Bao B, Li M Z, et al. Adv Mater, 2016, 28: 1420-1426.
[117] Cobas R, Munoz-Perez S, Cadogan S, et al. Adv Funct Mater, 2015, 25: 768-775.
[118] Hsu C C, Su T W, Wu C H, et al. Appl Phys Lett, 2015, 106: 141602.
[119] Gauthier A, Symon S, Clanet C, et al. Nat Commun, 2015, 6: 8001.
[120] Adams J J, Duoss E B, Malkowski T F, et al. Adv Mater, 2011, 23: 1335-1340.
[121] Yin Y D, Lu Y, Gates B, et al. J Am Chem Soc, 2001, 123: 8718-8729.
[122] Hwang J K, Cho S, Dang J M, et al. Nat Nanotechnol, 2010, 5: 742-748.
[123] Park K S, Baek J, Park Y, et al. Adv Mater, 2016, 28: 2874-2880.
[124] Crivoi A, Zhong X, Duan F. Phys Rev E, 2015, 92: 032302.
[125] Paneru M, Priest C, Sedev R, et al. J Am Chem Soc, 2010, 132: 8301-8308.
[126] de Gans B J, Hoeppener S, Schubert U S. Adv Mater, 2006, 18: 910-914.
[127] Kim S H, Park H S, Choi J H, et al. Adv Mater, 2010, 22: 946-950.

第7章 3D打印印刷

小时候，我们都曾经对“神笔马良”的神话故事中马良手中可以挥笔成物的“神笔”幻想无限。幻想能拥有一支马良的画笔，可以挥手将脑中的景象“画成”现实的物品。2013 年在美国波士顿的 3Doodler 公司推出一款以热塑性塑料为原料的 3D 打印笔(图 7-1)，利用它可以在空间画出三维的塑像、饰品等实物。这种神奇的笔其实就是采用了一种简化了的 3D 打印技术。3D 打印是如何工作的，是如何拉近人类想象与现实之间距离的？3D 打印是否真的可以使人类梦想成真？在过去的两千多年里，打印、印刷作为人类信息记录、交流与传播的主要方式，以平面图案化的形式，记录了丰富的人类文明。然而在面对现实的三维世界时，二维的信息记录与表达，显得片面、虚幻与不直接。如何用打印印刷表达三维的现实世界，使打印印刷成为人类思维创造世界与客观现实世界的链接？

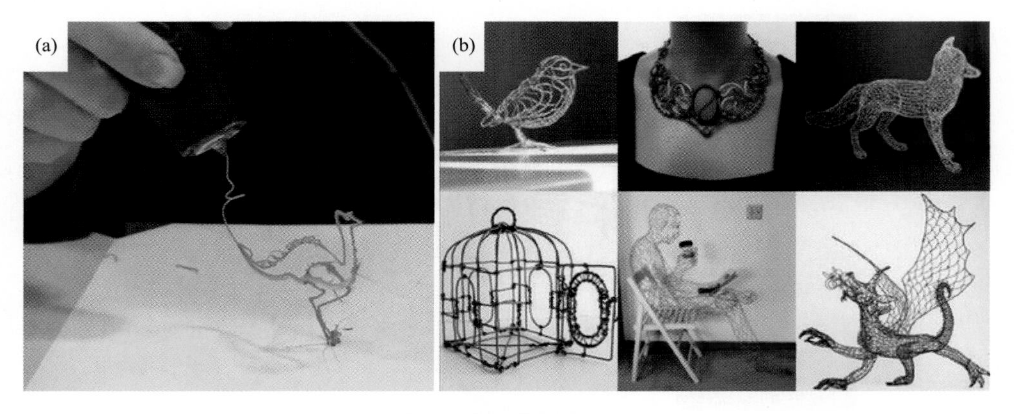

图 7-1　3Doodler 公司推出的以热塑性塑料为原料的 3D 打印笔(a)以及利用此种笔在空间画出的三维塑像、饰品等实物(b)

7.1　3D 打印技术简介

自 1984 年美国的 Charles Hull 制作出第一台 3D 打印机以来，在传统的二维打印技术基础上，以粉末材料或可塑性材料等可黏合材料为打印材料，通过逐层二维打印与多层叠加打印(微积分)，在三维空间内通过打印方式生成3D的实体。相对于传统的二维打印技术而言，3D打印是一种快速成型的技术。3D打印又称增材制造，根据美国材料与试验协会(ASTM)增材制造技术子委员会F42于2012年颁布的最新版标准——增材制造技术标准用语(ASTMF2792-12)，“增材制造技术是一种与传统的材料去除加工方法相反的，基于三维数字模型的，通常采用逐层制造方式将材料结合起来的工艺，同义词包括添加成型、添加工艺、添加技术、添加分层制造、分层制造，以及无模成型”。传统的制造与加工工艺多是去除成型(车、铣、刨、磨、钳等)和受迫成型(锻压、铸造粉末冶金等)的减法(substract)加工方法，在消耗巨大的材料和能源的同时还造成严重的排放污染。3D(三维)打印技术，采用逐点或逐层堆积(additive)材料的方法制造物理模型，属于离散/堆积成型方法，即分层实体制造。由于无需模具制造或机械加工，避免了传统减材制造工艺的材料与能源的浪费。同时，3D打印技术可以将计算机设计的图形数据直接生成各种具有三维形状的实体样品或产品，可以极大地缩短产品的研制周期，提高生产效率和降低生产成本，更可以提供便捷的个性化制造服务。在具有良好设计概念和设计过程的情况下，利用三维打印技术还可以简化生产制造过程，快速、有效且廉价地生产出单个物品，而且可以制造出传统生产技术无法制造出的外形，让人们可以制造出更加不可思议的艺术品或产品(图7-2)。

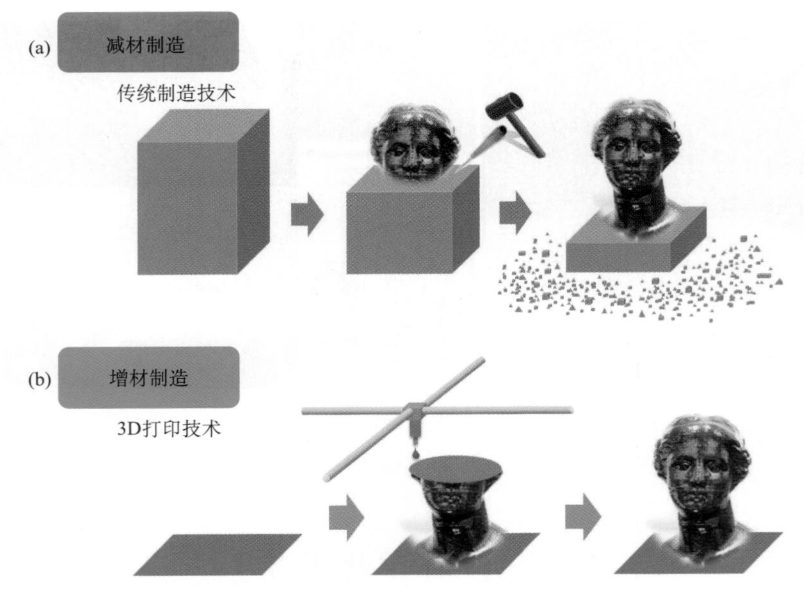

图7-2 传统减材制造(a)与3D打印的增材制造技术(b)

7.2　3D 打印成型工艺

快速成型是 3D 打印最基本的特点之一，因而要求打印的油墨从喷头喷出后能够迅速固化，且固化后的材料具有较高的强度和硬度，使其易于保持三维形貌。在美国增材制造技术标准用语(ASTMF2792-12)中，增材制造技术的工艺分为光聚合技术、材料喷射、黏结剂喷射、材料超充、粉末床融合、片层叠和定向能量沉积等七类。针对增长最快的 3D 打印的市场与相关技术专利分析，目前的 3D 打印技术集中在四个热点——立体光固化、喷墨打印溶剂挥发固化、环境沉积固化直写技术、选择激光烧结，这也是目前 3D 打印主要的工艺技术。基于不同的固化原理与打印工艺，需要相应的材料进行配合才能实现精细三维结构的打印。

7.2.1　立体光固化成型

立体光固化成型(stereo lithography appearance, SLA)，是以光敏材料为基础，利用光敏材料的光诱导聚合反应，通过选择性光固化实现三维成型的工艺。目前市场上有“立体光刻”和“喷墨光固化”两种光固化技术工艺。立体光刻是采用激光逐层扫描光敏材料溶液使之固化，具有较高的加工精度，但受制于激光加工速度慢的工艺。喷墨光固化是通过逐层打印液态光敏材料，同时用紫外光对刚喷出的光敏材料迅速固化的加工工艺。喷墨光固化具有较高的打印制造速度，但由于目前喷墨打印技术的限制，加工精度难以达到 20 μm 以下。喷墨打印的材料灵活性与多通道打印技术，可以满足多种不同材料的同时打印加工。

普通的光固化 3D 打印一般使用液态树脂逐层堆叠，打印好一层后，等待其固化，再进行下一层打印，然后层间黏合在一起。每层的边缘之间往往不能完全光滑过渡，因此整体看起来较为粗糙。北卡罗来纳大学教堂山分校的 DeSimone、Samulski 教授与 Carbon 3D 公司的首席技术官 Ermoshkin，合作发明了名为“连续液面生长”(continuous liquid interface production，CLIP)的技术，利用光和氧气在液体介质里融化物体，从而创造了第一个使用可调谐的光化学而非层层打印的 3D 打印过程(图 7-3)。通过透过一个氧气可渗透的窗口朝液态树脂照射光线，光线和氧气可以控制树脂的固化，从而创造商业可行的物体，其中某些特征尺寸可小于 20 μm，或者比一张纸厚度的 1/4 还要薄[1]。

轻质多孔复合材料是一种新型的高性能结构材料，具有低密度、高性能、可多功能化等优点。美国哈佛大学的 Lewis 教授利用 3D 打印结合多尺度、高厚径比的增强纤维材料制备多级结构。制备的多级结构比用热塑性材料和光敏树脂材

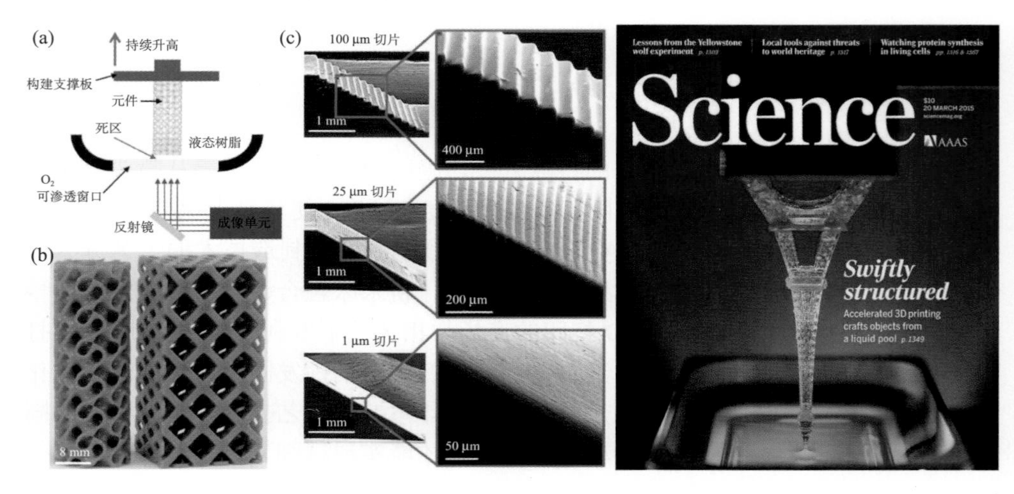

图 7-3　利用光和氧气液化介质的连续液面生长光固化 3D 打印技术

(a)打印机的原理图；(b)连续液面生长制备的部件：螺旋二十四面体(左)和菱形花纹(右)，打印速度提升 500 mm/h；(c)相同打印速度的渐变测试模式，切片厚度分别为 100 μm、25 μm、1 μm

料制备的杨氏模量高出一个数量级[2]。聚合物复合材料应用研究中心 Therriault 课题组[3]利用紫外聚合辅助直写技术制备碳纳米管/聚合物纳米复合(PU/单壁碳纳米管)三维线圈结构，见图 7-4。使可用紫外固化的纳米复合油墨按照预设轨迹喷出，喷出后在挤出点外迅速紫外聚合，由液态转变为固体使得强度增加，从而获得沿轨迹的多尺度形貌。挤出点的移动速度、施加压力、紫外光照强度要根据材料的流变性能和固化速度进行调整。制备的多级结构也比用热塑性材料和光敏树脂材料制备的杨氏模量高出一个数量级。

图 7-4　(a) 3D 打印三角形蜂巢复合材料的光学照片；(b) 在油墨沉积过程中，具有高纵横比的纤维在喷头处有序排列的示意图

哈佛大学的 Whitesides 课题组开发了一种新颖的制备复杂的三维有机聚合物及陶瓷结构的微转移成型(microtransfer molding)技术[4]。他们在弹性体模板表面的微结构中填充液态前驱体，将此模板与平面或曲面基材接触，使液态前驱体转移至基材，之后通过热或光化学的方式原位固化液态前驱体，最后将模板揭开，在基材上形成所需的微结构。如此反复进行微接触印刷，可以实现三维结构的制备。

7.2.2　喷墨打印溶剂挥发固化

喷墨成型主要是用喷墨打印的方式，将成型材料打印到基底上，随着溶剂的挥发固化成型的工艺，是我们通常理解上的 3D 打印方式。它具有材料适用性广，基底、打印方式自由度高的特点。

Therriault 组利用溶剂挥发辅助的 3D 打印技术获得具有特定形貌的三维结构[5]。使用一定浓度的不可溶热塑性聚合物和快速挥发溶剂混合物[实验中聚合物使用聚乳酸(PLA)、溶剂使用二氯甲烷(DCM)]作为油墨，油墨一旦离开喷头，溶剂立即挥发，聚合物局部浓度增大，其强度迅速增大。刚挤出的材料强度小，易发生弯曲，喷出聚合物的强度梯度使得可通过改变挤出喷头的运动轨迹得到自支撑三维形状。当溶剂挥发完全后，挤出的聚合物从类液态变为固态，获得了可以稳定的三维形貌。利用该方法获得了方形螺旋、圆形螺旋、9 层支架、微型杯子等三维结构，如图 7-5 所示。该方法制得的结构具有高韧性，在外层喷溅一层铜后具有良好导电性。溶剂挥发辅助的直写技术还可以使用其他油墨，如生物热塑性聚合物、导电性纳米复合材料、高机械强度纳米复合材料，制得的三维结构用于药物、组织工程支架、微电子、结构复合材料等许多领域。

瑞士苏黎世联邦理工学院的 Poulikakos 课题组搭建了毛细管喷墨装置，对喷头和基材施加直流电(DC)电压，在喷头处可形成高的电场梯度，介电泳过程导致纳米油墨中非核电的胶体粒子向喷管中心移动，最终形成与毛细喷管尺寸相当的沉积点(图 7-6)。施加更长的脉冲电压，打印的图案可以获得三维方向的延伸，由平面的沉积点发展为纳米柱状的形貌。该方法可以实现在高毛细压下的精确打印，所获得的平面及三维图案的分辨率可达 145000DPI，为具有超高的精度、可控性及分辨率的图案和器件的制备提供了重要的技术策略[6]。进一步，该课题组深入研究了介电溶剂蒸发速率与介电泳导致的胶体喷射的关系，从而控制打印图案的形貌和所形成的三维结构。介电溶剂快速蒸发，使初始沉积的液滴呈咖啡环状，其限制了胶体的铺展，延长脉冲电压长度，后续沉积的液滴可以有效地填充咖啡环，使二维点沉积结构在竖直方向得到生长，形成三维亚微米线结构[7]。

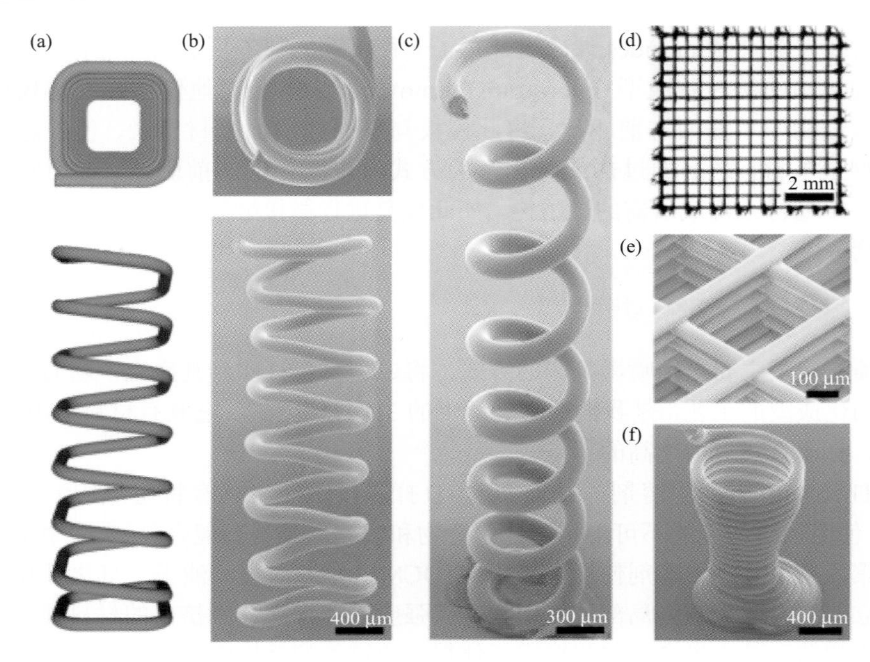

图 7-5 利用溶剂挥发固化的 3D 打印技术制备螺旋状[(a)～(c)]、堆积层(d,e)、杯状(f)三维结构

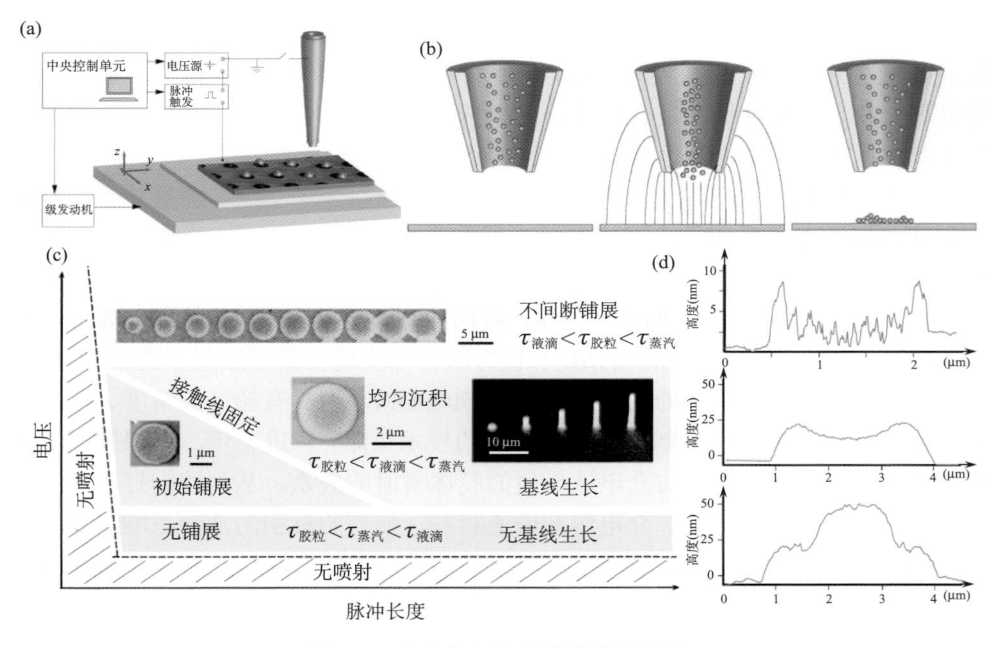

图 7-6 介电泳打印装置的原理示意

此外，该课题组采用电流体动力学喷墨打印技术逐层叠加液滴，实现了高分辨纳米级三维结构的制备(图 7-7)[8]。他们发现，喷墨液滴在电场中具有自对准的现象，利用这一现象，结合软着陆流体动力学、快速溶剂蒸发及胶体油墨的自组装，实现了纳米级的后续液滴定位精度和高长径比的纳米结构。所制备的纳米天线，其精度可达 50 nm。这种电流体动力学喷墨打印技术简单通用，可以产生多种高分辨复杂纳米结构，具有潜在的应用前景。

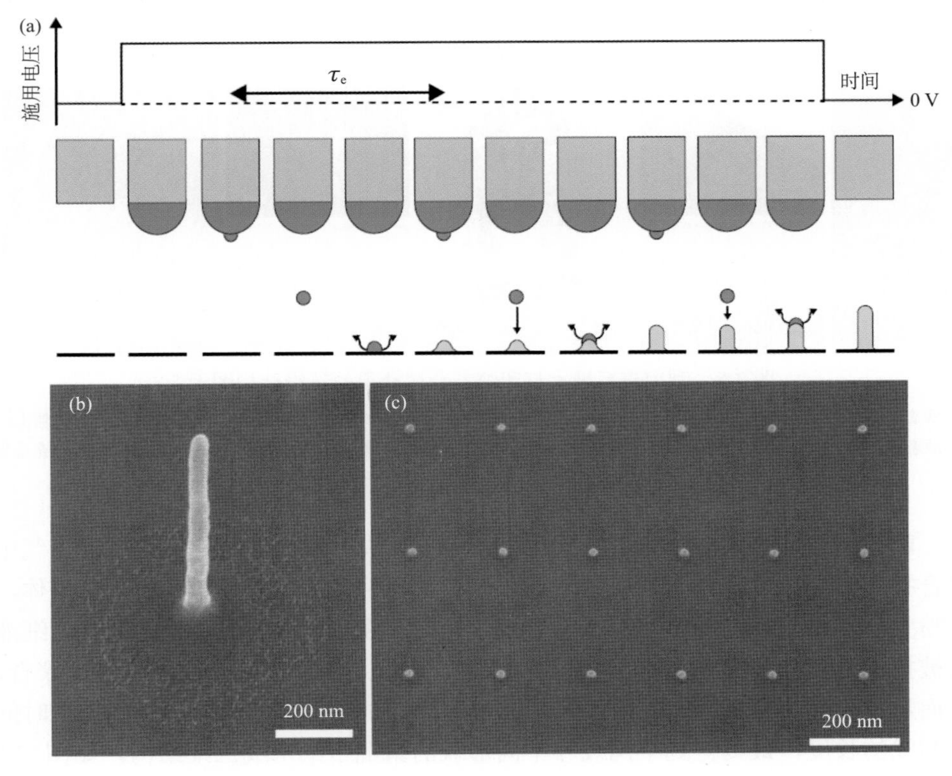

图 7-7　电喷纳米液滴油墨的过程示意：周期性地重复电喷墨滴，堆叠形成高比表面积的三维纳米结构(a)；直径 50 nm，长径比约为 17 的超精细金纳米柱的电镜图(b)；中心距为 200 nm 的纳米柱俯视电镜图(c)

7.2.3　环境沉积固化直写技术

环境沉积固化是将液体材料通过喷头挤出，利用喷头内外温度、氧气、化学气氛的不同环境差异，实现液体材料的快速成型的 3D 直写技术。

目前市场上常见的桌面级 3D 打印机，多为以如蜡、ABS(丙烯腈-丁二烯-苯乙烯共聚物)、PC(聚碳酸酯)、尼龙等丝状供料，通过喷头加热对丝材进行液化后挤出，熔融沉积工艺的 3D 直写技术。北卡罗莱纳州立大学 Dickey 课题组[9]利用室温下直接打印低黏度液态金属获得独立稳定的三维结构。实验中使用镓铟共熔合金(EGaIn)，该合金在常温下为液体，液体金属在一定压力下喷出后外表形成一层氧化物膜，这层氧化膜可以克服重力、液体表面能等使结构稳定。通过改变喷出压力形成不同形貌的线，利用直写技术可获得多种形貌的三维金属形貌，如图 7-8 所示。也可以通过将液体金属注入微流体中，然后将微流体腐蚀获得直立导电微结构。获得的液体金属嵌入聚二甲基硅氧烷(PDMS)，具有良好的电学性能和机械性能，可以应用于可伸缩的柔性电子器件。

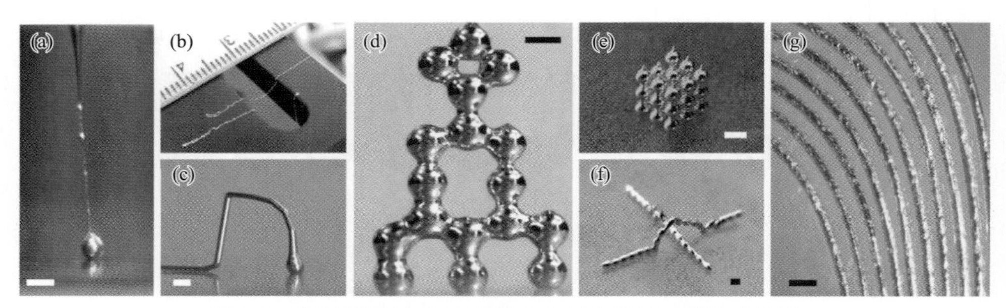

图 7-8　利用直写技术打印液态金属获得的三维结构图示

(a)液态金属从玻璃毛细管迅速喷出，形成细金属线；(b)液体金属形成的纤维有足够的强度悬浮在一个间隙上；(c)液态金属拱；(d)金属液态塔；(e)三维立方堆积液滴阵列；(f)金属丝和一个拱形金属液滴；(g)通过填充金属微通道并溶解模具制造的自由站立液态金属阵列。图中比例尺均为 500 μm

韩国浦项科技大学 Je 课题组[10]通过提拉喷头时形成毛细液面同时在空气中聚合打印得到导电聚合物纳米线。具体方法是利用直写技术打印油墨吡咯单体，当喷头与基材接触时，溶液在喷头外侧形成毛细液面。将喷头向上提拉，毛细液面被拉伸导致横截面减小，当其尺寸达到纳米级时，毛细液面在空气中迅速聚合，从而形成聚吡咯纳米结构。通过控制提拉速度控制线的直径，通过控制提拉时间控制线的长度，最终得到不同尺寸不同形貌的聚吡咯纳米线三维结构，如图 7-9 所示。将以该方法制备的聚吡咯纳米拱桥置于金电极中可以形成高灵敏度的光开关，在电子器件、光电器件、生物感应器等其他方面也可能获得应用。油墨喷出后直接在空气中形成氧化膜固定形貌或者在空气中迅速聚合，通过表面的内聚力获得稳定的三维结构。

聚合物因具有剪切变稀、易固化等特点，常被作为打印油墨用于制备三维结构。伊利诺伊大学香槟分校 Lewis 课题组[11]使用高浓度聚合物电解液进行直接书写，获得三维结构(图 7-10)。该课题组使用聚丙烯酸(PAA)和聚丙烯酸铵盐(PAH)混合液作为油墨，油墨通过喷头流出后在内置醇水混合液的储蓄池中迅速固化成线或棒，通过层层打印形成所需的三维支架结构。这样的结构在细胞支架、控制光传导、对环境刺激产生响应等方面具有应用前景。

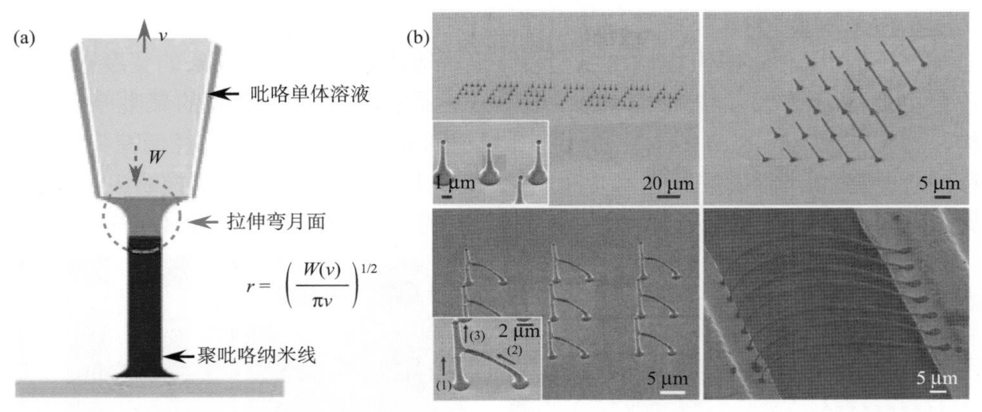

图 7-9 制备聚吡咯纳米线示意图(a)和不同尺寸、形状的聚吡咯纳米线阵列的环境扫描电镜图(b)

r. 纳米线半径；*v*. 牵引速率；*W*. 溶液流速

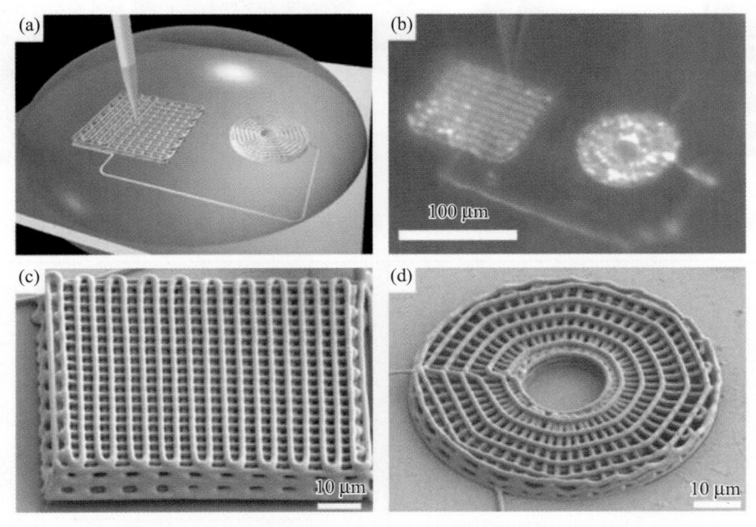

图 7-10 利用直写技术制备三维周期性支架结构

伊利诺伊大学香槟分校 Lewis 组使用二氧化硅胶体颗粒水溶液作为油墨直接书写获得胶体颗粒组装的自支撑三维周期结构[12]，如图 7-11 所示。该过程在油相中进行，然后将三维结构移出油相，在自然环境中自然干燥组装。可利用该方法使用具有合适黏弹性的胶体颗粒制备特征尺寸为 100 μm 的三维结构。

除了普通聚合物，导电聚合物也可以进行直接书写。奥克兰大学 Travas-Sejdic 课题组[13]通过直写导电聚合物得到二维、三维结构。该课题组使用喷头进行原位电化学聚合连续生长，获得不同形貌结构，所用喷头内置铂线作为电极，喷头内充满单体、电解液、溶剂的混合液。对喷头施加电压，当其缓慢接近无定形碳基材时，电流迅速增大进行原位电化学聚合，喷头迅速回缩，根据喷头移动的位置不同获得不同形貌的二维结构，如图 7-12 所示。该方法通过控制施加电压、喷头与基材表面的距离、喷头移动速度和喷头直径等因素调控所得线条的宽度和高度。还可以通过延长聚合时间再以较缓慢的速度提拉获得图钉形貌的聚吡咯三维结构，如图 7-12(a)～(d)所示。通过控制喷头回缩的速度和喷头直径调控尖端的直径，通过调控喷头回缩的时间和基座的导电性调控尖端长度，通过调控喷头回缩前的聚合时间调控基座的直径，从而获得不同形貌的三维结构，如图 7-12(c)～(g)所示。

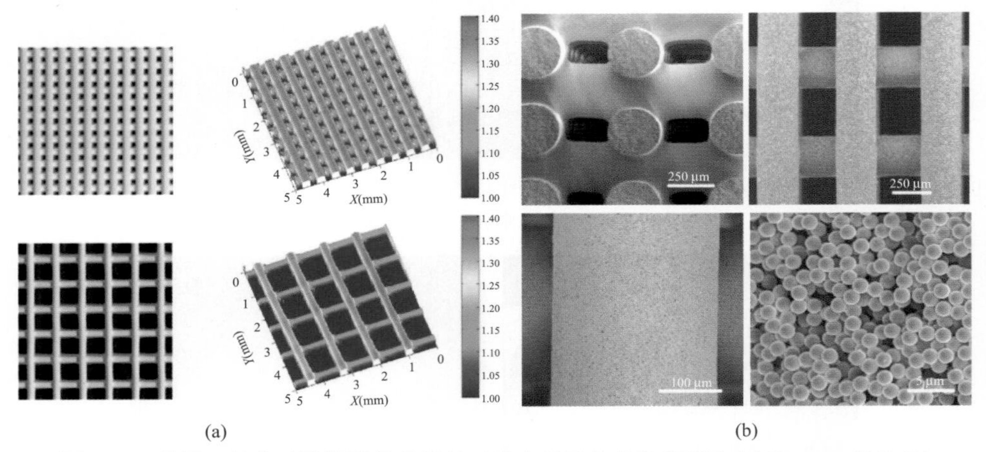

图 7-11　使用二氧化硅胶体颗粒获得的三维支架结构的光学照片(a)和 SEM 照片(b)

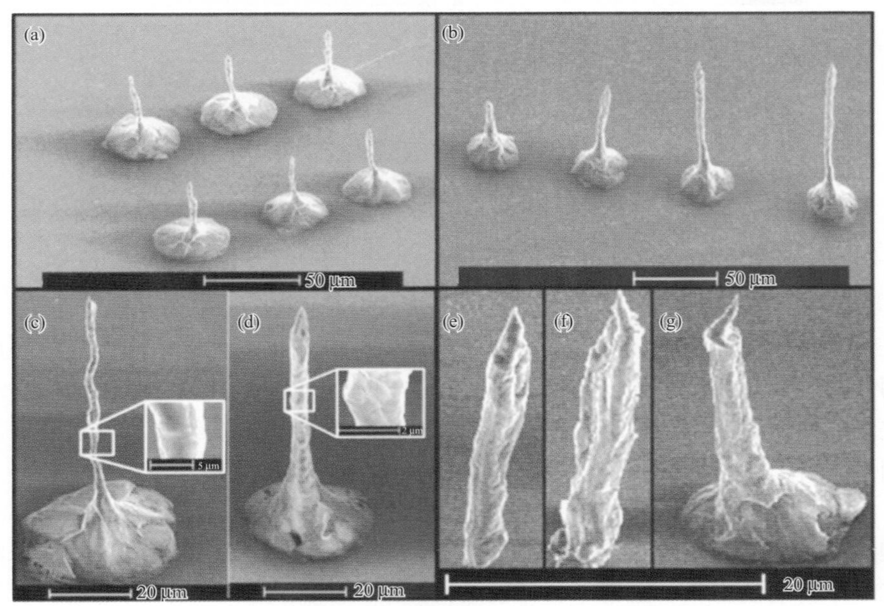

图 7-12　利用直写技术打印导电聚合物获得不同形貌的三维结构

直写技术作为一种可以制备多种形貌多种功能结构的3D打印印刷制造技术，因一次只能有一个喷头沉积打印，制约了其大规模快速生产。为实现利用直写技术大面积、快速地制备微/纳米级平面或三维结构，伊利诺伊大学香槟分校 Lewis 课题组设计了多喷头直写技术[14]。该技术是模仿生物体中微血管系统，设计多级分层管道，通过合理设计每个分支的长径比保证各喷头喷出速度相同，从而获得大面积稳定的图案，如图 7-13 所示。还可以通过使用两个微血管多喷头系统同时打印两种材料。通过将直写技术与微流体喷头设计结合起来，用功能性油墨打印仿生结构，包括自修复降温聚合物复合材料、质轻泡沫、细胞构筑、用于组织工程的三维支架。

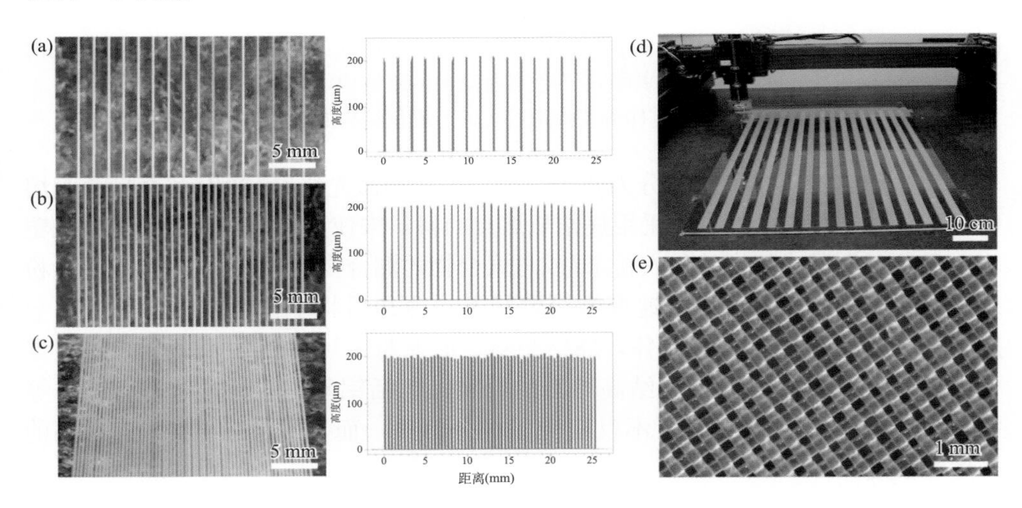

图 7-13　使用多喷头打印的光学图

Burdick 等[15]报道了一种以水溶胶为基底的 3D 打印的方法：主客体直写打印技术（“g-host writing”）。溶胶油墨通过针头挤出到支撑溶胶中，这两种溶胶迅速以超分子的组装方式(非共价键)结合。这种主客体打印技术利用了溶胶之间的可逆的非共价键键合作用，通过施加物理刺激可破坏这种键合，通过停止这种刺激能使键合作用迅速恢复。其中，使用的超分子溶胶以修饰的玻璃酸为基底，具有良好的化学可修饰性和生物相容性。此种方法对打印高分辨率的多层材料、复杂结构提供了新思路。

7.2.4　选择激光烧结

激光烧结是利用电流、激光辐射或等离子体对金属粉末烧结制造工件或者制品的辐射选择性烧结技术的代表技术。激光烧结，主要是利用激光作为辐射源，对金属、陶瓷、高分子等粉体进行烧结，经历了选择性激光烧结(selected laser sintering，SLS）、选择性激光熔铸（selected laser melting，SLM）、直接激光熔铸成型（direct laser melting forming，DLMF）以及离子束熔铸成型（electron beam melting forming，EBMF）等技术发展阶段。

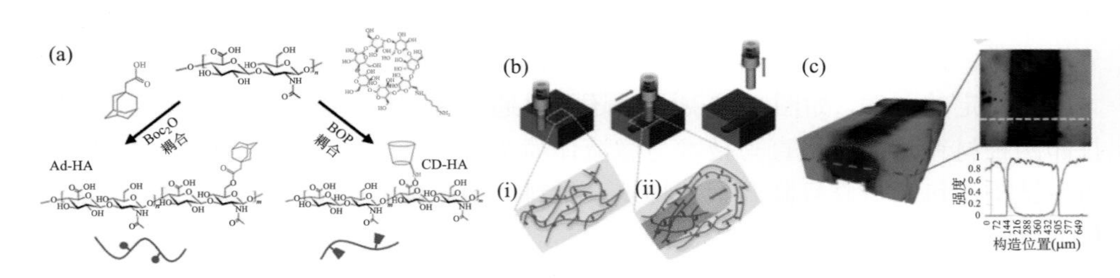

图 7-14 (a)玻璃酸分别与金刚烷和 β-环糊精共聚的过程；(b)红色的超分子油墨挤出到绿色的支撑超分子溶胶的过程示意图，其中(i)为没有扰动的网络结构，(ii)为油墨打印后的结构；(c)对油墨线打印到支撑溶胶上的 z-堆积结构的 3D 重建

激光烧结打印技术总体分为两类，分别为选择激光烧结（SLS）和直接激光熔铸成型（DLMF）。SLS 技术采用烧结低熔点的材料来使其成型，所用的材料是塑料、尼龙、金属或陶瓷的包衣粉末（或与聚合物的混合物）。在包衣粉末或混合粉末中，黏结剂受激光作用迅速变为熔融状态，冷却后将基体粉末颗粒黏结在一起，烧结时通常需有保护气体。烧结塑料、尼龙粉末可得到几乎完全致密的零件。DLMF 技术可以直接烧结高熔点的材料，包括铝基、铁基、钛基、镍基等材料，不需要添加黏结剂，不仅避免了成分污染，而且所得三维结构有很高的密度和强度。

美国海军研究实验室的 Wang 和 Piqué 课题组[16]采用激光直写的方法制备出银纳米块，利用移动平台实现这些纳米块的三维堆叠，并将三维堆叠结构作为纳米器件中的连接线（图 7-15）。他们通过激光刻蚀出银微米块并将其作为体像素，在需要连接的位置将这些像素堆积组装为所需的结构，最终实现银的线路导通作用。直接书写技术具有快速、非接触、成本低的优势，采用激光直写，可以实现多种难以打印的金属材料的沉积，能够获得亚微米级分辨率的图案和结构。

莱斯大学的 Tour 实验室与天津大学的赵乃勤实验室合作，使用激光 3D 打印来制造厘米级长、原子直径厚度的石墨烯块（图 7-16）[17]。当激光照射到蔗糖和镍粉末上时，蔗糖被熔化，镍作为催化剂。随着混合物冷却，具有大孔隙的低密度石墨烯形成（这些孔隙占材料体积的 99%）。随后，研究人员试图找到最大限度的石墨烯生产时间和激光功率，激光照射过程不断重复。研究人员已经确定了参数的有效组合，认为他们的技术可以在不同领域有很多用途。

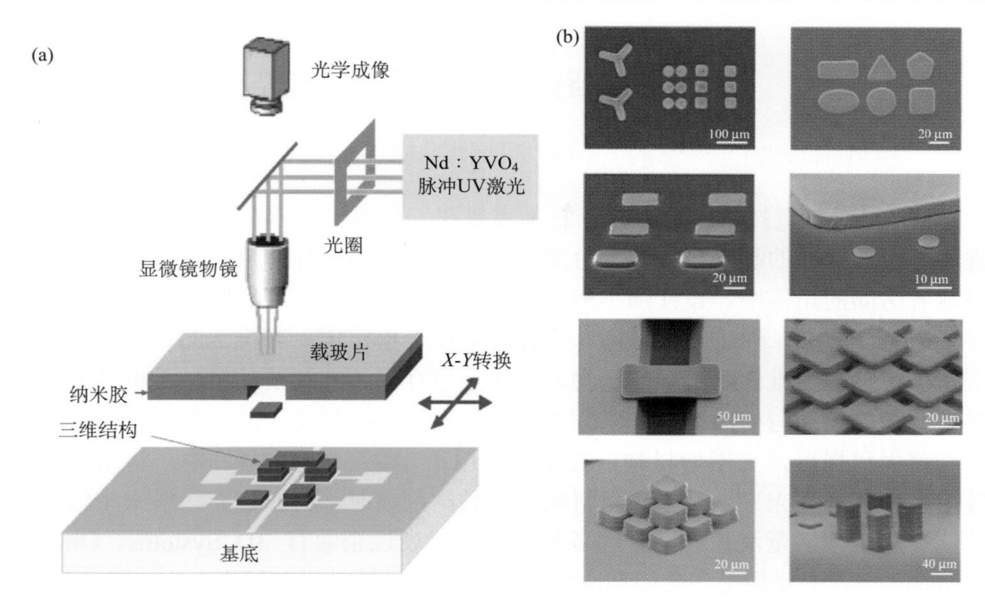

图 7-15　(a) 3D 激光直写装置的机理示意；(b) 具有不同形貌、不同堆叠方式的立体结构(所有结构均在 70 ℃下固化)

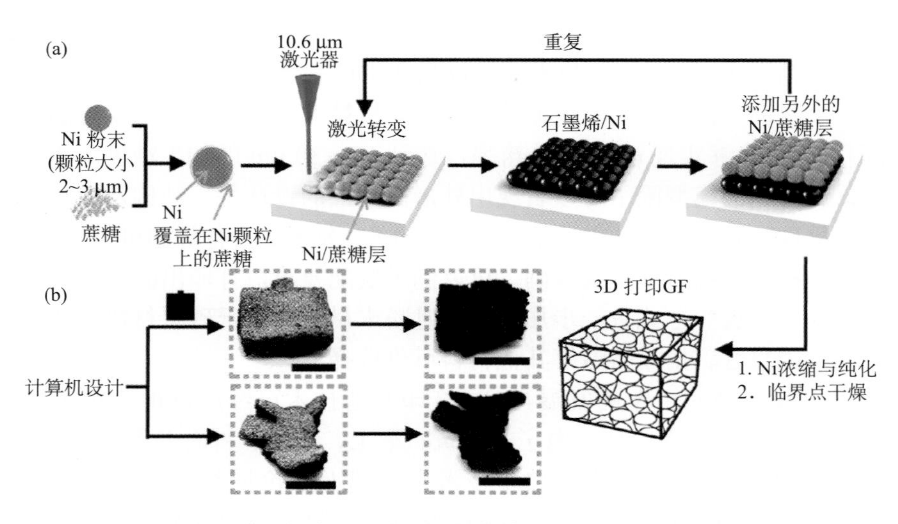

图 7-16　(a) 用 3D 打印方法原位合成三维石墨烯的模拟示意图；(b) 溶解镍前后的 3D 打印石墨烯照片，比例尺为 5 mm

激光烧结 3D 打印技术精度高、适用材料较为广泛，所加工出的产品无论在机械强度和精细度上都非常高，已经成功地在医疗、汽车、航空、模具等高级制造加工领域得到了应用。然而受制于高能激光器与精细光学控制元件的复杂和高成本限制，激光烧结技术目前仅被用于航空、军工等高端制造领域。

7.3 3D 打印增材制造应用

7.3.1 机械制造加工

3D 打印制造技术的魅力在于它不需要在工厂操作，汽车小零件、灯罩、小提琴等小件物品的制造只需要一台类似台式计算机的小打印机，它可以放在办公室或者房间的角落中。设计师不需要进行复制加工来定制产品磨具，或者花大量时间来制作样品。通过 3D 打印，设计师可以轻松根据计算机上的设计图纸打印制造出实际的三维模型或样品实物。即使是自行车、汽车发动机、飞机等大小各异、复杂的物品与产品，人们只需要在打印过程中控制特定的材料及精密度。

前面已提到，美国增材制造技术标准用语（ASTMF2792-12）中，将增材制造技术的工艺分为光聚合技术、材料喷射、黏结剂喷射、材料超充、粉末床融合、片层叠和定向能量沉积等七类。各种工艺的代表性企业有 3D Systems、Objet、Stratasys 等，主要集中在美国和欧洲，所使用的材料主要包括聚合物、蜡、金属、纸等。与传统技术相比，3D 打印制造技术还拥有如下优势：通过摒弃生产线而降低了成本；大幅减少了材料浪费；可以制造出传统生产技术无法制造出的外形，让人们可以更有效地设计出飞机机翼或热交换器；另外，在具有良好设计概念和设计过程的情况下，3D 打印技术还可以简化生产制造过程，快速有效又廉价地生产出单个物品。同时，随着机械控制与计算机技术的不断进步，现有的专业级 3D 打印机大都能够实现 600 dpi 分辨率，达到 15～30 μm 的加工精度。由于打印精度高，打印出的模型除了可以表现出外形曲线上的设计外，结构及运动部件也可以完全展现。如果用来打印机械装配图，齿轮、轴承、拉杆等都可以正常活动，而腔体、沟槽等形态特征位置准确，可以满足装配要求，打印出的实体还可通过打磨、钻孔、电镀等方式进一步加工。同时粉末材料不限于砂型材料，还有弹性伸缩、高性能复合、熔模铸造等其他材料可供选择。

经过仅仅不到三十年的发展，3D 打印制造技术已经广泛地应用于汽车、航天、工商业机械、消费品与电子、建筑、军工、考古、科研乃至医疗等领域，工程师和设计师主要使用 3D 打印技术来快速而廉价地制造产品模型。2011 年 Kor Ecologic 公司推出世界第一辆从表面到零部件都由 3D 打印技术制造的车“Urbee”，Urbee 在城市生活道路上行驶时速可达 100 英里①，而在高速公路上则可飙升到 200 英里，汽油和甲醇都可以作为它的燃料[图 7-17(e)]。英国南安普敦大学工程师通过 3D 打印技术制造出世界首架无人驾驶飞机。2012 年底首飞的我国第一款航母舰载机“歼 15”也广泛采用了 3D 打印制造加工技

① 1 英里=1.609344 公里。

术[图 7-17(f)]。

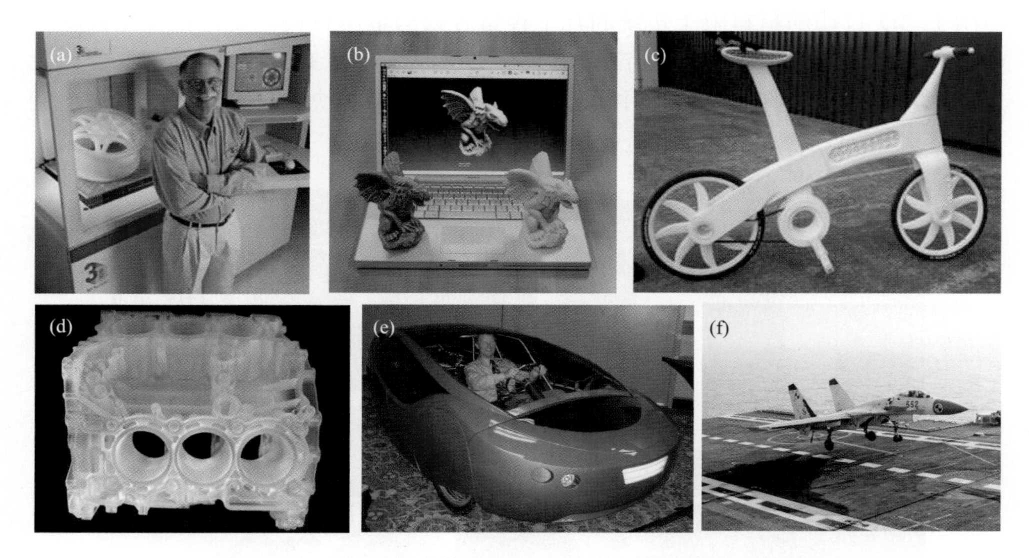

图 7-17　3D 打印制造技术在加工、制造等领域的广泛应用

(a) 1986 年第一家 3D 打印技术公司；(b) 3D 打印实现从电脑到实物的直接制作；(c) 3D 打印技术制备的自行车；(d) 汽车发动机模型；(e) 世界上第一辆利用 3D 打印技术制造的汽车；(f) 广泛采用 3D 打印技术制造的我国第一款舰载战斗机“歼 15”

2011 年全球 3D 打印市场产值已达到 17.1 亿美元，2012 年超过 20 亿美元。2013 年 2 月，美国总统奥巴马在国情咨文演讲中表示，计划建设一个包含 15 个制造创新中心的全国性网络，专注于 3D 打印和基因图谱等各种新兴技术。奥巴马说：“现在是时候达到太空竞赛之后从未实现过的研发投入了。”在杨斯顿(Yongstown)新建的美国国家增材制造创新学会(National Additive Manufacturing Innovation Institute)，由美国联邦政府出资，并得到了 60 所高校和企业的协助，目的是研究如何利用 3D 打印技术全面提升美国制造业。相信，随着关注度的不断增加，以及研究的进一步深入与展开，以 3D 打印为基础的新型先进制造加工业，将与其他数字化生产模式一起推动实现第三次工业革命。美国国家航天局(NASA)正在计划研究利用月球土壤与 3D 打印机制造未来的月球基地，以及制造 3D 打印机器人进行国际空间站的维修与维护(图 7-18)。

开发更多的可打印 3D 材料及其功能化，将成为发展 3D 打印技术的关键。3D 打印机与传统打印机最大的区别在于它使用的“油墨”是实实在在的原材料，耗材决定了 3D 打印机的能力边界。目前 3D 打印机可支持多种材料，较为普遍的有树脂、尼龙、石膏、塑料等可塑性较强的材料，全球最大最贵的 3D 打印机，可以采用激光烧结直接制造复杂的塑料、金属和合金元件。然而目前的 3D 打印产品 90%以上都是模型制造，大部分只停留在产品的形状或与形状相关的功能上。能用于 3D 打印的材料限于传统的几十种聚合物与金属材料。无论在模型强度，或是产品功能性上，3D 打印的产品还非常不够。要实现 3D 打印的真正普及与应用，开发更多的可打印材料，并实现材料打印过程中的快速自组装、成型与功能化，将成为 3D 打印与打印制造业的关键与核心技术。

图 7-18 美国国家航天局正在计划研究利用月球土壤与 3D 打印机制造未来的月球基地[(a)和(b)]以及制造 3D 打印机器人维修与维护国际空间站[(c)和(d)]

7.3.2 生物医学领域的应用

近些年随着纳米技术的飞速发展，以各种纳米粒子为基础的新材料在更新人类认识的同时也充实着人类的材料库。传统材料受到液化或溶剂化的限制，利用纳米粒子技术改造打印材料或者将纳米粒子直接制作成流动可控的材料，并制备成功能化的 3D 打印油墨，便可以突破各种传统材料或极限材料在 3D 打印技术中应用的限制。

生命体中的细胞载体框架是一种特殊的结构，从制造的角度来讲，它是由纳米级材料构成的极其精细的复杂非均质多孔结构。利用 3D 打印技术，在计算机的管理与控制下，运用离散/堆积成形原理，能较容易地制造出这种复杂精细的非均质多孔结构。例如，在人工活性骨的快速成型中，可以首先利用 3D 打印技术，将参与生命体代谢可降解的组织工程材料制成内部多孔疏松的人工骨，并在疏松孔中填以活性因子，植入人体即可代替人体骨骼，经过一段时间，组织工程材料被人体降解、吸收、钙化形成新骨，这方面的实验已在动物身上获得验证。3D 打印制造的人体假肢、义齿等产品已经获得市场认证并上市销售[图 7-19(a)]。德国科学家利用 3D 打印技术已经成功制造出人造血管[图 7-19(b)]。英国 Heriot-Watt 大学首次用 3D 打印机打印出胚胎干细胞，干细胞鲜活且具有发展为其他类型细胞的能力[图 7-19(c)]。研究人员称，这种技术或可用于制造人体组织以测试药物，用于制造器官，乃至直接在人体内打印细胞。澳大利亚 Invetech 公司和美国 Organovo 公司携手研制出了全球首台商业化 3D 生物打印机，更是将组织细胞作为打印材料，成功地打印制备出人造的肌肉与肝脏等组织器官[图 7-19(d)]。

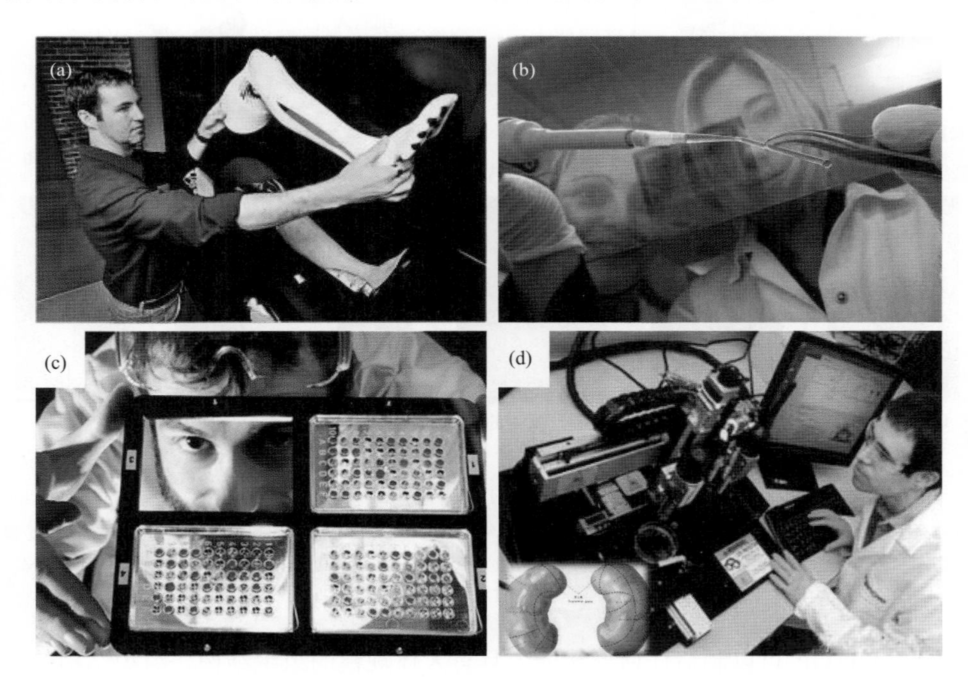

图 7-19 3D 打印在医学上的应用

1. 3D 打印人造骨骼与软组织

美国维克森林大学再生医学研究中心的 Yoo 教授提出了一种集成组织-器官打印机模型(ITOP)，其能制造任何形状同时兼具稳定性的人类骨骼的组织结构(图 7-20)。图 7-21 展示了 ITOP 的功能[18]。ITOP 打印机可将含有细胞的水凝胶与可生物降解的聚合物(PCL)一起打印在牺牲性水凝胶 Pluronic F-127 上，实现组织结构的机械稳定性。

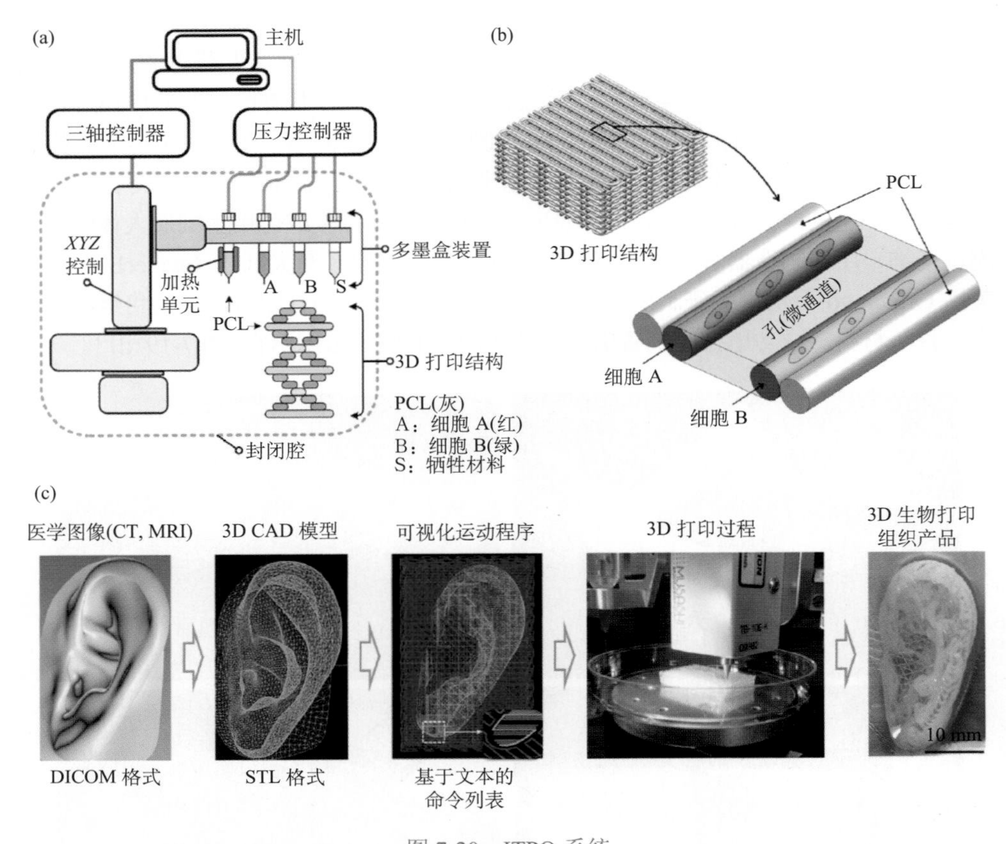

图 7-20 ITPO 系统

(a) 此系统由 3 个单元组成：3 轴控制器、多墨盒装置和气动压力控制器；(b) 多细胞负载的水溶胶和支撑 PCL 聚合物的 3D 结构图解；(c) 自动打印的 3D 模拟生物组织/器官及其计算机辅助设计/计算机辅助制造（CAD/CAM）过程

利用 ITOP 可以制造任何形状的，具有人体规模的组织结构。组织结构的精确形状的保证条件：以临床的图像数据为模型编程来控制打印机喷头的移动，将细胞分配到离散的位置；在组织结构中加入微通道为营养物质在细胞中传输提供便利，同时也克服了细胞存活扩散限制范围为 100～200 μm 的工程问题。当研究人员将由 ITOP 生成的骨头、肌肉和软骨移植到大鼠和小鼠体内时，这些打印出的组织发展出了血液供应和类似天然组织的内部结构。

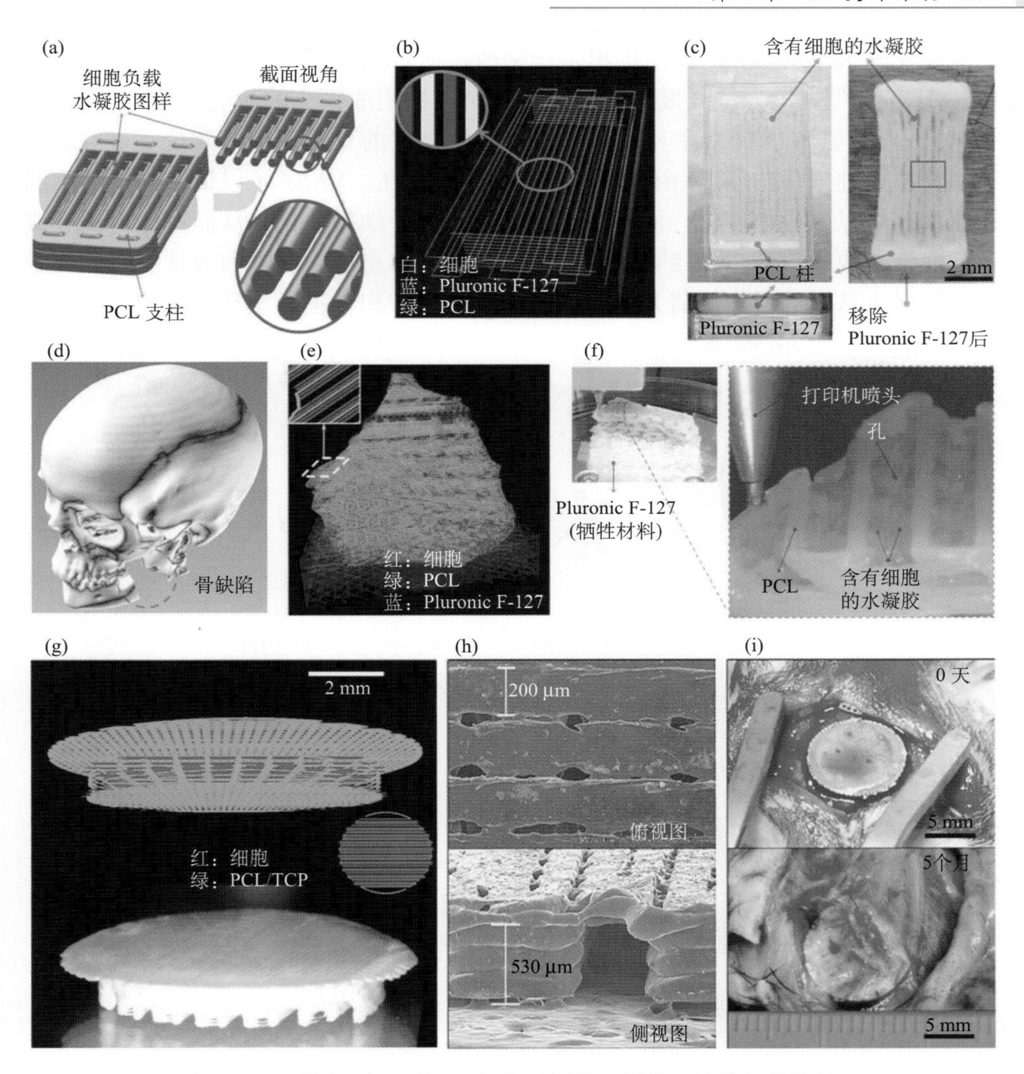

图 7-21　通过组织器官 3D 打印下颌骨、颅骨、软骨和骨骼肌

上海交通大学附属第九人民医院教授蒋欣泉领导的研究团队与中国科学院上海硅酸盐研究所合作，制备出了由空心管基元堆叠而成的 3D 打印生物陶瓷支架，相关研究成果发表在《生物材料》上，如图 7-22 所示[19]。由于相关联的血管形成率低，分段骨再生仍然是相当大的挑战。为了解决这个问题，本研究中使用同轴 3D 印刷技术制备了中空管状硅酸盐生物陶瓷(BRT-H)支架。中空管结构不仅能够促进血管向内长入，同时还会促进干细胞和生长因子的传递；BRT-H 支架释放的生物活性离子还可以通过诱导内皮细胞迁移促进血管生成。当用于兔桡骨节段性缺损的再生时，BRT-H 支架可以增强早期血管形成和后期的骨再生和重塑。美国

奥克拉荷马大学的 Mao 团队提出了一种改进血管化骨形成的新型病毒活化基质(VAM)方法[20]。该方法开发了一种包含三个关键组成部分的智能基质：精氨酸-甘氨酸-天冬氨酸(RGD)序列的噬菌体；多孔骨状的双相磷酸钙陶瓷支架(BCP)和间充质干细胞(MSCs)。由于 RGD 噬菌体的存在，VAM 可以调节内皮细胞的迁移和黏附以诱导内皮化，同时激活 MSCs 的成骨细胞分化，从而在体内诱导成骨和血管生成。工程病毒纳米纤维素 RGD 噬菌体在诱导血管和成骨生成过程中展现的出人意料的新作用将为基于病毒的纳米医学和再生医学开辟新的途径。

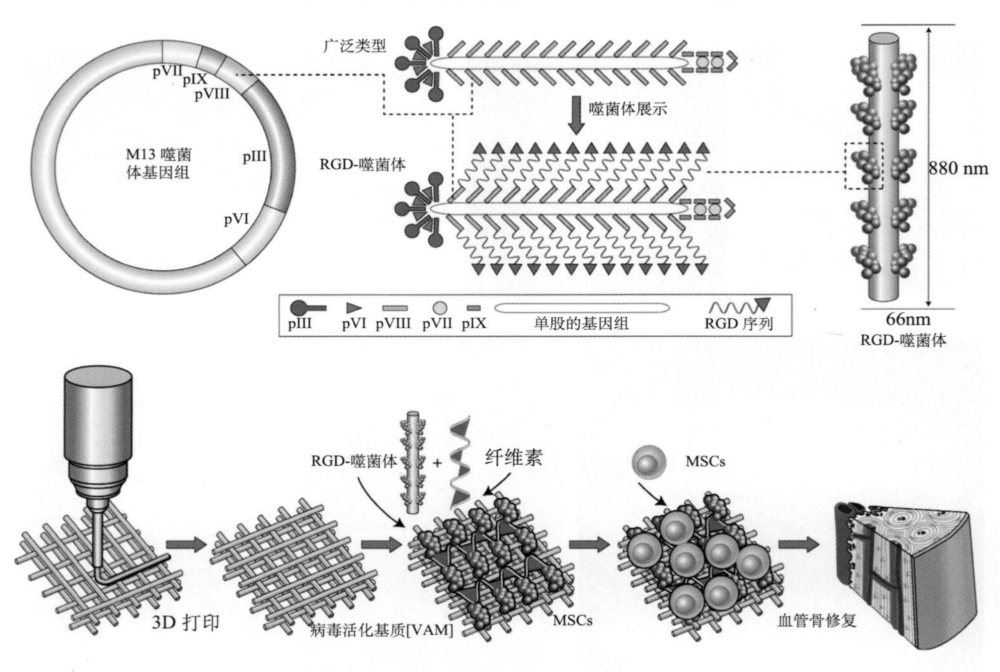

图 7-22　成骨材料与血管生长因子复合打印实现骨修复与诱导血管再生

RGD. 天冬氨酸；MSCs. 间充质干细胞

意大利罗马生物医学自由大学的 Rainer 团队和罗马第二大学的 Gargioli 团队[21]提出了制备具有功能形态的人造骨骼肌组织的新方法(图 7-23)[21]。该方法基于一种微流体打印头，将其连接到一种同轴针挤出机上，用于打印一种量身定做的生物油墨(可光固化的半合成生物聚合物 PEG-纤维蛋白原封装细胞)。打印的 3D 结构经过 3～5 天的培养后，胶囊状的肌母细胞开始迁移和融合，形成了 3D 生物纤维内的多核肌管；其被植入免疫受损小鼠的背部皮下后，在小鼠体内产生了有组织的人造肌肉组织。他们的微流体打印头可用于三维不同的多细胞组装，并可对封装单元精细划分。该方法有望用于制造宏观人造肌肉，以扩大骨骼肌组织工程在人类临床上的应用。

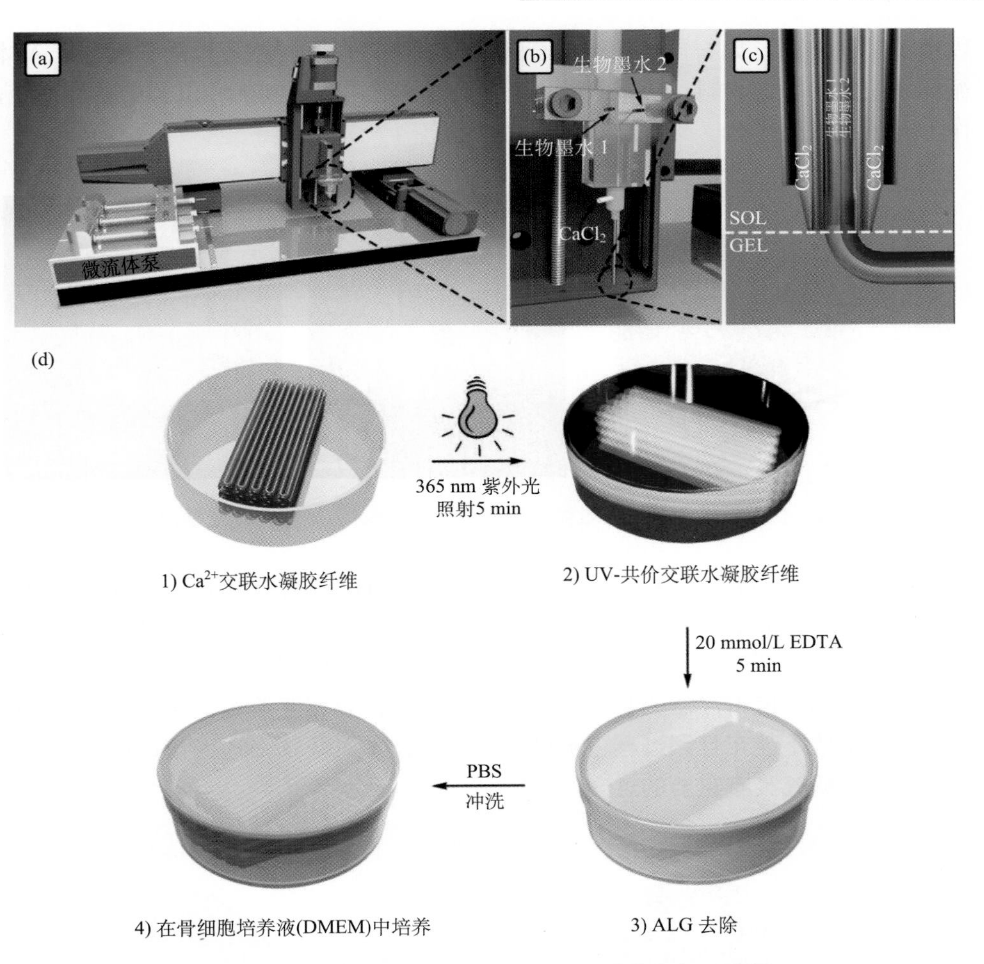

图 7-23 3D 生物打印装置与打印人造骨骼肌组织示意图

(a)配备了完全可编程的微流体泵的特制 3D 打印机；(b)微流控打印头；(c)同轴挤出机；(d)可光固化的半合成生物聚合物 PEG-纤维蛋白原封装细胞 3D 打印具有功能形态的人造骨骼肌。EDTA. 乙二胺四乙酸；PBS. 磷酸盐缓冲液；ALG. 抗淋巴细胞球蛋白；SOL. 溶胶；GEL. 凝胶

2. 三维微血管网络通道

伊利诺伊大学香槟分校 Lewis 课题组[22]利用直写技术通过牺牲油墨制备了内为圆柱体的三维微血管网络通道。通道先通过机械沉积直接形成网络，然后再在纵向进行图案化。具体方法是通过机械沉积牺牲有机油墨(fugitive organic ink)获得支架，然后向支架中填充环氧树脂进行固化，之后去除有机油墨，向其中填充光固化树脂，在掩模版下树脂光固化形成图案化结构，便可获得图案化的三维微血管网络通道，如图 7-24 所示。这样的通道可以用于流体混合，除此之外，还可

以用于其他方面，如与自愈功能结合起来，三维微血管网络可以用作类似于人体循环系统中的自愈材料，还可以用作将治愈物质连续传送到损坏位置的循环系统，作为一种技术的平台。

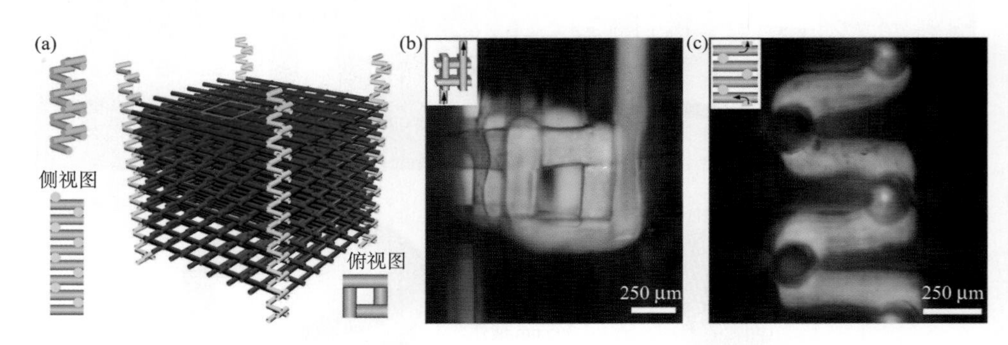

图 7-24 直写技术制备的三维微血管网络通道示意图(a)和荧光光学图示(b,c)

Lewis 教授又进一步探索研制了一种新型的 3D 生物打印的方法，利用此方法能够制备出充满脉管系统、多细胞层和细胞外基质(ECM)的组织结构(图 7-25)[23]。这种方法首次采取四个独立控制的打印头，配置不同类型的油墨打印复杂的组织结构。值得注意的是，所用的油墨彼此需要相互兼容，并且打印的细胞和细胞外基质不能在打印过程中被破坏。这一技术对药物筛选、伤口愈合、血管再生等基础研究具有重要的意义。

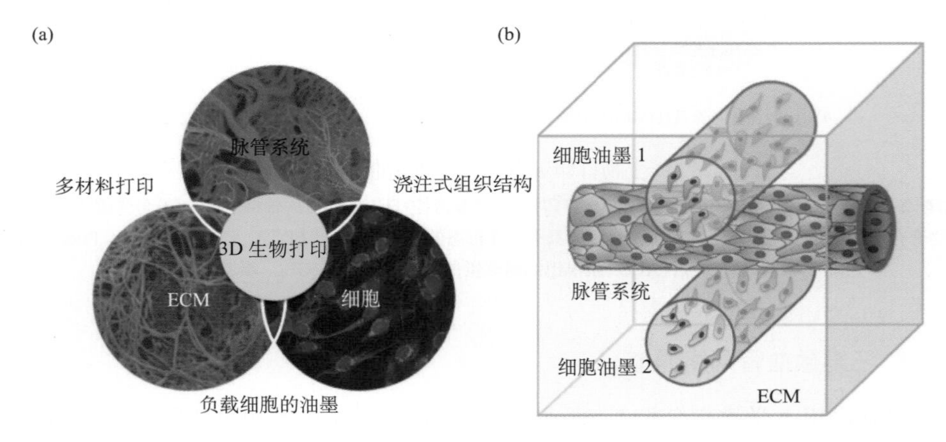

图 7-25 3D 生物打印法的示意图

不同的血管、细胞、细胞外基质单元被分别打印出来构成组织结构

除此之外，该课题组还通过全方位打印制备仿生物微血管三维网络，如图 7-26 所示。该方法不同于传统直写技术中的层层堆积，它可以得到三维网络结构。通

过在储蓄池中打印油墨，储蓄池中的填充物可以起机械支撑的作用，从而得到网络结构。然后将储蓄池中的填充物光固化，油墨低温凝胶向液体转化，即得到微血管网络通道[24]。制备的微血管三维网络可用于组织工程、药物释放、器官模型、自修复等。

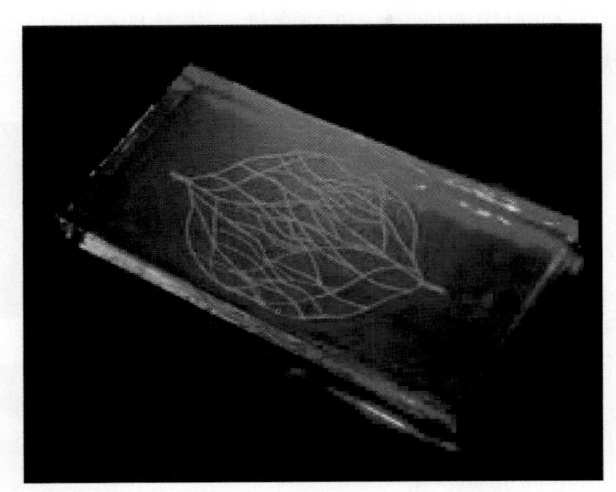

图 7-26　利用直写技术通过全方位打印制备仿生物微血管三维网络的荧光图

3. 组织器官打印

伊利诺伊大学香槟分校 Lewis 课题组通过直写技术制备一维和三维周期性水溶胶支架并将其用于引导细胞生长[25]。实验采用可聚合的丙烯酰胺油墨进行打印，然后使其在空气中紫外聚合得到三维支架，如图 7-27 所示。这样的三维支架可用于组织工程，将 $3T_3$ 鼠纤维原细胞置于该水溶性支架上，细胞会聚集在支架上的孔洞内，从而引导细胞定向生长。这种方法制备的一维或三维水凝胶支架还可以用在可调光传感器、响应性软物质等方面。

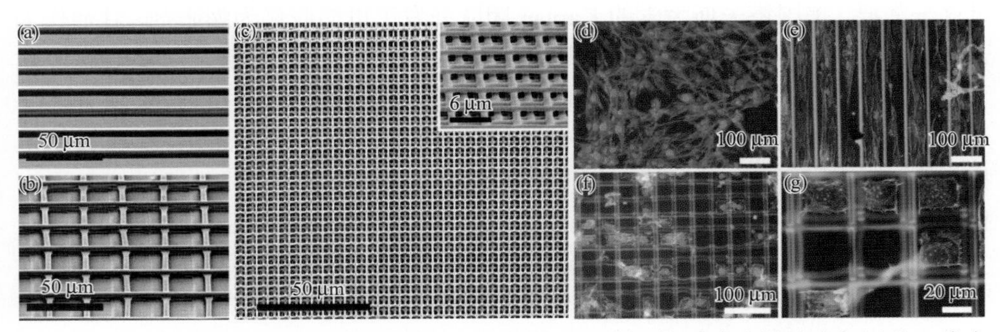

图 7-27　利用直写技术获得的三维支架(a～c)和 $3T_3$ 鼠纤维原细胞在光滑玻璃上(d)和三维支架上(e～g)的荧光光学图

德国拜罗伊特大学的 Scheibel 团队[26]研究了蜘蛛丝水凝胶生物材料(图 7-28)。3D 打印细胞负载的蜘蛛丝生物油墨，不需要添加交联剂或增稠剂。细胞能够在蜘蛛丝支架上黏附并增殖，至少在一周之内具有良好的活力。将细胞结合基序引入蜘蛛丝蛋白可进一步精细控制细胞-材料的相互作用。重组蜘蛛丝蛋白具有非免疫原性、细胞相容性和物理交联性，获得具有可打印性和生物相容性的材料是目前最大的瓶颈。

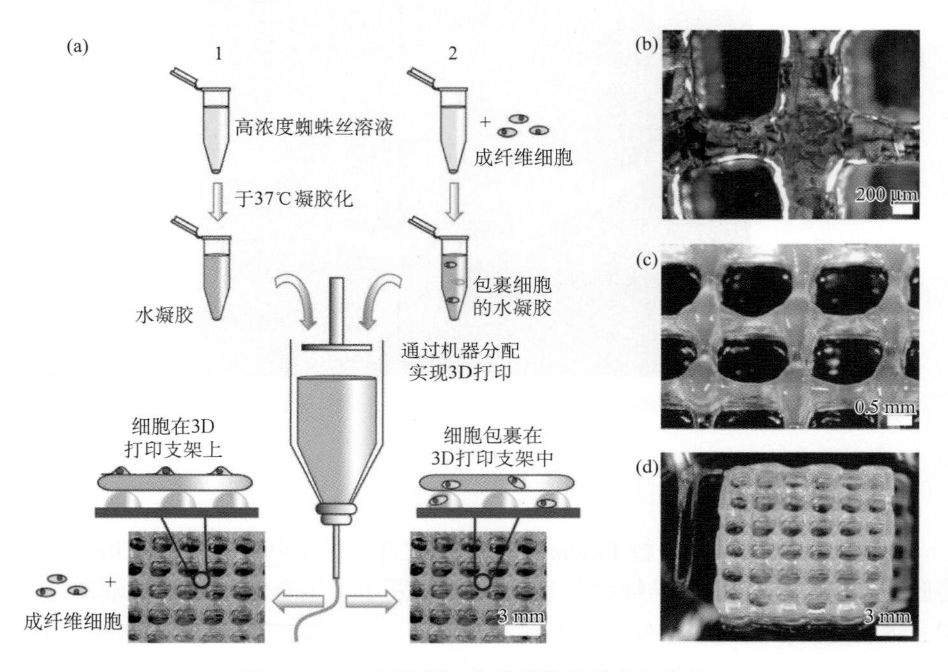

图 7-28　3D 打印细胞负载的蜘蛛丝生物支架

在软组织重建领域，定制植入物需要满足填充复杂几何形状的材料。为了满足这一需要，美国塔夫斯大学的 Kaplan 团队开发了以明胶作为膨胀剂，甘油作为无毒添加剂诱发物理交联的丝素基生物油墨，如图 7-29 所示。这些油墨优化了可用于软组织重建的印刷效率和分辨率；体外研究证明：材料在生理条件下是稳定的，并且可以调整以匹配软组织机械性质；体内研究证明：材料具有生物相容性，并且可以调节以保持原有形状和体积达三个月，同时促进细胞浸润和组织整合[27]。

韩国浦项科技大学的 Cho 团队[28]成功地通过仿生方法设计和打印了圆顶状脂肪组织结构，该项研究在《生物材料》上发表(图 7-30)。他们使用包裹人脂肪组织来源的间充质干细胞(HASC)的脱细胞脂肪组织(DAT)生物油墨打印了高精度，具有柔性的脂肪组织构建体。研究表明，打印的构建体比未打印的 DAT 凝胶更强烈地表达脂肪形成基因。将其植入小鼠皮下组织，植入后期不会引发慢性炎症或细胞毒性，但支持阳性组织渗透、建设性组织重塑和脂肪组织的形成。这项研究表明，直接打印按需定制的组织类似物是一种很有前途的软组织再生方法。

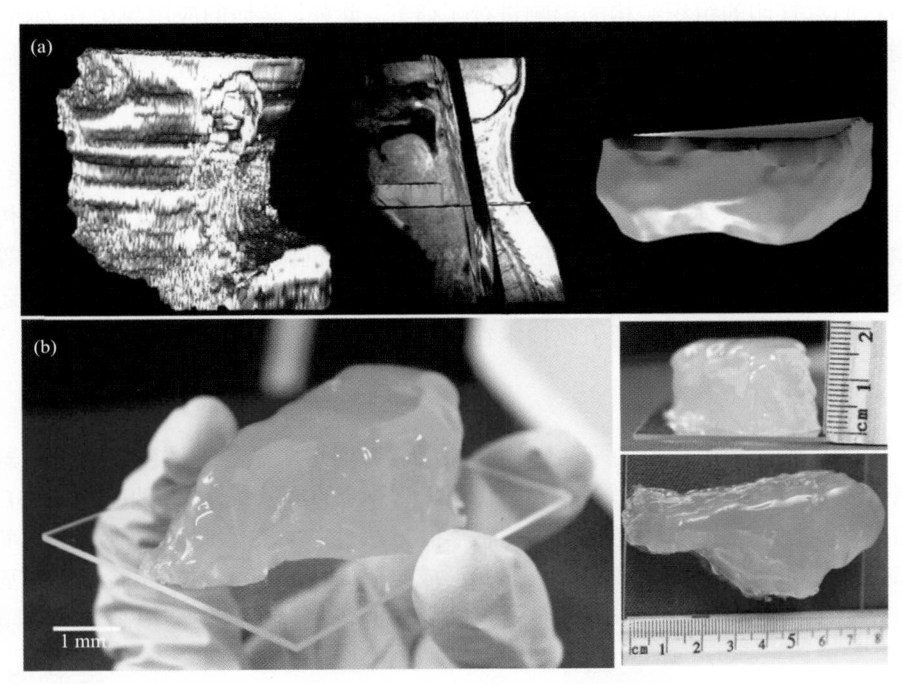

图 7-29　3D 打印丝素基生物材料软组织重建

(a) 患者 CT 扫描，脸颊几何分割并重建为 3D 打印模型；(b) 3D 打印的脸颊几何结构

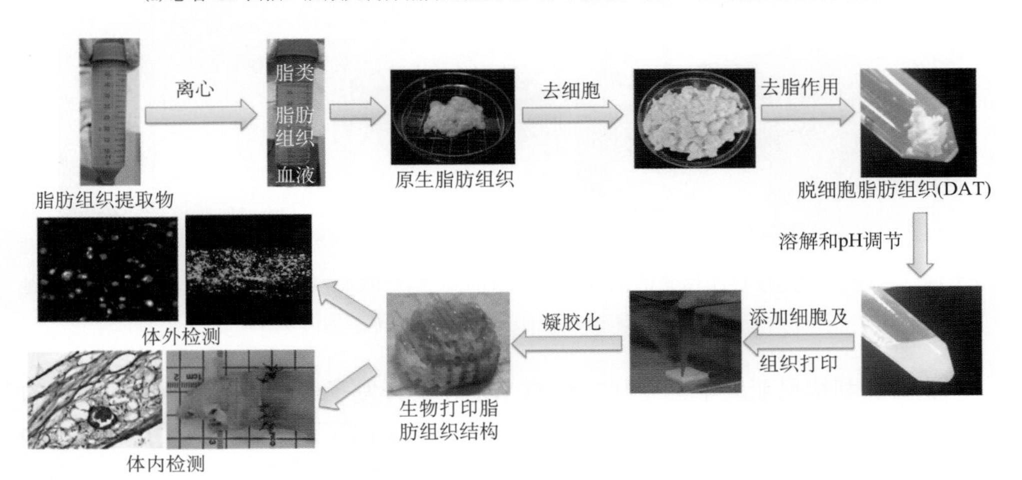

图 7-30　3D 打印圆顶状脂肪组织结构

目前，3D 生物打印在组织、器官工程上已经被应用于多层皮肤、骨骼、血管、气管夹板固定，以及心脏组织和软骨结构等组织的生成和移植。在众多研究中，Murphy 等[29]首先研究了打印组织结构的主要策略，接着对不同类型的生物打印机和它们对打印的组织结构的影响进行了研究。此外，其他的应用集中在为研究、药物发现、毒理学等构造高通量 3D 打印的组织模型。

7.3.3 新型微电子器件

与衬底集成工艺相比较，3D 可添加打印技术具有灵活性好、打印图形种类多、三维加工及低成本等优点，在电阻、电容、电感、集成电路布线及无源无线传感等微电子部件加工中具有潜在的应用。目前，在微机械、微流体及快速成型等领域获得了较为广泛的应用。但获得具有较好的导电性与稳定性的打印结构，还有很多问题需要解决，这阻碍了此技术在微电子器件中的应用。

1. 微电路

Wood 等[30]针对传统的平面印刷、涂层、微通道成型等方法生产的传感器可延展性差、费用高、耐用性差等缺点，报道了一种新的嵌入式 3D 打印技术（e-3DP）制造高保角性、高拉伸性能的应变传感器的方法（图 7-31）。此方法从沉积喷嘴里挤出黏弹性的油墨到弹性储层上，油墨形成电阻式的感应单元，而储层担任基质材料。当喷嘴在储层间工作时，会留下间隙空间，液体覆盖层会填满这些空隙。

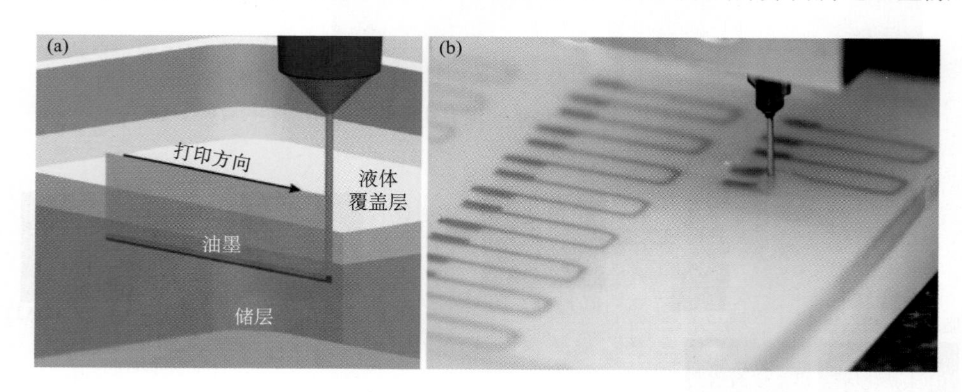

图 7-31 (a) 嵌入式 3D 打印技术的示意图，导电的油墨打印到液体覆盖的弹性储层上；(b) 嵌入式 3D 打印技术打印的平面柔性传感器阵列

美国加利福尼亚大学伯克利分校的 Wu 等[31]开发了一种 3D 微纳电子器件的打印技术，其主要工艺过程如图 7-32 所示。具体如下：①功能图形的设计及 3D 打印成型，形成所需加工器件与结构的通道/凹槽等中空轮廓；②在通道与凹槽中注射浇灌液态金属凝浆材料；③液态金属凝浆的固化处理及表面电极对的形成。

所加工的电容-电感-电阻结构的谐振频率达到 0.53 GHz，制备的无源无线传感器可用于液态食品，如牛奶的质量监测。这些实验结果为自由形貌的三维微电子部件的加工提供了新手段。

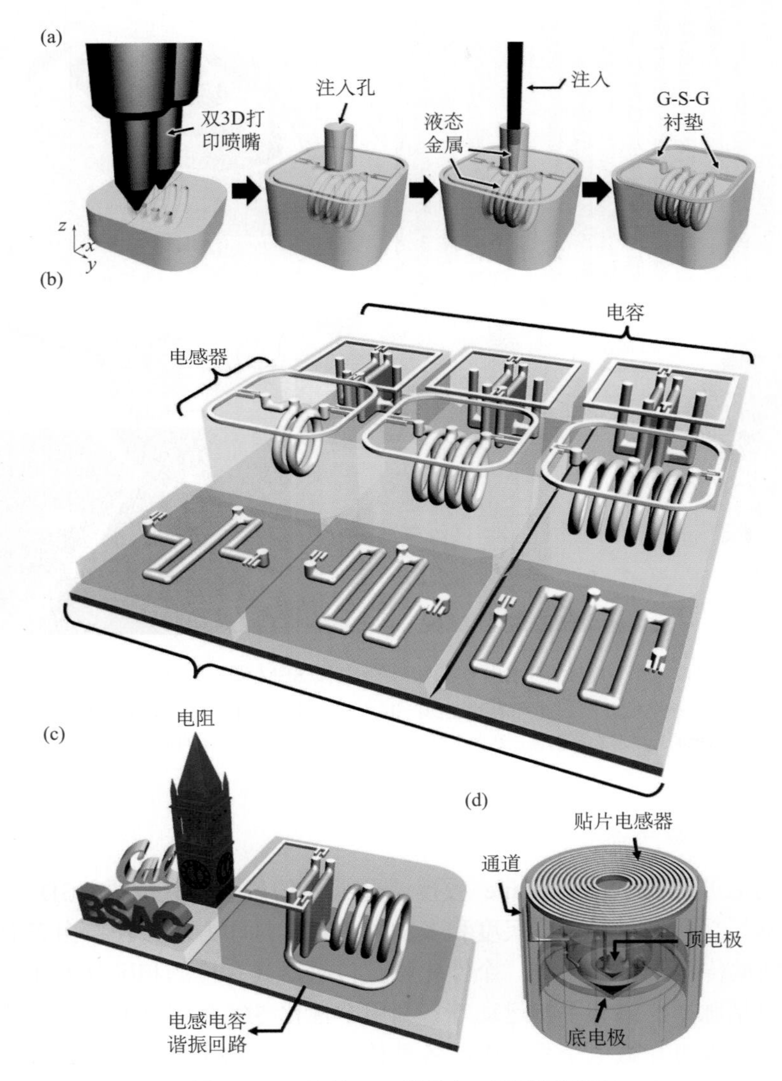

图 7-32 可添加 3D 器件加工流程示意图

(a) 可填埋电学导电结构的加工；(b) 3D 电容、电感与电阻等结构；(c)“墨汁”储存系统；(d) 无线无源传感器

伊利诺伊大学香槟分校 Lewis 课题组[32]通过全方位打印技术使用银纳米颗粒油墨打印得到微电路。利用该方法可以在不同基材上得到图案化的平面或三维结构微电路，这些结构具有良好的机械性能和电学性能，可用于连接电学设备，用

作太阳能电池和 LED 阵列的电学连接件(图 7-33)。

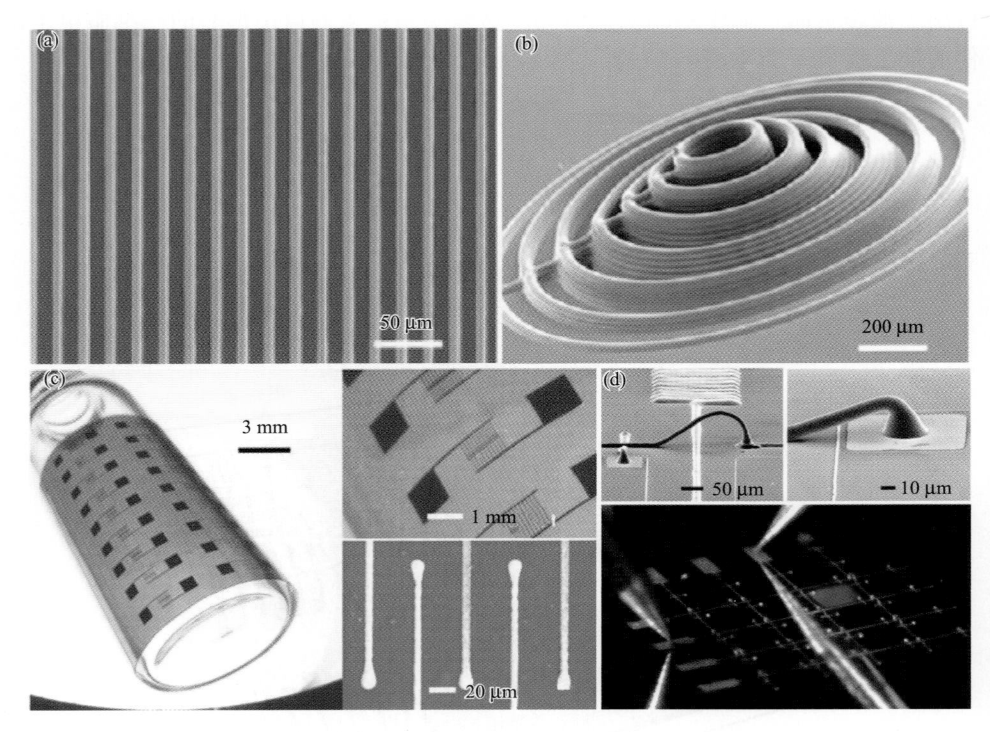

图 7-33 利用直写技术打印得到的平面和三维银微电极 SEM 图及微电极用作电学连接件照片

(a) 10mm 喷嘴制备的银微电极平面阵列的扫描电镜图；(b) 多层银微电极的 SEM 图；(c) 在聚酰亚胺基材上银微电极的光学和扫描图像，弯曲半径 14 mm；(d) 在电极上打印的银互连拱门

2. 传感器与微马达

美国明尼苏达大学 McAlpine 教授课题组[33]的最新研究成果“3D 打印弹性触觉传感器”采用多材料、多尺度和多功能的 3D 打印方法，在自由表面上加工得到 3D 触觉传感器(图 7-34)。个性化触觉传感器具有检测和区分人体运动状况的能力，包括脉搏监测和手指运动等。利用个性化 3D 打印技术生产功能材料和设备，可以实现可穿戴电子系统中的各种传感器的生物兼容性的优化调整。采用不同含银量的银/硅氧烷油墨 3D 打印出微型触觉传感器，实验证实该传感器对应变、压力等的变化能够进行准确检测，此外，在人体上的实验进一步证实，该传感器对机械信号十分敏感，可以准确检测人体的运动状况。

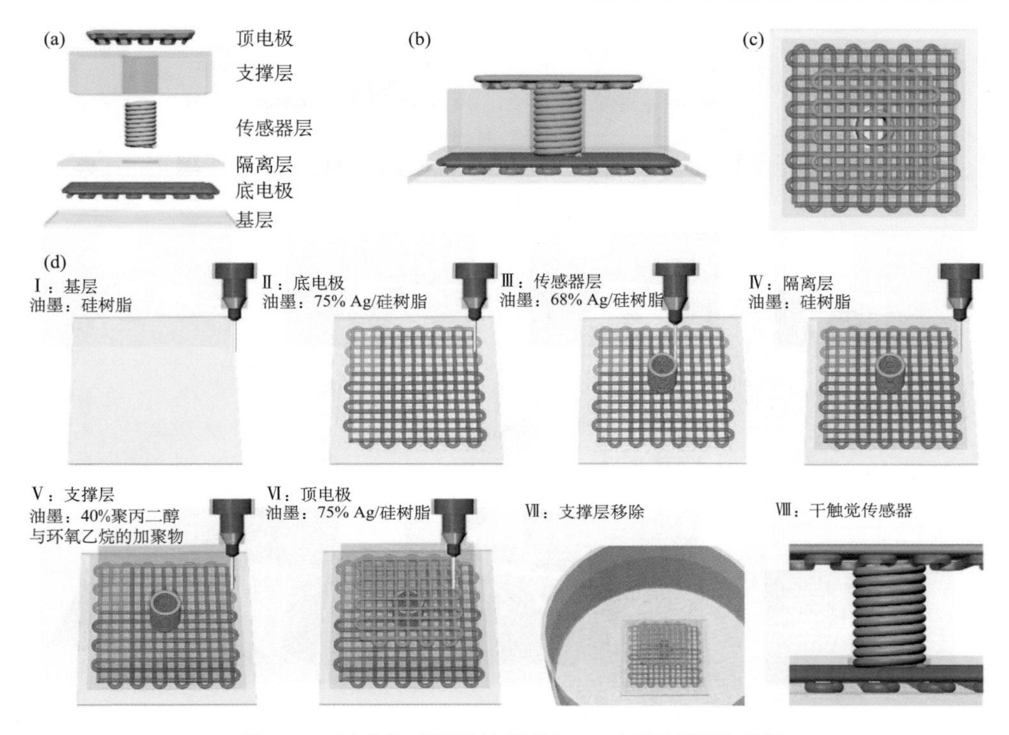

图 7-34　触觉传感器设计原理和 3D 打印过程示意图

哈佛大学研究者用高超的化学技巧和3D打印技术成功构建了人造器官组织，这项技术未来可能用于药物筛选实验，以人造器官组织代替包括大鼠、兔子在内的实验动物，或许还可用于人类器官或组织的修复。Parker 和 Lewis 领导的团队采用先进的多材料 3D 打印技术并结合心脏细胞的体外生长制造人造心，并用电子元件监测其跳动。

Lind 等[34]介绍了一种简单的方法，即通过多材料 3D 打印制造一类新的仪器化心脏微生理设备。他们设计了基于压阻、高电导和生物相容性软材料的六种功能性油墨，能够将软应变测量传感器集成到微结构中，从而引导拟理疗层状心脏组织的自组装。这些嵌入式传感器能够提供细胞培养箱环境中组织收缩应力的非侵入性电子读数。他们进一步应用这些设备来研究药物反应，以及人类干细胞衍生的层状心脏组织的收缩发展超过四个星期。

通过 3D 打印技术，活组织首次和电子传感器相连，有时这种组合又被称为“器官芯片(organ-on-a-chip)”，如图 7-35 所示。器官芯片在将来可能会发展得更完善，甚至可用于器官移植或修复。不过，当前最现实的应用应该还是药物筛选，用这种芯片代替实验室里的各种动物模型(如大鼠、兔子等)，以提高效率，降低成本，同时避免动物伦理问题。

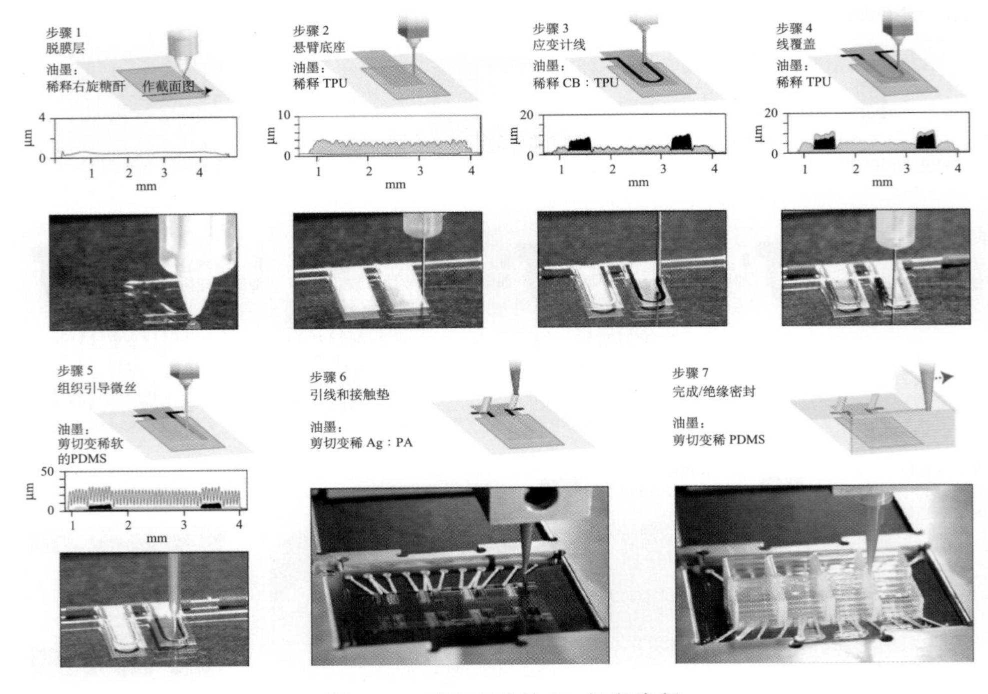

图 7-35 器官芯片的 3D 打印流程

7.3.4 储能电源

利用 3D 打印在亚微米尺度基材上打印可以制备具有高纵横比阴阳极微阵列的锂离子微电池[35]。在 Au 集电器上分别打印 $Li_4Ti_5O_{12}$(LTO) 和 $LiFePO_4$(LFP) 作为阳极和阴极，然后高温烧结去除有机添加剂促进熔融，最后封装获得微电池，如图 7-36 所示。通过该方法制备的锂离子微电池具有高的单位面积能量和功率密度，这是因为在维持充放电时离子、电子运输所需的短的传送距离的基础上，通过 3D 打印制备的微电池结构具有高纵横比。通过该方法制备的微电池可以应用于自充电微电子器件、生物医药设备等。

美国劳伦斯 • 利弗莫尔国家实验室的 Worsley 等[36]通过 3D 打印技术制备了三维石墨烯周期性复合气凝胶微晶格(aerogel microlattice)超级电容器(图 7-37)。制备这些新型气凝胶的关键是制备可挤出的石墨烯氧化物基复合油墨以及设计 3D 打印的工艺使其适应气凝胶的加工工艺。该课题组利用基于挤压的三维印刷技术，直接油墨书写(direct-ink writing，DIW)，以制造高度可压缩石墨气凝胶微格。DIW 技术采用一个三轴运动机构，在室温下通过挤压的连续“油墨长丝”组装三维结构。该技术是将 GO 悬浮液($40\ mg/cm^3$)、GNP、二氧化硅填料以及催化剂

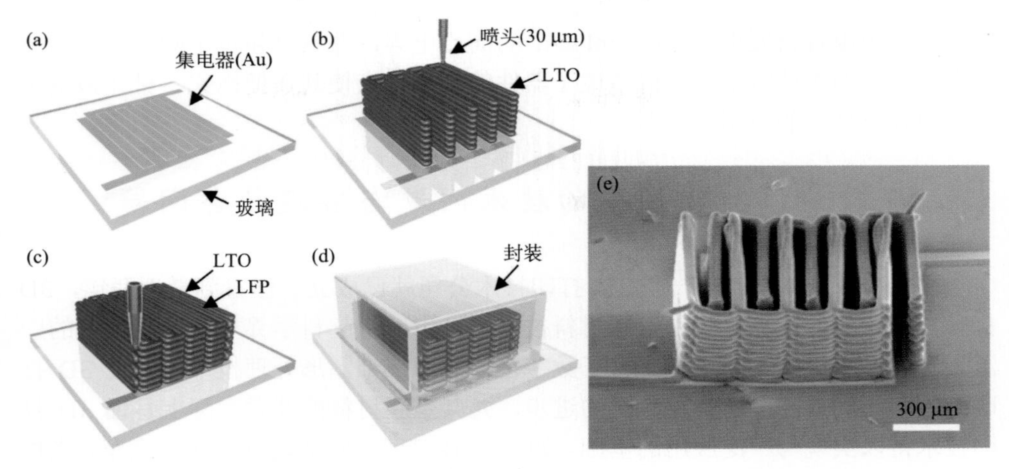

图 7-36　利用直写技术打印 LTO-LFP 锂离子微电池示意图(a～d)以及微电池的 SEM 图(e)

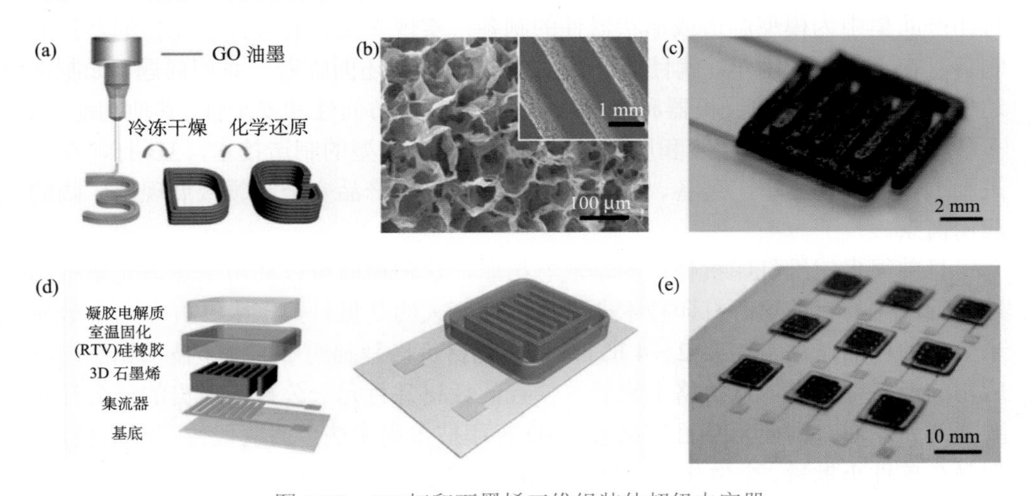

图 7-37　3D 打印石墨烯三维组装体超级电容器

(a) 3D 打印组装石墨烯微电子器件；(b) 三维组装石墨烯的 SEM 图像；(c) 梳状图案结构的石墨烯电极；(d)～(e) 封装后的石墨烯超级微电容器与微电容器阵列

(R-F 溶液与碳酸钠)混合，得到均匀的高黏性油墨。然后，将复合油墨装入注射器管，并通过微喷嘴挤出 3D 结构。3D 打印石墨烯复合气凝胶(3D-GCAS)电极质量轻，导电性高，且表现出优异的电化学性能。特别地，使用这些 3D-GCAS 电极制备的毫米级厚度的超级电容器表现出优异的稳定性(0.5～10A/g 约占 90%)和功率密度(>4 kW/kg)。

通过三维打印控制石墨烯气凝胶的可控组装及精细图案化，制备了具有优良性能的微型超级电容器。微观及宏观层面对三维电极的结构调控研究发现石墨烯电极的孔隙率及导电性能相互竞争，并共同影响最终的器件性能。优化得到的三维微型超级电容器展现出 46.47 mF/cm^2 的高比电容，并具有超过 10000 次的循环寿命。稳定的柔性特征及与微型电子器件的集成特点使其在便携式、可穿戴电子设备中具有良好的应用前景[37]。

7.4 3D 打印发展的技术问题与潜在社会问题

虽然早在 1986 年第一家 3D 打印技术公司就已成立，但直到最近两年，3D 打印技术才随着计算机技术与新材料技术的进步而引起科学界与工业制造业的广泛兴趣。计算机技术的进步丰富了数字化信息与三维图形处理技术，并使 3D 打印的效率得到提高；而材料科学的进步，尤其是新材料的开发实际上是使 3D 打印技术得以实现与广泛应用的基础。如今，3D 打印已经成功地应用于汽车、飞机模型与零部件的制造，乃至人造骨骼或者假肢等高技术领域。然而，当前的 3D 打印产品集中为模型制造或形状器件的制备，实现真正具有实体功能性的器件的制备存在着很大的困难。就目前来看，3D 打印技术还面临着一系列问题，如制造速度、产品的材料性能、机器和材料成本、操作的可访问性和安全性、其他功能（如多种颜色等）以及成型精度和质量等。然而，作为新型的制造技术，3D 打印在先进制造、自动化、军工装备、个性化服务、网络与产品安全等领域展现出广阔的应用前景。

目前很多三维打印机使用的是液态树脂，这种树脂可以利用聚焦激光束精确地进行硬化。目前这种打印技术非常慢，速度大约是每秒数毫米。打印一个数厘米大小的样品，通常需要 2～4 h。此外，耗材价格是制约 3D 打印技术无法广泛应用的最关键因素。从价格上来看，便宜的耗材几百元一公斤，最贵的一公斤则要 4 万元左右。因此，从目前来看，3D 打印技术尚无法全面取代传统制造技术，但是在单件小批量、个性化及网络社区化生产模式上具有无可比拟的优势。同时，由于 3D 打印工艺发展还不完善，快速成型零件的精度及表面质量大多不能满足工程直接使用，不能作为功能性部件，只能做原型使用，即功能化问题有待解决。3D 打印产品由于采用层层叠加的增材制造工艺，层和层之间的黏结再紧密，也无法和传统模具整体浇铸而成的零件相媲美。

3D 打印技术的意义不仅在于改变资本和工作的分配模式，也在于它能改变知识产权的规则。该技术的出现使制造业的成功不再取决于生产规模，而是取决于创意。然而，单靠创意也不够，模仿者和创新者都能轻而易举地在市场上快速推出新产品。因此，产品竞争优势可能变得比以前更小，更难被吸引进行规模生产，导致资本和工作重新分配，知识产权规则也将被改变，可通过法律限制三维打印技术的肆意使用。2011 年，美国一名学生已制作出一把手枪的设计图纸，该手枪叫“维基手枪”，并称这张图可以在网络上自由传播，只要你有一台 3D 打印机，你就可以自己造出一把手枪来（图 7-38）。从技术层面看，“维基手枪”完全可以实现。目前，一位美国公民 Wilson 采用 3D 打印机制造出可以连续打出 5 发子弹的手枪。于是，3D 打印技术的应用便存在着公共安全、隐私等方面的新的潜在社会问题。以 3D 打印为代表的未来制造业，需要进行法律法规层面的规范与监管。

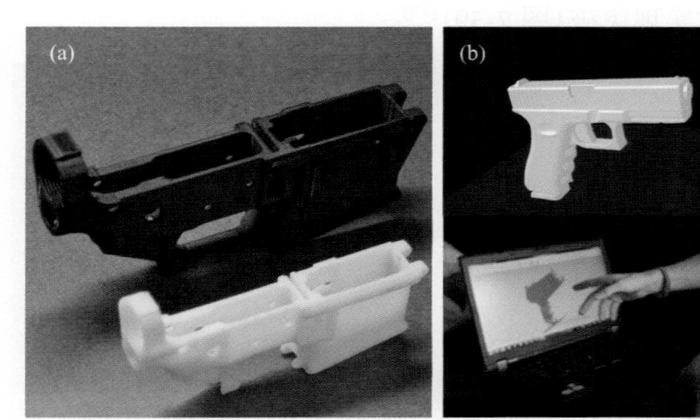

图 7-38　通过下载模型数据，以 3D 打印技术可以打印出部件（a）并将其组装成手枪（b）

3D 打印产业包括上游的材料、设备、软件技术工艺，还包括中游的数据库、法规等信息数字化平台，以及下游的国防、航空、汽车、消费电子、医疗、文化、教育等行业应用服务。对于一般的消费者与中小型企业，专业的 3D 打印设备还比较昂贵，大多数国内的制造和服务企业还未能从 3D 打印技术中真正获益，国内还没有形成一个成熟完整的 3D 打印产业链。

事实上，目前的 3D 打印技术已经开始深度融合现有的各个行业与应用领域，尤其是定制医疗、可穿戴电子等新兴领域。在军事防务领域，我国与美国都正在使用 3D 打印技术进行新一代战斗机的研发，美国更大力发展通过 3D 打印技术进行战场装备补给。汽车与航天领域早已将 3D 打印快速成型技术应用于模型模具的生产，新车型、机型的研发，工艺改进等。医疗健康方面，3D 打印制造的牙齿、假肢已经成功地应用于临床。世界上有几百家的研究单位正在从事打印人造器官的研究，相信在不远的未来，器官移植的困境将被 3D 打印技术彻底解决。人们甚至可以随意对自己的容貌乃至身体进行改造！3D 打印冲击最大的将是传统的制造加工业与相应的零售业和商业服务。一系列打印制造的定制性快速消费品将会被发明和热销，以打印电子为主的大量可穿戴、可植入电子消费品将会更替现有的计算机、智能手机等电子产品。以 3D 数字模型、数据库、网络数字技术为主的 3D 打印技术服务将迅速兴起，在提供丰富的三维建模服务的同时，解决客户的各种 3D 打印技术问题。最终，现有的工业革命以来的大规模生产，商业革命以来的物流与库存管理，以及大部分市场将被超小规模生产的个人工厂与 3D 模型数字网络市场平台侵蚀或取代。

3D 打印不是单一的技术概念，它涵盖了原材料、设备制造及 3D 打印产品开发应用等技术范畴，是一个上、中、下游技术产业链与生产解决方案。针对 3D 打印工艺的技术特征，未来的 10 年内还需要分别在设备、材料、产品与服务四个方面，就 3D 打印的核心技术实现突破(图 7-39)[38]。

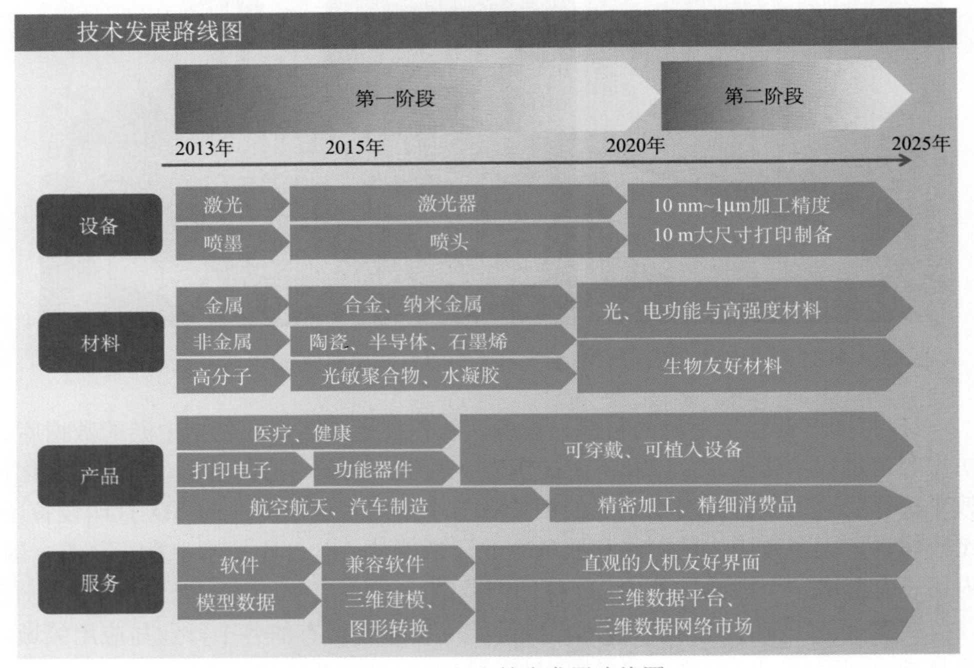

图 7-39　3D 打印技术发展路线图

国家层面要前瞻性地积极应对未来 3D 打印产业的迅速发展(图 7-40)，一方面进行政策引导，重点给出专项支持，推动尖端技术的开发；另一方面要监控技术安全与产业市场规范，进行立法与行业规则制定，以规范我国 3D 打印产业的健康发展。

7.5　响应性材料 4D 打印制造技术

7.5.1　4D 打印的概念和制造技术

4D 打印是由麻省理工学院建筑学系建筑师、电脑科学家 Tibbits 在 2013 年 2 月首先提出的。4D 打印比 3D 打印多了一个“D”，也就是时间维度，人们可以通过软件设定模型和时间，变形材料会在设定的时间内变形为所需的形状。准确

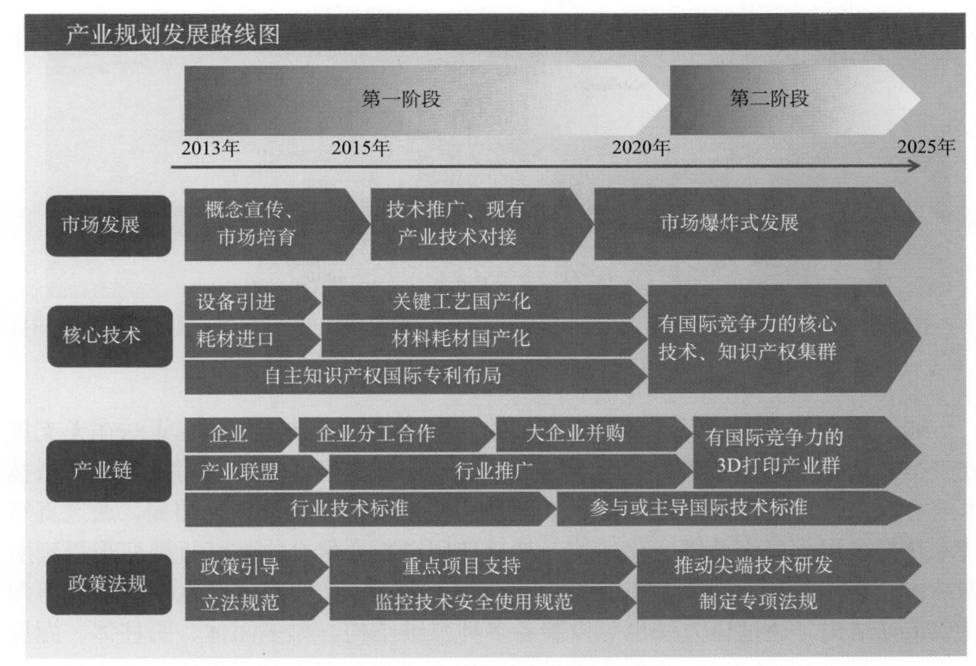

图 7-40 3D 打印产业规划发展路线图

地说，4D 打印是基于能够自动变形的材料，直接将设计内置到物料当中，不需要连接任何复杂的机电设备，就能按照产品设计使材料自动折叠成相应的形状。因此可以说，可自变形材料是实现 4D 打印的关键所在。

4D 打印的原理是，先用 3D 打印机打印出一种刚性的智能材料，然后将这种材料与外界激活因素结合，从而按照预先设定的路径完成物体形态的改变。能利用的激活因素可以是水、光、声、热等。4D 打印使快速建模有了根本性的转变。与 3D 打印的预先建模、扫描，然后使用物料成型不同，4D 打印直接将设计内置到物料当中，简化了从设计理念到实物的造物过程，让物体如机器般自动创造，无须连接任何复杂的机电设备。

目前，应用 4D 打印技术开发的材料和产品还非常少。第一次出现的 4D 产品是 2013 年 3 月洛杉矶“技术、娱乐、设计”（TED）大会上 Tibbits 展示的一种经 3D 打印出的复合材料管子，如图 7-41 所示。将它放入水中，会自动组装成一个立方体。原理是，该物体内部的“智能”材料将水作为能量来源，带来形状的改变。在构造上，这款可以自动组装的 4D 物体由数层塑料制成，外加一层能够在吸水时自动变成一种理想形状的“智能”材料。Tibbits 演示使用的复合材料是由美国科技企业 Objet Connex 提供的，该企业为美国 3D 打印概念龙头企业 Stratasys 的子公司；利用美国软件提供商 Autodesk 研发的软件 Cyborg 对材料进行编程模拟。

图 7-41 (a) Tibbits 展示 4D 打印的概念与过程；(b) 一根打印出的“绳子”通过自组装扭曲折叠成一个“立方体”的 4D 打印过程

通过直写技术一般无法得到无变形的高纵横比的三维结构，也无法在无支撑处获得复杂架构。伊利诺伊大学香槟分校 Lewis 课题组通过将直写技术与折纸技术结合起来[39]，克服了上述缺点。实验使用高浓度铟氢化钛作为油墨，通过直写技术获得多层垂直交叠图案化结构，然后使用可折叠聚合物使其折叠变形得到所需结构，自然烘干后，真空下高温灼烧获得金属(Ti)结构，或空气下灼烧获得陶瓷(TiO_2)结构。通过该方法也可以制备多种三维结构，如多面体、圆柱体、螺旋结构、仙鹤等(图 7-42)。这些三维结构可用于组织工程支架、生物医药设备、催化剂载体等。

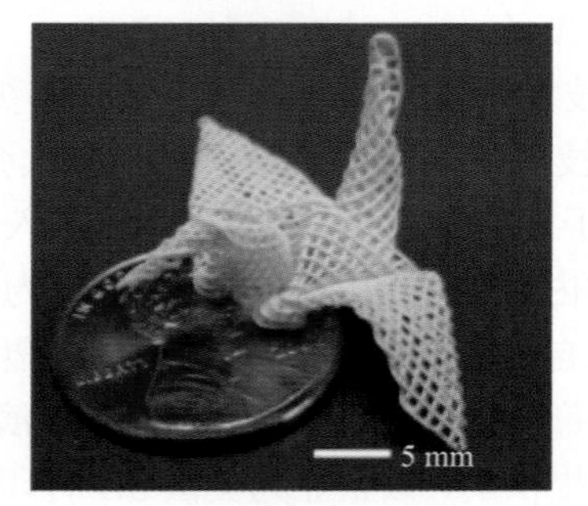

图 7-42 通过折纸术制备多种三维结构

图中未标示的比例尺均为 2 mm

牛津大学的 Bayley 教授在 *Science* 杂志上[40]报道了一种微泡 3D 打印薄膜的折叠自组装技术，十分契合地演绎了 4D 打印的设计、操作与过程。如图 7-43 所示，他们将两种具有不同渗透浓度的微液泡通过逐层打印的方式排列成薄膜，利用不同渗透浓度的微液泡间的溶液渗透，使薄膜发生形变弯曲，最终实现打印二维薄膜的三维折叠自组装。整个过程如同一个生命细胞的生长与修复过程，自发而完整，让人们看到 4D 打印在生物机体自修复、病毒抑制等疾病治疗等领域的巨大潜力。事实上，大多数 3D 生物打印都可以理解为 4D 打印。

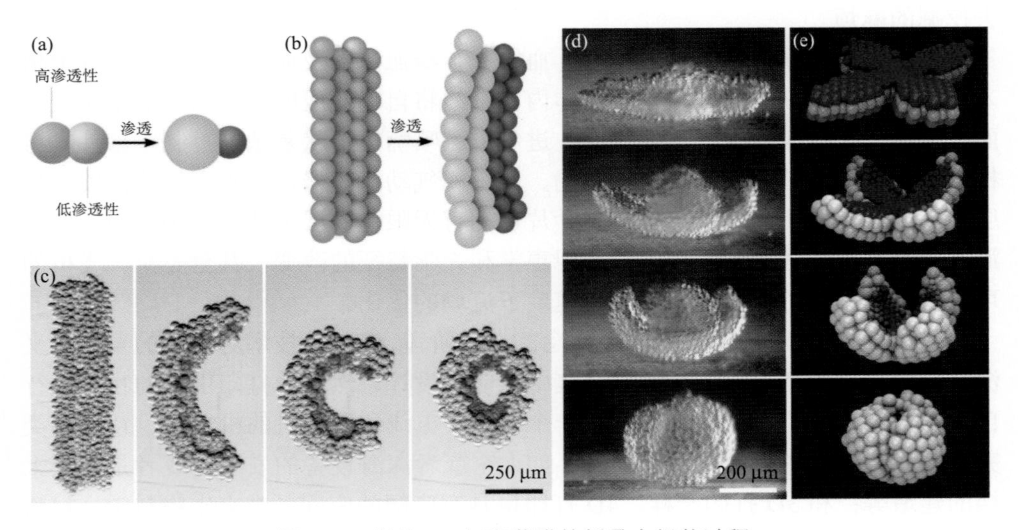

图 7-43　微泡 3D 打印薄膜的折叠自组装过程

(a)、(b)通过逐层排列 3D 打印高渗透浓度与低渗透浓度的微液泡，利用不同渗透浓度的微液泡间的溶液渗透实现薄膜形变；(c)～(e)自组装微泡薄膜自发折叠的 4D 打印过程

美国陆军研究办公室资助匹兹堡大学斯旺森工程学院、哈佛大学工程与应用科学学院和伊利诺伊州立大学的研究团队 85.5 万美元用于开发 4D 材料，拟开发可改变结构的汽车涂料以适应潮湿环境或碱性道路，更好地保护汽车免受腐蚀；还开发可用于士兵伪装或更有效地防止有毒气体或弹片杀伤的 4D 材料制服。Autodesk 公司的 Olguin 提出了 4D 打印的一种新形式。2012 年，哈佛医学院成功利用加州理工学院发明的“DNA 折纸术”(DNA origami，能将单个 DNA 链根据模具的样式随意摆放)将药物运送至个体细胞，帮助清除癌细胞，提示了这项技术的新用武之地，即 DNA 计算机和纳米尺度设备的制作，研究人员称 DNA 折纸术为“纳米机器人”，因为它能完成机器人的任务，一旦获得了细胞的认可，就能自动变换形状，释放所负载体。

4D 打印的下一个发展阶段包括打印 4D 片材，甚至包括打印完整的建筑结构，这样将彻底改变传统的工业打印，甚至建筑行业。例如，只需要在计算机前将一座摩天大楼进行解码，然后输入特定的材质当中，它就可以自动“长”出屋顶、承重墙及电梯间等。又如，4D 涂料能自动改变结构以适应不同环境(如辐射、高温、腐蚀等)。麻省理工学院自组装实验室正在与波士顿一家名为 Geosyntec 的公司开展合作，开发创新的基础设施管路制造方案。这种新型地下水管可以自由膨胀或收缩，以控制过水的流量和流速，或者还可以像蛇那样通过自身的蠕动来挤压，推动内部的水体流动。水管能够适应不同的容量或水流而自动进行扩张，免去挖掘的麻烦。

生物医用方面，各种骨连接器、血管夹、凝血滤器及血管扩张元件等各类植入物，只需将细细的管线植入患者体内，管线将自动变成所需形状。航空航天方面，采用 4D 打印技术制造的襟翼、进气道、喷嘴等形状复杂的控制零部件，可根据情况自动调节而无需再使用电动、液压或气动执行器，这将大幅降低发动机质量，提升推重比。此外，可配置叶片也拥有无限的发展可能。军事应用方面，潜水艇具有可编程变形蒙皮，可实现声学和光学特征的改变，甚至隐身。飞机的可编程蒙皮，则可以实现不同飞行速度下流场的优化。

4D 打印尽管目前还处于一个概念的发展阶段，但是其技术对未来的发展意义深远，该项技术把人工参与的部分集中在前期设计，然后让打印出来的物体进行自我制造和调整。可以把它想象成一个不需要电线和发动机的机器人，帮助人类完成很多危险或者力所不及的项目，如太空或者深海设备的安装，或者是摩天大楼的建造等；和 3D 打印一样，4D 打印也具有广阔的空间，带来生物科学、材料科学、机器人、交通运输、艺术，甚至国防和太空探索领域的突破性新应用和新变化。

7.5.2 4D 打印技术的潜在问题

4D 打印这种新技术可以通过软件设定模型和时间，变形材料会在设定时间内快速成型。但这对打印材料提出了更高要求——带记忆功能的自组装材料，其也是 4D 打印得以实现的关键。此外，该技术面临的推广障碍和 3D 打印技术相似，如打印的规模和速度当前还有一定的限制，当然这一问题可以得到解决，只是需要时间。此外，使用的高精度打印机器价格十分昂贵，4D 打印技术的推广需要更多大众化的打印机器。

实际上，目前的 4D 打印还只能在实验室进行最简单的产品设计打印和自组装，对于稍微复杂的过程与物品还难以实现操作与制备。在未来较长的一段时间内，4D 打印还多停留在实验研究与分形艺术的阶段与领域，无法走进大多数人的日常生活。然而，4D 打印赋予物体能够自我变形的特性，可以实现让物体在人们难以接触到的地方进行自我组装。这一技术可以应用到智能制造并进而影响到几乎所有领域，实现高级智能的自动加工成型，将彻底改变现有制造业乃至人类的生活方式。

麻省理工学院4D打印研究小组的成员认为，目前来看，受到3D打印机、打印材料及技术成熟程度等因素影响，4D打印技术仍停留在研发阶段，且4D打印技术未从概念转化为真正的产业应用。英国科技媒体“连线”认为，Tibbits团队目前只是接触到4D打印技术的“表面”，技术目前只能针对小型材料“打印”，现在就谈及实际应用还不现实。华中科技大学史玉升表示，4D打印技术仍停留在研发阶段，尚不具备大规模应用的可能。“在3D打印尚且受到技术和材料等因素的制约，还并未转化为真正的产业应用的当前，4D打印概念依然很飘渺。”笔者认为，媒体热炒的4D打印技术从工程技术的层面看，还应该归类于3D打印的技术范畴，其第四维度的特性是通过智能材料来赋予的。智能材料是通过感受外界的温度、光、力、电、磁等的刺激，来响应这种变化，从而恢复到其预先设定的形状。如果说3D打印技术赋予产品精密复杂的结构特性，4D打印技术则是通过智能材料给予3D打印产品空间响应特性(如折叠、卷曲、伸展或扭转)和功能性(温度、声、光、电、磁特性)。因此，可用于3D打印的智能材料是4D打印技术的核心。

参考文献

[1] Tumbleston J R, Shirvanyants D, Ermoshkin N, et al. Science, 2015, 347: 1349-1352.
[2] Compton B G, Lewis J A. Adv Mater, 2014, 26: 5930-5935.
[3] Lebel L L, Aissa B, Khakani M A E, et al. Adv Mater, 2010, 22: 592-596.
[4] Zhao X M, Xia Y, Whitesides G M. Adv Mater, 1996, 8: 837-840.
[5] Guo S Z, Gosselin F, Guerin N, et al. Small, 2013, 24: 4118-4122.
[6] Schirmer N C, Kullmann C, Schmid M S, et al. Adv Mater, 2010, 22: 4701-4705.
[7] Schirmer N C, Ströhle S, Tiwari M K, et al. Adv Funct Mater, 2011, 21: 388-395.
[8] Galliker P, Schneider J, Eghlidi H, et al. Nat Commun, 2012, 3: 890.
[9] Ladd C, So J H, Muth J, et al. Adv Mater, 2013, 25: 4953-4957.
[10] Kim J T, Seol S K, Pyo J, et al. Adv Mater, 2011, 23: 1968-1970.
[11] Gratson G M, Xu M, Lewis J A. Nature, 2004, 428: 386-388.
[12] Smay J E, Gratson G M, Sherperd R F, et al. Adv Mater, 2002, 14: 1279-1283.
[13] Aydemir N, Parcell J, Laslau C, et al. Macromol Rapid Commun. 2013, 34: 1296-1300.
[14] Hansen C J, Saksena R, Kolesky D B, et al. Adv Mater, 2013, 25: 96-102.
[15] Highley C B, Rodell C B, Burdick J A. Adv Mater, 2015, 27: 5075-5079.
[16] Wang J, Auyeung R C Y, Kim H, et al. Adv Mater, 2010, 22: 4462-4466.
[17] Sha J, Li Y, Salvatierra R V, et al. ACS Nano, 2017 , 11(7): 6860.
[18] Kang H W, Lee S J, Ko I K, et al. Nat Biotechnol, 2016, 34: 312-319.
[19] Zhang W, Feng C, Yang G, et al. Biomaterials, 2017, 135: 85-95.

[20] Wang J, Yang M, Zhu Y, et al. Adv Mater, 2014, 26: 4961-4966.
[21] Costantini M, Testa S, Mozetic P, et al. Biomaterials, 2017, 131: 98-110.
[22] Therriault D, White S R, Lewis J A. Nat Mater, 2003, 2: 265-271.
[23] Kolesky D B, Truby R L, Gladman A S, et al. Adv Mater, 2014, 26: 3124-3130.
[24] Wu W, de Coninck A, Lewis J A. Adv Mater, 2011, 23: 178-183.
[25] Barry Ⅲ R A, Shepherd R F, Hanson J N, et al. Adv Mater, 2009, 21: 2407-2410.
[26] Schacht K, Jungst T, Schweinlin M, et al. Angew Chem Int Ed, 2015, 54: 2816-2820.
[27] Rodriguez M J, Brown J, Giordano J, et al. Biomaterials, 2017, 117: 105-115.
[28] Pati F, Ha D H, Jang J, et al. Biomaterials, 2015, 62: 164-175.
[29] Murphy S V, Atala A. Nat Biotech, 2014, 32: 773-785.
[30] Muth J T, Vogt D M, Truby R L, et al. Adv Mater, 2014, 26: 6307-6312.
[31] Wu S Y, Yang C, Hsu W, et al. Microsyst & Nanoengine, 2015, 1: 15013.
[32] Ahn B Y, Duoss E B, Motala M J, et al. Science, 2009, 323: 1590-1593.
[33] Guo S Z, Qiu K, Meng F, et al. Adv Mater, 2017, 29: 1701218.
[34] Lind J U, Busbee T A, Valentine A D, et al. Nat Mater, 2017, 16: 303-308.
[35] Sun K, Wei T S, Ahn B Y, et al. Adv Mater, 2013, 25: 4539-4543.
[36] Zhu C, Liu T, Qian F, et al. Nano Lett, 2016, 16: 3448-3456.
[37] Li W, Li F, Li H, et al. ACS Appl Mater Interfaces, 2016, 8: 12369-12376.
[38] 陆长安, 宋延林, 李风煜, 等. 中国印刷产业技术发展路线图, 2016: 113-156.
[39] Lind J U, Busbee1 T A, Valentine A D, et al. Adv Mater, 2010, 22: 2251-2254.
[40] Villar G, Graham A D, Bayley H. Science, 2013, 340: 48-52.

索　引

A

按需喷墨　26
凹版印刷　17

B

版材材料　55
薄层干涉　238
表面结构　56
表面能　190
表面张力　63

C

超薄　193
传感器　241
醇溶性油墨　34
粗糙度　69

D

导电层　200
导电油墨　194
电极　222
电致发光　232
电子　232
雕版印刷术　2
叠加套印　187
对立色理论学说　5
多底物分析　257

F

非接触　187
非图文区　78
分色技术　7

G

钙钛矿　221
功能层　222
固化　191
光电转换效率　221
光学可变防伪油墨　155
光泽度　61
光致发光　245

H

红外吸收油墨　156
红外荧光油墨　156
红外油墨　156
环境沉积固化　269
混合加网　9
活字印刷　3

J

激光烧结打印　274
激光显示　240
加色混合　6
间接分色加网　4
检测限　254
减色混合　6
阶段学说　5
接触角　63
接触角滞后　66
金属有机骨架材料　241

浸润性差异 254
浸润性调控 56

K

咖啡环效应 211
空穴 232

L

立体光固化成型 265
立体光刻 265
连续喷墨印刷 25
量子点 157, 232
灵敏度 254
绿色增材制造技术 185

M

马拉戈尼毛细流动 126
马拉戈尼效应 211
免处理 CTP 版材 31

N

纳米材料自组装印刷 211
纳米硅油墨 194
纳米绿色版材 33
纳米绿色印刷制造 46
纳米涂布液 55
纳米银 194
耐印力 57
能量固化油墨 36
黏附功 73

P

喷墨光固化 265
喷头墨点控制 138
平版印刷 11
屏幕软打样 37

Q

气泡式喷墨印刷 103
器官芯片 291
器件化印刷制造 202
铅活字印刷 3
亲水疏油性 80
轻型纸 38
驱动电压 233
取向 229
全印刷 227
全印刷薄膜晶体管 197

R

热电场 106
热敏 CTP 版 12
热喷墨印刷 26
人体工程学 192
人性化 192
溶剂挥发固化 267
柔性版材 16
柔性版印刷 15
柔性电子技术 193
柔性化 185
柔性透明导电膜 199
瑞利不稳定性 211

S

三色学说 5
生色团 148
石墨烯 174, 197
视角闪色效应 150
数字分色技术 8
水性上光油 39

水性油墨 35
丝网印刷 19

T

泰勒锥 105
碳纳米管 170
调幅加网 8
调频加网 9
透过率 199
图案化 75
图文区 78

W

弯曲性 193
网点 8
网屏 4
网状图案 201
微型超级电容器 293
维基手枪 294
无水胶印 32

Y

压电喷墨 26
压电式喷墨印刷 104
颜色科学 5
阳图 PS 版 12
液晶 228
阴图 PS 版 12
印刷 1
荧光增强 242
油墨遮盖力 148
油墨着色力 148
油水动态平衡 88

Z

载流子传输 197
再生纸 38
增材制造 264
折射率 238
直接分色加网 5
直写技术 249
植物油墨 36
制版技术 1
紫激光 CTP 版 13
组织工程支架 267

其他

3D 触觉传感器 290
3D 打印 264
4D 打印 296
UV 上光油 39